机械工业出版社高水平学术著作出版基金项目
制造业先进技术系列

激光定向能量沉积增材制造技术及应用

刘伟军　张　凯　王慧儒
卞宏友　姜兴宇　于兴福　著
邢　飞　李　强　王　蔚

机械工业出版社

本书介绍了作者团队20余年来在激光定向能量沉积技术领域的研究成果，包括设备研制、工艺开发、材料表征与力学性能、检测与控制、制造及应用等内容。书中介绍了激光定向能量沉积技术的原理、特点与作用，阐述了激光定向能量沉积的设备研制，按照工艺流程论述了激光定向能量沉积技术的前处理、工艺开发及后处理，阐明了激光定向能量沉积零件的组织性能特征、激光定向能量沉积的过程检测与智能控制，讲解了激光定向能量沉积中的修复再制造与绿色低碳制造，例证了激光定向能量沉积技术在航空航天、汽车、能源、冶金、机械装备、模具领域的应用，并展望了激光定向能量沉积技术的研究前沿与发展趋势。

本书内容编排深入浅出，广博新颖，专业性鲜明，体系完整，独创性显著，紧扣科技发展脉搏，聚焦战略新兴行业，浓缩作者团队在增材制造领域内的科学研究成果，适合作为高等学校相关专业师生，以及增材制造/修复技术相关领域研究人员的参考用书。

图书在版编目（CIP）数据

激光定向能量沉积增材制造技术及应用 / 刘伟军等著. -- 北京：机械工业出版社，2025.5. -- (制造业先进技术系列). -- ISBN 978-7-111-78248-3

Ⅰ. TB4

中国国家版本馆 CIP 数据核字第 2025ZG2166 号

机械工业出版社（北京市百万庄大街22号　邮政编码100037）

策划编辑：孔　劲　　　　　责任编辑：孔　劲
责任校对：张爱妮　张亚楠　　封面设计：马精明
责任印制：邓　博
北京中科印刷有限公司印刷
2025年7月第1版第1次印刷
184mm×260mm・21.5印张・532千字
标准书号：ISBN 978-7-111-78248-3
定价：99.00元

电话服务　　　　　　　　　　网络服务
客服电话：010-88361066　　　机 工 官 网：www.cmpbook.com
　　　　　010-88379833　　　机 工 官 博：weibo.com/cmp1952
　　　　　010-68326294　　　金 书 网：www.golden-book.com
封底无防伪标均为盗版　　　　机工教育服务网：www.cmpedu.com

前　言

增材制造（3D 打印）技术是近年来发展起来的新型制造技术。与传统减材制造过程截然相反，增材制造以三维数字模型为基础，将材料通过分层制造、逐层叠加的方式制造成三维实体，是集先进制造、智能制造、绿色制造、新材料、精密控制等技术于一体的新技术。增材制造技术从原理上突破了复杂异型构件制造的技术瓶颈，实现了材料微观组织与宏观结构的可控成形，从根本上改变了传统"制造引导设计、制造性优先设计、经验设计"的设计理念，真正实现了"设计引导制造、功能性优先设计、拓扑优化设计"。其制造材料涵盖了金属、非金属、陶瓷、复合材料等，制造尺度向大尺寸复杂构件与微纳精细结构两极化发展，制造地点由地表制造向星际、太空制造发展，应用领域由传统制造行业，如机械装备、航空航天、船舶海洋、国防军工、轨道交通等领域向新兴行业，如能源动力、生物医疗、康复产业、文物保护、文化创意、创新教育等领域纵深拓展。作为《中国制造 2025》的发展重点，增材制造近几年蓬勃发展，围绕各领域重大需求发挥了显著的行业引领与示范作用。国内多家单位围绕增材制造技术陆续开展了较为深入的研究，依托"科研院所+上下游企业"立体化的产学研用合作模式，走出具有中国特色的 3D 打印之路，为产业技术创新、军民深度融合、新兴产业、国防事业的兴起与发展开辟了巨大空间。

激光定向能量沉积是增材制造技术中极具前景的热点技术，该技术突破了传统制造技术对零部件材料、形状、尺度、功能等制约，在不需要工模具的情况下，可制造绝大多数复杂的结构，可覆盖全彩色、异质、功能梯度材料，可跨越宏观、介观、微观、原子等多尺度，可整体成形甚至取消装配。增材制造技术作为未来制造业发展战略的核心，制造业的持续快速发展需要大力普及增材制造相关专业知识与技能，提升增材制造相关领域研究人员与技术人员的科学素养与知识储备。目前与激光定向能量沉积技术相关的参考资料和学习材料主要以论文或专利为主，相关书籍也主要是普及基础知识、介绍传统工艺，而以完整的知识体系、前沿的科学技术呈现的专业书籍较为缺乏，将学者深耕专业领域多年的研究成果加以总结，撰写成专业书籍的则更为少见。

本书正是在此背景下进行创作的。作者团队在书中总结了其 20 多年来在增材制造领域的研究成果和产业化经验，汇集了其相关成果。全书共分 11 章，内容覆盖激光定向能量沉积技术的设备、软件、工艺、材料及应用等全流程，介绍了激光定向能量沉积技术的概念与原理、特点与作用以及发展历史，阐述了激光定向能量沉积的设备研制，按照工艺流程论述了激光定向能量沉积技术的前处理（数据处理）、工艺开发及后处理（热处理），介绍了激光定向能量沉积零件的组织性能特征，阐述了激光定向能量沉积的检测控制，论述了激光定向能量沉积中的再制造与绿色低碳制造，并例证了激光定向能量沉积技术在各领域的应用，最后展望了激光定向能量沉积技术的研究前沿与发展趋势。本书聚焦激光定向能量沉积领域的研究热点与前沿方向，兼顾该技术所涉及的前处理（数据处理）与后处理（热处理），融合激光熔覆技术拓展修复再制造工程应用，并创新性地将工效学优化及碳排放模型引入增材制造领域的科学研究之中，旨在展示增材制造领域的研究成果，推动增材制造技术产业化应用，提高增材制造从业人员的理论基础与专业素养，提升我国增材制造产业的整体技术水平和市场竞争力。

本书可为激光增材制造领域的从业人员提供生产指导，还可为3D打印工程、机械工程、工业工程、材料工程等相关领域的科研人员和高等院校相关专业的研究生提供理论帮助。

本书由沈阳工业大学刘伟军、张凯、王慧儒等著，金嘉琦主审，刘伟军统稿。全书是由沈阳工业大学教师撰写，具体分工如下：第1章由刘伟军、张凯撰写；第2、11章由张凯、邢飞撰写；第3章由卞宏友撰写；第4章由王蔚撰写；第5、7章由王慧儒撰写；第6章由于兴福撰写；第8、9章由姜兴宇撰写；第10章由李强撰写。

由于作者水平有限，书中不妥之处在所难免，敬请广大读者批评指正。

作者

于沈阳

目 录

前言
第 1 章 激光定向能量沉积技术导论 …………………………………………………… 1
  1.1 激光定向能量沉积技术概述 …………………………………………………… 1
    1.1.1 激光定向能量沉积技术的基本原理 …………………………………… 1
    1.1.2 激光定向能量沉积技术的主要特点 …………………………………… 3
    1.1.3 激光定向能量沉积技术的重要意义 …………………………………… 4
  1.2 激光定向能量沉积技术的发展历史 …………………………………………… 6
    1.2.1 激光定向能量沉积技术的国外发展历史 ……………………………… 6
    1.2.2 激光定向能量沉积技术的国内发展历史 ……………………………… 7
  1.3 激光定向能量沉积技术的研究现状 …………………………………………… 8
    1.3.1 模型建立与数据处理 …………………………………………………… 8
    1.3.2 材料及工艺研究 ………………………………………………………… 9
    1.3.3 过程模拟与仿真 ………………………………………………………… 10
    1.3.4 成形质量检测与分析 …………………………………………………… 10
    1.3.5 在线监测及闭环控制 …………………………………………………… 11
  1.4 激光定向能量沉积技术的应用现状 …………………………………………… 12
    1.4.1 快速成型 ………………………………………………………………… 12
    1.4.2 结构添加 ………………………………………………………………… 13
    1.4.3 修复再制造 ……………………………………………………………… 14
  参考文献 ……………………………………………………………………………… 15

第 2 章 激光定向能量沉积的设备研制 ………………………………………………… 19
  2.1 激光定向能量沉积设备的需求分析 …………………………………………… 19
  2.2 激光定向能量沉积设备的系统组成 …………………………………………… 20
    2.2.1 激光传输系统 …………………………………………………………… 21
    2.2.2 粉末送给系统 …………………………………………………………… 23
    2.2.3 运动执行系统 …………………………………………………………… 27
    2.2.4 气氛保护系统 …………………………………………………………… 28
    2.2.5 计算机控制系统 ………………………………………………………… 28
  2.3 激光定向能量沉积设备的工效学优化设计 …………………………………… 30

2.3.1　激光定向能量沉积设备的情感融合优化设计 …………………………… 30
　　2.3.2　激光定向能量沉积设备的操作任务分析 …………………………………… 38
　　2.3.3　激光定向能量沉积设备的人机交互界面优化 ……………………………… 41
　　2.3.4　激光定向能量沉积设备的工效学优化效果评价 …………………………… 46
2.4　激光定向能量沉积设备的性能指标及应用 …………………………………………… 52
参考文献 ……………………………………………………………………………………… 53

第3章　激光定向能量沉积的数据处理技术 …………………………………………… 56

3.1　STL 模型的建立与优化 ……………………………………………………………… 56
　　3.1.1　STL 模型构造 ……………………………………………………………… 56
　　3.1.2　STL 模型文件格式 ………………………………………………………… 56
　　3.1.3　STL 文件拓扑信息分析 …………………………………………………… 58
　　3.1.4　拓扑重建的数据结构 ……………………………………………………… 59
　　3.1.5　STL 文件拓扑信息重建 …………………………………………………… 59
3.2　基于 STL 模型的分层算法 …………………………………………………………… 61
　　3.2.1　基于三角形信息组织形式的分层处理算法 ………………………………… 61
　　3.2.2　容错分层方法 ……………………………………………………………… 62
　　3.2.3　自适应分层方法 …………………………………………………………… 63
　　3.2.4　一致性误差分层方法 ……………………………………………………… 67
3.3　平行扫描路径规划方法 ……………………………………………………………… 70
　　3.3.1　平行扫描特点与问题 ……………………………………………………… 71
　　3.3.2　自适应平行扫描路径规划 ………………………………………………… 72
　　3.3.3　基于温度分区的平行扫描路径规划方法 …………………………………… 75
3.4　环形扫描路径规划方法 ……………………………………………………………… 80
　　3.4.1　环形扫描路径生成算法 …………………………………………………… 80
　　3.4.2　层面轮廓的凸分解算法 …………………………………………………… 81
　　3.4.3　分区适应性环形扫描路径生成算法 ………………………………………… 85
参考文献 ……………………………………………………………………………………… 86

第4章　激光定向能量沉积技术的工艺开发 …………………………………………… 89

4.1　激光定向能量沉积成形过程的模拟仿真 ……………………………………………… 89
　　4.1.1　激光定向能量沉积成形过程的仿真模型构建 ……………………………… 89
　　4.1.2　宏观温度场的模拟仿真 …………………………………………………… 93
　　4.1.3　宏观应力场的模拟仿真 …………………………………………………… 98
　　4.1.4　热力耦合场的模拟仿真 …………………………………………………… 99
　　4.1.5　微观组织演化的模拟仿真 ………………………………………………… 103
4.2　激光定向能量沉积工艺参数优化 …………………………………………………… 108
　　4.2.1　激光定向能量沉积单因素试验优化设计 …………………………………… 108
　　4.2.2　激光定向能量沉积正交试验优化设计 ……………………………………… 111

                4.2.3　激光定向能量沉积响应面优化设计 ·· 115
                4.2.4　激光定向能量沉积逼近理想解排序法优化设计 ······································ 119
                4.2.5　激光定向能量沉积非支配排序遗传算法优化设计 ··································· 122
        4.3　激光定向能量沉积扫描策略优化 ··· 125
                4.3.1　扫描策略对成形零件质量精度的影响 ·· 125
                4.3.2　扫描策略对成形零件微观组织的影响 ·· 130
                4.3.3　扫描策略对成形零件力学性能的影响 ·· 132
        参考文献 ·· 137

第 5 章　激光定向能量沉积零件的热处理 ···································· 139

        5.1　激光定向能量沉积 GH4169 合金热处理 ··· 139
                5.1.1　GH4169 合金热处理工艺 ··· 139
                5.1.2　GH4169 合金时效热处理显微组织 ··· 140
                5.1.3　GH4169 合金固溶时效热处理显微组织 ·· 141
                5.1.4　GH4169 合金固溶时效热处理力学性能 ·· 143
        5.2　激光定向能量沉积 TC17 钛合金热处理 ··· 144
                5.2.1　TC17 钛合金热处理工艺 ··· 144
                5.2.2　TC17 钛合金时效热处理组织 ··· 145
                5.2.3　TC17 钛合金固溶时效热处理组织 ··· 145
                5.2.4　TC17 钛合金固溶时效热处理力学性能 ·· 147
        5.3　激光定向能量沉积制件局部热处理方法 ··· 149
                5.3.1　GH4169 合金局部热处理组织性能 ··· 150
                5.3.2　TC17 钛合金局部热处理组织性能 ··· 152
        参考文献 ·· 154

第 6 章　激光定向能量沉积典型合金的组织性能 ······················· 155

        6.1　激光定向能量沉积典型粉末材料 ··· 155
                6.1.1　典型金属材料 ·· 155
                6.1.2　金属粉末的表征 ·· 157
                6.1.3　金属粉末制备 ·· 158
                6.1.4　金属粉末特性及其对制件影响 ··· 159
        6.2　激光定向能量沉积合金组织 ·· 160
                6.2.1　镍基合金显微组织 ··· 160
                6.2.2　不锈钢显微组织 ·· 162
                6.2.3　钛合金显微组织 ·· 166
        6.3　激光定向能量沉积典型材料力学性能 ··· 168
                6.3.1　镍基合金力学性能 ··· 168
                6.3.2　不锈钢力学性能 ·· 169
                6.3.3　钛合金力学性能 ·· 170

6.4 激光定向能量沉积钛基材料耐磨层摩擦磨损性能 ... 177
6.4.1 激光定向能量沉积制备耐磨涂层 ... 177
6.4.2 摩擦磨损测试及结果 ... 177
6.4.3 基材磨损机制 ... 178
6.4.4 沉积层表面磨损机制 ... 179
6.4.5 颗粒强化机制 ... 179
6.4.6 耐磨性强化机制 ... 181
参考文献 ... 181

第7章 激光定向能量沉积过程的检测与控制 ... 183
7.1 激光定向能量沉积熔池在线测量系统 ... 183
7.1.1 熔池在线测量系统构成 ... 183
7.1.2 传感器 ... 184
7.1.3 数据采集卡 ... 188
7.1.4 数据处理系统 ... 189
7.1.5 反馈控制系统 ... 192
7.2 激光定向能量沉积过程的动态辨识 ... 192
7.2.1 系统辨识定义及分类 ... 192
7.2.2 辨识算法 ... 193
7.2.3 动态辨识及传递函数 ... 195
7.3 激光定向能量沉积过程的PID控制 ... 196
7.3.1 PID控制方法 ... 197
7.3.2 PID控制应用实例 ... 198
7.4 激光定向能量沉积缺陷超声无损检测 ... 201
7.4.1 超声无损检测技术 ... 202
7.4.2 超声检测的影响因素 ... 206
7.4.3 微小缺陷识别方法 ... 208
7.5 激光定向能量沉积零件残余应力检测 ... 209
7.5.1 残余应力产生机制 ... 210
7.5.2 残余应力检测方法 ... 210
参考文献 ... 217

第8章 激光定向能量沉积再制造技术 ... 220
8.1 激光定向能量沉积再制造技术概述 ... 220
8.1.1 再制造工程 ... 220
8.1.2 传统再制造技术 ... 222
8.1.3 激光定向能量沉积再制造技术 ... 224
8.1.4 激光定向能量沉积再制造技术优势 ... 226
8.1.5 激光定向能量沉积再制造技术框架 ... 226

8.2 面向激光定向能量沉积再制造的3D特征重构方法 ················· 228
8.2.1 失效部位的预处理 ················· 228
8.2.2 基于再制造的3D特征重构方法 ················· 229
8.2.3 缺损部位3D特征精度分析 ················· 232
8.3 激光定向能量沉积再制造工艺开发 ················· 234
8.4 激光定向能量沉积再制造质量控制 ················· 236
8.4.1 激光定向能量沉积过程质量影响因素分析 ················· 237
8.4.2 基于PSO-BP神经网络的沉积层质量预测方法 ················· 240
8.4.3 BP神经网络模型的训练及测试 ················· 245
参考文献 ················· 249

第9章 激光定向能量沉积绿色低碳制造 ················· 251
9.1 激光定向能量沉积过程碳排放特性分析 ················· 251
9.1.1 激光定向能量沉积过程碳排放特性 ················· 251
9.1.2 激光定向能量沉积过程碳排放边界分析 ················· 251
9.2 激光定向能量沉积过程碳排放模型 ················· 253
9.2.1 时间模型 ················· 253
9.2.2 激光发生器子系统碳排放分析 ················· 253
9.2.3 送粉子系统碳排放分析 ················· 254
9.2.4 进给子系统碳排放分析 ················· 254
9.2.5 冷却子系统碳排放分析 ················· 254
9.2.6 辅助子系统碳排放分析 ················· 255
9.3 激光定向能量沉积过程碳排放模型参数试验获取 ················· 255
9.3.1 试验设备 ················· 255
9.3.2 沉积材料 ················· 256
9.3.3 试验平台 ················· 257
9.3.4 试验参数获取 ················· 258
9.4 面向碳排放激光定向能量沉积工艺参数优化方法 ················· 263
9.4.1 激光定向能量沉积过程多目标优化问题描述 ················· 263
9.4.2 多目标工艺参数优化模型 ················· 264
9.4.3 约束条件 ················· 265
9.4.4 基于改进人工鱼群模型求解 ················· 266
9.4.5 算法求解步骤与流程 ················· 268
9.4.6 算法性能分析 ················· 269
9.4.7 优化结果分析 ················· 270
9.5 激光定向能量沉积过程碳排放对比试验 ················· 273
9.5.1 试验条件 ················· 273
9.5.2 试验验证 ················· 273
参考文献 ················· 276

第 10 章 激光定向能量沉积的应用实例 278

10.1 航空航天领域中的应用 278
- 10.1.1 航空领域 278
- 10.1.2 航天领域 281

10.2 汽车领域中的应用 284

10.3 能源领域中的应用 285
- 10.3.1 风力发电机 286
- 10.3.2 核电站 286

10.4 冶金领域中的应用 287

10.5 机械行业中的应用 288
- 10.5.1 机床 288
- 10.5.2 流体机械 290
- 10.5.3 模具 291

参考文献 293

第 11 章 激光定向能量沉积的研究前沿与发展趋势 295

11.1 激光定向能量沉积复合制造 295
- 11.1.1 复合多能场的激光定向能量沉积 295
- 11.1.2 复合多工艺的激光定向能量沉积 300

11.2 特殊材料的激光定向能量沉积 305
- 11.2.1 非晶合金 305
- 11.2.2 高熵合金 306
- 11.2.3 形状记忆合金 307
- 11.2.4 功能梯度材料 308

11.3 特殊结构的激光定向能量沉积 310
- 11.3.1 薄壁结构 310
- 11.3.2 悬臂结构 311
- 11.3.3 复杂曲面结构 313
- 11.3.4 点阵结构 314
- 11.3.5 仿生结构 316

11.4 激光定向能量沉积设备的发展趋势 317
- 11.4.1 高功率 318
- 11.4.2 可变焦 318
- 11.4.3 大尺寸 321
- 11.4.4 超高速 322
- 11.4.5 智能化 324
- 11.4.6 集成化 327

11.5 激光定向能量沉积技术的发展方向 328

参考文献 330

第 1 章

激光定向能量沉积技术导论

增材制造（Additive Manufacturing，AM），又称 3D 打印（Three Dimensional Printing，3DP），是一种利用三维模型数据，逐层累加材料以快速成型实体的技术，与传统的数控加工"减材"制造相对应。从 21 世纪开始，增材制造因其独特的技术优势被许多国家看作未来产业发展的新增长点。《时代》周刊、《经济学人》杂志以及麦肯锡咨询公司等认为增材制造将成为改变未来生产和生活方式的颠覆性技术。

增材制造为传统制造业的转型升级提供了巨大契机，已经逐渐成为世界制造大国的国家战略。美国国防部等 5 家政府部门、85 家企业、13 所研究型大学等联合成立国家增材制造创新研究院，旨在抢占新一轮制造业科技发展制高点，并基于此技术开展 AM Forward 计划以期实现高端制造业回流。英国、德国、法国、日本等均制定并建立了增材制造国家战略政策与研究机构。我国《中国制造 2025》、《"十四五"智能制造发展规划》均将增材制造列为优先发展方向，并成立了国家增材制造创新中心。

金属材料的增材制造在材料加工领域中具有重要地位，由于其具有加工周期短、不需要工模具、不受零件复杂程度限制等优势，成为先进制造技术的主要研究方向。根据不同的工艺原理，金属材料的增材制造技术可以分为定向能量沉积（Directed Energy Deposition，DED）和粉末床熔融（Powder Bed Fusion，PBF）两大类。定向能量沉积（DED）是一种利用激光束、等离子弧、电子束等能量聚焦手段，将送入熔池的金属粉末或丝材同步熔化并层叠沉积成形的增材制造工艺，而粉末床熔融（PBF）是一种通过激光束、等离子弧、电子束等热源，将预铺在粉床上的金属粉末或丝材选区熔化并层叠堆积成形的增材制造工艺。其中，以激光作为热源的 DED 技术又称为激光定向能量沉积（Laser Directed Energy Deposition，LDED）技术，是目前主流的增材制造技术之一。LDED 技术的应用主要涵盖了 3 个方面：快速成型所需的零部件、对现有零部件的结构添加以及受损零部件的直接修复，在航空航天、汽车制造、轨道交通、石油化工、船舶工业、模具制造等多个领域具有广阔的应用前景和发展潜力。

1.1 激光定向能量沉积技术概述

1.1.1 激光定向能量沉积技术的基本原理

激光定向能量沉积（LDED）属于定向能量沉积（DED）技术的范围，是一种 3D 打印/

增材制造技术，它使用激光来逐层熔化和固化同步送入熔池的金属粉末或丝材，以构建复杂的三维金属零件。由于典型激光定向能量沉积（LDED）是激光同步熔化粉末喷嘴送入熔池区域的金属粉末来沉积成形，故该过程俗称为送粉工艺，本书的研究内容也是重点围绕其展开。相对应地，以激光作为热源的 PBF 技术——激光粉末床熔融（Laser Powder Bed Fusion, LPBF），其典型工艺是通过激光选区熔化预铺在粉床上的金属粉末来堆积成形，故该过程俗称为铺粉工艺，该技术涉及的研究内容不在本书重点讨论范围之内。

早在 1988 年，美国学者 Mehta 在一篇专利文献中就提出了激光定向能量沉积的概念，描述了利用激光对添加的金属粉末进行熔化沉积以修复受损零件的方法。此后，自 1990 年起，激光定向能量沉积技术取得了显著进展，不同研究机构根据对该技术的理解以及各自的研究特色，对其赋予了不同的名称。表 1-1 列举了各个研究机构对激光定向能量沉积技术的命名。激光定向能量沉积技术使用激光束作为高温热源，将基材表面熔化以产生熔池，通过送粉/送丝设备将金属粉末/丝材同步送入熔池，经过快速熔化凝固并与基体材料形成冶金结合。随着三维实体模型（CAD 文件）被离散化（STL 文件）、切割分层（CLI 文件），层面几何信息融合工艺参数生成规划的扫描路径（CNC 代码），激光沉积头在计算机控制下按照规划路径移动，并通过逐层堆积的方式实现三维实体零件的直接成形或仅需少量精加工的近净成形，其技术原理如图 1-1 所示。根据沉积材质的不同，整个过程通常需要在氩气、氮气等惰性气体环境中进行。

表 1-1 LDED 技术命名

命名机构	中文全称	英文全称	英文缩写
美国 Sandia 国家实验室	激光近净成形	Laser Engineered Net Shaping	LENS
美国 LosAlamos 国家实验室	定向光制造	Directed Light Fabrication	DLF
美国密歇根大学	直接金属沉积	Direct Metal Deposition	DMD
美国斯坦福大学	形状沉积制造	Shape Deposition Manufacturing	SDM
英国伯明翰大学	直接激光制造	Direct Laser Fabrication	DLF
英国利物浦大学	激光直接铸造	Laser Direct Casting	LDC
德国 Fraunhofer 研究所	受控金属堆积	Controlled Metal Build Up	CMB
瑞士洛桑联邦理工学院	激光金属成形	Laser Metal Forming	LMF
中国西北工业大学	激光立体成形	Laser Solid Forming	LSF

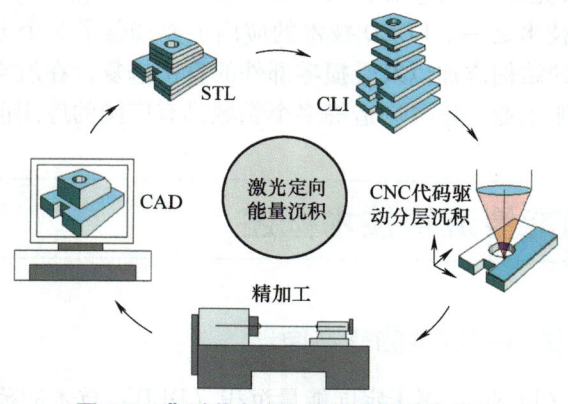

图 1-1 典型激光定向能量沉积技术原理

1.1.2　激光定向能量沉积技术的主要特点

相较于基于粉末床成形的 LPBF 技术，采用定向能量沉积的 LDED 技术通常具有更高的构建速率，可有效地缩短生产周期。此外，LDED 可以取代传统的加工技术，用于成形具有复杂结构的零件，从而解决了一系列问题，如加工困难、材料浪费以及刀具磨损。

LDED 的显著优势之一在于其能够实现具有空心结构和材料梯度的零件制造。通过 LDED 制造的零件通常具有致密的微观组织和优异的力学性能，其性能甚至可达模锻件水平。然而，目前 LDED 也面临一些瓶颈。LDED 的材料利用率（为 70%~90%）虽然高于 LPBF（为 50%~80%）及传统的减材加工技术（为 30%~70%），但是，在 LDED 加工过程中，热应力较大，可能导致工件层间开裂。与 LPBF 相比，LDED 的粉材粒径、光斑直径和层厚都较大，从而导致了 LDED 成形金属零件虽然构建速率较高，但尺寸精度和表面粗糙度较差。因此，将 LDED 与后续机加工相结合，可以提高零件的制造精度，使其满足工程应用要求。

LDED 技术主要有以下特点：

（1）基本不受所需成形金属零件复杂程度的限制。得益于制造原理的突出优势，该技术无须支撑即可直接制造具有倾斜薄壁、悬垂结构、复杂空腔和内流孔道等复杂形状结构的金属零件或模具，成形的近形件仅需要少量后续机械加工。

（2）全面提高材料的机械和耐蚀性能。利用激光束与材料相互作用过程中的熔化和凝固过程，可使金属或合金材料实现完全冶金结合，并在材料内部得到细小、均匀、致密的组织，消除成分偏析的不利影响，从而提高材料的机械和耐蚀性能。尤为值得一提的是，材料经加工后细小、均匀的组织可以同时提高其强度和塑性，从而克服了常规方法成形零件密度低、性能差、不能作为功能件直接加以应用的缺点。

（3）无须工模具直接成形金属功能零件。激光定向能量沉积技术使用金属或合金材料直接制造零件或近形件，是材料的冶金过程和成形过程的统一。该技术不需要冶金、铸造及锻造等过程就可以快速制造出全密度金属零件或模具；即使成形的是近形件，所需的后续机械加工量也很小。由此可见，该技术极大地节省了原材料，同时省去了模具制造的周期和费用，大幅度加快了零件的制造速度，缩短了产品的开发周期，降低了产品的制造成本。

（4）方便灵活的成形异质材料零件。由于该技术是逐线、逐层堆积制造三维实体零件，因此可根据零件具体部位的性能需要，通过调整送料的速度和种类来局部变化合金成分，在零件不同部位形成不同的成分和组织，从而合理控制零件的性能，直接制造出任意复杂形状和具有材料组分变化的金属结构零件。该技术可实现零件材质和性能的最佳搭配，为具有特殊性能和形状要求的重要零件的制造及异质材料（复合材料、功能梯度材料）零件的制造提供了有效的途径，这是传统的铸造和锻造技术所无法实现的。

（5）可对零部件进行修复与再制造。该技术属于典型的绿色再制造技术，可在优质、高效、节能、环保的前提下，利用其特有的增材制造方式，对报废或过时产品的破损、失效等部位进行修复与再制造，恢复、保持、甚至提高产品的技术性能，大大降低资源浪费，延长产品的使用寿命；同时，利用该技术还可对重要的金属零件或模具进行表面改性或涂层处理，提高零件的机械物理性能。因此，开展基于该技术的产品修复与再制造，发展快速、高效、精密的修复与再制造技术不仅具有广阔的市场需求，而且具有重大的经济效益和社会效益。

（6）可加工的金属或合金材料范围广。由于成形过程中激光束的能量密度很高，而且激光束与材料之间属于非接触加工，因此，采用该技术除了可以轻易加工普通的金属或合金材料，还可以成形那些熔点高、加工性能差的材料，如钨、钛、铌和超合金等，其难度与加工普通材料相同，因此该技术在难加工、难熔材料的制备方面具有非常突出的优越性。

1.1.3 激光定向能量沉积技术的重要意义

LDED 技术有其独特的优势，虽然该技术的成形精度不及 LPBF 技术，但对于关键零部件的生产和修复，该技术具有非常重要的意义，主要体现在以下几个方面：

（1）大型整体结构件、承力结构件的加工，可缩短加工周期，提高材料利用率。

为了提高结构性能、减轻结构重量、简化制造工艺，国内外飞行器越来越多地采用大型整体钛合金结构，但是这种结构设计给制造带来了极大的困难。目前，美国 F35 飞机的主承力构架仍然依赖几万吨级的水压机进行压制成形，接着需要进行切割和打磨等工艺步骤，不仅制造周期长，而且浪费了大量的原材料，大约 70%的钛合金在加工过程中成为边角废料。将来在构件组装时还需要额外消耗连接材料，导致最终成形的构件比通过增材制造得到的构件重了近 30%。

图 1-2 展示了北京航空航天大学在 2013 年北京科博会现场展示的 LDED 成形"眼镜式"钛合金主承力构件加强框。与锻造相比，该钛合金大型复杂整体构件的材料利用率提高了 5 倍、制造周期缩短了 2/3、制造成本降低了 1/2 以上。

图 1-2 LDED 成形"眼镜式"钛合金主承力构件加强框

（2）通过优化结构设计，显著减轻结构重量，节约原材料和燃料费用，降低加工及使用成本。

减轻结构重量是航空航天器最为迫切的技术需求之一。传统制造技术已经接近极限，而高性能的激光定向能量沉积技术则可以在获得同样性能甚至更高性能的前提下，通过最优化的结构设计来显著减轻金属结构件的重量。据欧洲宇航防务集团公司（EADS）介绍，飞机每减轻 1kg，每年就可以节省 3000 美元的燃料费用。美国通用电气公司（GE）利用 LDED 技术对航空航天器相关零件试制进行了技术验证。在发动机支架结构设计试制方面，利用该技术进行了减重设计加工，原零件质量约 2033g，最后试制的零件质量仅为 327g，如图 1-3 所示。

（3）制造复杂形状、具有薄壁特征的功能性部件，突破传统加工技术带来的设计约束。

第1章 激光定向能量沉积技术导论

a) 结构优化前质量为2033g　　　　b) 结构优化后质量为327g

图1-3 LDED成形的发动机支架

增材制造技术必然会对CAD模型提出新的设计要求，使"制造改变设计"将变为可能，从而在设计方面带来革命性的变化。新型航空航天器通常需要制造复杂的内流道结构，以实现更理想的温度控制和更优化的力学结构，避免危险的共振效应，同时使得同一零件的不同部位承受不同的应力状态。增材制造与传统的机械加工手段有着明显的区别，其几乎不受零件形状的限制，同时可以获得最合理的应力分布结构。通过采用最合理的复杂内流道结构，可以实现最理想的温度控制手段，同时通过不同材料的复合，实现同一零件不同部位的功能需求。图1-4展示了河北科技大学孙辉磊采用LDED制造的内置流道的异质材料火箭发动机推力室结构件。

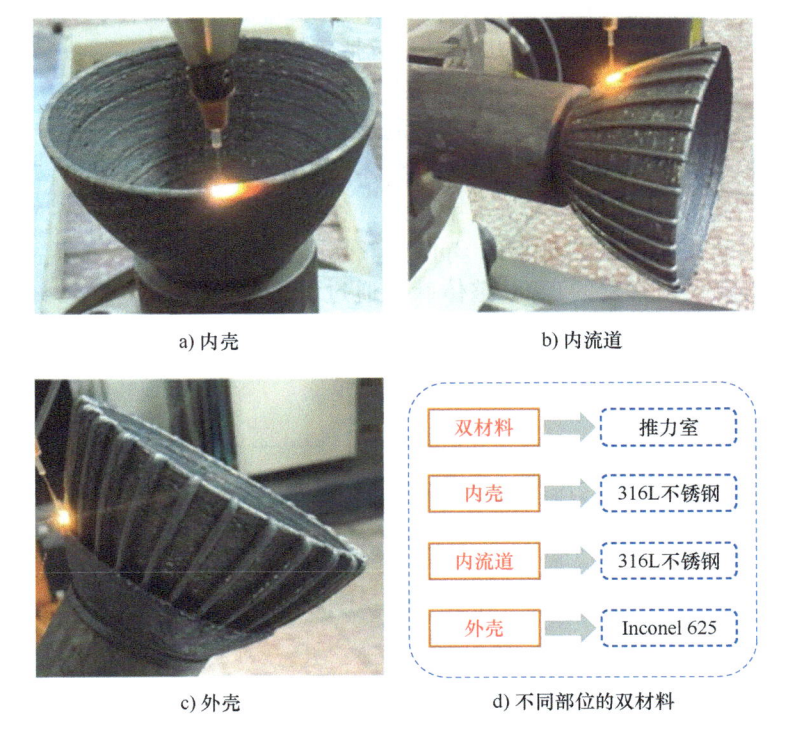

a) 内壳　　　　　　　　　　　　b) 内流道

c) 外壳　　　　　　　　　　　　d) 不同部位的双材料

图1-4 LDED成形的内置流道的异质材料火箭发动机推力室结构件

（4）通过激光组合制造技术，可以改进和提升传统制造技术，实现复合加工。

一方面，激光定向能量沉积技术可以实现异质材料的高性能结合，可在铸造、锻造和机械加工等传统技术制造的零件上任意添加精细结构，使其具有与整体制造相当的力学性能；另一方面，激光定向能量沉积技术可以制造毛坯，然后利用减材制造的方法进行后处理。因此，可以将增材制造技术所具有的成形复杂精细结构、直接近净成形的优点与传统制造技术高效率、低成本、高精度、表面质量高等优势结合起来，形成最佳的制造策略，如图1-5所示。

a）天然气管道阀体采用"LDED+车削"的组合　　　b）商用飞机翼肋采用"LDED+高速铣削"的组合

图1-5　激光定向能量沉积技术与传统制造技术组合生产的零件

（5）通过与激光熔覆及逆向工程等技术的融合，实现高端装备关键零部件的快速修复。

飞机修复过程中通常需要更换零部件，仅拆机时间就可能长达1~3个月。利用增材制造将受损部件视为基体增长材料，不仅可以实现在线修复，而且修复后的零件性能仍然可以达到甚至超过锻件的标准。以制造成本高昂的整体叶盘为例，近几年来，包括美国GE公司、美国H&R Technology公司、Optomec公司以及德国Fraunhofer研究所在内的多个研究机构将增材制造技术与激光熔覆及逆向工程等技术进行融合，开展了整体叶盘激光定向能量沉积成形修复技术研究。2009年3月，作为美国激光成形修复技术商用化推进领头羊的Optomec公司宣称，其采用激光成形修复技术修复的T700整体叶盘通过了军方的振动疲劳验证试验。图1-6所示为Fraunhofer研究所LDED成形修复的叶片。

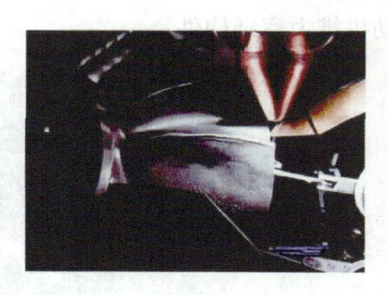

图1-6　Fraunhofer研究所LDED成形修复的叶片

1.2　激光定向能量沉积技术的发展历史

1.2.1　激光定向能量沉积技术的国外发展历史

1. 第一阶段：技术的起源和早期发展

（1）20世纪80年代中期：选择性激光烧结技术出现。激光定向能量沉积技术的起源可以追溯到20世纪80年代中期，美国得克萨斯大学奥斯汀分校的Carl Deckard博士和Joe Beaman博士首次开发了选择性激光烧结（Selective Laser Sintering，SLS）工艺，并于1989年获得了第一个SLS技术专利。SLS使用高功率激光逐层烧结粉末材料（通常是聚酰胺等聚合物），用于创建简单零件和原型，可以被看作是金属3D打印的前身。该类技术发展的初始阶段又被称为材料累加制造、快速原型或分层制造。

（2）20世纪90年代初期：直接金属激光烧结技术的开创。在20世纪90年代初期，由美国人Carl Deckard提出的直接金属激光烧结（Direct Metal Laser Sintering，DMLS）技术问世，将金属3D打印提升至直接成形金属功能零件的新高度。该技术由Dassault Systems和EOS等公司推广应用，迅速成为航空航天和汽车工业中苛刻应用的理想选择。DMLS技术是激光定向能量沉积技术的重要里程碑，它使用激光束逐层烧结金属粉末（金属粉末颗粒处于受热融合、而非完全熔化状态），实现高精度的金属零部件制造。这一技术的诞生带来了金属3D打印应用领域的快速拓展。

（3）20世纪90年代末期至21世纪初期：技术的拓展和成熟。进入20世纪90年代末期和21世纪初期，金属3D打印技术不断发展，应用领域逐渐扩大。它被广泛用于航空航天、医疗、汽车工业等领域。制造商开始认识到其巨大潜力，因此投入更多资源用于研发和改进金属3D打印技术。在2000年代该类技术改称为快速成型制造或自由实体制造。

2. 第二阶段：技术的进一步演变

（1）21世纪初期至2010年代初期：技术的增长和创新。进入21世纪初，金属3D打印技术经历了增长和创新的时期。越来越多的公司投资于这一领域，推动技术的快速革新。新的应用领域不断涌现，包括航天领域发动机零部件的制造和医疗领域人体植入物的生产。在2010年代该类技术改称为增材制造或3D打印并沿用至今。

（2）2010年代中期至今：技术的广泛应用和改进。自2010年代中期以来，金属3D打印技术取得了显著进展，成为现代制造业的一项重要工具。技术不断改进，制造商可以更快速地生产高质量的金属零部件。这一时期也见证了金属3D打印技术的广泛应用，包括用于飞机发动机零部件的制造、骨科植入物的生产以及汽车工业的改进。在该阶段，以激光为高能束流的金属3D打印逐渐形成两个分支：激光定向能量沉积技术（LDED，俗称送粉工艺）和激光粉末床熔融技术（LPBF，俗称铺粉工艺），二者的区别主要是金属粉末是由送粉喷嘴同步供给（LDED）还是由预先铺设的粉床供给（LPBF）。这两种金属3D打印技术各有其优势和适用场景，选择何种方法取决于具体的应用需求以及所制造零部件的尺寸和形状。

1.2.2 激光定向能量沉积技术的国内发展历史

1. 第一阶段：技术的早期探索与试验（2000年代初期）

（1）初步尝试和研究。国内对金属3D打印技术雏形的开创可以追溯到21世纪初，当时一些研究机构和高校开始进行相关研究，例如中国科学院长春光学精密机械研究所率先引进国外激光技术，并开展相关研究。最初的尝试主要集中在材料、激光系统和工艺参数的研究，以寻找适合国内需求的解决方案。

（2）国内技术的早期发展。在这一时期，国内的一些高校和研究机构开始在金属3D打印技术上取得一些初步成果。他们研究了不同的金属材料、激光设备和控制系统，为该技术的发展奠定了基础，其中西安交通大学卢秉恒院士在2000年以"激光快速成型若干关键技术与应用"获得国家科学技术进步奖二等奖。

2. 第二阶段：技术的爆发式增长（2010年代初期）

（1）技术的快速发展。随着2010年代的到来，我国对金属3D打印技术领域的投资迅速增加，为技术的快速发展奠定了基础。例如，国内企业和政府开始积极推动金属 3D 打印技术，将其应用于实际生产中，其中北京隆源自动成型系统有限公司成功开发出具有自主知识产权的激光定向能量沉积设备，并在航空航天领域取得了一系列应用成果。科研方面，北京航空航天大学的王华明院士团队突破钛合金、超高强度钢等高性能难加工金属大型复杂关键构件激光增材制造工艺、成套设备和工程应用关键技术，开拓机械设备严酷环境关键摩擦副零部件激光定向能量沉积多元金属硅化物高温耐蚀耐磨特种涂层新领域，成果被应用在飞机、火箭、导弹、卫星、燃气轮机等研制和生产中。

（2）国内企业的涌现。2010 年代初，我国一些企业开始涉足金属 3D 打印技术领域，例如西安铂力特、湖南华曙高科、南京中科煜宸等。这些企业投资于研发 3D 打印设备、开发金属打印材料以及探索行业领域的广泛应用。我国的制造业逐渐开始认可并采用这一技术，其中以航空航天、国防军工和汽车工业为主。

（3）政府支持和政策推动。我国政府也发挥了重要作用，通过政策支持、资金投入和研发计划来推动激光定向能量沉积技术的发展。这种支持加速了技术的广泛应用，为我国制造业带来了显著优势。

3. 第三阶段：我国成为全球领导者（2010 年代末期至今）

（1）技术的突破和改进。自 2010 年代中期以来，我国逐渐成为金属 3D 打印技术（包括 LDED 和 LPBF）的领导者之一。国内企业不仅在技术研发方面取得了重大突破，还在推广应用方面表现出色。他们改进了 3D 打印设备的性能，提高了生产率，其中北京理工大学姜澜院士作为专家组组长牵头论证获批了国家重点研发计划"增材制造与激光制造"重点专项并获得国家支持，推动了我国激光制造跻身于国际前列。

（2）应用领域的拓展。金属 3D 打印技术在我国的广泛应用领域包括航空航天、国防军工、生物医疗、船舶制造和汽车工业。我国航空业制造发动机零部件、国防领域制造精密零件、医疗行业制造植入物和假肢以及汽车工业改进零部件生产，都已经开始使用金属 3D 打印技术（包括 LDED 和 LPBF）。

（3）国际合作与竞争。我国企业在国际市场上也展示了竞争力，同时还在国际合作方面发挥了重要作用。他们积极参与国际标准的制定、国际专利的申请，与国际伙伴合作开展研究项目，推动了金属 3D 打印技术（包括 LDED 和 LPBF）在国际舞台上的日益强大和发展。

1.3　激光定向能量沉积技术的研究现状

1.3.1　模型建立与数据处理

建立零件的三维模型有两种方法：直接法和反求法。直接法使用 CAD 软件，如 SolidWorks、Pro/E、UG、Inventor、Rhino 等，直接在计算机上构建零件的几何模型。反求法则利用逆向工程软件，如 Imageware、Geomagic Studio、CopyCAD、RapidForm 等，对现有零件进行扫描并在计算机中生成三维模型。目前，主要的三维模型数据处理方法是先将 CAD 模型转换为 STL 数据，然后对 STL 数据进行诊断修复、分层切片、路径规划和数控代码生成。分层切片算法基于 STL 模型，包括等层厚分层、自适应分层和曲面分层等。路径规划方法涵盖了光栅式扫描、轮廓偏置扫描和分区分形扫描等。

目前，关于分层算法和路径规划的研究主要集中在提高它们的精确性、稳定性和效率方面。北京航空航天大学的赵罡等提出了两种非平面分层策略：基于分解的曲面分层和基于变换的圆柱面分层。与平面分层相比，曲面分层的层数减少了 13%，实现了大角度悬垂结构的无支撑打印。哈尔滨工业大学的金宇鹏改进了 STL 模型的曲面分层算法，提高了分层效率，同时实现了基于中轴线的轮廓偏置扫描方法，有效减少了路径中断的次数。天津科技大学的刘少岗等提出了一种新的基于 x-y 分辨率的 STL 模型自适应分层算法，该算法简化了分层参数处理过程，并提高了模型分层轮廓的精细度，如图 1-7 所示。

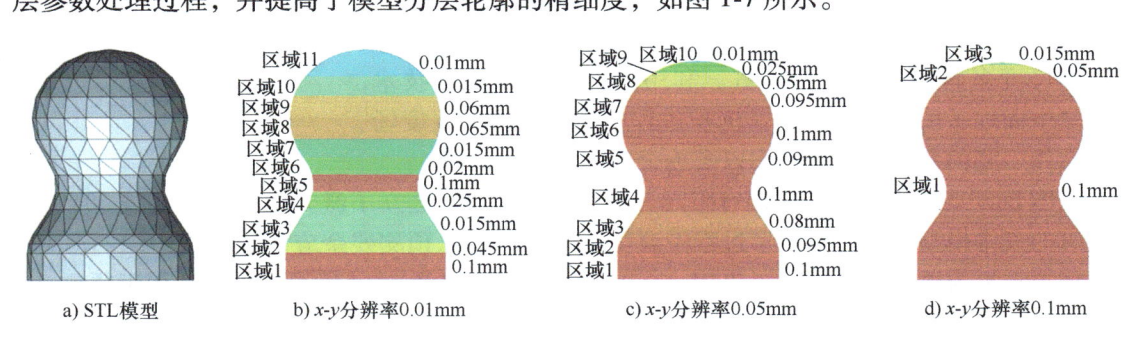

图 1-7　不同的 x-y 分辨率对 STL 模型自适应分层变化情况

1.3.2　材料及工艺研究

LDED 技术通常采用直径为 45~150μm 的球形金属粉末或直径为 0.8~3mm 的金属丝材作为成形材料。目前应用较广泛的合金材料包括以 Ti-6Al-4V（TC4）为代表的钛合金、以 AlSi10Mg 为代表的铝合金、以 316L 为代表的不锈钢、以 300M 为代表的高强钢、以 H13 为代表的模具钢、以 Inconel 718（GH4169）为代表的镍基高温合金以及铜合金、钨合金等。相关学者针对 LDED 成形过程中的激光功率、扫描速率、扫描策略、光斑大小、送粉/送丝速率、搭接率等典型工艺参数，结合锻造、轧制、电磁感应、超声振动、元素添加、热处理等辅助工艺，对整体工艺的稳定性和可靠性进行优化。

早在 20 世纪末，美国的 Sandia 国家实验室和 Los Alamos 国家实验室已经采用 LENS 技术和 DLF 技术，对 H13 模具钢、316 不锈钢、Inconel 690 镍基高温合金、Ti-6Al-4V 钛合金等金属材料的成形工艺进行了研究。近年来，德国的 Fraunhofer 研究所详细描述了 LDED 技术的工艺步骤，采用不同工艺参数制造了 Ti-6Al-4V 圆柱和 Inconel 718 方块，以研究不同工艺参数的适用性，并将优化的工艺应用于制造 Ti-6Al-4V 合金涡轮叶片上的纵树形榫头。瑞士苏黎世理工学院的 Dalaee 等研究了电磁感应加热辅助激光直接金属沉积（IH-DMD）工艺，结果表明 IH-DMD 工艺可以将成形效率提高 3 倍。西安交通大学的卢秉恒院士等研究了悬垂结构空间可变取向激光定向能量沉积，成功制造了具有悬垂结构的"花瓶"形金属零件，最大悬垂角度达到了与垂直方向成 80°角，如图 1-8 所示。西安交通大学的张安峰等通过在激光定向能量沉积制备 Ti-6Al-4V 的过程中添加变质剂（硼和硅），辅以感应加热和热处理的方法，细化了晶粒并改善了微观组织，获得了高性能的钛合金试样。他们还研究了采用超声冲击锻造辅助激光定向能量沉积工艺对 Ti-6Al-4V 微观组织和各向异性的影响。北京工业大学的杨胶溪等采用激光定向能量沉积进行了无磁复合材料、镍基耐磨耐蚀材料和软磁材料的制备工艺及冶金机理的研究。他们应用了固体与分子经验电子理论（EET 理论）、第一性原理等方法来探讨磁性控制机理，并通过添加合金元素来调控材料性能，以制备高性能的梯度结构。

1.3.3 过程模拟与仿真

用于 LDED 技术的仿真软件包括 ANSYS、COMSOL、SIMU-FACT、FLOW-3D、AMProSim 等，该过程涉及宏观、介观、微观和多尺度多物理场的模拟仿真。利用计算机模拟仿真技术，可以更全面地了解激光定向能量沉积过程中熔池形态、温度场、微观结构、翘曲变形、残余应力以及冶金缺陷等变化规律。

图 1-8 激光定向能量沉积制备悬垂结构零件

美国 Sandia 国家实验室采用有限元分析方法（FEA）建立了激光定向能量沉积 304L 不锈钢管的三维模型，进行了成形过程中温度场的模拟，以预测残余应力和微观组织的演变，并将模拟结果与试验结果进行了比较。英国诺丁汉大学的 Bennett 等提出了一种用于预测 Inconel 718 镍基高温合金成形过程中沉积层几何形状和热-力场变化的仿真模型。与实际试验相比，模型的沉积层高度和宽度误差分别为 6.5% 和 7.6%，温度场和残余应力误差分别为 6.2% 和 11.4%。苏州大学的石世宏等基于三光束光内送丝技术，采用 ANSYS 软件对不同参数下激光定向能量沉积成形碳钢材料的熔池温度场进行了仿真，然后通过仿真与试验分析来优化工艺参数，熔池温度分布云图如图 1-9 所示。

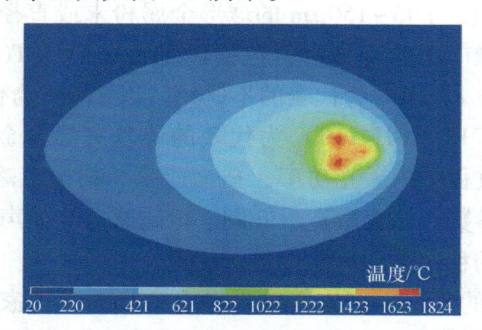

图 1-9 激光定向能量沉积成形碳钢材料的熔池温度分布云图

1.3.4 成形质量检测与分析

评估工艺参数适用性的一个重要手段是进行成形质量的检测分析，其中包括成形精度、组织结构、力学性能（如硬度、摩擦磨损、抗拉强度、残余应力和疲劳强度等）以及冶金缺陷（如未熔合粉末、裂纹和气孔等）。检测技术分为机械检测（如拉伸、压缩、冲击等）和无损检测（如超声、射线、工业 CT、荧光渗透等）。目前，激光定向能量沉积制备 Ti-6Al-4V、Inconel 718 等材料的工艺已相对成熟，经过热处理的零件具有与传统工艺制造的零件相当的力学性能。

在相关研究方面，美国 Sandia 国家实验室与 California 大学合作，深入研究了激光定向能量沉积工艺参数对 316L 不锈钢成形质量、微观结构及力学性能的影响，并讨论了微观结构的演变和冶金缺陷的形成。澳大利亚 RMIT 增材制造中心的 Barr 等研究了激光定向能量沉积过程中残余热量对 300M 马氏体钢的原位回火作用，并对不同延迟策略下样品的微观结构和硬度进行了分析。西北工业大学黄卫东等采用 LSF 技术研究了 Ti-6Al-4V、Inconel 718、DZ125、Rene88DT、AlSi10Mg 及钨合金等材料成形和修复过程中的组织结构及力学性能等方面。北京航空航天大学王华明院士团队针对高性能大型钛合金构件的激光定向能量沉积进行了多项相关研究，并建立了硬度、强度、微观组织与工艺参数之间的映射关系，图 1-10 所示为该团队采用激光定向能量沉积与锻造制备超高强度钛合金 Ti-4.5Al-5Mo-5V-6Cr-1Nb 试样组织的 EBSD 对比图，这为钛合金增材制件的组织优化和强塑性匹配提供了理论指导。

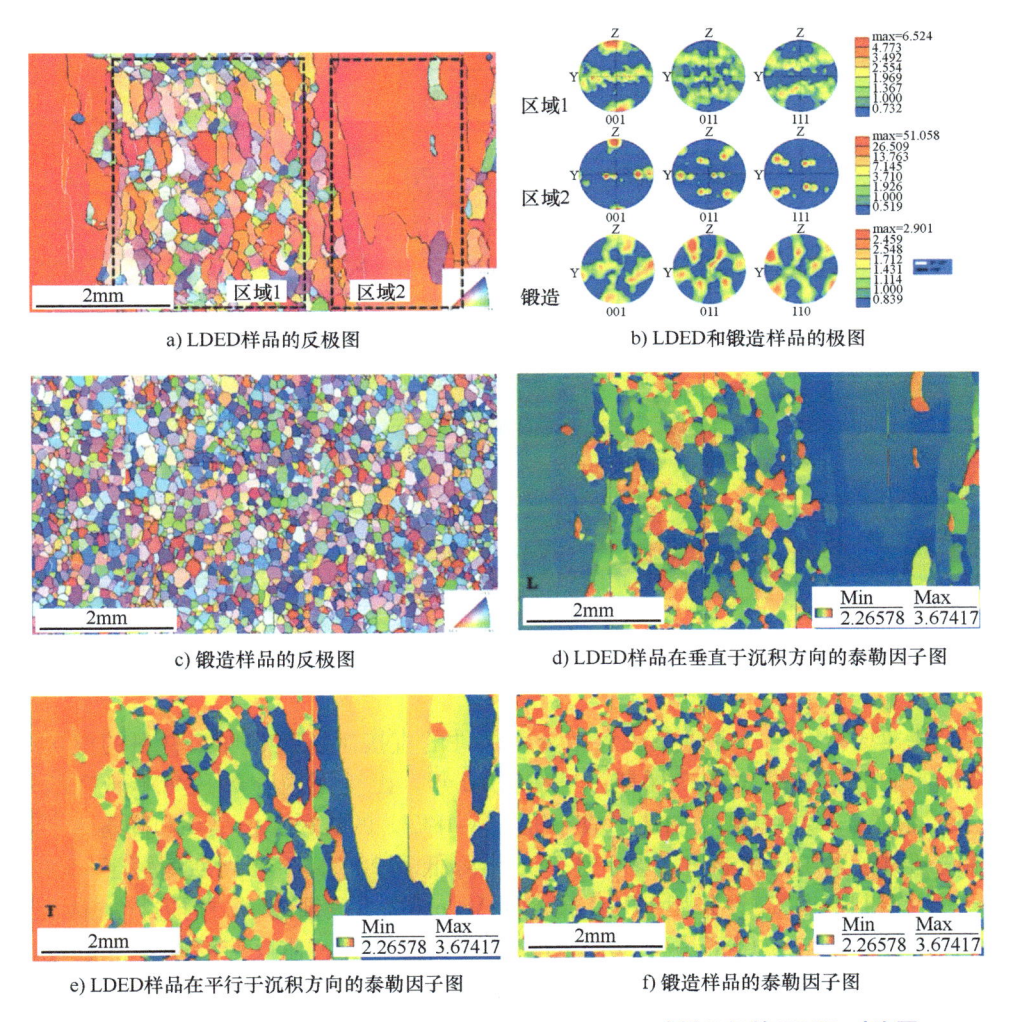

a) LDED 样品的反极图

b) LDED 和锻造样品的极图

c) 锻造样品的反极图

d) LDED 样品在垂直于沉积方向的泰勒因子图

e) LDED 样品在平行于沉积方向的泰勒因子图

f) 锻造样品的泰勒因子图

图 1-10 超高强度钛合金 Ti-4.5Al-5Mo-5V-6Cr-1Nb 试样组织的 EBSD 对比图

1.3.5 在线监测及闭环控制

在激光定向能量沉积过程中，通常会因误差累积而导致成形精度下降。为了确保整个成形过程的误差保持在可接受的范围内，需要实施闭环控制。这意味着需要监测激光定向能量沉积制造过程中的熔池温度、成形宽度/高度、送粉/送丝速率等参数，并通过反馈信号在线调整激光功率、扫描速率等参数，以使整个成形过程保持在一定误差范围内，从而实现高质量的增材制造。

俄罗斯科学院的 Dubrov 等对 LDED 成形过程中激光作用于气粉混合物（GPM）的温度分布进行了研究，并提出了一种用于在线监测熔池温度的方法。日本三菱先进技术研发中心与大阪大学合作，开发了一种激光沉积高度在线测量和送丝速率反馈控制系统，该系统可以确保沉积高度和送丝速率保持在最佳范围内。湖南大学的宋立军等设计了一套基于状态空间模型的系统，可以实现对激光定向能量沉积过程中熔池温度的定量控制，并通过预测控制系统减少了熔池的波动以及基板的变形，图 1-11 所示为熔池温度监测与控制系统示意图。

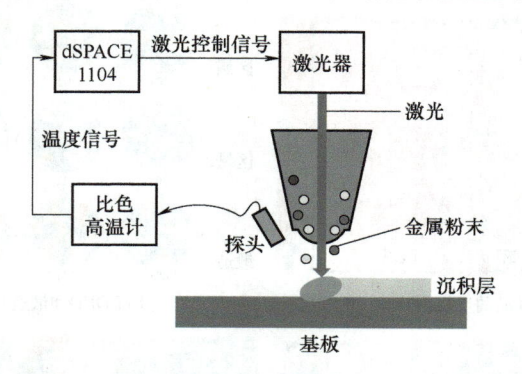

图 1-11 熔池温度监测与控制系统示意图

1.4 激光定向能量沉积技术的应用现状

1.4.1 快速成型

在激光快速成型方面，主要关注大型金属构件的直接制造及难加工材料的沉积成形问题，以降低制造成本并缩短生产周期。早在 2000 年，由美国国防部和海军研究院主导的"钛合金柔性制造"项目就成功制造了战斗机 F/A-18E/F 的机翼翼根吊环和降落连杆。这些零件的性能超过了采用传统制造工艺，生产成本降低了 20%，生产周期缩短了 75%。英国航空航天和汽车制造商 GKN 采用 LDED 技术对 Vulcain2.1 火箭喷嘴结构进行加固，并制造了关键连接部件。他们使用了超过 50kg 的镍基超高温合金，使火箭喷嘴零件数量减少了 90%，生产成本降低了 40%，生产周期减少了 30%。美国国家航空航天局（NASA）采用其开发的 LDED 技术制造的火箭喷嘴部件如图 1-12a 所示。美国 RPM Innovations 公司采用 LDED 技术一体成形弯管零件，其中有 4 个弯折处的角度都达到了 90°，如图 1-12b 所示。德国 DMG MORI 公司使用 LDED 技术制备多个 316L 不锈钢零件，如图 1-12c 所示。西北工业大学采用 LSF 技术为国内首架自研的 C919 大型客机制造了钛合金中央翼缘条，其尺寸长达 3070mm，如图 1-12d 所示。北京航空航天大学通过 LDED 技术制造了多种大型钛合金部件，包括飞机钛合金主承力构件加强框，如图 1-12e 所示。南京中科煜宸采用自主研发的增材制造设备沉积成形发动机叶轮,如图 1-12f 所示。

a) NASA火箭喷嘴部件

b) RPM Innovations弯管零件

c) DMG MORI 316L不锈钢零件

d) 西北工业大学客机中央翼缘条

e) 北京航空航天大学飞机钛合金主承力构件加强框

f) 南京中科煜宸发动机叶轮

图 1-12 零件的 LDED 快速成型

1.4.2 结构添加

在结构添加方面,通过 LDED 技术在现有零件表面沉积不同材料,可以提高零件的防腐、耐磨、耐高温等性能。美国 DM3D 公司使用铜基材料进行沉积,制造汽车部件模具,以确保模具在注塑过程中既具有强度和耐磨性,又提高了冷却速率。德国 TRUMPF 公司采用 LDED 技术在铝压铸件表面添加铝合金结构,以提高零件的整体性能,如图 1-13a 所示。法国 BeAM 公司在 304 不锈钢零件表面添加了 Inconel 625 镍基高温合金材料的网状结构,如图 1-13b 所示。北京工业大学与铁道科学研究院以及特冶(北京)科技发展有限公司合作,在 U75V 和 U20Mn 贝氏体钢轨上进行了高性能材料的沉积,以提高新型辙叉的抗冲击和抗滚动接触疲劳性能,如图 1-13c 所示。中国科学院沈阳自动化研究所与一重集团天津重工有限公司合作，采用 LDED 技术对轴盘类关键部位外表面沉积制备高硬度和耐磨涂层，与手工 TIG 焊相比，变形量仅为传统的手工 TIG 焊的 30%，耐磨性提高了一倍，耐蚀性提高了 30%，如图 1-13d 所示。

a) TRUMPF公司在铝压铸件表面添加铝合金结构　　b) BeAM公司在304不锈钢零件表面添加网状结构

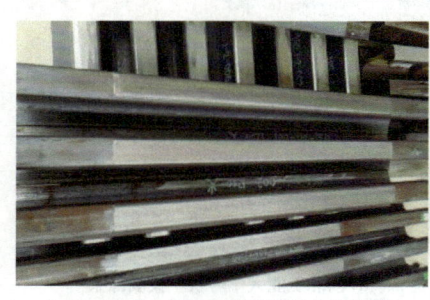

c) 北京工业大学等激光沉积制备新型辙叉　　d) 中国科学院沈阳自动化研究所等的激光沉积制备

图 1-13　零件的 LDED 结构添加

1.4.3　修复再制造

在修复再制造方面，LDED 技术提供了一种可靠的方法，用于修复和重建受损零件区域，从而大大降低了更换相应零件所产生的成本。如图 1-14a 所示，美国 Optomec 公司使用 LENS 技术修复了磨损的齿轮轴颈。图 1-14b 所示为沈阳工业大学采用 LDED 技术为沈阳精新再制造有限公司修复受损机床直线导轨，再制造机床关键零部件的综合力学性能达到新件的 90%以上。图 1-14c 所示为美国罗切斯特理工学院（RIT）为汉斯福德零部件产品公司修复受损齿轮。图 1-14d 所示为西北工业大学采用 LSF 技术对某型号发动机高压一级涡轮叶片进行修复，已装机应用超过 50 台份。

激光定向能量沉积技术从原理上突破了复杂异型构件的技术瓶颈，实现材料微观组织与宏观结构的可控成形，从根本上改变了传统"制造引导设计、制造性优先设计、经验设计"的设计理念，真正意义上实现了"设计引导制造、功能性优先设计、拓扑优化设计"转变。其制造材料涵盖了钛合金、铝合金、铜合金、镁合金、高温合金、不锈钢等金属和添加无机非金属增强材料（如陶瓷、碳、石墨及硼等）的金属基复合材料，制造尺度向大尺寸复杂构件与微纳精细结构两极化发展，制造地点由地表制造向星际、太空制造发展，产品服役由正常环境向高温、高压、大载荷、强腐蚀等极端环境发展，应用领域由传统制造行业如机械装备、航空航天、船舶海洋、国防军工、轨道交通等领域向新兴行业如能源动力、生物医疗、康复产业、文物保护、文化创意、创新教育等领域纵深拓展。作为"中国制造 2025"

a) Optomec磨损轴颈的修复 　　　　　　b) 沈阳工业大学机床直线导轨的修复

c) RIT受损齿轮的修复 　　　　　　　　d) 西北工业大学发动机涡轮叶片的修复

图 1-14　零件的 LDED 修复再制造

的发展重点，激光定向能量沉积技术在近几年取得了蓬勃发展，围绕各领域重大需求起到了显著的行业引领与示范效应。国内多家单位围绕激光定向能量沉积技术陆续开展了较为深入的研究，依托"科研院所+上下游企业"立体化的产学研用合作模式，走出了具有中国特色的"3D 打印"之路，为产业技术创新、军民深度融合、新兴产业和国防事业的兴起与发展开辟了巨大空间。激光定向能量沉积是增材制造技术中极具前景的热点技术，该技术突破了传统制造技术对金属零部件材料、形状、尺寸、功能等制约，在不需要工模具的情况下可制造绝大多数复杂的近净成形结构，可覆盖全彩色、异质、功能梯度材料，可跨越宏观、介观、微观、原子等多尺度，可整体成形甚至取消复杂零部件的装配，所以被公认为是未来成形方式中最具发展潜力和应用前景的制造技术之一。加快激光定向能量沉积技术的科学研究，推动激光定向能量沉积技术的产业化应用，充分发挥激光定向能量沉积技术的独特优势，将是提高国家综合国力、加快高新技术发展的助推器。

参考文献

[1] FRAZIER W E. Metal additive manufacturing：A review [J]. Journal of Materials Engineering and Performance，2014，23（6）：1917-1928.

[2] ASTM. F3187-16 standard guide for directed energy deposition of metals [S]. West Conshohocken：ASTM International，2016.

[3] MEHTA P P, OTTEN R R, COOPER E B. Method and apparatus for repairing metal in an article：US4743733 [P]. 1988-05-10.

[4] GRIFFITH M L, KEICHER D L, ROMERO J A, et al. Laser engineered net shaping (LENS) for the fabrication of metallic components：CONF-9605172-1 [R]. Albuquerque：Sandia National Labs，1996.

[5] LEWIS G K, SCHLIENGER E. Practical considerations and capabilities for laser assisted direct metal deposition [J]. Materials & Design, 2000, 21 (4): 417-423.

[6] MAZUMDER J, DUTTA D, KIKUCHI N, et al. Closed loop direct metal deposition: Art to part [J]. Optics and Lasers in Engineering, 2000, 34 (4): 397-414.

[7] MERZ R, PRINZF B, RAMASWAMI K, et al. Shape deposition manufacturing [C] // 25th Annual International Solid Freeform Fabrication Symposium. Austin, 1994.

[8] WU X H, SHARMAN R, MEI J, et al. Direct laser fabrication and microstructure of a burn-resistant Ti alloy [J]. Materials & Design, 2002, 23 (3): 239-247.

[9] MCLEAN M A. Laser direct casting of high nickel alloy parts [J]. Metal Powder Report, 1998, 53 (9): 57.

[10] KLOCKE F, FREYER C. Fast manufacture, modification and repair of molds using controlled metal build up (CMB) [J]. RAPTIA Newsletter, 2001 (6): 6-8.

[11] GREMAUD M, WAGNIERE I D, ZRYD A, et al. Laser metal forming: Process fundamentals [J]. Surface Engineering, 1996, 12 (3): 251-259.

[12] 刘业胜, 韩品连, 胡寿丰, 等. 金属材料激光增材制造技术及在航空发动机上的应用 [J]. 航空制造技术, 2014, 57 (10): 62-67.

[13] 孙辉磊. 复杂双壁结构的激光熔化沉积工艺研究 [D]. 石家庄: 河北科技大学, 2023.

[14] 黄卫东, 李延民, 冯莉萍, 等. 金属材料激光立体成形技术 [J]. 材料工程, 2002, 30 (3): 40-43, 27.

[15] MICAH C. Additive Manufacturing in Aerospace [EB/OL]. 2013-11-01.

[16] 宋建丽, 王国彪, 黎明. 增材制造科学与技术中青年学者论坛 [EB/OL]. 2014-09-29.

[17] DMG MORI. Hybrid Machine Adds and Removes Material in One Set-Up [EB/OL]. 2014-03-01.

[18] ANTONIO C-R. Precious dust [EB/OL]. 2012-05-22.

[19] 胡捷, 廖文俊, 丁柳柳, 等. 金属材料在增材制造技术中的研究进展 [J]. 材料导报, 2014 (S2): 459-462.

[20] MANFREDI D, Calignano F, Krishnan M, et al. Additive manufacturing of Al alloys and aluminium matrix composites (AMCs) [J]. Light Metal Alloys Applications, 2014 (11): 3-34.

[21] XIAO K. 美国3D打印全球首个全尺寸铜合金火箭发动机零件 [EB/OL]. 2015-04-24.

[22] 张凯, 刘伟军, 尚晓峰, 等. 激光定向能量沉积金属材料及零件的研究进展（上）——国外篇 [J]. 激光杂志, 2005 (4): 4-8.

[23] KEICHER D M, SMUGERESKY J E, ROMERO J A, et al. Using the laser engineered net shaping (LENS) process to produce complex components from a CAD solid model [C] // Lasers as Tools for Manufacturing II. International Society for Optics and Photonics, 1997.

[24] GRIFFITH M L, SCHLIENGER M, HARWELL L D, et al. Understanding thermal behavior in the lens process [J]. Materials & Design, 1999, 20 (2): 107-113.

[25] GRAF B, MARKO A, PETRAT T, et al. 3D laser metal deposition: Process steps for additive manufacturing [J]. Welding in the World, 2018, 62 (4): 877-883.

[26] PETRAT T, BRUNNER-SCHWER C, GRAF B, et al. Microstructure of Inconel 718 parts with constant mass energy input manufactured with direct energy deposition [J]. Procedia Manufacturing, 2019, 36: 256-266.

[27] DALAEEMT, GLOORL, LEINENBACH C, et al. Experimental and numerical study of the influence of induction heating process on build rates Induction Heating-assisted laser Direct Metal Deposition (IH-DMD) [J]. Surface & Coatings Technology, 2020, 384: 125275.

[28] SHI T, LU B H, SHI S H, et al. Laser metal deposition with spatial variable orientation based on hollow-laser beam with internal powder feeding technology [J]. Optics and Laser Technology, 2017, 88: 234-241.

[29] 张安峰, 张金智, 张晓星, 等. 激光增材制造高性能钛合金的组织调控与各向异性研究进展 [J]. 精密成形工程, 2019, 11 (4): 1-8.

[30] YANG J X, XIAO Z Y, YANG F, et al. Microstructure and magnetic properties of NiCrMoAl/WC coatings by laser cladding: Effect of WC metallurgical behaviors [J]. Surface & Coatings Technology, 2018, 350: 110-118.

[31] YANG J X, MIAO X H, WANG X B, et al. Microstructure, magnetic properties and empirical electron theory calculations of

laser cladding FeNiCr/60%WC composite coatings with Mo additions [J]. International Journal of Refractory Metals & Hard Materials, 2016, 54: 216-222.

[32] YANG J X, XIAO Z Y, MIAO X H, et al. The effect of Ti additions on the microstructure and magnetic properties of laser clad FeNiCr/60%WC coatings [J]. International Journal of Refractory Metals & Hard Materials, 2015, 52: 6-11.

[33] YANG J X, MIAO X H, WANG X B, et al. Influence of Mn additions on the microstructure and magnetic properties of FeNiCr/60% WC composite coating produced by laser cladding [J]. International Journal of Refractory Metals & Hard Materials, 2014, 46: 58-64.

[34] 杨胶溪, 常万庆, 缪宣和, 等. 添加 Mn、Mo、Ti 合金元素对激光熔覆 WC-FeNiCr 复合涂层组织及磁性能的影响 [J]. 中国激光, 2015, 42 (10): 180-185.

[35] 徐滨士, 董世运, 门平, 等. 激光增材制造成形合金钢件质量特征及其检测评价技术现状 [J]. 红外与激光工程, 2018, 47 (4): 8-16.

[36] 胡婷萍, 高丽敏, 杨海楠. 航空航天用增材制造金属结构件的无损检测研究进展 [J]. 航空制造技术, 2019, 62 (8): 70-75, 87.

[37] YANG N, YEE J, ZHENG B, et al. Process-structure-property relationships for 316L stainless steel fabricated by additive manufacturing and its implication for component engineering [J]. Journal of Thermal Spray Technology, 2017, 26 (4): 610-626.

[38] ZHENG B, HALEY J C, YANG N, et al. On the evolution of microstructure and defect control in 316L SS components fabricated via directed energy deposition [J]. Materials Science and Engineering: A, 2019, 764: 138243.

[39] BARR C, SUN S D, EASTON M, et al. Influence of delay strategies and residual heat on in situ tempering in the laser metal deposition of 300M high strength steel [J]. Surface & Coatings Technology, 2020, 383: 125279.

[40] 宋衍, 喻凯, 林鑫, 等. 热处理态激光立体成形 Inconel 718 高温合金的组织及力学性能 [J]. 金属学报, 2015, 51 (8): 935-942.

[41] ZHAO Z, CHEN J, TAN H, et al. Microstructure and mechanical properties of laser repaired TC4 titanium alloy [J]. Rare Metal Materials and Engineering, 2017, 46 (7): 1792-1797.

[42] 杨海欧, 韩加军, 林鑫, 等. 热处理对激光立体成形 DZ125 高温合金组织的影响 [J]. 中国激光, 2018, 45 (11): 52-60.

[43] 杨海欧, 王猛, 魏雷, 等. 多路粉末送进激光立体成形钨合金组织凝固形态分析 [J]. 中国表面工程, 2018, 31 (3): 161-167.

[44] 丁莹, 杨海欧, 白静, 等. 激光立体成形 AlSi10Mg 合金的微观组织及力学性能 [J]. 中国表面工程, 2018, 31 (4): 46-54.

[45] 杨海欧, 赵宇凡, 许建军, 等. 激光立体成形 Rene88DT 镍基高温合金沉积态组织研究 [J]. 精密成形工程, 2019, 11 (4): 9-14.

[46] 汤海波, 吴宇, 张述泉, 等. 高性能大型金属构件激光增材制造技术研究现状与发展趋势 [J]. 精密成形工程, 2019, 11 (4): 58-63.

[47] 王华明, 张述泉, 王韬, 等. 激光增材制造高性能大型钛合金构件凝固晶粒形态及显微组织控制研究进展 [J]. 西华大学学报 (自然科学版), 2018, 37 (4): 9-14.

[48] YANG J, TANG H, WEI P, et al. Microstructure and Mechanical Properties of An Ultrahigh-strength Titanium alloy Ti-4.5Al-5Mo-5V-6Cr-1Nb Prepared Using Laser Directed Energy Deposition and Forging: A Comparative Study [J]. Chinese Journal of Mechanical Engineering: Additive Manufacturing Frontiers, 2023, 2 (1): 100064.

[49] 赵吉宾, 刘伟军. 快速成型技术中分层算法的研究与进展 [J]. 计算机集成制造系统, 2009, 15 (2): 209-221.

[50] ZHAO G, MA G C, FENG J W, et al. Nonplanar slicing and path generation methods for robotic additive manufacturing [J]. The International Journal of Advanced Manufacturing Technology, 2018, 96 (9): 3149-3159.

[51] 金宇鹏. 机器人增材制造曲面分层与中轴路径规划算法研究 [D]. 哈尔滨: 哈尔滨工业大学, 2019.

[52] 田仁强, 刘少岗, 张义飞. 增材制造中 STL 模型三角面片法向量自适应分层算法研究 [J]. 机械科学与技术, 2019, 38 (3): 415-421.

[53] 魏雷, 林鑫, 王猛, 等. 金属激光增材制造过程数值模拟 [J]. 航空制造技术, 2017, 60 (13): 16-25.

[54] JOHNSON K L, RODGERS T M, UNDERWOOD O D, et al. Simulation and experimental comparison of the thermo-mechanical history and 3D microstructure evolution of 304L stainless steel tubes manufactured using LENS [J]. Computational Mechanics, 2018, 61 (5): 559-574.

[55] WALKER T R, BENNETT C J, LEE T L, et al. A novel numerical method to predict the transient track geometry and thermo-mechanical effects through in situ modification of the process parameters in direct energy deposition [J]. Finite Elements in Analysis and Design, 2020, 169: 103347.

[56] 张吉平, 石世宏, 蒋伟伟, 等. 三光束光内送丝激光熔覆温度场仿真分析与工艺优化 [J]. 中国激光, 2019, 46 (10): 122-129.

[57] ZAVALOV Y N, DUBROV A V, RODIN P S, et al. Temperature distribution of gas powder jet formed by coaxial nozzle in laser metal deposition [C] // 3D Printed Optics and Additive Photonic Manufacturing Strasbourg: International Society for Optics and Photonics, 2018.

[58] ZAVALOV Y N, DUBROV A V, DUBROV V D. Optical method of on-line temperature monitoring on the melt surface in laser metal deposition technology [C] // Optical Measurement Systems for Industrial Inspection XI. Munich: International Society for Optics and Photonics, 2019.

[59] TAKUSHIMA S, MORITA D, SHINOHARA N, et al. Optical in-process height measurement system for process control of laser metal-wire deposition [J]. Precision Engineering, 2020, 62: 23-29.

[60] 张荣华, 宋立军. 激光增材制造熔池温度实时监测与控制 [J]. 应用激光, 2018, 38 (1): 13-18.

[61] ARCELLA F G, FROES F H. Producing titanium aerospace components from powder using laser forming [J]. Journal of Metals, 2000, 52 (5): 28-30.

[62] SCOTT C. GKN launches into aerospace 3D printing [EB/OL]. 2017-07-12.

第2章

激光定向能量沉积的设备研制

近年来，随着激光定向能量沉积技术的不断发展和制造需求的持续增长，激光定向能量沉积设备也得到了迅速发展，由此带来了激光定向能量沉积设备行业市场的火爆。作为激光定向能量沉积制造技术的实施载体，激光定向能量沉积设备是目前国内外广泛关注与研发的新型智能制造设备。为了满足市场和用户日益增长的产品质量和性能需求，研发人员和设备制造商也在不断进行着设备的推陈出新和迭代升级。设备的功能、指标、一致性、稳定性和安全性直接决定着成形零件的质量、精度和性能，因此有必要了解设备的系统组成及优化设计方法。

鉴于此，科研团队以自主研发的同轴送粉式激光定向能量沉积设备为研究对象，详细阐述典型激光定向能量沉积设备的系统组成，深入分析激光定向能量沉积设备的人机操作任务，系统研究激光定向能量沉积设备的工效学优化设计方法，旨在解决激光定向能量沉积制造设备的可靠性、安全性、舒适性问题，促进激光定向能量沉积设备的人性化、宜人化设计，增强操作者使用效率与满足感，提升激光定向能量沉积设备设计水平，进而满足激光定向能量沉积设备的高效率、高质量、高性能制造，实现激光定向能量沉积设备的宜人化设计、系列化研发与工程化应用。

2.1 激光定向能量沉积设备的需求分析

激光定向能量沉积设备应用场景跨越式发展的根本原因在于性能指标、安全性和多样性的创新。用户需求的爆发式增长，极大地丰富了激光定向能量沉积设备的应用场景。一方面，进一步提升激光定向能量沉积设备产业链中的原材料和供应商，有利于产业源头的转型升级与产业流程的优化布局；另一方面，激光定向能量沉积设备性能、精度、品种的更新迭代，有利于产品的持续开发。进一步满足用户的需求升级和设备的质量提升，有利于激光定向能量沉积设备行业与应用的爆发式发展。激光定向能量沉积设备的用户需求具体表现在以下方面。

1. 设备性能需求

激光定向能量沉积设备需要具备高精度、高效率和高质量的性能特点。具体来说，设备应具备高功率、高能量密度的激光输出能力，以实现快速、高效的加工。同时，设备应具备良好的光束质量，以保证加工精度和表面质量。此外，设备应具备多功能和长寿命的特点，以确保柔性与连续的生产。

2. 应用领域需求

激光定向能量沉积设备的应用领域广泛，主要包括航空航天、汽车制造、模具制造、医疗器械、电子制造等领域。在这些领域中，激光定向能量沉积设备可用于加工各种金属材料以及复合材料等。因此，设备应具备广泛的材料加工适应性，并能满足不同领域的加工需求。

3. 加工材料需求

激光定向能量沉积设备主要用于加工各种材料，包括金属、非金属、复合材料等。在这些材料中，有些材料对激光的吸收率较高，有些材料对激光的反射率较高。因此，设备应具备对不同材料的加工适应性，并能根据材料的特性调整激光参数，以保证加工的质量和效率。

4. 精度与稳定性需求

激光定向能量沉积设备的精度和稳定性是关键的性能指标。设备的精度应达到微米级别，以保证加工精度和表面质量，保持加工过程的一致性和可靠性。同时，设备的稳定性应达到一定水平，以保证长期稳定的生产。为了实现这些性能指标，设备应具备良好的热稳定性和机械稳定性，并能进行有效的误差补偿和控制。

5. 安全性与环保性需求

激光定向能量沉积设备的安全性和环保性也是重要的需求指标。在设备的设计和使用过程中，应充分考虑到操作人员的安全和环境保护的需求。具体来说，设备应具备完善的安全保护功能，防止激光对操作人员的伤害。同时，设备的运行应尽可能减少对环境的污染和破坏，如减少噪声、废气、废水的排放等。在设备的维护和更新过程中，也应尽量减少对环境的负面影响。

6. 舒适性与宜人化需求

激光定向能量沉积设备复杂的任务层级与系统构成会导致设备的宜人化设计水平偏低，影响操作者对设备的加工成形控制。因此，针对激光定向能量沉积设备开展工效学分析与优化设计，对于保证操作者的作业效率，降低事故的发生率，提高操作人员的体验满足感与舒适性，增强设备的宜人化设计与质量控制能力具有重要意义。

2.2 激光定向能量沉积设备的系统组成

根据需求分析，以科研团队自主研发的小型同轴送粉式激光定向能量沉积设备（见图2-1）为例来详细介绍设备的系统组成。激光定向能量沉积设备是集光、机、电一体化的集成系统，系统复杂、自动化程度高，涉及材料、机械、自动化、控制等学科。典型的激光定向能量沉积设备主要由激光传输系统、粉末送给系统、运动执行系统、气氛保护系统和计算机控制系统等部分组成。各子系统承担相应任务，实现特定功能，相互协同完成整个加工过程。设备系统组成如图2-2所示。

图 2-1 小型同轴送粉式激光定向能量沉积设备

第 2 章　激光定向能量沉积的设备研制

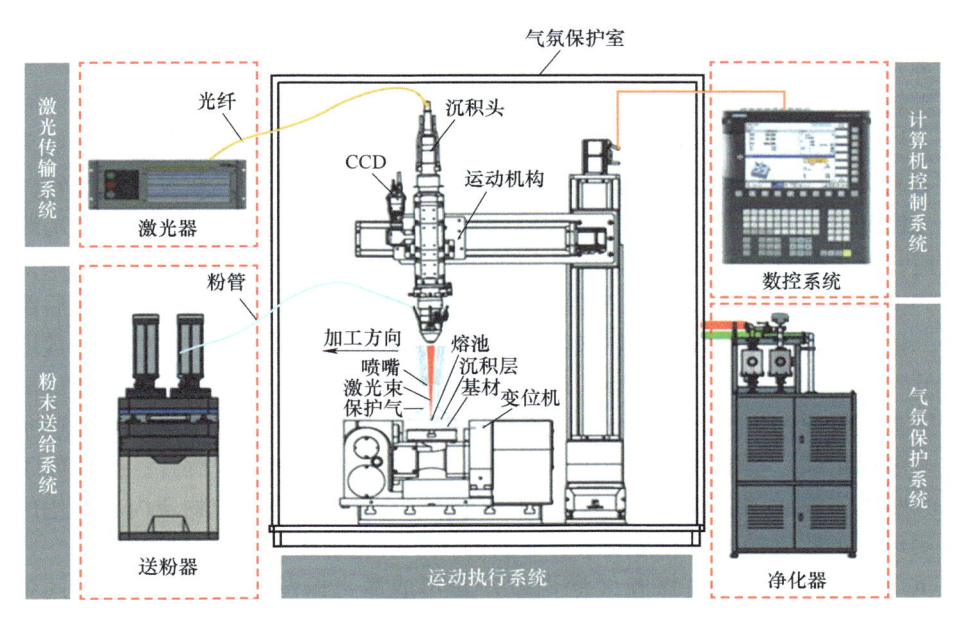

图 2-2　激光定向能量沉积设备系统组成示意图

2.2.1　激光传输系统

激光传输系统作为金属粉末熔融的能量源，是设备的重要组成部分。激光传输系统通常包括但不限于以下部件：激光器、光学元件、水冷机、稳压电源等。设备协同工作保证了激光传输系统的稳定运行。激光器作为设备的光源十分关键，应选择具有连续/调制两种运行模式，且功率稳定性较高的激光器。光学元件负责控制和导引激光束，确保它准确聚焦到工件表面以进行高质高效的沉积制造。输出功率的稳定性决定了设备在连续打印过程中成形的稳定性。双温型水冷机在为激光器提供稳定精确的水温控制的同时，提供一路与环境温度相近的水路，用于镜片冷却，防止镜片使用低温冷却水结露而造成损坏。稳压电源又称全自动补偿式稳压器，即当外界供电网络电压波动或负载变动造成电压波动时能自动保持输出电压的稳定，以此保护系统稳定性，满足激光加工的平稳性、一致性及可靠性。

1. 激光器

激光器是激光传输系统的核心组件，它通过受激辐射过程产生激光束。激光器的选择通常取决于所需的激光功率、波长和稳定性等因素。常用的激光器类型包括 CO_2 激光器、半导体激光器、光纤激光器和固体激光器。激光器一般由激活介质、泵浦源和光学谐振腔等部分组成。

（1）激活介质。激活介质（激光工作物质）是激光器的核心，是实现粒子数反转并产生光子的受激辐射作用的物质体系，它可以是气体（主要为原子气体、离子气体、分子气体等）、固体（主要为晶体、玻璃等）、半导体、液体（主要为有机液体或者无机液体）及自由电子等。其中，能够形成粒子数反转的发光粒子，称为激活粒子，它们可以是分子、原子、离子或者电子-空穴对等。这些激活粒子有些必须依附于某些材料中，有些则可独立存在。为激活粒子提供寄存场所的材料为基质，它们可以是气体、固体或者液体。不同的激活介质将激发出不同波长的激光，在光制造过程中影响激光与材料的相互作用。

（2）泵浦源。泵浦源是提供激励能源的装置，用于将下能级粒子送到上能级去，使激活介质实现粒子数反转。不同的激励源形式需要与不同的激光工作物质相匹配。激励方式有光学激励、气体放电激励、热激励、化学反应激励和核能激励等。固体激光器一般采用光学激励（或者称光泵），即利用外界光源发出的光辐照工作物质使其实现粒子数反转。光学激励系统由光源和聚光器组成，光源一般用高压氙灯、氪灯或者卤-钨灯等。这些光源一般发射连续光谱，而工作物质只对光区中的某些谱线或者谱带有较强的吸收，使与这些谱线或者谱带对应的能级获得粒子数积累。光源发出的沿空间各个方向的光被聚光腔集中后照射到工作物质上，提高光源的激发效率。热激励是用高温加热方式使高能级上的气体粒数增多，然后突然降低气体温度，因高、低能级的热弛豫时间不同，可使粒子数反转。气体放电激励是利用在气体工作物质内发生的气体放电过程来实现粒子数反转的，整个激励装置通常由放电电极和放电电源组成。核能激励是利用小型核裂变反应所产生的裂变碎片、高能粒子或者放射线等来激励工作物质并实现粒子数反转的。化学激励是利用在工作物质内部发生的化学反应过程来实现粒子数反转的，通常要求有适当的化学反应物和相应的引发措施。

（3）光学谐振腔。光学谐振腔（激光腔）是形成激光振荡的必要条件，而且对输出的模式功率、光束发散角等均有很大影响。光学谐振腔是由全反射镜和部分透过输出镜所组成的一个反射镜系统，它迫使受激辐射的光量子停留在此腔内，导致相干光量子雪崩似地增加。激光腔前、后反射镜的参数及相对位置决定了激光的输出模式，从而影响激光制造效果和质量。激光腔中的反射镜可以是平面镜、凹面镜或凸面镜，由其表面半径描述。

激励介质、泵浦源和光学谐振腔是激光器必不可少的组成部分，按照上面所述的原理可以实现多种激光器。

2. 光学元件

光学元件是激光定向能量沉积设备中的重要组成部分，主要包括激光器基座、扩束准直模块、耦合检测模块、聚焦模块、耦合装置、反射镜、分光镜及光纤等。这些光学元件用于控制、整形和聚焦激光束，确保激光束的质量和焦点光斑的直径，以便在工件表面产生精确的沉积。

根据耦合检测实施方式不同，光学元件组成的光路系统可分为激光器耦合腔体离轴和同轴两种方案，即扩束准直模块与聚焦模块离轴和同轴两种方式，结构如图 2-3 所示。

当扩束准直与聚焦模块处于离轴时，即图 2-3a 方案，此时分光镜的反射光用于加工，透射光作为检测，因此分光镜更注重反射率。当扩束准直与聚焦模块处于同轴时，即图 2-3b 方案，此时分光镜的透射光用于加工，反射光作为检测，因此分光镜更注重透过率。

根据激光定向能量沉积技术对光路系统的整体要求，在获得小的聚焦光斑直径的同时，获得较长的有效加工范围。利用倒置伽利略望远镜系统对激光器出射激光进行扩束准直，组合轴锥镜对准直后的激光束进行聚焦，从而生成一束具有无衍射特性的贝塞尔光束。该聚焦光束具有中心光斑小且能量集中、无衍射区域范围长等优势，比传统的凸透镜聚焦和单轴锥镜聚焦模式更适用。

激光定向能量沉积使材料瞬间加热熔化，需要激光束具有很高的能量密度。激光束能够通过光路系统获得沉积材料需要的高能量密度，从而能够通过材料熔凝实现金属零部件的层叠制造。激光束的聚焦特性是由激光光束质量和光路系统共同决定的。

a) 扩束准直与聚焦模块离轴　　　　　　　b) 扩束准直与聚焦模块同轴

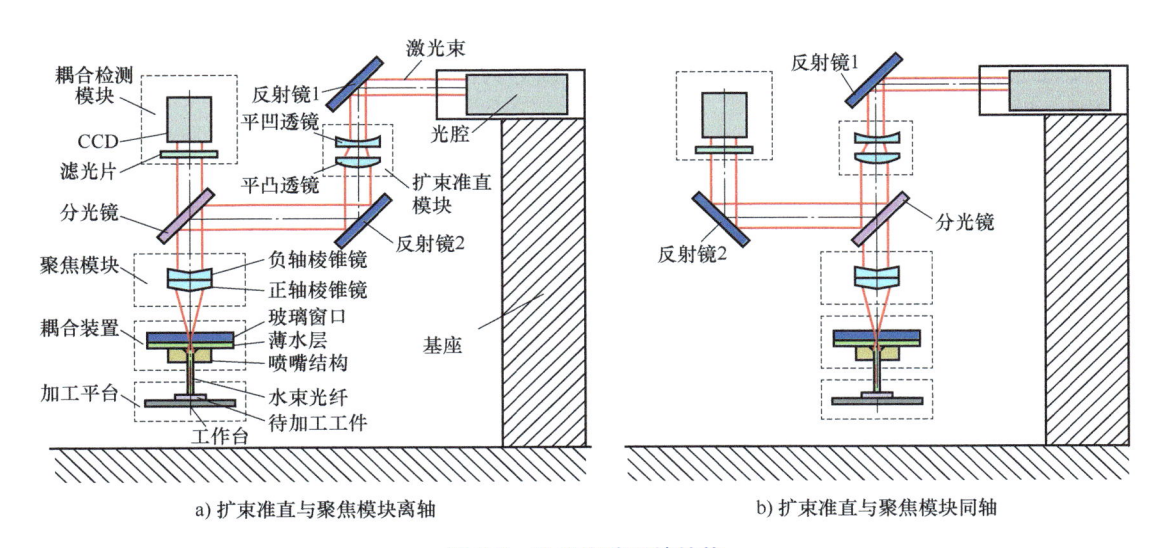

图 2-3　激光光路系统结构

3. 水冷机

水冷机是激光定向能量沉积设备中的关键组成部分，它的主要功能是控制和维护设备内部各个部件的温度，以确保沉积过程的稳定性和性能。水冷机由压缩机、冷凝器、节流装置（膨胀阀或毛细管）、蒸发器和水泵等组成。水冷机工作原理是由水冷机的制冷系统将水冷却，由水泵将低温冷却水送入需要冷却的设备，冷却水带走热量后升温并回流到水冷机，再次冷却后输送回设备。而水冷机的制冷系统，蒸发器盘管内的制冷剂通过吸收回流水的热量汽化成蒸汽，压缩机不断将产生的蒸汽从蒸发器中抽出，并进行压缩，经压缩后的高温、高压蒸汽被送到冷凝器后放热（由风扇抽走热量）冷凝成高压液体，在经过节流装置降压后进入蒸发器，再次汽化，吸收水的热量，如此周而复始地循环。用户可通过温控器设置或观察水温的工作状态，以确保激光放电过程能够持续、有效进行。

2.2.2　粉末送给系统

激光定向能量沉积中的粉末控制是影响成形零件质量的一个重要因素，因而粉末送给系统是激光定向能量沉积设备中非常重要的组成部分。粉末送给系统性能的好坏决定着成形零件的最终质量，粉末输送的波动与偏差将使成形过程失去平衡，甚至导致零件制备的失败，这就要求送粉系统能够提供均匀稳定的粉末流，平稳可靠的粉末送给系统是金属零件精确成形的重要保证。粉末送给系统主要由两部分组成：送粉头（或称沉积头/打印头/喷头）和送粉器。

1. 送粉头

典型激光定向能量沉积成形过程可描述为：首先大功率激光器产生的激光束聚焦于基板上，在基板表面产生熔池，同时由粉末送给系统将进入喷嘴气-粉粒流中的金属粉末注入熔池并熔化，然后，送粉头在计算机的控制下，按照零件截面层的图形轮廓要求相对基板做平面运动，随着熔池中金属的凝固，二维平面运动完成零件的分层轮廓制造，垂直方向运动则实现零件的三维立体加工，这样层层堆积完成金属粉末激光定向能量沉积的全部过程，最终制造出金属功能零部件，原理图如图 2-4 所示。

按照送粉方式的不同，激光定向能量沉积可以分为同轴送粉和侧向送粉，其粉道结构分别如图 2-5a 和图 2-5b 所示。

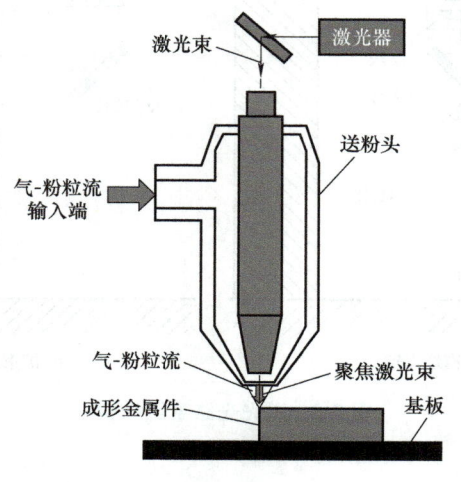

图 2-4　LDED 送粉头工作原理

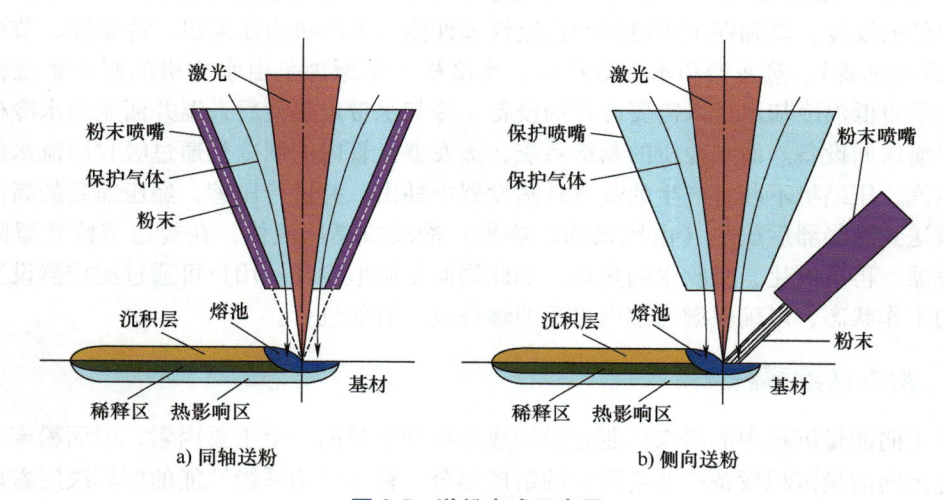

a) 同轴送粉　　　　b) 侧向送粉

图 2-5　送粉方式示意图

同轴送粉技术是指激光从送粉头的中心输出，即粉末流与激光束共享相同的中心轴，金属粉围绕激光束呈周围环状分布或者多束周向环绕分布，可根据激光功率和打印要求选配环路送粉喷嘴（见图 2-6a）或四路送粉喷嘴（见图 2-6b）。送粉头上设置有专门的保护气通道、金属粉通道以及冷却水通道。打印工作时，金属粉末流与激光束相交于基材表面，金属粉和基材同时在激光的作用下发生熔融，在工件表面形成沉积层。由于光粉同轴使得聚焦粉末具有更高的灵活性和汇聚精度，因此同轴送粉具有沉积层表面平整度高、送粉自由度高、热影响区小、粉末受热均匀、沉积层抗裂性好等优势，但也存在金属粉利用率低、易堵粉、维护费用高、安全稳定性差等弊端，通常应用于主轴、齿轮、箱体等高精度零件、复杂形状零件的表面沉积改性和增材再制造，以及大型零件的净近成形和梯度材料的制备。

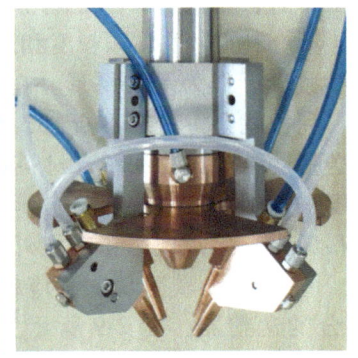

a) 环路送粉喷嘴　　　　b) 四路送粉喷嘴

图 2-6　同轴送粉喷嘴

侧向送粉技术也叫旁路送粉技术，是指粉料的输送装置和激光束分开，彼此独立的一种送粉方式。一般使用外侧送粉管的方式，送粉管位于激光加工方向的前方，金属粉在重力的作用下提前堆积在基体表面，然后后方的激光束扫描在预先沉积的粉末上，完成激光3D打印过程。旁路送粉具有成形效率高、无惰性气体消耗、结构设计简单、调节方便、成本低廉等优势，但也存在金属粉末选择受限制、沉积层成形精度低、表面质量和加工可达性差等弊端，一般应用于液压缸、轧辊等面积较大、形状简单的零件表面沉积与增材再制造。

科研团队研发的同轴送粉头如图 2-7 所示，同轴送粉头是聚焦激光束、汇聚金属粉末流、保护气帘的统一输出口，是粉末送给系统的核心部件，也是实现金属粉末激光定向能量沉积过程自动化的关键结构。同轴送粉头的工作情况直接决定粉末流量的稳定性与均匀性，从而影响金属零部件成形全部过程。

2. 送粉器

送粉器的功能是贮存粉末，并可根据需求调节送粉速率，向加工部位均匀、准确地输送粉末，因此送粉器的稳定性将直接影响沉积层的质量。送粉器性能不好，会导致沉积层厚薄不均匀、结合强度不高等。随着激光定向能量沉积技术的广泛应用，对送粉器的性能提出更高要求。尤其是超细粉末的大量使用，要求送粉器能均匀、连续地输送超细粉末以及超细粉与普通粉组成的混合粉末，并能远距离送粉，因此一个稳定、精准的送粉器对于激光定向能量沉积技术十分重要。

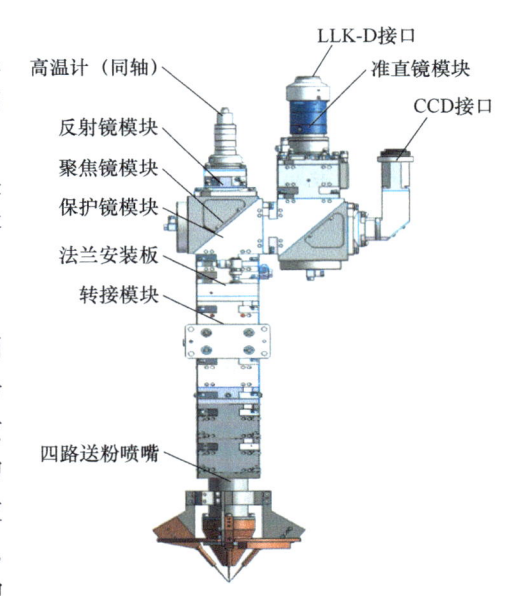

图 2-7　科研团队研发的同轴送粉头

气载式送粉器应用广泛，图 2-8 所示是气载式送粉器原理图。

气载式送粉器工作时，粉末由料斗经漏粉孔流到转盘上，形成一个自然堆积角为α的圆台，α角的大小与合金粉末的材质、颗粒度和固态流动性有关。当转盘转动一周时，转盘上堆积一圈粉末，其横截面近似为等腰梯形。在转盘上方固定一个与转盘表面紧密接触的刮板，当转盘转动时，刮板就会将粉末不断刮下流至接粉斗，在保护气体的作用下，通过输送管将粉末送出。当送粉器结构尺寸和粉末材料确定后，送粉量完全由粉盘的转速决定，便可通过控制粉盘的速度来达到在较宽范围内连续精确调节粉量。

送粉器作为供料源头，除常规送粉功能外，还支持搅拌、保温、续粉、称重等功能，应根据使用需求选择适合的送粉器，图 2-9 所示为多功能送粉器。搅拌模块针对特定粉末使用，如非球形颗粒的粉末或者粘连性较强的粉末，搅拌模块的搅拌爪应选用高硬度金属材质，以降低在搅拌过程中搅拌爪与粉末间的摩擦耗损。搅拌模块采用电动机驱动，转速连续可调，可根据不同粉末调整匹配的搅拌转速，以达到最理想的输送效果。保温模块采用电阻丝加热，利用电位器调节电阻丝的热度变化，配备温度传感器在线检测温度变化，实现闭环控制和精确控温。续粉模块的作用就是在送粉器不停机的状态下，将粉末补充到送粉桶内，使其达到不停机连续工作的效果。小型送粉模块通过外部管路与原有送粉桶连通，实现送粉。通常送粉桶与小型续粉模块处于断开状态，一旦粉末即将耗尽，将粉末倒入小型续粉模块，然后经过一系列稳压元器件，使小型续粉模块的压力达到当前工作粉桶压力值，再连通小型续粉模块与粉桶，使粉末及时补充进粉桶。称重模块是提升送粉器精度的核心器件，配有大粉量精细检测的平衡机构，该平衡机构配备料仓，可以装载 100kg 的金属粉末。

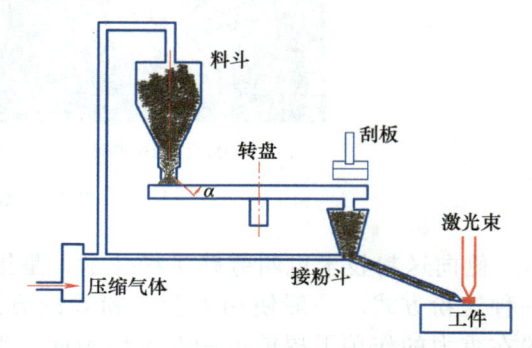

图 2-8 气载式送粉器原理示意图

图 2-9 多功能送粉器

2.2.3 运动执行系统

运动执行系统是激光定向能量沉积设备中的重要组成部分，它负责精确控制成形过程中沉积头和工作台的空间几何运动，以将金属粉末逐层沉积到工件上。激光定向能量沉积设备通常以机床或机器人为载体，运动执行系统须具有良好的刚性与精度，以减小运动与加工时产生的振动。机床式激光定向能量沉积设备适用于一般增材制造和表面修复。与之相比，机器人式激光定向能量沉积设备具有更高的自由度，更适合于复杂零件的制造与修复。

传统机床式设备运动执行系统的机械结构一般分为悬臂式与龙门式。小型设备一般采用悬臂式结构，如图 2-10 所示，$X/Y/Z$ 轴运动执行系统选用全密式直线模组，直线模组具有性价比高、精度高、易于安装等优点，适用于小型设备较为简单的机械结构。中大型设备由于其负载大，悬臂式结构无法满足其运动精度与结构刚度要求，往往采用龙门式结构。

自动化机器人已经在工业生产中扮演着重要角色，大大提高了生产率和质量。随着技术的进步，这种趋势将会持续，甚至影响到更复杂的产品制造。以激光定向能量沉积设备为例，伴随着激光技术飞速发展，一些光纤传输的高功率工业型激光器与机器人柔性耦合，智能化、自动化和信息化技术方面的不断进步促进了机器人技术与激光技术的结合，一定程度上促进了激光定向能量沉积工艺及设备的发展。

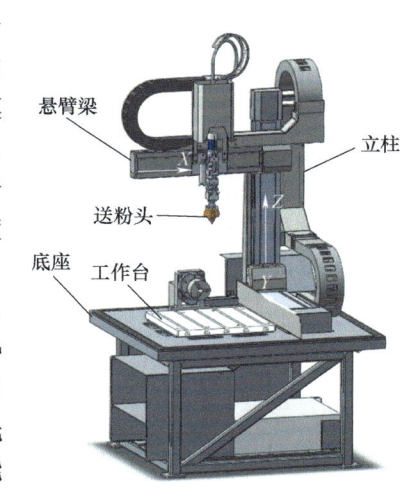

图 2-10　悬臂机床式激光定向能量沉积设备

在工业机器人式激光定向能量沉积设备中，机器人承担运动执行的角色。机器人主要由机座、立柱、大臂、小臂、腕部和手部组成，用转动或移动关节串联起来，送粉头安装在其手部终端，像人手一样在工作空间内执行多种作业。送粉头的位置一般是由前 3 个手臂自由度确定，而其姿态则与后 3 个腕部自由度有关，如图 2-11 所示。

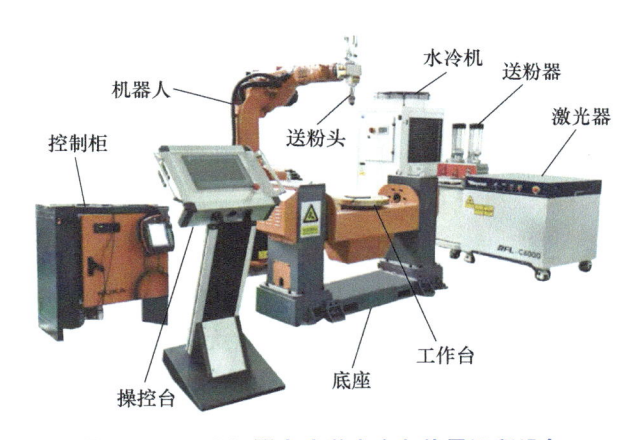

图 2-11　工业机器人式激光定向能量沉积设备

2.2.4 气氛保护系统

气氛保护系统是激光定向能量沉积设备的一个重要组成部分，它的主要作用是通过循环净化来创建和维持适当的气氛环境，以确保沉积过程中的金属材料不受氧化或烟尘等不利影响。气氛保护系统由惰性气氛加工室、压力控制系统、气体冷却循环系统、净化系统、除尘系统、过渡舱组成。惰性气氛加工室作为实现激光定向能量沉积的工作室，整个机床设备完全封闭在惰性气氛加工室内，配有净化单元以去除加工室内的氧、水、粉尘、烟雾等；配备氧分析仪、水分析仪，工作时氧、水含量小于 $50×10^{-6}$。加工室设出入舱门、抽气口、惰性气体进气口、放气口、气体循环处理系统进出口、观察窗、电缆光纤密封模块、照明系统等。过渡舱用于小零件、夹具的装卸及加工过程中异常情况的处理。启用过渡舱时，先抽真空，然后充入惰性气体。抽真空循环时间≤180s，过渡舱补气时间≤90s。气氛保护系统清除密封加工室内的氧和水，以及加工时产生的烟尘，实现密封工作箱内惰性气体循环，保护激光加工过程中材料不被氧化，如图 2-12 所示。当一个单元净化柱达到净化饱和时，通过计算机控制起动其他单元净化柱进行工作，同时启动再生程序对该饱和净化柱进行再生激活。

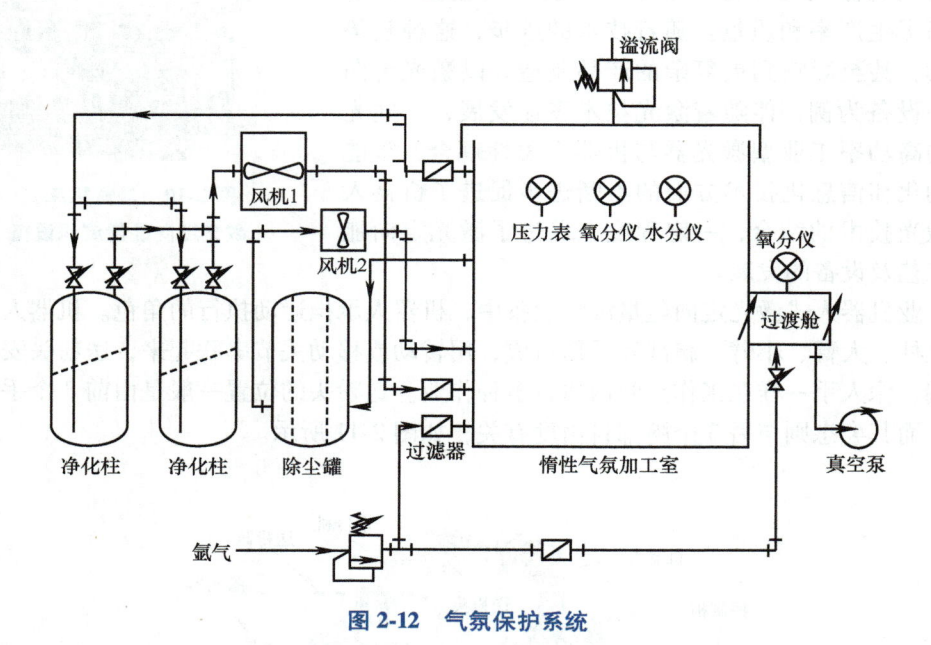

图 2-12 气氛保护系统

2.2.5 计算机控制系统

计算机控制系统由两部分组成：软件部分和硬件部分。软件部分即系统控制应用程序，首先把由计算机生成的 CAD 实体模型离散化，得到由无数三角形面片组成并记录着三角面片法向向量和三个顶点坐标的立体光固化（STereo Lithographic，STL）三维图形文件，然后把离散的 CAD 实体模型分层切片就得到包含分层轮廓几何信息的通用层接口（Common Layer Interface，CLI）文件，接着按照 CLI 文件分层路径信息有序完成实体零件的整个成形过程。系统控制软件提供了用来实现 CAD 数据处理、工作台运动、粉末调节和光闸开关等全面控制的图形用户界面（Graphical User Interface，GUI），保证零件成形加工运动过程的自动化与职能化。硬件部分包括工业计算机、运动控制模块（运动控制卡或 PLC）及光路控制模块等，运动控制模块可实现扫描速率和送粉速率等工艺参数的调控，而光路控制模块可实现激光功率和光斑直径等工艺参数的调控。比如，运动控制模块可通过控制电动机的转速来实现送粉速率的精确调节；此外，数控工作台也是通过运动控制模块实现与计算机的通信的，该过程为：程序打开一个 CLI 文件来读取分层数据，然后按照生成的扫描路径和加工规划信息来驱动工作台运动，于是所需的金属零件就被逐点、逐线、逐面的沉积成形。光路控制模块与计算机通过 SCI 串口通信、蓝牙模块通信等实现顶层应用对底层硬件的控制，更加便捷地实现光路控制。计算机控制系统组成及控制原理示意图如图 2-13 所示。

图 2-13　计算机控制系统组成及控制原理示意图

运动控制卡的芯片是决定其性能的主要指标。目前市场上主要有三种芯片：一是单片机，其价格便宜，但是控制精度低、实时性较差；二是 ARM，其价格适中，可靠性、实时性比较好，但是其数据处理功能一般；三是 DSP，其实时性、可靠性较好，具有强大的数据处理能力和高的运行速度，特别适用于复杂控制算法和高精度的场合，但是价格比较昂贵。结合激光定向能量沉积技术是直接制造出高精度零件的特点考虑，一般采用 DSP 芯片的运动控制卡。同时使运动控制卡配合步进电动机和全数字化交流伺服电动机作为执行电动机，两者相比，后者具有高频特性好、加速快等特点，可以更好地提高装备运行性能以及定位精度。

除此之外，在运动控制方面，可编程逻辑控制器 PLC 也常常应用于工控领域，且比运动控制卡性能更好。在工控现场不可避免地会遇到粉尘、油污、电磁干扰等外部因素影响。运动控制卡在执行操作指令的同时，还须花费相当一部分性能去维持 PC（个人计算机，Personal Computer）本身的系统运作，遭受环境影响之后，更有可能出现卡顿死机等情况。PLC 相比运动控制卡，因其本身结构简单，系统相对独立，所以稳定性会更强，抗干扰能力更好，在强干扰环境下更合适。PLC 自带微处理芯片，可以在内部独立存储和执行操作指令，通过数字或模拟信号的输入输出来控制机械装备。市面上常见的运动控制型 PLC 有西门子、三菱、倍福等较为成熟的产品，且可以根据现场外围装备的数量以及通信要求，自由选择不同型号的控制器。在激光定向能量沉积过程中，微型处理器 PLC 在底层驱动上不仅可以实时地向计算机反馈装备状态和数据信息，比如电动机的位置与速度、气氛数据以及各种传感器信号，还可以解析接收计算机的指令进行运动控制，比如工作台和沉积头的运动。

2.3 激光定向能量沉积设备的工效学优化设计

在激光定向能量沉积设备的操作过程中，对零部件的加工成形控制呈现出多维度信息、多流程、多功能、多对象等特征，具体表现为激光定向能量沉积设备的功能高度复杂且层级性强，子系统高度集成、信息编码内容庞杂。因此，激光定向能量沉积设备的人机任务交互过程是控制设备成形质量的关键性因素之一。

激光定向能量沉积设备的人机交互是一项十分复杂庞大的系统性活动，在这一活动中，操作者面对不合理的界面设计与繁杂的操作任务信息，作业任务负担较重，交互效率低下，极易引发误操作与安全事故。此外，当前激光定向能量沉积设备侧重于功能性的设计实现，对于操作者心理层面的需求重视不足，设备对操作者的黏性较差，也成为制约操作者工作效率提升的重要因素。总之，由于人机任务交互的复杂性及交互载体的不合理设计，激光定向能量沉积设备的可靠性、舒适性、安全性等宜人化设计需求目前仍有较大的提升空间。

因此，深入研究激光定向能量沉积设备的人机交互情况，提出基于工效学的激光定向能量沉积设备的优化方法，对于解决激光定向能量沉积设备的可靠性、安全性、舒适性问题，促进激光定向能量沉积设备的人性化、宜人化设计，增强操作者使用效率与满足感，提升激光定向能量沉积设备设计水平，进而实现激光定向能量沉积设备的高效率、高质量、高性能制造，具有重要的工程实践意义。

2.3.1 激光定向能量沉积设备的情感融合优化设计

目前，在激光定向能量沉积设备的工效学设计中，关于人机系统与交互设计多数仍停留在满足功能认知层面的交互需求上，忽视了操作者在情感认知层面的交互需求，导致激光定向能量沉积设备人性化与舒适性差等宜人化设计问题日益突出。操作者对于激光定向能量沉积设备的需求已经不仅仅停留在满足于实现操作功能上，而是更注重在交互过程中自身的满足感与舒适感。设备的情感化设计程度逐渐成为影响人机交互效率的重要因素。因此，研究如何将操作者的心理情感需求与激光定向能量沉积设备人机系统的认知交互设计进行有效融合，实现激光定向能量沉积设备的人性化，对提升激光定向能量沉积设备的人机交互效率具有重要的现实意义。

感性工学（Kansei Engineering, KE）作为一种注重设备人机系统与交互的情感设计方法，旨在帮助设计人员准确理解人员的心理情感因素并进行情感化设计，受到了国内外学者的广泛关注并开展了大量的研究，比如 Teresa 等人提出一种以情感为中心的新产品创意-情感驱动创新方法，通过定义消费者的情感意图并做出战略决策，集中创造性思维开展情感化设计；Kongprasert 等人利用主成分分析法对客户的个性化情感意向进行统计分析，进而指导设计人员开展满足客户个性化情感需求的产品设计。还有一些学者将其他理论引入感性关系工学情感交互设计中，例如 Camargo 等人将 Rasch 度量理论引入感性工学的设计决策中，通过修正评价产品感性意象的原始李克特量表，来准确反映用户情感与物理特性之间的关系，从而协助设计者进行产品开发；李雪瑞等人以无标度网络拓扑分析理论为基础，构建了意象相关的产品形态基因网络，帮助设计者确定产品设计的最优形态要素；李兰友等人通过构建产品的基因双螺旋结构模型，量化了感性意向与造型基因间的关系，从而辅助决策产品的组合设计方案。国内外学者在基于感性工学的设备人机系统与交互的情感化研究中已取得了一定成果，形成了一套比较成熟的研究思路，用以应用于探索设备情感融合设计方法与决策。但是，在具体的激光定向能量沉积设备设计过程中仍然存在以下问题待解决：

1）由于激光定向能量沉积设备在结构和功能上高度集成且复杂，传统方法通常通过直接将用户感性需求与设计要素进行映射，以指导设备的情感化设计，虽然能够基本满足操作者在设备外观方面的情感需求，但在兼顾安全性等其他方面的设计需求存在困难，使激光定向能量沉积设备操作者的感性需求难以充分表达，限制了激光定向能量沉积设备情感化设计水平的提升。

2）针对激光定向能量沉积设备的多信息、多任务和多流程等人机交互特点，传统方法仅关注操作者在设备外观方面的情感需求，忽略了操作舒适性，而这也是影响激光定向能量沉积设备情感满意度的重要因素之一，从而导致激光定向能量沉积设备的操作舒适性不足，影响操作者的愉悦使用体验，最终导致操作者的整体满意度提升有限。

3）传统方法在选择设备情感融合方案时，通常通过招募被试者进行主观评价，或者使用数学模型评估方案的选择，尽管这些方法高效且成本低廉，但无法从认知角度清晰了解操作者的情感认知状况，从而导致难以充分确定激光定向能量沉积设备情感融合设计方案的有效性。

因此，要解决在激光定向能量沉积设备人机系统与交互设计过程中忽视人员情感需求的问题，需要将人员的心理情感需求融入激光定向能量沉积设备的设计过程中，从而提升激光定向能量沉积设备人机系统的情感化设计水平，进一步提高设备的人机交互效率和人性化程度，以提升激光定向能量沉积设备的宜人化设计水平。

1. 激光定向能量沉积设备的情感融合与设计优化模型

情感融合设计强调用户在使用产品过程中的情感体验，本质上是通过研究人员在使用产品的认知过程中情感因素的生成，确定人员的情感需求并将其整合到设备的设计中。图 2-14 所示为激光定向能量沉积设备操作人员的情感认知过程模型，在该过程中，情感认知通过将不同形态的交互信息与操作过程进行逻辑判断，经过认知心理的转化，形成人员的态度和情感，进而形成人员的心理情感因素；在此过程中，形态交互的认知起主导作用，同时操作过程对态度和情感的形成有一定影响。因此，探讨激光定向能量沉积设备的情感融合与设计优化，应以设备形态作为主要切入点，分析操作人员在形态交互过程中所产生的心理情感需求。

由于人员的态度和情感能够反映其心理情感状态，并可以通过语义表达，因此，在进行激光定向能量沉积设备的情感融合设计时，采用感性工学方法，可以通过进行语义试验的方式来确定操作者的心理情感需求，然后以此为基础提出设备的功能和设计要素，最终制定情感融合设计优化方案。但是，在当前的设计过程中，随着设备设计工作的深入进行，设计者需要反复审视用户需求,并与当前的设计情况进行比较,以基于自身经验来评估情感需求与当前设计的整合情况;然而,基于主观经验通常会导致用户心理情感因素与设计要素之间的映射关系存在偏差,从而影响融合设计效果,而且方案的修正较为复杂和困难。为了实现激光定向能量沉积设备的情感融合与设计优化,可以将感性工学与公理化设计相结合。公理化设计是一种方法,它引导设计人员通过映射手段将产品功能与产品设计参数相结合,以进行产品功能设计或指导设计者做出正确决策,通过分析情感需求与设计要素之间的映射关系,设计者可以准确了解用户心理情感因素与设计要素之间的关系,从而将情感因素有效地转化为设备设计因素,提高情感融合设计过程的准确性。

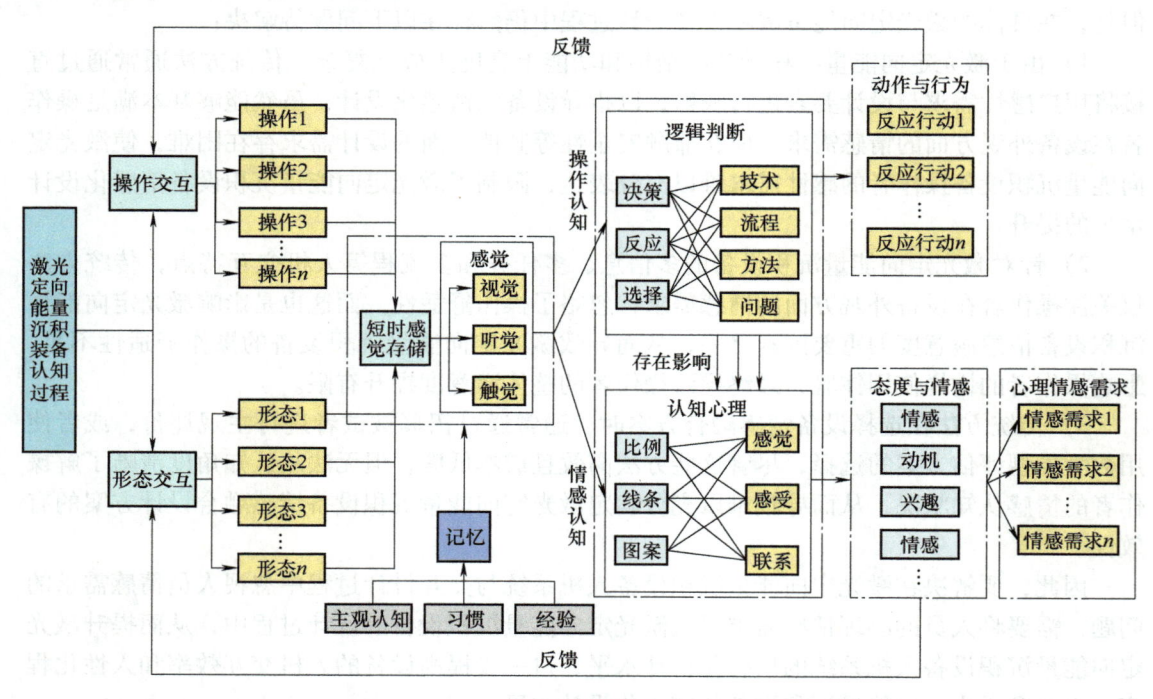

图 2-14 激光定向能量沉积设备操作人员的情感认知过程模型

在公理化设计的过程中,设计人员依据用户的实际需求确定产品功能,并通过一定方式将产品功能需求与实际的设计指标相结合,来进行产品的设计;基于设计过程中的独立公理和信息公理,设计人员能够验证设计的有效性,以确保产品真实地满足用户的需求,并在产品设计中实现一定的创新。公理化设计可以将产品的情感设计过程分为四种设计领域,包括用户领域、功能领域、物理领域和过程领域。通过四种设计领域之间的层级映射,设计者可以明确用户需求、产品功能、产品参数与设计方案之间的关系。如图 2-15 所示,首先通过感性工学语义试验来确定操作人员的心理情感需求(即确定公理化设计过程的用户需求);针对心理情感需求与设计因子之间的准确反映问题,确定用户需求与设计需求之间的关系,明确重要的设计需求,然后将这些重要的设计需求转化为功能需求,并通过独立公理来验证功能需求与设计参数之间的耦合关系。将设计参数与形态要素结合起来,明确最优方案中应包括的形态要素。通过信息公理验证来优化效果,以实现激光定向能量沉积设备的人性化设计。

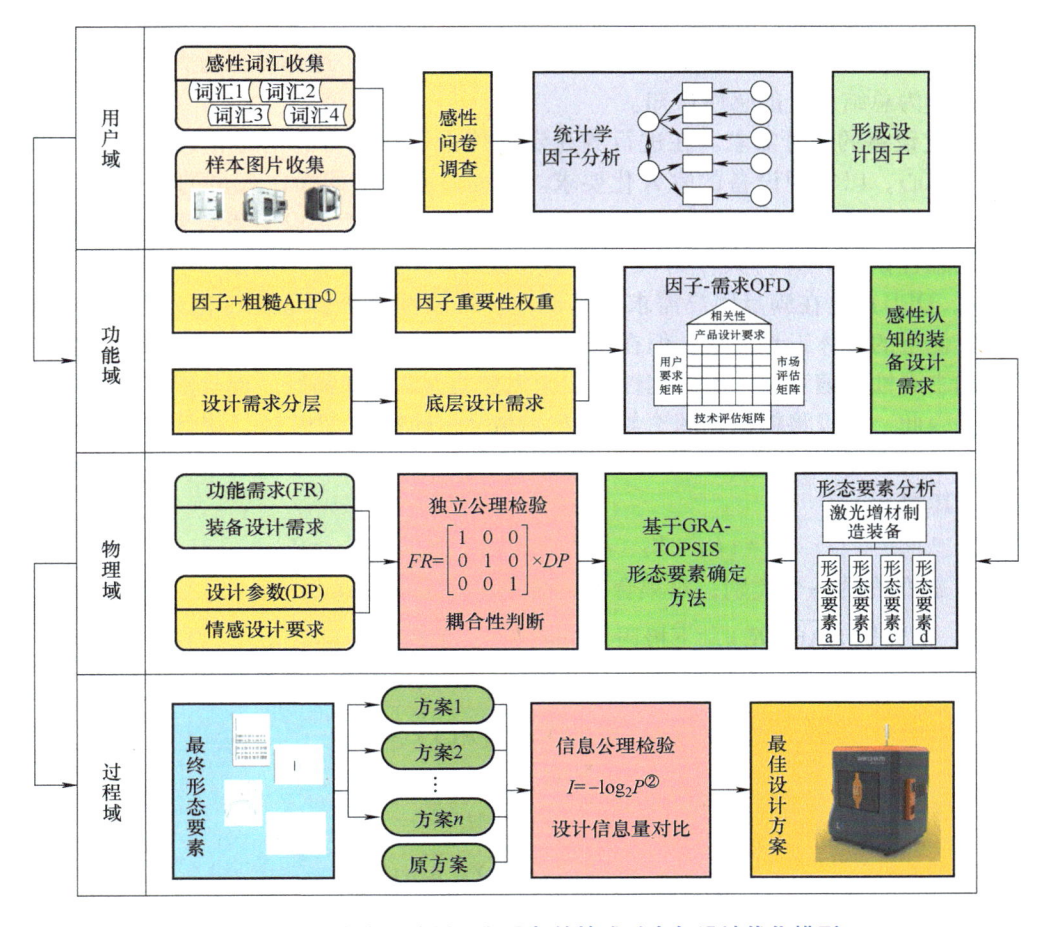

图 2-15　激光定向能量沉积设备的情感融合与设计优化模型

注：①AHP，即层次分析法（Analytic Hierarchy Process）。②见式（2-36）。

2. 激光定向能量沉积设备的情感融合与设计优化方法

激光定向能量沉积设备的情感融合与设计优化主要分为4个步骤：

（1）确定操作者用户的需求。操作者用户需求可以通过感性语义试验来确定。这种试验方法通过建立语义空间与代表产品之间的联系，将人员的感性认知转化为评价数据，从而分析设计需求。该方法的优势在于可以直接确定操作人员在心理情感层面上最重视的产品状态。进行感性语义试验主要分为以下几个步骤：

1）创建感性词汇空间和感性样本空间：通过对媒体进行调查和收集，获取人们对相关产品的感性词汇，通常这些词汇是用来描述产品外形设计的形容词；同理收集与产品类型相同的产品图片。使用分类方法对形容词和图片进行筛选，整理出代表性强的形容词和代表样本，从而建立感性语义空间和样本空间。

2）语义差异调查：编制代表样本的感性调查试验问卷，邀请相关行业从业人员对每个代表样本中的形容词对进行评分，以评分量表的形式打分。利用统计学软件计算每个代表样本中形容词对的平均得分，并且检验问卷结果的信度和效度。

3）语义因子分析：语义因子分析的目的是用少数因子来描述多个变量之间的关系，从而总结出人员的感性认知。利用统计学软件，采用主成分分析法来提取公共因子；通过生成散点图和计算主成分特征值来确定因子的数量。通常情况下，选择特征值大于 1 的成分作为公共因子，作为总结人员的感性认知。

（2）确定设备的设计需求。在进行激光定向能量沉积设备的情感化设计时，应以满足用户需求为中心，以实现设备的宜人化要求。然而，由于不同操作人员的具体感受各不相同，在实际的设计过程中，必须确定各因子之间的相对重要性，以便找到大多数操作人员都认同的最佳感性因子，并将其作为设计的重点进行优化。质量功能展开（Quality Function Deployment，QFD）是在满足用户需求的基础上，将感性因子合理地转化为产品技术目标，从而明确应侧重的具体设计需求。但在传统的 QFD 方法中，通常以累加的方式来确定权重，存在较大的主观性、随意性和不确定性。由于粗糙集方法简单易行，而且能够有效处理不确定性数据，因此，可以将粗糙数理论与 AHP 相结合，即粗糙 AHP 法，来计算人员感性因子的权重值，以解决 QFD 权重确定过程中主观性较强的问题。设某一空间 U 内全体元素的类集合为 R，其中：

$$R = \{R_1 \quad R_2 \quad R_3 \quad \cdots \quad R_s\}, R_1 < R_2 < \cdots < R_s \tag{2-1}$$

假设 Y 是 U 内的一个类别；对集合 R 内任意一元素 R_t，$1 \leqslant t \leqslant s$。定义该集合的下近似为 $\underline{\mathrm{Apr}}(R_t)$，上近似为 $\overline{\mathrm{Apr}}(R_t)$，下极限为 $\underline{\mathrm{Lim}}(R_t)$，上极限为 $\overline{\mathrm{Lim}}(R_t)$，则：

$$\underline{\mathrm{Apr}}(R_t) = \cup \{Y \in U \mid R(Y) \leqslant R_t\} \tag{2-2}$$

$$\overline{\mathrm{Apr}}(R_t) = \cup \{Y \in U \mid R(Y) \geqslant R_t\} \tag{2-3}$$

$$\underline{\mathrm{Lim}}(R_t) = \frac{\sum R(Y) \mid Y \in \underline{\mathrm{Apr}}(R_t)}{M_\mathrm{L}} \tag{2-4}$$

$$\overline{\mathrm{Lim}}(R_t) = \frac{\sum R(Y) \mid Y \in \overline{\mathrm{Apr}}(R_t)}{M_\mathrm{U}} \tag{2-5}$$

式中，M_L、M_U 分别为下近似集合、上近似集合的元素数量。基于此，R_t 的粗糙数形式可表示为 $\mathrm{RN}(R_t)$，有：

$$\mathrm{RN}(R_t) = [\underline{\mathrm{Lim}}(R_t), \overline{\mathrm{Lim}}(R_t)] \tag{2-6}$$

应用粗糙 AHP 进行权重计算前应首先经过专家对各准则之间的相对重要性进行评价，形成专家评价矩阵 $\boldsymbol{A}$ 并进行一致性检验，当一致性检验值 CR<0.1 时，可以认为一致性检验通过。

$$\boldsymbol{A} = \begin{bmatrix} 1 & x_{12}^t & \cdots & x_{1n}^t \\ x_{21}^t & 1 & \cdots & x_{2n}^t \\ \vdots & \vdots & & \vdots \\ x_{n1}^t & x_{n2}^t & \cdots & 1 \end{bmatrix} \tag{2-7}$$

式中，t 为标识粗糙数的边界，当 $t=1$ 时，表示下近似，即专家判断的最小可能值或保守估计，当 $t=2$ 时，表示上近似，即专家判断的最大可能值或宽松估计。因此，每个非对角线元素 x_{ij}^t 实际上是一个区间 $[x_{ij}^1, x_{ij}^2]$，代表专家对因素 i 和 j 相对重要性的不确定判断。

设有 m 位评价专家，将 m 位专家的 n 维评价矩阵进行整合，构建整合判断矩阵，设其为 $\boldsymbol{B}$，则：

$$\boldsymbol{B} = \begin{bmatrix} 1 & \widetilde{x}_{12} & \cdots & \widetilde{x}_{1n} \\ \widetilde{x}_{21} & 1 & \cdots & \widetilde{x}_{2n} \\ \vdots & \vdots & \vdots & \vdots \\ \cdots & \widetilde{x}_{gh} & \cdots & \cdots \\ \vdots & \vdots & \vdots & \vdots \\ \widetilde{x}_{n1} & \widetilde{x}_{n2} & \cdots & 1 \end{bmatrix} \qquad (2\text{-}8)$$

式中，$\widetilde{x}_{gh}$ 为准则 g 与准则 h 之间的相对重要性集合，表示为 $\widetilde{x}_{gh} = \{x_{gh}^1, x_{gh}^2, \cdots, x_{gh}^m\}$。将各重要性集合根据式（2-2）~（2-5）转化为粗糙集进行表示，则：

$$\mathrm{RN}\left(\widetilde{x}_{gh}\right) = \{[x_{gh}^{1\mathrm{L}}, x_{gh}^{1\mathrm{U}}], [x_{gh}^{2\mathrm{L}}, x_{gh}^{2\mathrm{U}}], \cdots, [x_{gh}^{t\mathrm{L}}, x_{gh}^{t\mathrm{U}}], \cdots, [x_{gh}^{m\mathrm{L}}, x_{gh}^{m\mathrm{U}}]\} \qquad (2\text{-}9)$$

式中，$x_{gh}^{t\mathrm{L}}$ 为 $\mathrm{RN}(x_{gh}^{t})$ 的下限，$x_{gh}^{t\mathrm{U}}$ 为 $\mathrm{RN}(x_{gh}^{t})$ 的上限。根据式（2-10）和式（2-11）进行归一化处理，构建粗糙判断矩阵 $\boldsymbol{M}$，则：

$$x_{gh}^{\mathrm{L}} = \frac{x_{gh}^{1\mathrm{L}} + x_{gh}^{2\mathrm{L}} + \cdots + x_{gh}^{m\mathrm{L}}}{m} \qquad (2\text{-}10)$$

$$x_{gh}^{\mathrm{U}} = \frac{x_{gh}^{1\mathrm{U}} + x_{gh}^{2\mathrm{U}} + \cdots + x_{gh}^{m\mathrm{U}}}{m} \qquad (2\text{-}11)$$

$$\boldsymbol{M} = \begin{bmatrix} [1,1] & [x_{12}^{\mathrm{L}}, x_{12}^{\mathrm{U}}] & \cdots & [x_{1n}^{\mathrm{L}}, x_{1n}^{\mathrm{U}}] \\ [x_{21}^{\mathrm{L}}, x_{21}^{\mathrm{U}}] & [1,1] & \cdots & [x_{2n}^{\mathrm{L}}, x_{2n}^{\mathrm{U}}] \\ \vdots & \vdots & \vdots & \vdots \\ \cdots & [x_{gh}^{\mathrm{L}}, x_{gh}^{\mathrm{U}}] & \cdots & \cdots \\ \vdots & \vdots & \vdots & \vdots \\ [x_{n1}^{\mathrm{L}}, x_{n1}^{\mathrm{U}}] & [x_{n2}^{\mathrm{L}}, x_{n2}^{\mathrm{U}}] & \cdots & [1,1] \end{bmatrix} \qquad (2\text{-}12)$$

根据式（2-13）~（2-16）即可计算出各感性因子权重。

$$w_g = \left[\sqrt[n]{\prod_{h=1}^{n} x_{gh}^{\mathrm{L}}}, \sqrt[n]{\prod_{h=1}^{n} x_{gh}^{\mathrm{U}}}\right] \qquad (2\text{-}13)$$

式中，w_g 为感性因子的相对权重，是基于感性因子在设计中对用户需求的影响程度的度量。

$$w_g' = \frac{w_g}{\max(w_g^{\mathrm{U}})} = [w_g^{\mathrm{L}'}, w_g^{\mathrm{U}'}] \qquad (2\text{-}14)$$

式中，w_g' 为考虑了不同感性因子的相对权重的最大值。

$$a_i' = \frac{w_i^{\mathrm{L}'} + w_i^{\mathrm{U}'}}{2} \qquad (2\text{-}15)$$

式中，a_i' 为粗糙 AHP 方法中用于过渡性调整原始感性因子权重 a_i 的中间变量。

$$a_i = a_i' / \sum a_i' \qquad (2\text{-}16)$$

式中，a_i 为通过粗糙 AHP 方法计算出的原始感性因子权重。

根据原始感性因子权重，来确定激光定向能量沉积设备的操作人员最佳的感性认知；将人员的感性因子（用户需求）以及它们的权重与激光定向能量沉积设备的设计需求一起导入 QFD 质量屋，分析感性因子与设计需求之间的数量关系，以确定设备能够满足感性认知的设计需求，并对原始感性因子权重进行归一化处理。设 n_i 为感性因子相对权重，a_{ij} 为感性因子 i 与设计需求 j 之间相关关系的大小，则设计需求的相对重要度 α_j 与重要度 β_j 可以表示为

$$\alpha_j = \beta_j \Big/ \sum_{j=1}^{m} \beta_j \tag{2-17}$$

$$\beta_j = \sum_{i=1}^{n} n_i \times a_{ij} \tag{2-18}$$

（3）确定设备的设计要素。在确定激光定向能量沉积设备的感性设计需求后，将设备设计需求转化为公理化设计的功能需求。针对功能需求提出与之对应的情感化设计要求，并将它们转化为公理化设计的设计参数。通过独立性公理来分析设备的功能需求与设计参数之间的映射关系，然后，根据这些设计参数来确定满足设备情感化设计要求的形态要素。独立公理通过评估功能需求与设计参数之间的独立性情况，以避免在设计过程中出现不必要的冗余设计，并简化设计内容。独立性公理的设计方程可以表示为

$$\mathbf{FR} = \mathbf{A} \times \mathbf{DP} \tag{2-19}$$

式中，**FR** 为功能需求；**A** 为独立性公理设计矩阵；**DP** 为设计参数。根据功能需求与设计参数间映射关系的不同，独立性公理设计矩阵 **A** 分别有三种形式：

1）非耦合矩阵 $\mathbf{FR}_1$。非耦合矩阵代表功能需求与设计参数间为一一映射关系，符合公理化设计的要求，其表达形式为

$$\mathbf{FR}_1 = \begin{bmatrix} 1 & 0 & 0 \\ 0 & 1 & 0 \\ 0 & 0 & 1 \end{bmatrix} \times \mathbf{DP} \tag{2-20}$$

2）准耦合矩阵 $\mathbf{FR}_2$。准耦合矩阵满足公理化设计的要求，可通过对功能域或物理域重新进行定义进行解耦转化为非耦合矩阵，其表达形式为

$$\mathbf{FR}_2 = \begin{bmatrix} 1 & 0 & 0 \\ 1 & 1 & 0 \\ 1 & 1 & 1 \end{bmatrix} \times \mathbf{DP} \tag{2-21}$$

3）耦合矩阵 $\mathbf{FR}_3$。耦合矩阵不满足公理化设计的要求，必须对功能域或物理域进行重新定义，使耦合矩阵解耦为准耦合矩阵或非耦合矩阵，其表达形式为

$$\mathbf{FR}_3 = \begin{bmatrix} 1 & 0 & 1 \\ 0 & 1 & 1 \\ 0 & 1 & 0 \end{bmatrix} \times \mathbf{DP} \tag{2-22}$$

当设备的感性设计需求与情感化设计要求经过独立公理的检验后显示出非耦合关系或准耦合关系时，那么就可以认为设计需求与情感化设计要求之间的映射关系是正确的，这意味着激光定向能量沉积设备的情感化设计要求与人员对设备的感性设计需求是一致的。在这种情况下，可以通过建立一个以设备形态要素为评价对象、以情感化设计要求为评价指标的评价矩阵，并对其进行评分，然后计算各形态要素的权重值，以确定满足人员心理情感需求的设备形态要素。基于这一结果，可以采用 GRA-TOPSIS 方法来对评价矩阵进行求解。GRA-TOPSIS 方法能够充分利用样本数据的信息，同时避免了传统 TOPSIS 方法中存在的随意性较

强的问题，因此具有较高的准确性和可信度。应用 GRA-TOPSIS 方法首先构造向量归一的标准化矩阵，设原形态要素-设计要求评价矩阵为 $\boldsymbol{K}$，表示为如下形式：

$$\boldsymbol{K} = \begin{bmatrix} k_{11} & k_{12} & \cdots & k_{1n} \\ k_{21} & k_{22} & \cdots & k_{2n} \\ \vdots & \vdots & & \vdots \\ k_{m1} & k_{m2} & \cdots & k_{mn} \end{bmatrix} \tag{2-23}$$

式中，m 为形态要素数量，n 为设计要求数量。根据式（2-24）对矩阵 $\boldsymbol{K}$ 进行归一化处理，得到归一后的标准化矩阵，记为 $\boldsymbol{V}$，则：

$$v_{ij} = k_{ij} \bigg/ \sqrt{\sum_{i=1}^{m} k_{ij}^2} \tag{2-24}$$

$$\boldsymbol{V} = \begin{bmatrix} v_{11} & v_{12} & \cdots & v_{1n} \\ v_{21} & v_{22} & \cdots & v_{2n} \\ \vdots & \vdots & & \vdots \\ v_{m1} & v_{m2} & \cdots & v_{mn} \end{bmatrix} \tag{2-25}$$

判断标准化矩阵 $\boldsymbol{V}$ 中各列的最大值与最小值分别组成正负理想解集合 V^+ 和 V^-，并计算各形态要素与正负理想解的灰色关联系数矩阵 $\boldsymbol{R}^+$ 和 $\boldsymbol{R}^-$。

$$V^+ = \{V_1^+, V_2^+, \cdots, V_n^+\}, V_j^+ = \max_i(v_{ij}) \tag{2-26}$$

$$V^- = \{V_1^-, V_2^-, \cdots, V_n^-\}, V_j^- = \min_i(v_{ij}) \tag{2-27}$$

$$\boldsymbol{R}^+ = (r_{ij}^+)_{m \times n}, r_{ij}^+ = \frac{\min_i \min_j |V_j^+ - v_{ij}| + \rho \max_i \max_j |V_j^+ - v_{ij}|}{|V_j^+ - v_{ij}| + \rho \max_i \max_j |V_j^+ - v_{ij}|} \tag{2-28}$$

$$\boldsymbol{R}^- = (r_{ij}^-)_{m \times n}, r_{ij}^- = \frac{\min_i \min_j |V_j^- - v_{ij}| + \rho \max_i \max_j |V_j^- - v_{ij}|}{|V_j^- - v_{ij}| + \rho \max_i \max_j |V_j^- - v_{ij}|} \tag{2-29}$$

式中，ρ 为分辨系数，在 [0,1] 内取值，一般认为当 $\rho<0.5463$ 即可达到最优分辨率，可取 $\rho=0.5$。

在确定出灰色关联系数矩阵后，根据式（2-30）计算各形态要素与正负理想解的灰色关联度，分别用 r_i^+ 与 r_i^- 表示。根据式（2-31）计算各形态要素与正负理想解的接近程度，分别用 d_i^+ 与 d_i^- 表示。

$$r_i^\pm = \sum_{j=1}^{n} r_{ij}^\pm \bigg/ n \tag{2-30}$$

$$d_i^\pm = \sqrt{\sum_{j=1}^{n} (v_{ij} - v_j^\pm)^2} \tag{2-31}$$

将灰色关联度与接近程度进行无量纲处理，并进行整合，则：

$$D_i^\pm = \frac{d_i^\pm}{\max_i d_i^\pm}, R_i^\pm = \frac{r_i^\pm}{\max_i r_i^\pm} \tag{2-32}$$

$$P_i^+ = \alpha D_i^+ + \beta R_i^- \tag{2-33}$$

$$P_i^- = \alpha D_i^- + \beta R_i^+ \tag{2-34}$$

式中，P_i^+ 为评价对象与正理想解（即各项指标中最优的状态）之间的相似度或接近程度；P_i^- 为评价对象与负理想解（即各项指标中最差的状态）之间的相似度或接近程度。

式中，α 和 β 为反映形态要素与情感化设计要求之间的关注程度系数，可取 $\alpha=\beta=0.5$。设 S_i 为设备形态要素的最终得分，则：

$$S_i = \frac{P_i^+}{P_i^+ + P_i^-} \tag{2-35}$$

根据式（2-35）求出设备各形态要素的最终得分并对其进行比较，其中得分数值最高的形态要素即为满足人员心理情感需求的激光定向能量沉积设备感性优化设计要素。

（4）确定情感融合的设计方案。在通过公理化设计的独立公理来确定激光定向能量沉积设备的形态要素之后，利用公理化设计的信息公理来简化设计过程中的不确定、不定性等影响设备设计的因素，以筛选出设计信息含量最小的设计方案，即为最优设计方案。信息公理的设计信息含量表示为

$$I = -\log_2 P \tag{2-36}$$

式中，I 为某一设计方案在设计中所包含的设计信息含量；P 为满足用户期望的设计方案获得成功的概率，它由满足用户需求的实际可行设计量与用户所期待的需求设计量的匹配程度决定，具体可表示为

$$P = \frac{满足用户期望的实际可行设计量}{用户期待的需求设计量} \tag{2-37}$$

当实际可行的设计量与用户期待的需求设计量之比相对较高时，可以认为设计方案获得成功的概率很高。根据式（2-37）可知，方案成功的概率越高，所含的信息量也相应越小。通常情况下，某一产品用户所期待的需求设计量是固定不变的。因此，如果要求方案的信息含量较小，就需要确保实际可行的设计量足够大以满足用户的需求。实际可行的设计量通常取决于设计方案的复杂程度、可操作性以及对用户需求的满足情况。

2.3.2 激光定向能量沉积设备的操作任务分析

由于激光定向能量沉积设备在结构组成和信息交互方面存在高度的复杂性，操作者在执行设备操作任务时承担了较重的任务负担，同时设备的安全性和舒适性较低。因此，为了合理地进行激光定向能量沉积设备的工效学研究，需要全面地进行激光定向能量沉积设备的操作任务分析，构建出激光定向能量沉积设备的任务分配模型，为设备的工效学分析与优化做好基础性工作。

1. 激光定向能量沉积设备的典型案例

科研团队以自主研发的小型同轴送粉式激光定向能量沉积设备为研究对象（见图2-1），针对激光定向能量沉积设备开展工效学分析与优化设计，以期满足激光定向能量沉积设备的高效率、高质量、高性能制造，实现激光定向能量沉积设备的宜人化设计、系列化研发与工程化应用。

为了确保加工过程的成形质量和操作安全性，在操作激光定向能量沉积设备的过程中，需要操作者获取制件的工艺特征和质量要求，进行扫描路径规划、分层切片等工艺规划与决策，并根据熔池温度，在线对激光传输系统（激光功率）、运动执行系统（扫描速率）、粉末送给系统（送粉速率）、气氛保护系统（气体流量）等子系统进行协同调控。因此，激光定向能量沉积设备在操作上具有多维度工艺参数控制、多信息交互以及多任务协同的特点；在人机交互过程中，它表现出功能高度复杂且层级性强的特点，子系统高度集成，信息编码

内容偏多且复杂，这导致通过直接分析操作流程来了解设备操作者的认知情况以及获取操作者人机交互情况相当困难。

任务分析可以将操作者的整个操作流程分解，将人员的作业行动与感知通道相联系，有助于详细了解操作者的认知情况，因此，对激光定向能量沉积设备的操作任务进行任务分析，分层次澄清设备的操作与信息交互等作业认知情况，有助于确定设备操作中关键的交互内容，分析人机任务分配的合理性，为后续顺利进行作业空间优化、人机界面优化、心理情感分析和融合设计提供重要支持。

2. 激光定向能量沉积设备的任务知识分析

任务知识分析是指操作者在执行任务时对所使用的知识进行结构性总结，可通过结构化的方式初步反映出操作者对相关操作的认知情况。通过专家任务访谈表（以用户访谈的方式，对操作者在过程中的具体操作、关键点、可能遇到的问题和解决方案进行调查，构建激光定向能量沉积设备的访谈表），将任务分解为对象和动作、任务过程、目标和子目标，并确定具有代表性、中心性和通用性的核心任务。通常，在熟悉激光定向能量沉积设备操作流程的基础上，创建设备专家任务访谈表，并通过任务分析将设备操作流程分解，以反映操作者在执行操作任务时对相关参数和信息的认知情况，从而初步分析操作者的任务知识结构。随后，将任务逐步拆解为目标、次目标、操作和计划的嵌套层次结构，逐步细化任务，直至具体的实际操作，以实现对任务的精确描述，其最终的分析结果是对任务活动的详细描述。这种方法应用广泛且易于操作，其输出结果提供了对所分析任务的结构清晰、层次分明的描述，非常适用于激光定向能量沉积设备的任务分析。

按照场景-任务-次任务-行为-对象的分析模式，可将激光定向能量沉积设备的整个操作任务流程划分为任务层、过程层、功能层和行为层，对应任务分析中的确定任务整体目标、确定任务次目标、次目标分解和计划分析四个步骤。其中，任务层代表设备的整体操作任务，即激光定向能量沉积；过程层包含了激光定向能量沉积设备的主要操作流程，包括设备起动、设备复位、气体准备、加工过程和关闭设备这五个大步骤；功能层将激光定向能量沉积设备操作的每个步骤进一步分解为更具体的任务目标和步骤；行为层则明确了在每个具体任务步骤下，操作者完成任务的具体操作、参数输入和关注信息情况。基于这种四层层级结构，构建了激光定向能量沉积设备的层次任务分析模型，如图 2-16 所示。

3. 激光定向能量沉积设备的人机任务分配

根据对激光定向能量沉积设备操作任务的知识分析，已全面详尽地说明了操作者与设备在操作过程中的具体任务执行情况。基于以上分析，对激光定向能量沉积设备在加工操作过程中的人机任务进行分配，以直观呈现设备的任务交互情况，并合理安排任务。在进行激光定向能量沉积设备的人机任务分配时，主要遵循以下原则：

（1）人机协调匹配。由于人与设备各具特长和局限性，因此人机任务应协调推进、相互补充，充分发挥操作者和设备的优势。如果某项功能需要人机协同完成，这表明需要更详细的分析以进一步细化这个功能。

（2）工作负荷适中。不应给操作者过多的任务，否则可能导致作业疲劳，降低操作者的反应能力，增加安全事故的风险；但操作者的任务也不应过轻，否则可能使其过于放松，导致失去工作的警觉性和敏感性，同样可能引发安全事故。因此，应尽量将任务分配给设备来完成，或者采用人机协同方式完成；同时，确保操作者有足够的任务来控制设备。

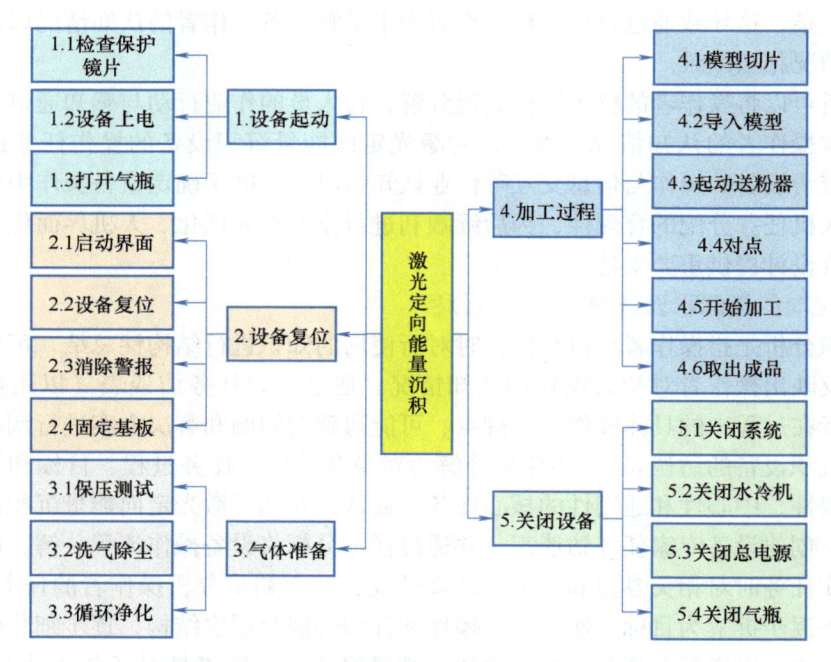

图 2-16 激光定向能量沉积设备的层次任务分析模型

(3) 经济性分配。经济性是指从研发、制造、使用和运行成本的角度考虑任务分配情况是否符合经济原则。在分配人机任务时,应考虑将作业任务分配给操作者还是设备更经济、更容易实现。

(4) 保持弹性。弹性是指在不同环境、时间下的动态人机任务分配应依据操作者在不同工况条件下的能力,随时调整与控制人机任务的分配情况,做到操作者在不同条件下均可以有效地对设备进行控制,使人机任务功能分配更加合理。为了保持弹性,设备的人机任务分配应根据操作者的负荷和作业任务的难易程度进行,以尽可能保证操作者可以自主决定参与系统行为的程度。

综上所述,对于激光定向能量沉积设备的人机任务分配研究,应充分考虑并合理利用操作者和设备的任务优势,尽量将作业任务分配给设备或进行人机协同作业,同时确保操作者能够迅速、准确地进行控制活动,以实现整个人机系统的最佳性能。操作者和设备各自的优势如下。

(1) 操作者的优势。操作者具有感知觉与信息接收、经验分析、灵活判断、控制决策等方面的优势。他们可以根据实际情况随时调整决策,调控加工过程中的参数设置,具备归纳识别和思维能力,能够主动利用记忆信息进行分析判断,并总结经验教训。

(2) 设备的优势。设备在反应速度、稳定性、可同时执行多项操作、环境适应性和长期记忆存储等方面具有优势。它们能够平稳地运用强大的动力,执行高强度的单调重复作业,并具备较高的准确度。在某些情况下,设备还可以根据以往的参数设置存储情况为操作者提供参考信息,帮助操作者做出正确的决策。综合操作者和设备的优势,合理的人机任务分配可以充分发挥双方的特长,提高工作效率和操作安全性。

2.3.3 激光定向能量沉积设备的人机交互界面优化

激光定向能量沉积设备的人机交互需要操作人员与设备互动，因此作业空间和人机界面的设计直接影响操作效率。目前，激光定向能量沉积设备的作业空间和显控装置设计基本满足要求，但由于界面布局不够合理，导致操作人员无法快速准确操作，从而逐渐成为提高交互效率的制约因素。与传统机床等制造设备相比，激光定向能量沉积设备在操作交互中对安全性和及时性有更高的要求。因此，优化激光定向能量沉积设备的人机界面布局对提高其使用效率和安全性至关重要。

目前，国内外在制造设备的人机界面布局优化研究中，在基于操作人员认知和功能任务需求的布局模型参数设置分析以及模型布局方案的智能算法求解方面取得了一些进展。然而，针对激光定向能量沉积设备的人机界面布局优化研究仍然存在以下问题需要解决：

1）虽然现有的制造设备人机界面布局研究已经考虑了操作过程中操作人员的认知和界面模块的重要性等因素，但仅满足了交互过程中的认知需求，对于人机界面中各模块在使用过程中的关联性缺乏详细研究，这导致设备人机界面布局的效果未达到理想状态。

2）由于激光定向能量沉积设备在加工工艺过程上具有特殊性，故其界面布局设计对于安全性和操作者的快速便捷操作有着比传统制造设备更严格和苛刻的要求。在传统的制造设备人机界面布局优化模型中，大多数模型主要基于经验对操作人员认知和界面功能进行布局优化，对设备界面的安全性因素和操作人员快速操作的综合考虑不足，因此传统的界面布局模型不能完全适用于激光定向能量沉积设备。

3）现有的制造设备人机界面布局模型主要采用单目标优化。在使用传统的单一算法解决布局模型时，由于模型内涉及多种决策变量，所以参数构成和设置较为复杂。在算法搜索过程中，可能会面临难以准确确定最优解搜索方向的问题，从而导致解的质量较低。这反过来限制了提出的激光定向能量沉积设备人机界面布局优化方案在提高设备人机交互效率和使用安全性方面的效果。

优化设备作业空间和显控装置的方法需要通过分析设备人机界面各操作模块的使用情况和关联特性来实现。这应从满足操作人员快速、安全和舒适操作的角度出发，基于人体可达域将界面模块划分为不同等级，构建基于可达域的人机界面布局优化模型，并对模型进行求解，以获得最佳的界面布局优化方案，从而提高激光定向能量沉积设备人机交互过程的安全性、舒适性和效率。

1. 设备的作业空间与显控装置工效学分析与优化

激光定向能量沉积设备的作业空间和显控装置工效学分析主要集中在评估设备作业空间功能尺寸的设计合理性以及界面显示器和控制器的设计合理性上。

（1）设备作业空间的工效学分析。对于激光定向能量沉积设备的作业空间（见图2-17），工效学分析主要考虑设备的功能性尺寸，根据人体测量学的相关要求，并结合空间可达域和可视域，对作业范围的合理性和舒适性进行分析。根据对激光定向能量沉积设备任务分析的结果，最关键的作业空间功能尺寸包括装夹平台的高度、手套箱的高度以及手套间的宽度。为确保设备适应国内不同地区操作人员的作业舒适性需求，我们选择我国成年（18~25岁）男性立姿时的肘部高度和肩部高度的第5百分位和第95百分位尺寸，并考虑衣着修正量。根据 GB/T 10000—2023《中国成年人人体尺寸》，我国成年人的静态人体尺寸，立姿肘高尺寸的第 5 百分位至第 95 百分位范围为 997~1140mm，肩高尺寸的第 5 百分位至第 95 百分位范围为 1297~1496mm。立姿着装修正量为 25~38mm，因此激光定向能量沉积设备的装夹平台高度的合理尺寸范围为

$$x_{平台min} = 977mm + 25mm = 1002mm$$

$$x_{平台max} = 1140mm + 38mm = 1178mm$$

取平均值为 1090mm，当前激光定向能量沉积设备的现有装夹平台高度为 1055mm，现有装夹平台满足工效学设计要求。手套箱高度的合理尺寸设计范围为

$$x_{手套min} = 1297mm + 25mm = 1322mm$$

$$x_{手套max} = 1496mm + 38mm = 1534mm$$

取平均值为 1428mm，操作者在加工过程中的装夹通常不开舱操作，需要借助手套箱实现工件的装夹与转移。取成年男子正常肩宽第 5 百分位和第 95 百分位作为间距设计范围，为 359~425mm。

（2）可达域分析。使用 Jack 仿真软件的【Advanced Reach Analysis】模块，可以分析操作者在作业空间内执行任务时的可达区域，从而评估作业空间设计的合理性。在 Jack 软件的【Build Human】对话框中，使用中国人体尺寸数据库创建虚拟操作员。使用 Solidworks 三维建模软件创建设备的实体作业空间模型，然后按等比例导入 Jack 软件，以建立仿真环境。根据激光定向能量沉积设备的任务分析结果，操作者需要执行开舱操作和手套箱操作两种操作模式，因此需要创建两种操作模式的仿真环境，如图 2-18~图 2-20 所示。

图 2-17 激光定向能量沉积设备的作业空间

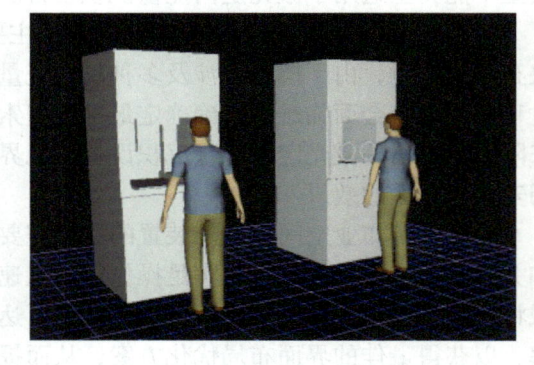

图 2-18 两种操作模式的仿真环境

图 2-19 开舱模式的可达域分析

图 2-20 手套箱模式的可达域分析

（3）可视域分析。通过 Jack 仿真软件的【View Cones】模块对操作者在开舱模式与手套箱模式下的可视域进行分析，如图 2-21 所示。

a) 开舱模式的可视域分析　　b) 手套箱模式的可视域分析

图 2-21 作业空间可视域分析结果

（4）设备显控装置的工效学分析。大多数激光定向能量沉积设备的人机界面包括多个显示屏和操作按键。这些显示屏包括模型切片显示器、机床系统参数显示器和气体环境控制显示器。操作按键根据其相关功能可分为功率控制、轴控制、加工控制、程序控制、电源、起停控制等区域。接下来，将对这些显示器和操纵器进行工效学分析。

1）显示器分析。针对显示器的工效学分析，主要依据人眼视距与视角判断显示器尺寸的设计情况。在正常的设备操作过程中，人眼的视距范围为 380~760mm，最佳视距为 450~550mm，在此以最佳视距进行计算。人员水平最佳视域左右各 30°角，上下各 27°角；为便于设计，取水平各 30°角，上下各 20°角；则显示屏最大长度范围应在 520~635mm，最大宽度范围应在 327~400mm。可取长度 520~630mm，宽度 330~400mm。

2）操纵器分析。设备操纵器分析依据 GB/T 14775—1993 与操纵器编码方式要求判断操纵的工效学设计情况。表 2-1 所示为 GB/T 14775—1993 中关于操纵器的部分相关尺寸要求；表 2-2 所示为 GB/T 14775—1993 中关于操纵器的部分排布间隔距离要求。

表 2-1　GB/T 14775—1993 操纵器部分尺寸要求

控制装置	操纵方式	基本尺寸/mm 直径/mm	基本尺寸/mm 边长×边长/mm×mm	操纵力/N	工作行程/m
按钮	食指按动	3~5	10×5	1~8	<2
		10	12×7		2~3
		12	18×8		3~5
		15	20×12		4~6
	拇指按动	30		8~35	3~8
	手掌按动	50		10~50	5~10
按键	指尖按动	10		2.5~16	3~5
		15			4~6
		18			4~6
		18~20			5~10
控制装置	操纵方式	旋钮直径/mm	旋钮厚度	作用力/N	工作行程/m
旋钮	拇指尖捏握	10~100	12~25	5.0~4.2	3~8
	指握	35~75	≥15	6.2~5.0	5~10

表 2-2　GB/T 14775—1993 操纵器部分排布间隔距离要求

操纵器型式	操纵方式	间隔距离 d/mm 最小	间隔距离 d/mm 推荐
旋钮	单手操作	25	50
	双手同时操作	75	125
按钮	单（食）指操作	12	50
	单指依次连续操作	6	25
	各个手指都用	12	12

根据表 2-1 与表 2-2 的相关要求，结合设备人机界面相对较为正常的工作环境，对控制装置的设计应考虑相关功能尺寸与编码方式，以利于操作和区分。

2. 激光定向能量沉积设备的人机界面布局优化

（1）操作过程中的人机界面布局问题。图 2-22 所示是现有激光定向能量沉积设备人机界面布局操作任务问题分析图。在设备的操作过程中，由于人机界面布局设计主要依赖于设计者的主观判断，与操作者的认知习惯存在冲突，且人机界面的信息交互和编码较为复杂，导致大量关键信息交互负担较重。当前界面各功能区域的布局存在以下问题：

1）在操作者执行设备的关键任务（如程序复位、加工模式设置、工艺参数设定和程序选定）时，存在严格的操作顺序和关联性。然而，由于具有关联性的功能区域布局相隔较远，操作人员在各区域之间的任务顺序需要不断"跳跃"，从而导致任务关联性减弱，作业流程不够流畅，难以及时响应任务。

2）在进行设备的气体环境设置和工件转移洗气作业时，气压监测表和气体控制模块之间存在紧密的配合关系。然而，由于它们的布局空间较大，不符合显控布置信息的认知要

第 2 章 激光定向能量沉积的设备研制

求，这导致操作者在执行与气体相关的控制任务时会受到一定的操作效率限制。

总之，在执行操作任务时界面的布局设计使得任务流程不够流畅，对关键功能任务的快速控制能力较弱，操作任务的便捷性、舒适性和安全性需求难以有效满足。因此，为了实现操作任务的快速、安全和舒适执行，需要充分分析设备人机界面功能区域在任务中的关键性、认知性和安全性。为此，制定了激光定向能量沉积设备人机界面布局优化原则，以合理指导设备人机界面任务区域的布局，从而提高设备人机界面的交互效率。

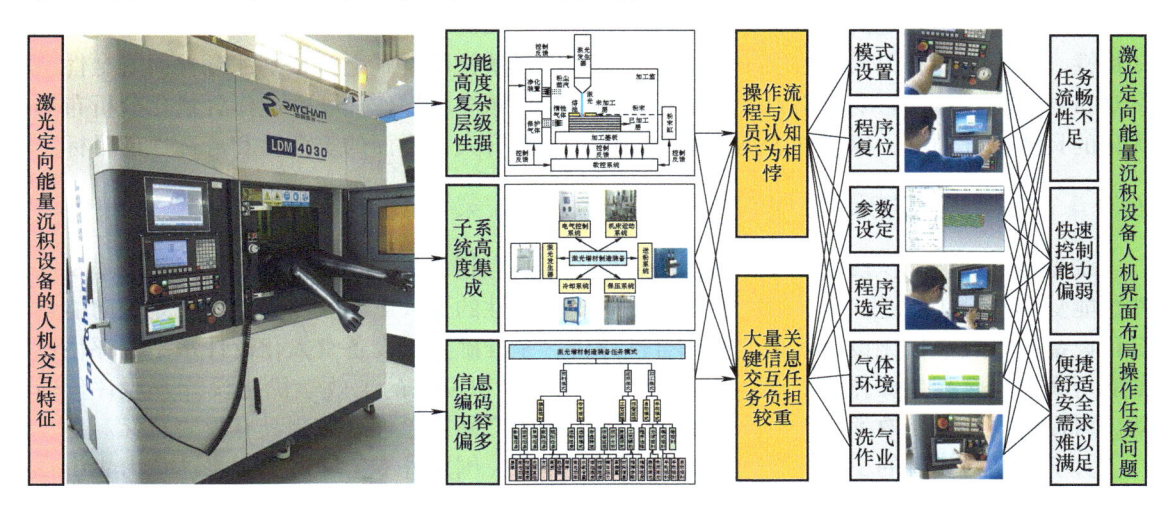

图 2-22 现有激光定向能量沉积设备人机界面布局操作任务问题分析图

（2）人机界面布局优化原则。人机界面布局优化原则是进行人机界面布局设计的前提条件，它直接影响布局优化的效果。人机界面布局优化本质上是操作者在使用设备的人机界面过程中，根据显控装置的人机交互设计原则，重新分配和布置各功能模块。操作人员在使用设备时主要通过操作界面完成各种操作过程，即操作者与激光定向能量沉积设备的人机交互主要发生在操作界面中。因此，对于激光定向能量沉积设备的人机界面布局优化，首要考虑的是符合人机交互过程中显控装置在认知与控制设计上的原则。具体而言，可以分为以下几点：

1）激光定向能量沉积设备的人机界面布局优化应满足操作者的认知需求。认知需求是指操作者在与设备人机界面进行交互时，能够与自身的工作经验、工作习惯以及操作者的认知规律相匹配。在进行布局优化的过程中，需要充分合理地分析操作者的认知过程，将操作者的经验与认知特性整合起来，以确保关键信息能够被快速捕捉和响应。这对于提高操作准确性，进而提高操作者的工作效率至关重要。因此，在进行激光定向能量沉积设备的人机界面布局优化时，应充分考虑操作者的认知规律以及显控功能模块的重要性、使用频率和关联性，合理安排界面布局空间。

2）激光定向能量沉积设备的人机界面布局优化应满足任务过程的流畅性与舒适性。在人机界面布局优化中，应根据操作者的作业流程进行合理布局，以确保操作者的作业过程流畅，减轻其认知负担，简化操作流程，提高操作任务的执行速度。同时，也需要考虑满足操作者的舒适性需求，以有效避免操作者在任务过程中感到疲劳。因此，在激光定向能量沉积设备的人机界面布局优化中，应根据各显控功能模块的使用频率、操作顺序和关联性，将它们有序地集中布置在操作者的舒适操作区域，以加快操作信息的处理，实现操作任务的便捷和舒适。

3）激光定向能量沉积设备的人机界面布局优化应满足安全性需求。由于激光定向能量沉积设备在加工过程中具有特殊性，对操作的安全性要求极高。在操作者实际使用设备时，如果未充分关注重要信息和功能模块，或发生误操作以及响应不及时，都可能导致严重的安全问题。因此，在激光定向能量沉积设备的人机界面布局优化设计中，必须充分考虑操作者的认知过程、操作过程以及界面设计中的安全性因素对布局优化的影响，并将其作为关键性布局影响因素融入人机界面布局的优化中。

综上所述，激光定向能量沉积设备的人机界面布局优化设计必须在充分考虑操作者的认知特性、工作经验和习惯、操作任务流程以及操作舒适性的基础上，特别注意界面安全性因素对布局优化设计的影响。重要性、使用频率、操作顺序和操作关联性应作为量化分析布局优化的具体设计原则，以实现提高界面使用效率、提升人机界面的安全性和舒适性的目标。

2.3.4 激光定向能量沉积设备的工效学优化效果评价

激光定向能量沉积设备是先进智能制造设备，具有相当的复杂性，其人机交互效率及制件性能受到安全、舒适、情感、快捷等宜人化设计特性的重大影响。因此，对激光定向能量沉积设备的工效学优化设计效果进行综合性评价，是准确判断设备宜人化设计水平，评估设备能否满足安全高效操作的关键。对激光定向能量沉积设备的工效学优化设计开展评价活动，对提升设备作业效率与操作者满足感，进而提升产品质量性能控制具有重要意义。

关于产品与设备的工效学评价研究问题，近年来，国内外专家学者主要将注意力集中在对产品与设备在操作交互过程中的安全舒适性评价，以及交互界面的工效学评价上。关于产品与设备的工效学评价问题，国内外学者通过主观评估结合生理测量、仿真试验等手段，对产品与设备的安全舒适性以及界面合理性这两个极其重要的工效学设计维度进行了深入研究，并取得了可喜的研究成果。然而，目前大多数研究主要集中在对现有设备的工效学设计情况进行评价与分析，而对产品经过工效学优化设计后的设计效果验证评价的研究相对较少。由于工效学优化设计本身是一个系统性的设计过程，它在实现工效学性能的同时不可避免地会对其他设计维度的设计要素产生影响，因此仅仅依靠工效学设计评价指标来进行优化效果评价活动难以全面反映设计的有效性，应主要关注激光定向能量沉积设备的宜人性与安全性优化评价，同时考虑在优化过程中产生的效果与方案对设备生产性的影响情况，以实现对激光定向能量沉积设备工效学优化设计的全方位、客观性综合评价。

1. 激光定向能量沉积设备工效学优化效果评价体系的构建

（1）设备评价体系组成维度因素分析。在使用激光定向能量沉积设备进行加工的过程中，操作者直接面向设备进行任务操作。从用户体验的角度来看，对于激光定向能量沉积设备的工效学优化评价，是针对操作者在优化前后方案中的主观感受进行的分析过程。为了实现这个过程，激光定向能量沉积设备的工效学评价体系必须建立在直接影响设备操作者体验感的因素基础上。具体因素可以分为宜人性评价因素与安全性评价因素：

1）设备宜人性评价因素。激光定向能量沉积设备的工效学优化宜人性评价的目的在于评判设备在人机协调性与心理环境方面的优化情况，表征于操作者作业的体验感中，是最直接展现激光定向能量沉积设备工效学优化设计效果的评价因素。人机协调性的分析主要涵盖两个方面：

① 任务操作空间的协调性。激光定向能量沉积设备的任务交互包括操作者直接接触设备进行工件装夹、参数设定、加工成形与工件转移的过程。具体来说，设备加工成形室与过

渡室的舱室空间匹配性与操作舒适性是评判人机协调性的关键因素。

② 任务信息交互的协调性。由于激光定向能量沉积设备体现出高度复杂的任务层级结构，就信息交互而言，设备控制界面在处理复杂任务状态时需要确保信息和功能能够快速有效地区分、识别，并及时捕捉重要信息，这是评价任务信息交互协调性的关键因素。具体而言，激光定向能量沉积设备的功能控制与气体环境控制的操作区域的认知、区分、识别，以及功能布局分布上能否满足快捷安全作业需要是判断人机协调性的关键。

③ 设备的操作过程必然伴随着操作者的心理变化。激光定向能量沉积设备具有多层次任务交互特性，这些特性虽然间接但持续地从侧面影响设备操作人员的心理环境。因此，设备操作者在心理层面的体验感是反映设备对心理环境优化情况的直接要素。具体体现为设备的形态设计是否满足操作者的心理情感需求，是否能在心理上给予操作者安全、简洁、美观和智能的感受。因此，设备形态的情感设计对于满足操作者心理情感需求的程度也是评价设备宜人性的核心因素之一。具体来说，评判设备宜人性设计的重要因素包括设备情感融合设计是否基于操作者的安全感、简洁美观的心理感受，以及是否与操作者对智能增材设备的期望形象相契合。

2）设备安全性评价因素。激光定向能量沉积设备在加工方式上与传统制造设备相比具有独特之处，它使用高能激光在气体保护下进行金属成形。这种特殊性导致设备自身与操作者在任务执行的过程中存在较高的潜在危险。因此，操作者对设备安全性的感知是评估设备工效学优化效果的重要影响因素。

在激光定向能量沉积设备的安全性评估中，设备自身对激光和气体的阻隔能力等被动防护能力是重要的安全性评估因素。另外，由于设备自身在加工过程中体现出多维参数和信息交互的特点，如何从工效学优化的角度要求操作者在任务的不同阶段都能够监测激光加工设备的安全状态，并实现有效的主动控制，同时确保增材设备加工过程对误操作的防控能力，也是评估设备安全性的关键因素。因此，对于激光定向能量沉积设备的安全性工效学评估，增材加工安全控制、作业防错能力以及激光环境保护能力都是重要的评价因素。

3）设备可生产性评价因素。激光定向能量沉积设备的工效学设计是一个系统性的过程，在以宜人性和安全性为主的设备优化中，除了必须考虑操作者在使用功能、心理情感和安全感受方面的用户体验，还要考虑对设备生产性的影响。由于激光定向能量沉积设备要求智能化，因此它必然涉及高度复杂的集成制造工艺。设备的工效学优化可能会对制造的难易程度产生积极或消极的影响，从而影响设备的制造生产成本。此外，设备的智能化要求设备的可维护性，以保证设备的性能稳定能力更高，工效学优化过程可能会对设备可维护性产生一定影响。因此，设备的可生产性同样是最重要的评价影响因素之一，对激光定向能量沉积设备的工效学优化评价必须考虑设备可生产性对评价结果的影响。

综上所述，综合评价激光定向能量沉积设备的工效学优化效果主要涵盖宜人性、安全性和可生产性三个维度。一方面，应从用户体验的角度评估设备优化设计的效果，以宜人性和安全性为主要工效学影响因素；另一方面，应考虑可生产性因素对评价结果的影响，以全面客观的方式评估激光定向能量沉积设备的工效学优化设计情况，如图2-23所示。

（2）设备工效学评价指标的确定。构建涵盖宜人性因素、安全性因素与可生产性因素三大评价维度的激光定向能量沉积设备工效学优化评价体系，对每一影响因素逐次细化，形成16个基层评价指标，见表2-3。

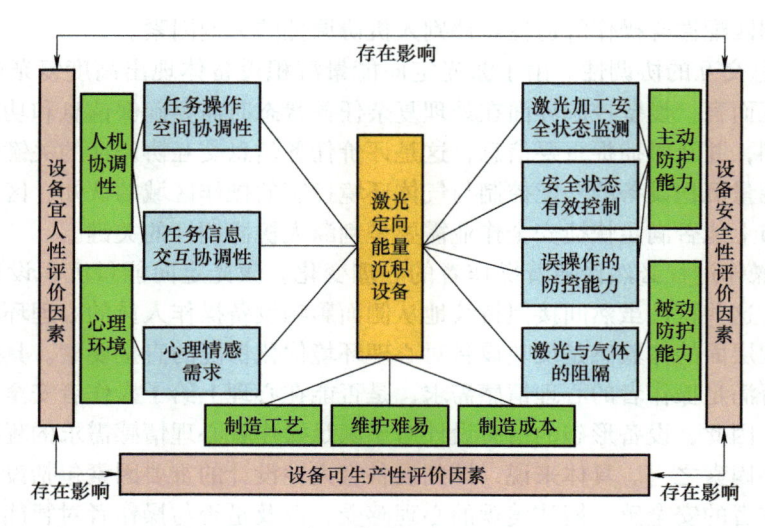

图 2-23 设备工效学综合评价因素分析

表 2-3 设备工效学评价指标

一级指标	二级指标	三级指标	指标说明
宜人性 A	加工成形室与过渡室舒适性 A1	两室空间匹配性 A11	加工成形室与过渡室相关夹具、开关等装置的位置尺寸或自身尺寸大小能否满足工件装夹、转移等作业的功能需要
		两室空间操作舒适性 A12	设备的作业空间能否使操作者舒适地进行工件装夹、转移等作业
	增材加工控制界面可认知性 A2	激光控制认知能力 A21	操作者能否快捷有效地设置、识别激光相关加工参数与加工模式并控制
		气体流量控制认知能力 A22	操作者能否快捷有效地设置、识别气体环境相关的气压、流量等参数并控制
		加工功能区分性 A23	加工界面的信息呈现与操作编码是否满足人的视觉特性与操作特性,是否可以快速捕捉并区分信息
		激光增材加工功能分布 A24	执行增材加工成形任务的相关功能区域是否布置在人可以快速、舒适可达的区域内
	形态情感融合设计水平 A3	安全感受 A31	设备是否可以给人内心产生安全感
		智能感受 A32	设备是否满足对设备智能化的心理形象
		美观感受 A33	设备是否美观简洁大方
安全性 B	主动防护能力 B1	增材加工任务防错能力 B11	操作者在执行增材制造成形过程时防止人员误操作的能力
		增材加工安全控制能力 B12	操作者对设备增材制造成形过程安全状态的监测与有效地主动控制
	被动防护能力 B2	激光与气体阻隔保护 B21	激光定向能量沉积设备自身对操作者激光与气体保护的能力

（续）

一级指标	二级指标	三级指标	指标说明
可生产性 C	制造难易 C1	复杂工艺 C11	制造该设备是否需要较为复杂的工艺，复杂工艺是否偏多
		可制造性 C12	制造该设备是否需要特殊的生产要求
	可维护性 C2	维护难易 C21	设备是否易于维护
	成本情况 C3	制造成本 C31	生产一台该设备需要的成本

具体来说，成形室和过渡室的舒适性主要评价匹配性和作业舒适程度，至于加工控制界面，主要侧重于信息交互。在此过程中，人员的认知情况对评价至关重要，因此主要评估激光加工和气体环境的控制认知能力，以及区分激光定向能量沉积功能区域的布局分布等因素，这些因素会影响界面的认知。同时，将安全感受、智能感受和美感程度视为影响情感需求的主要评价指标。

安全性划分为以人控制的主动防护和以设备保护的被动防护，核心在于不让操作者直接接触危险源，同时确保操作者可以及时发现和控制安全问题。可生产性则确保设备的工效学优化不会对设备的生产、制造和维护产生不利影响。就设备的可生产性而言，具体以复杂工艺、可制造性、可维护性与生产成本四项评价指标进行对比与判断。

2. 激光定向能量沉积设备工效学优化评价指标权重的确定

在激光定向能量沉积设备的工效学优化评价体系中，涉及宜人性、安全性和可生产性这三个不同但相互影响的概念维度，它们之间存在一定的复杂关系。此外，在每个维度下的具体评价指标之间，以及评价指标与上级维度之间也存在复杂的关联和影响。因此，评价激光定向能量沉积设备的工效学优化设计效果是一项复杂的系统性工作。在确定相关指标的权重时，由于它们会影响权重的确定，不能忽视各个维度以及各指标之间的相互关系。

决策实验室分析法（Decision-making Trial and Evaluation Laboratory，DEMATEL）是一种利用图论和矩阵工具来分析具有复杂相关性的系统方法。通过分析系统内各个因素之间的逻辑关系，DEMATEL可以计算每个因素对其他因素的影响程度和被影响程度，从而判断各要素之间的相互影响关系。由于DEMATEL的分析过程中可在考虑要素关系的情况下通过数值反映出某一因素在全系统内的重要性，因此可以采用DEMATEL方法计算评价体系内各评价指标的评价权重，具体步骤如下：

（1）构造直接影响矩阵。将评价体系中各层级的评价指标m_{xy}组成矩阵形式，并判断评价指标之间的两两影响关系，两评价指标之间的影响关系可用0（无关系）、1（略有影响）、2（有影响）和3（很大影响）表示。设该直接影响矩阵为M，则：

$$M = \begin{bmatrix} 0 & m_{12} & \cdots & m_{1y} \\ m_{21} & 0 & \cdots & m_{2y} \\ \vdots & \vdots & & \vdots \\ m_{x1} & m_{x2} & \cdots & 0 \end{bmatrix} \quad (2\text{-}38)$$

式中，x、y分别为第x个评价指标和第y个评价指标，且$x=y$，评价指标对其自身的影响均认为是0。

（2）规范化处理。将直接影响矩阵M_{xy}通过行和最大值法进行规范化处理，得到规范化影响矩阵N_{xy}，则：

$$N_{xy} = \frac{M_{xy}}{\max\left(\sum_{y=1}^{n} M_{xy}\right)} \tag{2-39}$$

式中：M_{xy} 为原始直接影响矩阵中的元素，表示第 x 个评价指标对第 y 个评价指标的影响程度。分母为所有行和中最大的值（即 $\max\left(\sum_{y=1}^{n} M_{xy}\right)$），用于对矩阵进行行归一化。修正后的公式中，$N_{xy}$ 是规范化后的矩阵元素，所有元素仍构成矩阵 N 而非标量。

（3）构造综合影响矩阵。根据式（2-39），则：

$$T = N(I-N)^{-1} = \begin{bmatrix} t_{11} & t_{12} & \cdots & t_{1y} \\ t_{21} & t_{22} & \cdots & t_{2y} \\ \vdots & \vdots & & \vdots \\ t_{x1} & t_{x2} & \cdots & t_{xy} \end{bmatrix} \tag{2-40}$$

式中，I 为单位矩阵；$(I-N)^{-1}$ 为 $I-N$ 的逆矩阵；x、y 分别为第 x 个评价指标和第 y 个评价指标，$x=y$。

（4）根据综合影响矩阵 T，计算各评价指标的影响度 D、被影响度 C、中心度 P。其中，影响度 D 为 T 中各行的元素之和，被影响度 C 为 T 中各列数字之和，中心度 P 为影响度与被影响度之和，即

$$D = t_{x1} + t_{x2} + \cdots + t_{xy} \tag{2-41}$$

$$C = t_{1y} + t_{2y} + \cdots + t_{xy} \tag{2-42}$$

$$P = D + C \tag{2-43}$$

（5）确定综合指标权重。设第 e 层级的第 j 个评价指标的权重为 ω_j，则：

$$\omega_j = \frac{\sum_{e=1}^{3} p_{je}}{\sum_{k=1}^{n} p_k} (e = 1,2,3) \tag{2-44}$$

式中，p_{je} 为第 j 个一级指标下第 e 个子指标的中心度（来自 DEMATEL 分析）；$\sum_{k=1}^{n} p_k$ 为所有一级指标中心度的总和，用于归一化；ω_j 为第 j 个评价指标的综合权重值，等于该指标的自身权重及在所处维度下的各层级权重之积，即

$$\omega_j = \omega_{j1} \omega_{j2} \omega_{j3} \tag{2-45}$$

3. 激光定向能量沉积设备的工效学优化评价方法

传统的扩展多准则协调优化法（Vise Kriterijumski Optimizacioni Racun，VIKOR）是一种采用折中方案避免属性冲突，精细刻画方案优劣性，综合群体效率最大化的决策方法。但是该方法仍旧建立在专家人员主观判断的基础上，存在着较大的模糊性与不确定性。因此可以将粗糙集理论引入 VIKOR 方法中，以粗糙 VIKOR 求解激光定向能量沉积设备的工效学优化方案的对比结果，验证优化方案的有效性。

（1）粗糙 VIKOR 法。粗糙 VIKOR 法将专家的评分通过粗糙集理论转化为粗糙数，以粗糙评分矩阵代替传统的评分矩阵，从而减小专家主观性与模糊性对于评价结果的侧面影响。粗糙 VIKOR 的主要分析步骤如下：

1）收集评价得分，构建粗糙矩阵：根据式（2-1）~式（2-6），将专家评分以粗糙数的形式进行转化，形成粗糙评分矩阵 A，则：

$$A = \begin{bmatrix} RN(f_{11}) & RN(f_{12}) & \cdots & RN(f_{1m}) \\ RN(f_{21}) & RN(f_{22}) & \cdots & RN(f_{2m}) \\ \vdots & \vdots & & \vdots \\ \cdots & \cdots & RN(f_{ij}) & \cdots \\ \vdots & \vdots & & \vdots \\ RN(f_{n1}) & RN(f_{n2}) & \cdots & RN(f_{nm}) \end{bmatrix} = \begin{bmatrix} [f_{11}^L\ f_{11}^U] & [f_{12}^L\ f_{12}^U] & \cdots & [f_{1m}^L\ f_{1m}^U] \\ [f_{21}^L\ f_{21}^U] & [f_{22}^L\ f_{22}^U] & \cdots & [f_{2m}^L\ f_{2m}^U] \\ \vdots & \vdots & & \vdots \\ \cdots & \cdots & [f_{ij}^L\ f_{ij}^U] & \cdots \\ \vdots & \vdots & & \vdots \\ [f_{n1}^L\ f_{n1}^U] & [f_{n2}^L\ f_{n2}^U] & \cdots & [f_{nm}^L\ f_{nm}^U] \end{bmatrix}$$

(2-46)

式中，i 为第 i 个设计方案；j 为第 j 个评价指标；f_{ij} 为第 i 个设计方案在第 j 个评价指标下的粗糙评分，由专家原始评分转化而来；f_{ij}^L 为粗糙评分的下限值，表示评分的最小可能值；f_{ij}^U 为粗糙评分的上限值，表示评分的最大可能值。

2）处理最优、最劣解：根据评价指标的不同评价属性，可以将各评价指标划分为效益型评价指标和成本型评价指标。效益型评价指标越大越好，成本型评价指标越小越好；设 f_j^* 代表最优解，f_j^- 代表最劣解，B、C 分别代表效益型评价指标集和成本型评价指标集，则：

$$f_j^* = (\max_i f_{ij}^U | j \in B) \text{ 或 } (\min_i f_{ij}^L | j \in C) \tag{2-47}$$

$$f_j^- = (\min_i f_{ij}^L | j \in B) \text{ 或 } (\min_i f_{ij}^U | j \in C) \tag{2-48}$$

3）根据最优最劣解的结果，求解计算效益型评价指标与成本型评价指标的效用值与遗憾值，设评价指标的效用值为 S，遗憾值为 R，则：

$$S_i^L = \sum_{j \in B} \frac{\omega_j (f_j^* - f_{ij}^L)}{f_j^* - f_j^-} + \sum_{j \in C} \frac{\omega_j (f_{ij}^L - f_j^*)}{f_j^- - f_j^*} \tag{2-49}$$

$$S_i^U = \sum_{j \in B} \frac{\omega_j (f_j^* - f_{ij}^U)}{f_j^* - f_j^-} + \sum_{j \in C} \frac{\omega_j (f_{ij}^U - f_j^*)}{f_j^- - f_j^*} \tag{2-50}$$

$$R_i^L = \max_j \begin{cases} \omega_j (f_j^* - f_{ij}^U) / (f_j^* - f_j^-) & j \in B \\ \omega_j (f_{ij}^L - f_j^*) / (f_j^- - f_j^*) & j \in C \end{cases} \tag{2-51}$$

$$R_i^U = \max_j \begin{cases} \omega_j (f_j^- - f_{ij}^U) / (f_j^* - f_j^-) & j \in B \\ \omega_j (f_{ij}^U - f_j^*) / (f_j^- - f_j^*) & j \in C \end{cases} \tag{2-52}$$

式中，S_i^L 与 R_i^L 分别代表各评价指标效用值和遗憾值的下极限；S_i^U 和 R_i^U 分别代表各评价指标效用值和遗憾值的上极限。

4）计算能力指数 Q：能力指数代表设计方案对评价指标的满足能力，其计算公式为

$$Q_i^L = v(S_i^L - S^*)/(S^- - S^*) + (1-v)(R_i^L - R^*)/(R^- - R^*) \tag{2-53}$$

$$Q_i^U = v(S_i^U - S^*)/(S^- - S^*) + (1-v)(R_i^U - R^*)/(R^- - R^*) \tag{2-54}$$

式中，Q_i^L 和 Q_i^U 分别为能力指数的下极限和上极限；v 为权重调节系数，通常 $v = 0.5$；$S^* = \min_i S_i^L$；$S^- = \max_i S_i^U$；$R^* = \min_i R_i^L$；$R^- = \max_i R_i^U$。

（2）评价结果分析过程。根据粗糙 VIKOR 的分析过程，对激光定向能量沉积设备的工效学优化效果进行评价，主要以对比各评价指标的效用值、遗憾值和能力指数的结果作为评

判依据。由于以上三种数值结果均以粗糙数表现，因此可通过以下判断准则进行对比：

设有两个粗糙数，分别为 $RN_1=[L_1,U_1]$，$RN_2=[L_2,U_2]$，有如下两种情况：

1）当 RN_1 与 RN_2 之间的边界存在如图 2-24 所示的非包含关系时，如果 $U_1>U_2$，且 $L_1 \geqslant L_2$，则 $RN_1>RN_2$；如果 $U_1=U_2$，且 $L_1=L_2$，则 $RN_1=RN_2$。

2）当 RN_1 与 RN_2 之间的边界存在如图 2-25 所示的严格包含关系时，令 $M_1=(L_1+U_1)/2$，$M_2=(L_2+U_2)/2$；当 $L_2>L_1$ 且 $U_1>U_2$ 时，若 $M_1 \leqslant M_2$，则 $RN_1<RN_2$，若 $M_1>M_2$，则 $RN_1>RN_2$；当 $L_1>L_2$ 且 $U_2>U_1$ 时，若 $M_1 \leqslant M_2$，则 $RN_1<RN_2$，若 $M_1>M_2$，则 $RN_1>RN_2$。

图 2-24　粗糙数非包含关系

图 2-25　粗糙数严格包含关系

根据上述判断准则，对效用值 S、遗憾值 R 与能力指数 Q 的粗糙数值进行对比，判断优化前后的指标粗糙数的大小。效用值 S 越小说明方案的总体效用越高，遗憾值 R 越小说明方案的个别遗憾越小，能力指数 Q 越小则表明方案越能够精确地满足折中要求。因此，分别对 S、R、Q 三种参数进行升序排序，哪一方的评价指标粗糙数值最小，则说明哪一方的工效学设计情况满足评价指标的程度越好，即哪一方的工效学设计效果越好。

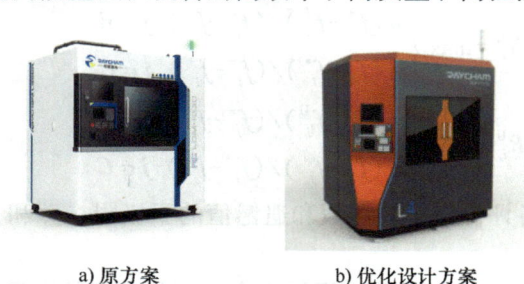

图 2-26 所示为经工效学优化设计前后的小型激光定向能量沉积设备。对优化前后两种激光定向能量沉积设备的功能尺寸、外观结构、界面信息等设备设计要素依据评价指标进行判断，并根据式（2-49）~式（2-54）对两种方案的效用值 S、遗憾值 R 和能力指数 Q 进行计算，然后对计算的三种参数结果依据粗糙数数值大小比对法则，按升序进行排序。结果发现，无论是效用值 S、遗憾值 R，还是能力指数 Q，优化方案的粗糙值均小于原方案粗糙值，说明经过工效学优化设计的激光定向能量沉积设备相较于原设备的设计水平得到了提升，能够更好地满足操作者快捷、安全、舒适的操作需求，更好地提升操作者的满足感与交互效率，更有利于实现激光定向能量沉积设备的高效率、高质量、高性能制造。

a）原方案　　　　b）优化设计方案

图 2-26　工效学优化设计前后的小型激光定向能量沉积设备

2.4　激光定向能量沉积设备的性能指标及应用

科研团队取得的激光定向能量沉积设备研制成果，通过团队成员创办的中科煜宸激

第 2 章 激光定向能量沉积的设备研制

光技术有限公司进行成果转化并推广应用,已形成系列化同轴送粉式激光定向能量沉积设备,其中主要设备如图 2-27 所示,其超大型同轴送粉增材制造平台的工作空间达到了 4000mm×3500mm×3000mm(见图 2-27f)。主要设备的性能指标符合技术要求:X 轴、Y 轴和 Z 轴定位精度小于 0.03mm,送粉量误差小于 2%,粉末汇聚直径小于 3mm,聚焦光斑尺寸 1.6~2mm,送粉头自动变焦范围±5mm,层厚 0.1~1.1mm 可调,氧水含量 2h 内可净化低于 $2.0×10^{-5}$,运动行程尺寸等已形成系列化,满足复杂构件激光定向能量沉积的制造需求。

a) LDM1500　　　b) LDM8060

c) LDM3020　　　d) LDM4035

e) LDM2520　　　f) LDM4000DL

图 2-27　系列化同轴送粉式激光定向能量沉积设备

科研团队已为航空航天、冶金能源等领域的终端用户单位提供了百余套激光定向能量沉积设备,实现了产业化应用,有力提升了飞机、舰船、高档数控机床等高端设备关键零部件制造运维能力和水平,促进了我国航空航天、冶金能源等产业的绿色高质量发展。

参考文献

[1] 李辉,张淑红,陈金周. 感性工学方法论及其在产品设计过程中的应用研究进展 [J]. 湖南包装,2016,31(4):23-27.
[2] ALANIZ T,BIAZZO S. Emotional design:the development of a process to envision emotion-centric new product ideas [J]. Procedia Computer Science,2019,158:474-484.
[3] 刘伟军,刘新昊,孙猛,等. 基于视觉感知域的钢轨铣磨车人机界面布局优化方法 [J]. 计算机集成制造系统,

2014：1-27.

[4] KONGPRASERT N, BUTDEE S. A methodology for leather goods design through the emotional design approach [J]. Journal of Industrial and Production Engineering, 2017, 34 (3): 170-179.

[5] CAMARGO F R, HENSON B. Beyond usability: designing for consumers' product experience using the rasch model [J]. Journal of Engineering Design, 2015, 26 (4-6): 1-19.

[6] 李雪瑞, 余隋怀, 初建杰. 意象驱动的产品形态基因网络模型构建与应用 [J]. 计算机集成制造系统, 2018, 24 (2): 464-473.

[7] 姜兴宇, 王蔚, 张皓垠, 等. 考虑质量、成本与资源利用率的再制造机床优化选配方法 [J]. 机械工程学报, 2019, 55 (1): 180-188.

[8] 李兰友, 陆金桂, 张建德. 基于产品基因的感性意象设计 [J]. 南京工业大学学报, 2019, 41 (1): 71-78, 88.

[9] 汪晓春, 周梦西. 绘本的情感化设计模型与评价指标体系构建 [J]. 北京邮电大学学报, 2020, 22 (3): 87-93.

[10] HU M C, GUO F, DUFFY V G, et al. Constructing and measuring domain-specific emotions for affective design: a descriptive approach to deal with individual differences [J]. Ergonomics, 2020, 63 (5): 563-578.

[11] 王昊琪, 张旭, 唐承统. 复杂工程系统下基于模型的公理化设计方法 [J]. 机械工程学报, 2018, 54 (7): 184-198.

[12] 房德磊, 尚建忠, 罗自容. 全液压驱动管道机器人公理化设计 [J]. 国防科技大学学报, 2019, 41 (6): 63-69, 99.

[13] 姜兴宇, 马生顺, 马明宇, 等. 基于注意力分配的盾构显示界面优化研究 [J]. 机械工程学报, 2023, 59 (4): 332-344.

[14] 林超群, 樊树海, 陈鹏, 等. 基于数字化工厂的混合作业车间布局公理化设计 [J]. 组合机床与自动化加工技术, 2019 (8): 16-18, 38.

[15] REDDY A, OWNSWORTH T, KING J, et al. A biopsychosocial investigation of changes in self-concept on the head injury semantic differential scale [J]. Neuropsychological Rehabilitation, 2017, 27 (8): 1103-1123.

[16] 王宁, 刘海园, 周雪珂. 基于粗糙集的应急案例中概率规则挖掘方法 [J]. 运筹与管理, 2018, 27 (12): 84-94.

[17] 王子生, 姜兴宇, 刘伟军, 等. 再制造机床装配过程误差传递模型与精度预测 [J]. 计算机集成制造系统, 2021, 27 (5): 1300-1308.

[18] ZHU G N, HU J, QI J, et al. An integrated AHP and VIKOR for design concept evaluation based on rough number [J]. Advanced Engineering Informatics, 2015, 29 (3): 408-418.

[19] 韩军, 邓承凤, 陈润德. 基于公理化设计理论的无人式微耕机造型设计研究 [J]. 机械设计, 2020, 37 (7): 138-144.

[20] 奚之飞, 徐安, 寇英信, 等. 基于改进 GRA-TOPSIS 的空战威胁评估 [J]. 北京航空航天大学学报, 2020, 46 (02): 388-397.

[21] 王迪, 邓国威, 杨永强, 等. 金属异质材料增材制造研究进展 [J]. 机械工程学报, 2021, 57 (1): 186-198.

[22] 马明宇. 激光增材制造装备的工效学分析与优化设计 [D]. 沈阳: 沈阳工业大学, 2022.

[23] RELLING T, LÜTZHÖFT M, HILDRE H P, et al. How vessel traffic service operators cope with complexity-only human performance absorbs human performance [J]. Theoretical Issues in Ergonomics Science, 2020, 21 (4): 418-441.

[24] DOGA D, BUTLER K L, TANSEL H, et al. A hierarchical task analysis of cricothyroidotomy procedure for a virtual airway skills trainer simulator [J]. The American Journal of Surgery, 2016, 212 (3): 475-484.

[25] MEL C, PAUL O, DARA B, et al. Identifying and reducing risks in functional endoscopic sinus surgery through a hierarchical task analysis [J]. Laryngoscope Investigative Otolaryngology, 2019, 4 (1): 5-12.

[26] 周艾, 张建敏, 杨勤, 等. 基于 JACK 的工业搬运车驾驶室人机工程仿真分析 [J]. 机械设计, 2020, 37 (1): 26-34.

[27] 金昱潼, 吕健, 潘伟杰, 等. 基于视觉注意机制虚拟交互界面布局优化 [J]. 计算机工程与设计, 2020, 41 (3): 763-769.

[28] 徐中阳, 尚珊, 石艳霞. 基于 DEMATEL 的电子健康网站用户体验关键影响因素分析 [J]. 图书馆, 2020 (11): 33-39, 62.

[29] 李西良,田力普,赵红. 高新技术企业知识产权能力测度研究——基于 DEMATEL-VIKOR 的指数模型 [J]. 科研管理, 2020, 41 (4): 270-279.

[30] 张文宇,杨媛,刘嘉,等. 基于区间粗糙数的多属性决策方法及应用 [J]. 计算机应用研究, 2020, 37 (10): 2990-2995, 3019.

[31] TIAN G D, LIU X, ZHANG M H, et al. Selection of take-back pattern of vehicle reverse logistics in China via Grey-DEMATEL and Fuzzy-VIKOR combined method [J]. Journal of Cleaner Production, 2020, 220: 1088-1100.

第3章

激光定向能量沉积的数据处理技术

对于基于材料累加思想发展起来的激光定向能量沉积制造技术，数据处理是其分层叠加制造的关键环节，数据处理的结果直接对成形速率、成形精度和系统稳定性等方面产生重要的影响。

激光定向能量沉积的数据处理主要过程包括：首先利用计算机辅助设计软件（如Pro/E、I-DEAS、SolidWorks、UG等）直接构建或对产品实体利用反求工程的方法，来构造三维CAD模型，根据制作需要设定适当转换精度将CAD模型转换成STL（STereo Lithography）模型；结合被加工模型的特征综合考虑制作的时间、精度等因素，选择合适的加工位向或分块制造。其次根据成形设备的性能指标（激光器的功率、光斑大小、焦平面位置、金属粉末的材质特性等）进行工艺参数的设定（扫描速率、空跳速率、送粉速率等），进而确定分层、扫描路径规划的基本参数，如分层厚度、扫描间距、光斑补偿半径、送粉速率以及扫描方式等；根据层厚信息用一系列平面沿加工位向切割三维模型，获得一系列有序的二维层片。最后提取截面的轮廓信息，进行实体内部的扫描路径规划，将扫描路径文件转换为数控加工文件。

3.1 STL 模型的建立与优化

3.1.1 STL 模型构造

STL 文件是将三维 CAD 模型表面三角网格化后获得的文件。三角形的网格化就是用小三角形面片去逼近自由曲面，逼近的精度通常由曲面到三角形面的距离误差或者是曲面到三角形边的弦高差控制，如图 3-1 所示，误差越小，曲面越不规则，所需要的三角形面片的数目就越多，STL 文件就越大。因此，必须根据零件加工的需要设定误差。

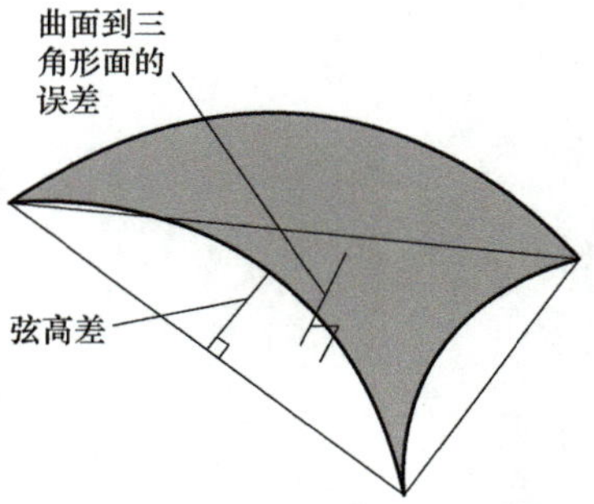

图 3-1 自由曲面的三角形网格逼近

3.1.2 STL 模型文件格式

STL 文件是若干空间小三角形面片的集合，每个三角形面片用三角形的三个顶点和指向模型外部的三角形面片的法向量组成，如图 3-2 所示。

图 3-2 STL 文件的一个三角形面片

STL 文件有两种数据格式,一种是二进制格式,另一种是 ASCII 格式,两种格式的 STL 文件见表 3-1。

表 3-1 二进制格式和 ASCII 格式的 STL 文件

格式:二进制			格式:ASCII
Header:	file information ……80byte	header:	solid filename
……	number of facets ……4byte	……	……
a facet:	……	a facet:	facet normal x, y, z
			outer loop
	normal x ……4byte		vertex x, y, z
	normal y ……4byte	000	vertex x, y, z
	normal z ……4byte		vertex x, y, z
	vertex1 x ……4byte		endloop
	vertex1 y ……4byte		endfacet
	vertex1 z ……4byte	……	……
	vertex2 x ……4byte		endsolid
	vertex2 y ……4byte		
	vertex2 z ……4byte		
	vertex3 x ……4byte		
	vertex3 y ……4byte		
	vertex3 z ……4byte		
	unused ……2byte		
……	……		

二进制格式的前 84 字节为头纪录,其中 80 字节用来描述零件名、作者姓名和一些有关文件的评述;4 个字节用于表示三角形面片数。接下来对每个三角形面片用 50 个字节来存放三角形的法向量的 x、y、z 值和三个顶点的 x、y、z 坐标值,每个坐标值占用 4 个字节,共 48 字节,最后 2 个字节空余以备特殊用途,因为二进制格式文件尺寸小、易于传输,所以应用较为广泛。

ASCII 格式文件要比二进制格式文件大得多,大约是二进制格式文件的 6 倍,但 ASCII 格式的文件可读,便于测试。ASCII 格式文件的第一行为说明行,记录 STL 文件的文件名。从第二行开始记录三角面片,首先记录三角面片的法向量,然后记录环,依次给出三个顶点坐标,三个顶点的顺序与该三角面片的法向量符合"右手法则"。一个三角面片记录完毕以后,开始记录下一个三角面片,直到将整个模型的全部三角面片记录完毕。

STL 文件能够正确描述三维模型,必须遵守如下的规则:

(1) 共顶点规则。每相邻的两个三角形只能共享两个顶点。

(2) 取向规则。对于每个小三角形面片，其法向量必须由内部指向外部，小三角形三个顶点的排列顺序同法向量符合"右手法则"，任意相邻的两个三角形面片所共用的两个顶点在其所属三角形中的顶点排序都是不相同的。

(3) 充满规则。在STL三维模型所有表面上必须布满小三角形面片。

(4) 取值规则。小三角形面片每个顶点的坐标值必须是非负的，即STL模型必须落在第一象限。

STL文件结构简单，利于CAD系统生成模型，并且易于实现对模型的分层、支撑添加以及模型的分割等后续数据处理，然而STL文件形成的这些有利因素都是由于用三角形网格来描述三维几何形体，这也带来了如下的缺点：

(1) 近似性。STL模型只是三维曲面的一个近似描述，造成了一定的精度损失。

(2) 数据冗余。STL文件有大量的冗余数据，因为三角形的每个顶点都分属于不同的三角形，所以同样的一个顶点在STL文件中要重复存储多次；同时，三角形面片的法向量也是一个不必要的信息，因为它可以通过顶点坐标得到。

(3) 信息缺乏。STL文件缺乏三角形面片之间的拓扑信息，这经常会造成信息处理和分层的低效；同时，经过CAD模型到STL模型的转换之后，丢失了公差、零件颜色和材料等信息。

(4) 错误和缺陷。在STL文件中还经常会出现许多错误和缺陷，例如重叠面、孔洞、法向量错误等。

针对STL文件所存在的缺点，众多学者进行了相关的研究，其中，由近似性造成的精度损失问题可通过在CAD系统中输出STL模型时选择设定近似精度参数值来保证精度满足要求；对于STL文件中经常会出现的错误和缺陷问题，根据上述规则，众多学者在STL文件的缺陷分析的基础上进行了错误检测与修复的研究，实现了对STL文件错误的检测和修复，满足其作为激光定向能量沉积数据来源的需要；而数据冗余和信息缺乏问题一般通过STL文件的三角形面片拓扑信息重建来解决。

3.1.3 STL文件拓扑信息分析

虽然STL文件作为激光定向能量沉积制造系统的输入格式已经得到了广泛的认可，但由于STL文件是由无序三角形面片组成的，仅包含三角形面片的顶点和其法向量坐标，而缺少三角形面片之间的邻接关系，即拓扑信息。拓扑信息重建（Topology Reconstruction）是网格简化、光顺、细分、碰撞检测、错误检测及修复等后处理的前提，同时拓扑信息重建后便于实现模型的分层。

STL模型中三角形面片之间的邻接关系（拓扑信息）包括以下两种：

(1) 共边邻接关系：与三角形面片F共享一条边的所有三角形面片均是F的共边邻接面，正确的STL模型的每一个三角形面片有且仅有三个共边邻接面。这种邻接关系是相互的，即F_i是F_j的邻接面，同时F_j是F_i的邻接面。如图3-3所示，F_1的共边邻接面片为F_6和F_2。

(2) 共顶点邻接关系：与三角形面片F共享一个顶点的所有三角形面片均为F的共顶点邻接面。在图3-3中，F_1的共顶点邻接面有F_2、F_3、F_4、F_5、F_6。

拓扑重建就是要获得如下所有的信息：

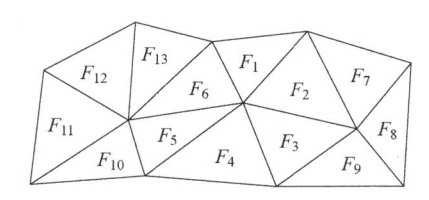

图 3-3 三角形面片的邻接关系

1) 已知一个面，获取组成它的三个顶点、三条边和它的相邻面。
2) 已知一条边，获取它的两个端点和它的两个相邻三角形面片。
3) 已知一个顶点，获取它的相邻顶点、以它为端点的所有相邻边和以它为顶点的所有相邻面。

3.1.4 拓扑重建的数据结构

因为 STL 模型拓扑信息重建的基本操作是大量几何元素之间的比较，所以好的数据结构和算法应该保证高效的搜索。对于模型分层算法的实现，需要考虑能够快速实现以下几种主要的拓扑访问：

（1）已知三角形面片，获取它的三个顶点。
（2）已知任意一条边，获取它的两个邻接面片。
（3）已知三角形面片，获取它的所有相邻三角面。

另外，一般情况下，网格模型中三角形面片的总数 N_F 和顶点总数 N_V 之间存在着以下的关系：$N_F/N_V \approx 2$，因此，基于顶点的存储结构和拓扑关系来建立边的拓扑关系和面的拓扑关系比基于面的存储结构的操作更高效；同时对于边而言，搜索操作可以通过对点进行有效操作的算法来完成。故选用平衡二叉查找树作为顶点的存储结构，而选用简单的双向链表作为边和面的存储结构。

3.1.5 STL 文件拓扑信息重建

STL 模型中三角面片之间的拓扑信息重建的主要流程如下：

1. 顶点的归并和拓扑关系的建立

每从 STL 文件中读入一个三角形面片，则可同时得到组成该面的三个顶点。对于每个顶点，只有确认它在顶点的存储结构中不曾出现以后，才能创建并添加一个新的记录，而确认的过程就是一个在顶点的存储结构中查找相同顶点的过程。

如果选用简单链表来存储所有的顶点，则每次查找都必须遍历整个链表，并且这样的查找对于每个三角形面片都要执行 3 次，因此简单链表不是合适的选择。

二叉查找树可以减少查找时间。在二叉查找树中，每个结点对应实体模型中的一个顶点，顶点的 3 个坐标值作为二叉查找树的关键字（Key）。构建二叉查找树的步骤如下：

（1）每个树结点包含：
1) 顶点数据：存储三维坐标 (x, y, z)。
2) 左子结点指针：指向左子树。
3) 右子结点指针：指向右子树。

(2) 插入算法。

1) 根结点初始化：将第一个顶点作为根结点。

2) 依次遍历顶点，递归插入：从根结点开始，比较待插入顶点与当前结点。假设待插入顶点坐标为 (x_1, y_1, z_1)，当前结点坐标为 (x_2, y_2, z_2)，若待插入顶点与当前结点的对应坐标满足式 (3-1)，则向左子树插入，若左子树为空，则创建新结点；若待插入顶点坐标大于当前结点对应坐标，则向右子树插入，若右子树为空，则创建新结点。

$$x_1 < x_2 \text{ 或 } (x_1 = x_2 \text{ 和 } y_1 < y_2) \text{ 或 } (x_1 = x_2 \text{ 和 } y_1 = y_2 \text{ 和 } z_1 \leq z_2) \tag{3-1}$$

二叉查找树的查找时间取决于树的高度，但是若出现最差的情况，其复杂度与线性查找差不多。为此，采用平衡二叉树来实现二叉树查找的均衡。初始时二叉查找树为空。每当读入一个三角形面片，对于组成它的每个顶点，在二叉查找树中查找坐标值相同的顶点。如果查找不到，则将该顶点插入二叉查找树中，同时调整树的节点，使其保持均衡。

一些 CAD 软件在圆整不同的三角形面片中的顶点坐标时，可能会造成顶点计算时的舍入误差，造成同一顶点不同位置的情况，这是 STL 文件中常见的错误。为了能够建立三角形面片之间正确的邻接关系，比较其各个顶点之间的距离，当两顶点之间的距离小于设定值 ε（如 10^{-5}），则将两个顶点视为一个顶点。具体方法如下：

在进行顶点合并时，先判断访问顶点 V_q 是否位于访问节点 V_n 的 ε 球形域内。如果距离 $d(V_q, V_n) \leq \varepsilon$，则认为访问顶点 V_q 与访问节点 V_n 是同一点，此时不添加新节点，转于访问 STL 文件的下一个顶点；如果 $d(V_q, V_n) > \varepsilon$，则利用式 (3-1) 判断访问顶点 V_q 是访问节点 V_n 的左结点还是右节点，并更新当前节点，继续类似上述的判断。

平衡二叉树是一种动态查找树。由于平衡二叉树上任意节点的左右子树深度都不超过 1，因此整个顶点合并过程的最坏时间复杂度为 $O(3N_F \lg N_V)$，其中 N_F 为合并操作的次数，N_V 为不重复的顶点个数。

在建立顶点树的同时，对于每个三角形面片的三个顶点，按如下法则确定其相邻顶点：

(1) 如果三个顶点在树中都是第一次出现，则分别将其中两个顶点视为剩余那个顶点的相邻顶点。

(2) 如果三个顶点在树中有两个是第一次出现，同样分别将其中两个顶点视为剩余那个顶点的相邻顶点。

(3) 如果三个顶点在树中有 1 个是第一次出现，则将新出现的顶点添加为两个旧顶点的相邻顶点，并将两个旧顶点作为新顶点的相邻顶点。

(4) 如果三个顶点在树中都曾出现过，则不用再进行相邻顶点的判断和添加。

2. 边和面拓扑关系的建立

每个顶点和它的任意相邻顶点所构成的边都是网格的合法边，因此，可以通过顶点树：

(1) 建立边链表。

(2) 生成顶点的相邻边。

(3) 得到边的两个顶点。

在建立上面顶点树的同时，记录 STL 访问三角形面片中每个顶点在顶点树中的索引，可以得到：

(1) 每个三角形面片的三个顶点。

(2) 每条边的两个邻接面。
(3) 每个顶点的相邻面。
(4) 由三个相邻顶点得到三角形面片的三条边。
(5) 每个三角形面片的相邻面和三角形面片的邻接链表。

于是，在读入 STL 三角形面片的同时，整个网格的拓扑信息得到重建。

3.2 基于 STL 模型的分层算法

在众多的分层方法中，基于 STL 模型的分层方法是研究的主流。计算层片厚度是 CAD 模型分层的最重要的过程之一，它直接影响加工零件的质量、精度、性能以及整个激光定向能量沉积全过程的效率。在激光定向能量沉积的发展里程中，国内外学者广泛地研究了层片厚度的计算方法。如何提高分层算法的处理效率，以满足某些成形工艺对实时性数据处理的需要，已得到众多学者的重视，并提出了若干分层算法。

3.2.1 基于三角形信息组织形式的分层处理算法

按照对三角形信息组织形式的不同，现有分层算法可分为三类：

(1) 散乱三角形面片的直接分层处理算法。这种算法主要为了克服特别大 STL 文件需要占有大量内存的缺点。分层过程中，不将 STL 文件一次读入内存，而是只将与分层平面相交的三角形面片读入内存，求出交点，随即释放掉；然后读入邻接三角形面片，求出交点，释放；最后得到顺序连接的封闭的轮廓。这种算法的缺点是要频繁读硬盘，造成分层速率较慢。

(2) 基于三角形面片位置信息的分层处理算法。这种算法首先将三角形面片按照其顶点 z 值的大小进行分类和排序，排序后，对每一面片信息纪录中引入两个数据：z_{min} 和 z_{max}，其中 z_{min} 为同一类面片中排列在该面片以后的面片的顶点 z 坐标的最小值，z_{max} 为同一类面片中排列在该面片以前的面片的顶点 z 坐标的最大值。分层过程中，对某一类面片进行相交关系的判断时，当分层平面的高度小于某面片的 z_{min} 时，对排列在该面片后面的面片，则无须进行相交关系的判断；同理，当分层平面的高度大于某面片的 z_{max} 时，对排列在该面片前面的面片，则无须进行相交关系的判断。这样，在分层过程中，随着分层高度的变化，不断调整各类面片中与分层高度相对应的三角形面片的搜索范围，减少了与其他面片不必要的相交关系的判断，从而提高了分层处理的速率。最后，将所得到的交线首尾相连生成截面轮廓线。

(3) 基于拓扑信息的分层处理算法。算法首先建立模型的拓扑信息，将 STL 模型的三角形面片用面表、边表和面表的平衡二叉树的形式或者用邻接表的形式表示。这种拓扑信息能够从已知的一个面片迅速查找到与其相邻的三个面片，这种分层算法的基本原理是：首先根据分层平面的 z 值，找到一个相交的三角形面片，计算出交点；然后根据拓扑信息找到相邻的三角形面片，求出交点坐标，依次追踪下去，直到回到出发点，得到一条封闭的有向轮廓线；重复上述过程，直到所有与分层面相交的三角形面片都计算完毕。这类算法能够高效地进行分层处理，可直接获得首尾相连的有向封闭轮廓，不必对截交线段重新排序，其缺点是占用内存较大，当 STL 文件出现错误时，无法完成正常的分层。

由上可知，因为 STL 文件是离散的三角形面片信息的集合，要实现高效分层，必须将离散的三角形面片信息组织成有序的形式。

3.2.2 容错分层方法

采用容错分层（tolerate—errors slicing）方法，避开 STL 文件三维层次上的纠错处理过程，直接对 STL 文件分层，并在二维层次上进行纠错。由于二维轮廓信息简单，并具有闭合性、不相交等明显约束条件，分层轮廓多为直线和圆弧（圆弧转接生成的）组合而成，因而容易在轮廓信息上发现错误。根据闭合性、不相交条件，进行二义性判断及修复、逻辑区域判断及修复，可以重建正确的轮廓。对于不封闭轮廓，采用自适应分组连接的方法，可以获得有效的边界轮廓，图 3-4 所示为不封闭轮廓的连接。具体实现方法如下：

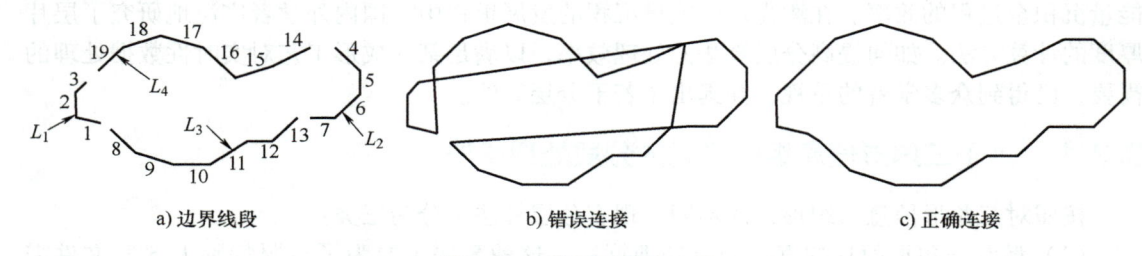

a) 边界线段　　　　　　b) 错误连接　　　　　　c) 正确连接

图 3-4　不封闭轮廓的连接

首先根据 STL 文件每个小三角形面片与层面的交线，建立各层面线段表，见表 3-2。

表 3-2　线段表

某层面线段	起点	终点
l_i	$StartPt(l_i)$	$EndPt(l_i)$
l_j	$StartPt(l_j)$	$EndPt(l_j)$
……	……	……

1. 容错分层基本原则

1）闭合性原则：对于任何线段 l_i，如果 $l_i \in L$（即边界线 $L = \sum_{i=0}^{n} l_i$），则：$StartPt(l_0) = EndPt(l_n)$。其中，$StartPt(l_i)$ 为 l_i 的起点；$EndPt(l_i)$ 为 l_i 的终点。

2）面域不相交原则：对于任意层面上的两条封闭边界线 L_i、L_j 围成的面域 R_i 和 R_j 必有：$R_i \cap R_j = \phi$。

2. 不封闭轮廓的判定及连接

先用分组连接的方法将可连接的线段分组连接，连接时满足条件：

$$StartPt(l_i) = EndPt(l_j) \tag{3-2}$$

然后各组线段连接时，采用自适应连接方法。图 3-4a 所示为分组后的结果，其中的边界线序号为分层时计算获得线段数据信息的顺序，线段集合 L_1 为序号为 1、2 和 3 线段的组合，图 3-4b 所示为错误的强连接结果，图 3-4c 所示为正确的自适应连接结果。

3. 二义性判断及连接

在边界线连接时，如果对于任意线段的端点与超过两条线段相连接，则在该端点位置边界线存在二义性。图 3-5a 所示为二义性 STL 文件图形，图 3-5b 所示为其各层面边界线，图 3-5c 所示为某层面边界线，其中 P 点为一个二义性端点。二义性线段的连接方法为将所有与二义性端点相连的线段按其与第一条搜索到的二义性线段的角度值进行排序，连接角度值最小的线段为下一条进行连接的边界线段。图 3-5d 所示为图 3-5c 中从 l_1 开始按其二义性线段的角度值最小原则连接的一种正确结果。

a) 二义性STL文件图形　　b) 各层面边界线

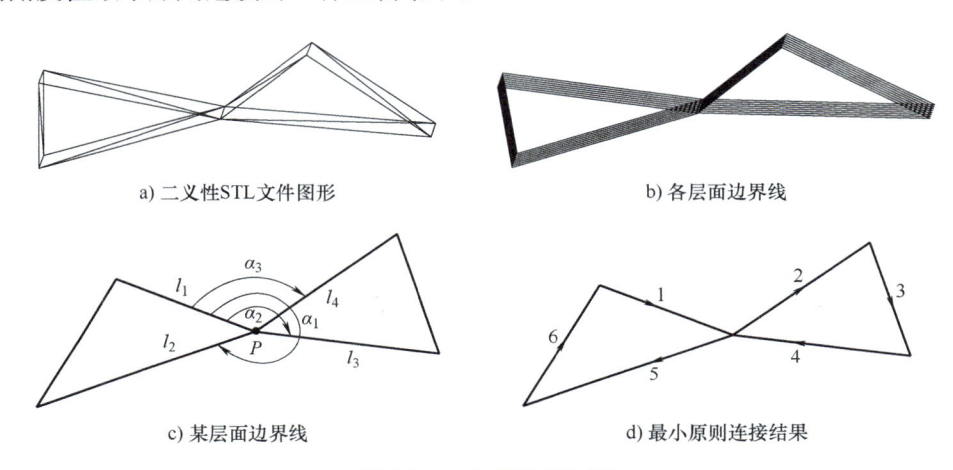

c) 某层面边界线　　d) 最小原则连接结果

图 3-5　二义性边界连接

4. 逻辑区域判断及修正

根据面域不相交原则，对每个层面的各个面域进行相交判断，如果 $R_i \cap R_j \neq \phi$（R_i 和 R_j 是两个面域），则令 $R_i = R_i \cup R_j$；并删去 R_j。图 3-6a 所示为模型某层面不同面域相交时的情况，图 3-6b 所示为修正后的结果。

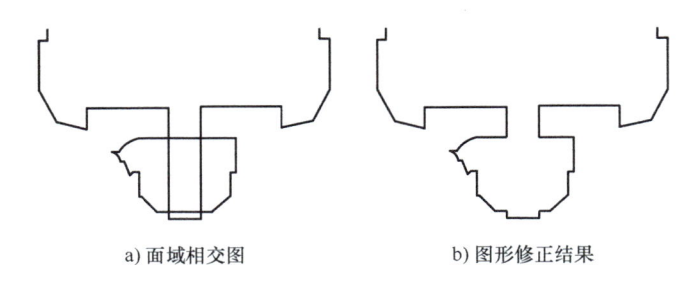

a) 面域相交图　　b) 图形修正结果

图 3-6　逻辑区域判断及修正

3.2.3　自适应分层方法

对于基于分层叠加制造思想发展起来的激光定向能量沉积制造技术而言，由于其本身所固有的台阶效应，直接影响了其形状精度和表面精度，分层方式与台阶误差如图 3-7 所示。如何最大限度地减少台阶效应而引起的原理性误差，提高成形精度，已经受到分层研究领域的广泛关注。

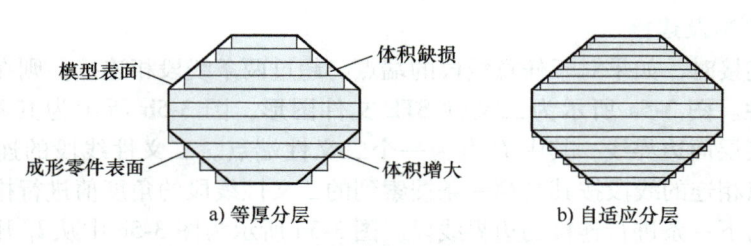

图 3-7 分层方式与台阶误差

a) 等厚分层　　b) 自适应分层

目前主要采用减小分层层厚、优化制作方向以及自适应层厚分层等方法来减少台阶效应的影响。但减小层厚，则意味着成形效率的降低、制造时间和成本的增加；而优化制作方向，对于有多种几何特征的复杂零件，会顾此失彼，况且制作方向的确定需要考虑制作效率、工件变形以及支撑的结构、种类等多种因素，因此该方法的采用受到了一定的限制。相比之下，对 STL 模型的自适应分层算法的研究十分活跃。

1. 自适应分层目的

自适应分层的主要目的就是减少台阶效应对成形零件各种性能的影响，主要体现如下：

（1）减少台阶效应对零件结构强度的影响。如图 3-8 所示，壳体零件（如手机壳）定层厚分层，会使圆角处层与层之间的接合强度下降，如果都采用最小层厚度分层，则整个加工时间会成倍增加。

（2）增加表面光顺度。从几何角度看，对一个 z 轴方向的柱体零件，在成形工艺许可的情况下，应尽可能增加分层厚度，而不会造成成形件表面的误差，这时表面光顺度不受分层厚度大小的影响。然而三维模型表面法向量与 z 轴夹角越小，台阶效应就越大，如图 3-9 所示，层厚相同时，其台阶点 P 到模型表面的距离越大，光顺度就越差。

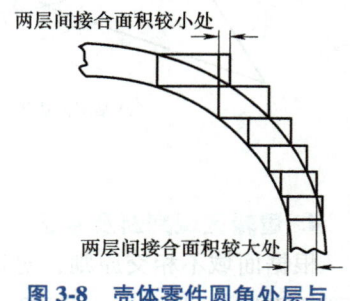

图 3-8　壳体零件圆角处层与层之间接合面积

（3）减少因台阶效应而带来的局部体积缺损（或增加）。如图 3-10 所示，当球体下半球离散表面的法向量值越接近 1 时，体积缺损就越严重。

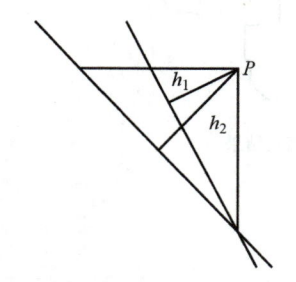

图 3-9　表面法向量与台阶效应

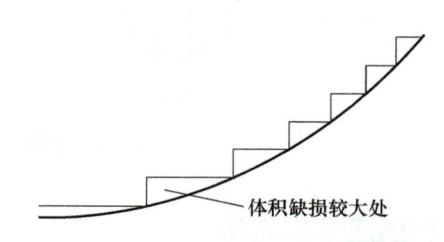

图 3-10　台阶效应产生的体积缺损

2. 基于小单元层逆向搜索的自适应分层方法

自适应分层的主要目的是控制分层台阶之间在 x-y 平面内投影的最大差值 δ_i（即最大台阶误差），使其小于预定值。图 3-11 所示的两层之间最大差值为 δ_i。显而易见，δ_i 越小两层

第3章 激光定向能量沉积的数据处理技术

之间的接触面积就越大,接合面处的结合强度就越高;同样表面就越光顺。在自适应分层时,我们可以根据样件的预期表面粗糙度值预先设定最大值 max,使 $\delta_i<$max。因而选择 δ_i 为自适应参量,评价分层时 δ_i 是否小于预定值 max 来确定各层厚度。

在进行三维模型自适应分层前,首先要借助三维模型的 STL 文件进行 z 轴方向的分层厚度的确定。假设三维模型表面任一点的法向量为 n_i,由于三角形面片 S_1 与三维模型曲面 S_2 间的最大高度差 μ 很小(见图 3-12),可用其相应位置 STL 文件中小三角形面片的法向量表示。设 $n_i=(x_i,y_i,z_i)$ 为小三角形面片的法向量,在 STL 文件中,由于法向量值 $|n_i|=\sqrt{x_i^2+y_i^2+z_i^2}=1$ 为单位向量,所以 $|z_i|$ 代表了 n_i 在 z 轴投影的大小,z_i 的正负表明了法向量 n_i 在 z 轴投影的方向。

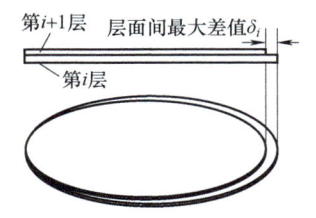

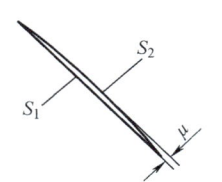

图 3-11 层面间最大差值　　　　图 3-12 小三角形面片表面与模型表面

由于 $\delta_i=\Delta h\times\left|z_i/\sqrt{1-z_i^2}\right|$,$|z_i|$ 最大处 δ_i 最大,Δh 为分层厚度差值。

STL 文件的自适应分层方法的关键是:在每个小单元层厚度上的所有小三角形面片中搜索出法向量最大的三角形面片 N_i,其法向量 $n_i=(x_i,y_i,z_i)$,搜索原理如图 3-13 所示。

第i层	STL文件图形S_i代表三角片	第i层的三角片	Max$|zi|$
6		S_1,S_6	S_6
5	$S_1,Z_1=0.21$　$S_6,Z_6=0.4$	S_1,S_5,S_6	S_6
4	$S_5,Z_5=0.1$	S_1,S_2,S_5,S_6	S_6
3	$S_2,Z_2=-0.02$	S_2,S_3,S_4,S_5	S_3
2	$S_4,Z_4=-0.1$	S_2,S_3,S_4	S_3
1	$S_3,Z_3=-0.12$	S_2,S_3,S_4	S_3

图 3-13 单元层逆向搜索原理

(1)法向量最大的三角形面片搜索方法的主要步骤如下:

1)第一步:取小单元厚度 $h_0=h_{\min}$($h_{\min}$ 为最小分层厚度,$h_{\max}$ 为最大分层厚度),$i=0$,$j=0$,其中,$h_{i+1}-h_i=h_0$。

2)第二步:搜索 $h_i\sim h_{i+1}$ 厚度内所有三角形面片的法向量,选取法向量在 z 轴投影值最大的三角形面片作为自适应分层在 $h_i\sim h_{i+1}$ 厚度内的参考平面片 S_i。

3)第三步:如果 $i>0$,判断 S_i 与 S_{i-1} 是否为同一三角形面片。如果不为同一三角形面片,则 $S_j=S_{i-1}$,$H_i=H_{i-1}$,$j=j+1$,其中,S_j 代表在 $H_{j-1}\sim H_j$ 厚度内的参考平面片,同为 S_j。

4）第四步：判断h_i是否达到三维模型最大高度H_{max}，$i=i+1$。如果没有达到三维模型最大高度，则转向第二步；如果达到三维模型最大高度，转向第五步。

5）第五步：$S_j=S_{i-1}$，$H_j=h_{i-1}$，$j=j+1$，总共分为$J=j$段，在$H_k \sim H_{k+1}$高度内为同一参考平面片S_k，法向量为$\boldsymbol{n}_k$（$j \geqslant k \geqslant 0$，$H_0=H_{min}$，$H_j=H_{max}$，$H_{min}$为三维模型的最低点高度）。

（2）自适应分层方法。利用上述搜索方法得到的参量H_k、S_k、法向量$\boldsymbol{n}_k$，进行自适应分层，自适应分层算法流程图如图3-14所示，得到z轴方向上变层厚的分段数据，$HzAnum$为总段数，$Hz[k]$为段中的底层高，$Hznum[k]$为段中的层数，$Hzw[k]$为段中的分层高度（$0 \leqslant k < HzAnum$）。

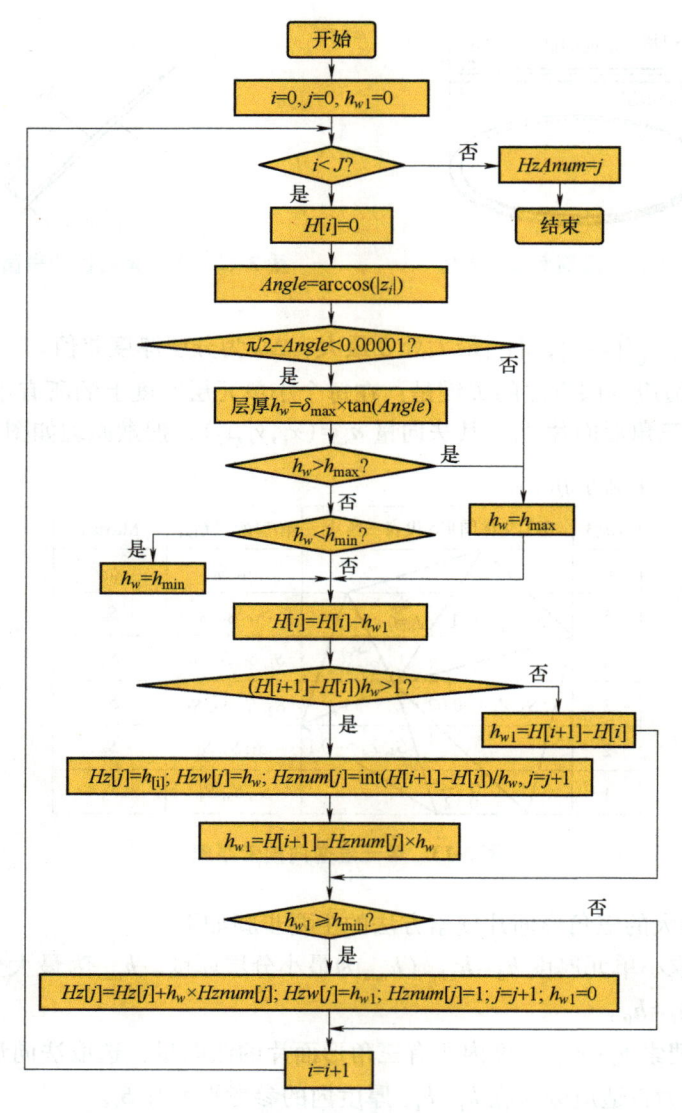

图3-14　自适应分层算法流程图

注：$H[i]$表示H_i。

图 3-15 所示为球体三维模型采用上述方法进行的自适应分层实例。

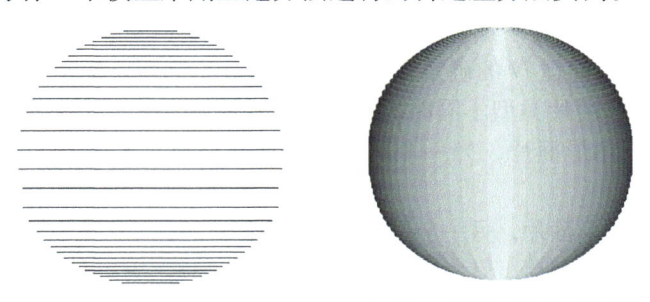

a) 球体三维模型直接自适应分层侧视图　b) 球体模型直接自适应分层仿真模型

图 3-15　自适应分层实例

注：$h_{min}=0.1$，$h_{max}=0.6$，$\delta_{max}=0.2$，$R=4$mm。

基于小单元层逆向搜索的自适应分层方法的主要优点有：不需要按小单元层厚进行实际切割，小单元层厚度可以取 $h_0=h_{min}/10$ 或更小，有效地保证了自适应分层后的尺寸精度；另外本方法利用 STL 三角形面片数据反向求出其 z 轴高度内对应的多个小单元层的法向量，提高了计算速度。

3.2.4　一致性误差分层方法

当前激光定向能量沉积制造技术主要采用两种分层方法来获取截面轮廓，一种是自下而上的底面分层方法，即分层平面是按照从 STL 模型的最底端（即值最小处）到最高端（即值最大处）的顺序截交 STL 模型，形成一个个的截面轮廓；另一种是自上而下的顶面分层方法，即分层平面是按照从 STL 模型的最高端到最底端的顺序截交 STL 模型。

对于底面分层方法而言，在模型的向上倾斜表面上，截面轮廓出现冗余误差，而在模型的向下倾斜表面上，截面轮廓出现残缺误差。

对于顶面分层方法，截面轮廓误差则出现相反的情况，即在模型的向下倾斜表面上，截面轮廓出现冗余误差，而在模型的向上倾斜表面上，截面轮廓出现残缺误差。

一致性误差分层处理方法由于在三角形面片的拓扑信息重建的同时可实现对不同类型的三角形面片的识别和标识，因此可实现快速分层；另外由于分层时通过判断 STL 模型表面三角形面片的法向量或边向的关系来获取正确的截面轮廓，使成形层面轮廓具有一致性冗余误差或者残缺误差（见图 3-16），

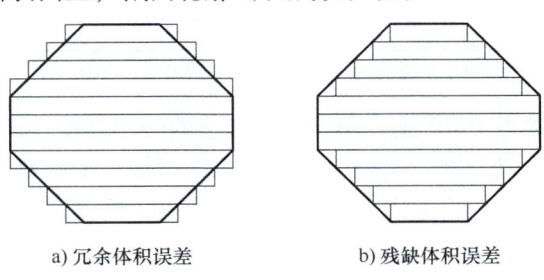

a) 冗余体积误差　b) 残缺体积误差

图 3-16　一致性误差分层的台阶误差

进而保证了成形零件具有一致性的过尺寸或欠尺寸加工余量，便于后续处理和应用。

为避免相邻三角形面片的法向量类型不同而出现错误的冗余交点现象，现在把单纯的判断三角形面片的法向量来确定分层平面高度的方法改为通过三角形面片法向量和共享边的法向量结合的判断方法来调整确定分层平面。选定代表法向量（三角形面片的法向量或邻接三角形共享边的法向量）和分层方向共同决定分层的高度。

假设分层方向单位法向量为 B，代表法向量为 N，可以得到：
$$D = N \cdot B \tag{3-3}$$

式（3-3）中代表法向量 N 的确定方法如下所述：

（1）当相邻三角形面片类型不同时，采用以下原则来确定：

1）当一个是下三角形面片，另一个是上三角形面片时，N 为这两个三角面片共享边的法向量。

2）当一个是下三角形面片，另一个是垂直三角形面片时，N 为下三角形面片的法向量。

3）当一个是上三角形面片，另一个是垂直三角形面片时，N 为上三角形面片的法向量。

（2）当相邻三角形面片类型相同时，N 为任意三角形面片的法向量。其中三角形面片按照其法向量与加工位向的夹角大小可分为三种类型：

1）下三角形面片：法向量与加工位向的夹角大于 90° 的三角形面片。

2）上三角形面片：法向量与加工位向的夹角小于 90° 的三角形面片。

3）垂直三角形面片：法向量与加工位向的夹角等于 90° 的三角形面片。

根据 D 值，就可以判断该处的误差类型。下面是自下而上分层方法的截面轮廓误差类型情况：

$D=0$ 时，分层平面与 STL 模型相交可以得到精确的截面轮廓。

$D>0$ 时，截面轮廓在该处具有冗余误差。

$D<0$ 时，截面轮廓在该处具有残缺误差。

这样根据 D 值就可以适应性调整分层平面的高度，得到具有一致性误差的截面轮廓，进而在成形加工后得到具有一致性体积误差的零件。下面以自下而上分层方法为例（见表 3-3），假设要得到冗余误差零件，适应性调整分层高度的确定方法如下：

表 3-3 不同误差下分层平面的分层高度

分层方式		自下而上		自上而下	
	D 值	$D<0$	$D>0$	$D<0$	$D>0$
误差类型	冗余误差	$h+h_d$	h	h	$h-h_d$
	残缺误差	h	$h+h_d$	$h-h_d$	h

注：h 为分层平面的当前高度，h_d 为分层厚度，当 $D=0$ 时，均取当前的分层高度计算交点。

如果 $D=0$ 或 $D>0$，则以当前的分层高度计算交点。

如果 $D<0$，将当前的分层高度增加一个层厚计算交点。

下面以自下向上的分层方法为例，要得到以获冗余误差为目标的分层算法描述如下：

第一步：根据分层平面的高度，找到第一个切割的三角形面片，如图 3-17 所示，假设与分层平面相交的第一个三角形面片是 A。

第二步：找到当前三角形面片与分层平面相交的任意一条边，进而找到共享该边的邻接面，确定代表法向量，由式（3-3）计算 D 值，并由 D 值重新确定分层的高度。

第三步：计算出交点坐标，同时置该三角形面片为已访问标志 slice_flag=1。在图 3-17 中，假设分层平面 L_1 与三角形面片 A 的一条边 V_0V_1 相交于点 P_1。

第四步：如果邻接的三角形面片还没有被访问，将其作为当前三角形面片，重复第二步和第三步。根据图 3-17 中共享边 V_0V_1 找到邻接三角形面片 B，求出交点 P_2。

第五步：重复第四步，沿截面轮廓方向一路追踪下去，直到回到第一个访问的三角形面片，就完成了这一层中一个封闭的截面轮廓。如图 3-17 所示的搜索方向，一直到回到三角形面片 A。

第六步：搜索 STL 文件，是否在模型高度范围之内还存在未被访问的三角形面片。如果没有，转向第七步；否则，表示还有另外的完整轮廓，重复第二步到第五步，直到与分层平面相交的三角形面片全部被访问过，这主要是为了处理一层中包含有多个封闭轮廓的情况。

第七步：将分层平面提高一个分层厚度，同时所有三角形面片的访问标志 slice_flag = 0，重复第一步到第六步，直到到达模型 z 值最大处。

以获得冗余误差为目标的分层算法流程图如图 3-18 所示。

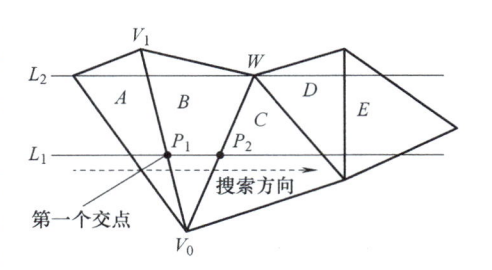

图 3-17　截面轮廓的生成

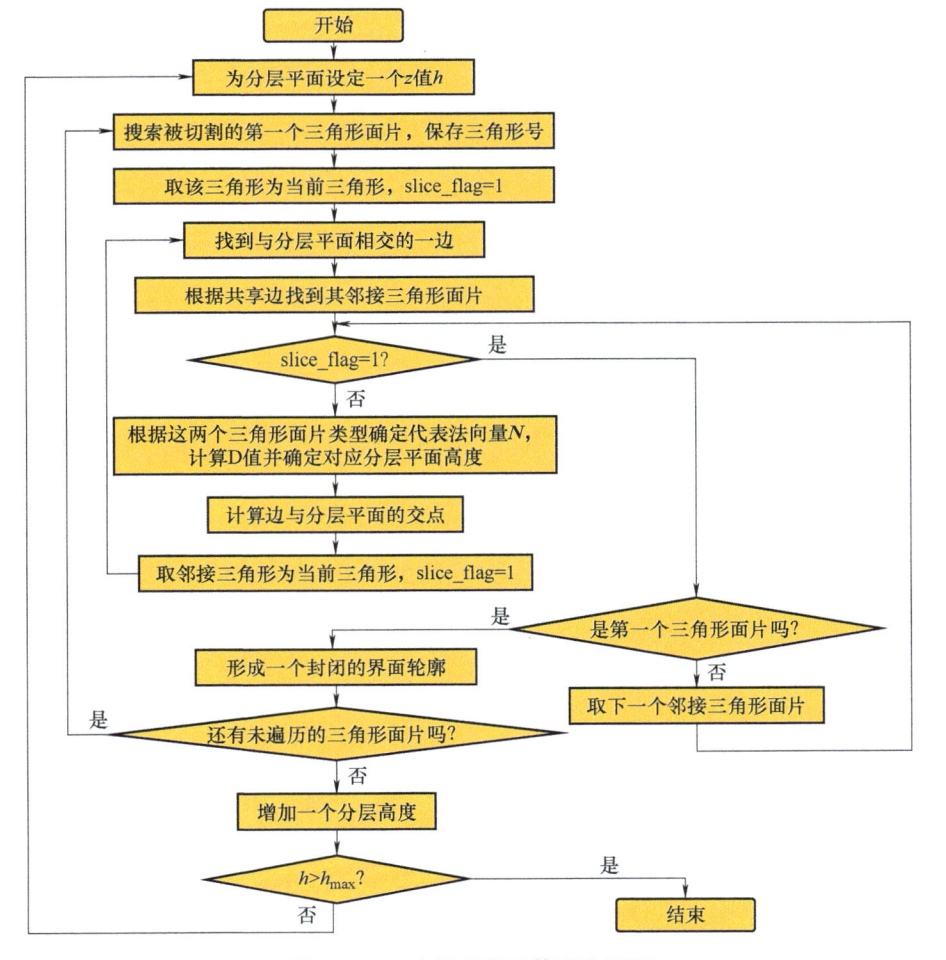

图 3-18　冗余误差分层算法流程图

3.3 平行扫描路径规划方法

激光定向能量沉积成形工艺同其他大多数激光定向能量沉积制造工艺一样,零件也是一层层叠加起来的,在由点到线、由线到面、由二维到三维的逐层累积过程中,激光器要做大量的扫描。合理的扫描路径规划非常重要,它不仅直接影响零件的精度和物理性能,而且对零件的加工时间以及加工成本有重要影响。

按照激光定向能量沉积填充路径形态的不同,常见的扫描路径主要分为三种,如图3-19所示。

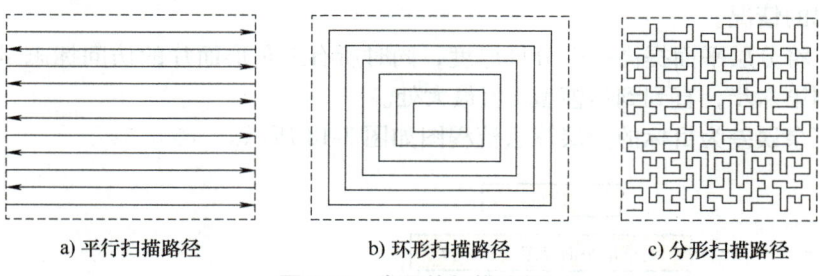

a) 平行扫描路径　　　　b) 环形扫描路径　　　　c) 分形扫描路径

图 3-19　常见的扫描路径

(1) 平行扫描路径:这种扫描路径的扫描线为一组等距平行线,两平行线之间的距离即为扫描间距,也称 Z 字填充。平行扫描中应用最为广泛的方法是平行往复扫描,如图3-19a所示。在此基础上,为达到提高加工零件性能和扫描效率等目标,众多学者提出平行往复扫描的不同改进形式。

(2) 环形扫描路径:即轮廓平行扫描,这种扫描路径的扫描线沿平行于边界轮廓线的方向进行扫描,即按照截面轮廓的等距线进行扫描,如图3-19b所示。传统的环形扫描路径的生成方法是通过层面轮廓线连续向内收缩来构造等距线。

(3) 分形扫描路径:这种扫描路径由短小的折线组成,利用分形曲线生成填充的方法,该方法是通过局部与整体相似,自我复制生成填充曲线,因此填充曲线规律相同、密度均匀,如图3-19c所示。

除此之外还有费马螺旋扫描填充、轮廓偏置填充法等,如图3-20和图3-21所示。目前实际应用中多采用平行扫描和环形扫描,但由于环形扫描路径生成十分复杂,特别是对于孔洞和凹槽区域较多的零件,有时甚至无法实现。相比之下,平行扫描轨迹的生成相对简单,故在各种激光定向能量沉积制造加工中以平行扫描路径居多。

图 3-20　费马螺旋扫描填充　　　　图 3-21　轮廓偏置填充

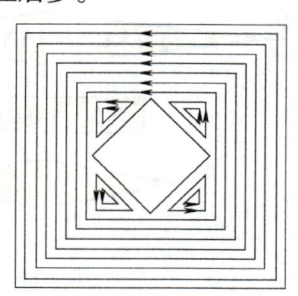

3.3.1 平行扫描特点与问题

对于激光定向能量沉积而言，由于激光的光斑（或喷嘴）具有一定的尺寸大小，为了保证成形零件的尺寸精度，同时为了获得较好的表面质量，必须根据分层的截面轮廓，使光斑的实际加工路径偏移一个光斑的半径，尤其是当激光光斑较大时，就显得更为必要。因此，从利用三维模型分层获得层面轮廓数据到生成扫描路径基本过程，首先以扫描半径为偏移距离，进行截面轮廓一次补偿重建，生成内外边界扫描路径；然后再以扫描直径为偏移距离，进行二次轮廓补偿重建，获得层面内部填充轮廓，进行填充区域扫描路径规划，生成层面内填充扫描路径。实际扫描中，现有的平行扫描方式的实现也都包含有层面的内外边界扫描和内部平行填充扫描。

现有平行扫描路径分组扫描可分为两种：

第一种是当激光扫至边界即回折反向填充同一区域，据此将扫描线分组，如图 3-22a 所示；第二种是根据扫描线上填充线段的段数变化与否来分组，如图 3-22b 所示。

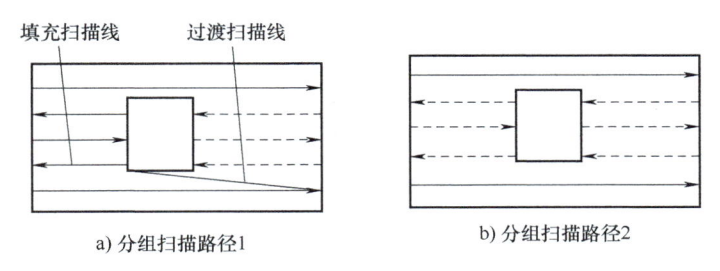

图 3-22 现有平行扫描路径分组示意图

采用上述平行扫描路径在激光定向能量沉积系统中进行实际扫描时，扫描头沿扫描线经过之处都会均匀送粉沉积，在轮廓内外环极值点处常常出现局部凸起的过沉积现象或局部沟壑的欠沉积现象，如图 3-23 所示，这严重影响了边界成形精度和成形层的平整度，直接影响后续成形加工的顺利进行。

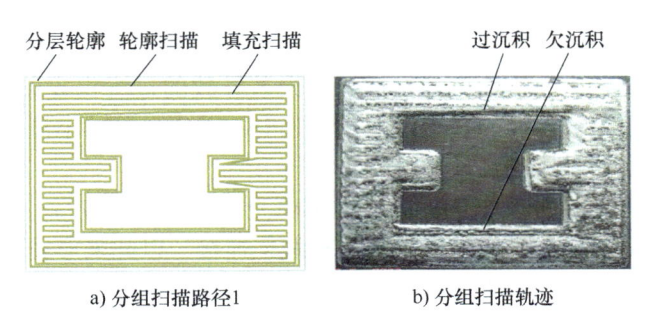

图 3-23 扫描中的过沉积和欠沉积现象

激光定向能量沉积试验表明，当相邻扫描线的实际扫描间距比设定的扫描间距偏小时，会导致相邻扫描线重叠面积过大造成局部凸起的过沉积现象，反之，当相邻扫描线的实际扫描间距比设定的扫描间距偏大时，会导致相邻扫描线重叠面积过小造成局部沟壑的欠沉积现象。结合激光定向能量沉积成形工艺，从扫描路径生成过程来分析过沉积和欠沉积现象的根本成因。

(1) 特征点和特征水平边处扫描间距误差的成因。分层轮廓可能包含若干个外环轮廓和内环轮廓，内环各点按顺时针连接，外环各点按逆时针连接，而每个外轮廓和其所属内环构成一个独立轮廓组。在内外环轮廓中，极值点可分为平凡极值点和非平凡极值点，称平凡极值点为轮廓的特征点；而非平凡极值点总是成对出现，构成了一条水平边，称之为特征水平边，如图 3-24 所示，特征水平边又可分四类，极小值边、极大值边、下降边和上升边。

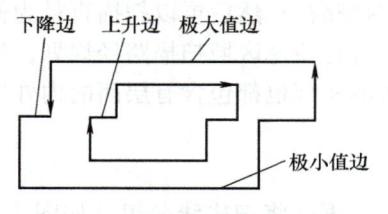

图 3-24 特征水平边的分类

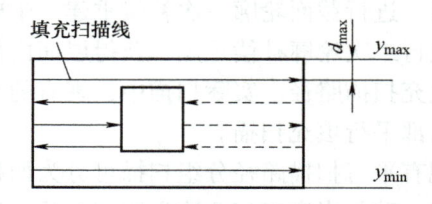

图 3-25 分组扫描路径的扫描间距误差

平行扫描路径规划中内部平行填充扫描线的获取方法是：在 y 值最小的极小值点和最大的极大值点之间按照设定的扫描间距布置扫描线和截面轮廓多边形求交，将每条扫描线上的交点排序并组合成填充线。因此，如图 3-25 所示，将待考察极值点和 y 值最小的极小值点之间 y 方向上的距离称为待扫描距离，将待扫描距离与设定的扫描间距 d 的比值取整即可得到该待扫描区域的扫描线数 n；以外环极大值点为例，在该点处填充扫描线间的实际扫描间距计算见式（3-4）和式（3-5）：

$$d_{max} = y_{max} - (y_{min} + dn) \tag{3-4}$$

$$\Delta d_{max} = |d_{max} - d| \tag{3-5}$$

式中，y_{max} 和 y_{min} 分别为当前极值点和最小值点的 y 坐标值，d_{max} 为当前极值点与最后一条扫描线之间的实际扫描距离，Δd_{max} 为扫描间距误差。

由上可知，只要当前考察的极大值点和极小值点之间的待扫描距离与设定扫描间距的比值不是整数，在极值点处就会出现扫描间距误差，并且扫描间距误差越大，过沉积或欠沉积现象越明显。虽然扫描间距误差会在一个设定扫描间距内，但因为激光定向能量沉积的光斑直径较大（通常达到 1.0mm 以上），对应的扫描间距也通常达到 1.0mm 以上，这直接导致出现的扫描间距误差比较大，进而由该扫描间距误差导致的过沉积或欠沉积现象比较严重，直接影响了成形层面质量。因此，在生成扫描路径时，必须尽量减小极值点处的扫描间距误差来有效地消除或减小这种影响。

(2) 过渡扫描线与过沉积现象的产生。内部填充扫描线需要进行分组（见图 3-22），分组后同组内的相邻填充扫描线之间采用过渡扫描线来连接，以此来形成若干个可连续扫描的扫描矢量组。在内外轮廓特征水平边区域处，当相邻填充扫描线之间的过渡扫描线跨越特征边时，此时过渡扫描线与特征边的扫描间距常常比设定的扫描间距值小，进而导致了过沉积现象的发生，这属于不当的填充扫描线连接（见图 3-23）。因此，在扫描路径生成中应避免出现此类不当的填充扫描线连接。

3.3.2 自适应平行扫描路径规划

为从根本上消除因扫描路径规划而导致的过沉积或欠沉积问题，需要从根本上避免扫描路径规划中出现上述扫描间距误差和不当的填充扫描线连接的现象,我们提出一种自适应平行扫描路径生成算法。该算法的基本思想是:以各个独立轮廓组为截面轮廓的基本单位,通过识别出内外轮廓的极值特征点和特征水平边,采用适应性扫描间距布置扫描线,然后优化分组连接填充扫描线生成扫描路径。

1. 自适应平行扫描路径生成算法

通过分层计算后我们得到了零件的各层截面轮廓,但这时仅仅是得到了截面轮廓的各构成环的数据点集合,每个轮廓环是由一系列点按照一定的方向组成并且首位封闭。轮廓环又可分为外环和内环,外环顶点沿逆时针方向排列,内环顶点沿顺时针方向排列。对应零件实体表现来看,一个外环的包围区域是实体部分,一个内环的包围区域是空洞部分。如果一个外环包容且仅包容有内环,那么它们共同组成的区域就是一个有空洞的实体,这是一个单连通区域;而如果一个外环包容的内环又包容有外环,那么共同组成的区域则是一个多连通区域。对于相离的一些外环都可以分为这样的几个单连通或多连通区域。

由于每个独立轮廓组的内外环之间构成一个待填充的连通子区域,自适应平行扫描就是以此为截面轮廓的基本单位来进行扫描路径规划的。自适应平行扫描路径的具体生成过程如下所述:

(1)搜索独立轮廓组的特征水平边和特征点。假设扫描线方向为水平方向,在独立轮廓组中的内外环多边形上找到所有特征点和特征水平边的端点,按各点 y 坐标由小到大的顺序,存入特征点数组中。

(2)适应性扫描间距布置扫描线并计算与轮廓线的交点。由上述分析可知,按设定扫描间距来布置扫描填充线不可避免地存在扫描间距误差,为减小这种扫描间距误差,基于扫描误差均匀分配的原则,提出了适应性扫描间距布置生成扫描填充线的方法,具体过程如下:

1)适应性扫描间距确定。依次取特征点数组中相邻两个 y 坐标不等的特征点,过这两点水平线间的轮廓内区域为待扫描区域,进而可得到两点之间 y 方向待扫描距离,将待扫描距离与设定的扫描间距的比值取整得到扫描线数,反过来,将待扫描距离与扫描线数的比值作为该区适应性扫描间距。

2)布置扫描线与轮廓求交。从 y 值较小的特征点开始在待扫描区域内根据实际扫描间距布置扫描线,求出每条扫描线与区域轮廓线的交点,存储在相应的扫描线链表中。当特征点或特征水平边落在扫描线上时,交点计入链表原则如下:

首先特征点不计入;其次要将特征水平边包含在扫描线内,同时记录特征水平边所在扫描线的序号。具体获取交点方法如图 3-26 所示,假设特征水平边的起、终点分别为 $p_i(x_i, y_i)$ 和 $p_{i+1}(x_{i+1}, y_{i+1})$,则当 $x_{i+1} \geqslant x$ 时,如特征水平边为极小值边时,将其两个端点计入,如特征水平边为下降边时将起点计入,如特征水平边为上升边时,将终点计入;当 $x_{i+1} \leqslant x$ 时,如特征水平边为极大值边,将其两个端点计入,如特征水平边为上升边时将起点计入,如特征水平边为下降边时将终点计入。将每条扫描线的交点按照 x 坐标从小到大进行排序。

3)优化分组扫描填充矢量。

① 填充矢量的生成:取每条扫描线的相邻的两个交点的 x 坐标,与该扫描线的 y 坐标合成填充矢量,构成了扫描线上的一条填充线段。将第偶数条扫描线上的填充矢量的起点和终点位置互换,倒置矢量的方向。在此将特征水平边所在扫描线上的填充矢量称之为特征填

充矢量。

② 填充矢量的分组：首先根据扫描线上填充线段的段数变化与否将扫描线分成若干组；然后对任意一组扫描线，根据填充矢量在所属扫描线上所处位置的不同，将组内所有填充矢量进行分组。

③ 扫描路径的生成：对任一组填充矢量，将组内的填充矢量顺次进行连接。如果该组内包含特征填充矢量，须判断该特征填充矢量与其相邻的前后填充矢量是否可连，判定方法如图 3-27 所示。

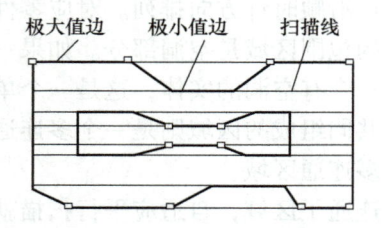

图 3-26 扫描线与特征水平边的交点判定

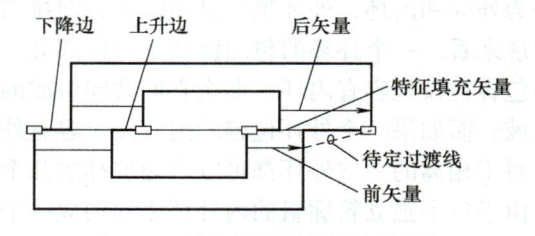

图 3-27 特征填充矢量可连性判断

因为极大值边和极小值边的上下相邻扫描线上的填充线段的段数会发生变化，所以此时的特征水平边只能是上升边或下降边。首先可通过判断对应点 x 值大小是否相等，以此来确定是否特征填充矢量和特征水平边有重合点，然后根据有无重合点来进行填充矢量的连接。连接填充矢量的原则如下：

① 如无重合点，则正常进行矢量连接。

② 如有重合点，则特征水平边包含在该特征填充线段内。因为相邻两矢量之间的过渡扫描线不能在实体轮廓之外，根据实体内部点总在轮廓线的左侧的特点，取待定过渡扫描线的中点，判定该点在特征水平边的左右位置：如在左侧，则该过渡扫描线有效，对应的两填充矢量可连；否则，两填充矢量不可连。其中，如重合点是特征填充矢量起点，则取该点和前矢量终点，如重合点是特征填充矢量起点，则取该点和后矢量起点，分别形成待定过渡扫描线，进行有效性判定。

图 3-23a 与图 3-28 所示分别是分组扫描路径 1 和自适应扫描算法生成的扫描路径实例，从图中可以看出，在自适应分组扫描的扫描路径中，避免了采用分组扫描路径 1 出现的过渡扫描线的不当连接现象，并且通过误差均布原则来布置生成扫描填充线，减小了分组扫描路径 1 在特征边处出现扫描间距误差较大的现象，有效地消除和减小了这两种现象在成形过程中对成形质量的影响，有利于提高成形质量和保证成形加工的顺利进行。

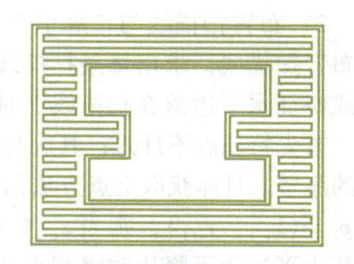

图 3-28 自适应分组的扫描路径

4）输出扫描路径 CLI 文件。通过以上方法计算生成的截面扫描路径数据一般要保存成数据文件，以方便在成形加工工艺过程中调用读取，而选择合适的文件保存类型是方便读写、方便数据交换的重要保证。

CLI（Common Layer Interface）文件是获得普遍应用的数据格式，它是一种三维模型分层之后的数据存储格式，其开发宗旨是数据格式必须独立于制造系统和应用程序。

CLI 文件是一种简单、高效和无二义性的增材制造系统的输入格式，有二进制和文本两种格式。每一层用层厚和轮廓线描述，轮廓线定义了实体区域的边界，它必须是封闭的，没有自相交或与其他轮廓线相交。填充线是一系列直线，由一个起点和一个终点定义。在激光定向能量沉积的扫描路径规划时，要输出的边界轮廓扫描和内部平行填充扫描路径的各构成点，CLI 文件可以满足这两种输出数据表达的需要，故采用 CLI 格式文件作为激光定向能量沉积的截面扫描路径数据的存储格式。当进行沉积成形时，激光定向能量沉积成形系统读取 CLI 文件并且按照 CLI 文件中记录的数据进行轨迹扫描沉积。

CLI 文件的结构主要由头文件和几何数据两部分组成。头文件主要记录计量单位、文件创建日期、总层数以及用户数据。几何数据部分主要记录用于描述二维截面的层（LAYER）、描述多边形轮廓线的多线（POLYLINE）、填充线（HATCH）等数据单元。

2. 分组平行扫描路径的对比试验分析

结合图 3-23 所示的分组扫描路径 1 和图 3-28 所示的自适应扫描算法生成的扫描路径实例，在 LMDS 成形系统进行了对比试验，图 3-29 所示为在工艺参数一致的情况下这两种扫描路径的填充轨迹照片。

a）按分组扫描路径 1 生成　　　b）按自适应分组扫描路径生成

图 3-29 填充轨迹照片

注：层厚：0.6mm，扫描间距：1.3mm，扫描速率：5mm/s，激光功率：900W，送粉速率：4g/min，成形材料：镍基金属粉末。

结合扫描路径和实际扫描轨迹分析，结论如下：

1）提出的基于轮廓特征点和特征水平边识别的适应性扫描间距的扫描填充线生成方法，减小了因扫描间距误差而导致的过沉积或欠沉积现象对成形质量的影响，成形层面的扫描线间连接平滑稳定。

2）提出的基于过渡线中点和特征水平边位置关系判断优化连接填充矢量生成扫描路径的方法，避免了因扫描填充线的不当连接而产生的层面局部凸起现象，保证了成形高度的一致性，有利于后续成形加工的顺利进行。

3.3.3 基于温度分区的平行扫描路径规划方法

上述激光定向能量沉积扫描路径是基于几何模型按照设定的分层厚度和扫描间距进行分层和扫描路径生成的，是静态扫描路径规划；按照设定的扫描路径沉积成形工件，不可避免地会出现局部热量累积集中的情况，从而导致成形工件内部温度场分布不均匀且温度梯度大，产生局部内应力集中现象，容易引起成形工件变形开裂。另外，由于热量累积而造成熔池尺寸和温度呈动态变化，直接导致沉积宽度和沉积高度等过程参量随之改变，容易产生成形工件的表面凸凹不平、扫描道与道以及成形层与层之间的熔合不良等。

鉴于此，提出了基于层面温度分区的激光定向能量沉积扫描路径生成方法（简称分区扫描路径生成方法），即首先采用红外热像仪对沉积层面温度图像进行实时采集，并提取不同温度分区轮廓；然后提出温度分区轮廓规则化方法，消除局部轮廓尖角，避免过沉积；并提出 Weiler-Atherton 的改进算法，快速实现分层轮廓与温度分区轮廓的求交运算；最后针对不同温度分区采用适应性扫描间距生成扫描路径，实现激光定向能量沉积动态扫描路径规划。

1. 沉积层面温度图像采集及温度分区轮廓提取

采用红外热像仪对当前沉积层面温度图像进行采集，并通过数据线将采集的温度图像传送给计算机。采用边缘检测法提取温度分区轮廓，并基于断环起、终点距离判断的方法实现温度分区轮廓的闭合连接。为了方便描述，只将沉积层面温度图像分成两个不同的温度区域，温度分区轮廓内部区域简称为高温区域，而其外部区域则简称为低温区域。图 3-30 所示为红外热像仪采集的沉积层面温度图像的伪色彩图，当临界温度设定为 400℃时，提取的温度分区轮廓如图 3-31 所示。

图 3-30　沉积层面温度图像的伪色彩图　　　　图 3-31　温度分区轮廓

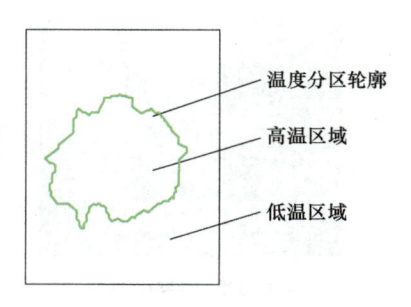

2. 温度分区轮廓规则化

在激光定向能量沉积成形过程中，因激光光斑位置、加工材料的导热系数、工件的热辐射、加工环境的热对流等诸多因素的影响，造成沉积层面温度分布复杂多样，导致提取的温度分区轮廓形状复杂且不规则（见图 3-31）。激光定向能量沉积成形的光斑直径通常可达 2mm 以上，单道沉积宽度多达几毫米。温度分区轮廓中存在的局部尖角区域在成形中会出现过沉积现象，影响工件成形质量。为此，提出三种温度分区轮廓规则化方法，分别为包络线规则化方法、极值点规则化方法、直线逼近规则化方法。采用上述方法规则化温度分区轮廓，消减局部轮廓尖角，便于实现分区沉积扫描并避免局部过沉积。

（1）包络线规则化方法。该方法是找出温度分区轮廓点坐标的最值，用其最小值与最大值组成矩形包络线。无论温度分区轮廓形状多么复杂，规则化处理后都是矩形包络线，且温度分区轮廓必在矩形包络线内。如图 3-32a 所示，采用包络线规则化方法将图 3-31 所示的复杂温度分区轮廓规则化处理生成矩形轮廓。

（2）极值点规则化方法。温度分区轮廓上的点在坐标系中的位置用函数 $f(x,y,z,t)$ 表示，其中，x、y 为该温度分区轮廓环上的点在当前层面的位置，z 为当前层面的高度，t 为时间。采用红外热像仪采集某一层面的温度数据，并针对不同温度提取温度分区轮廓，此时该温

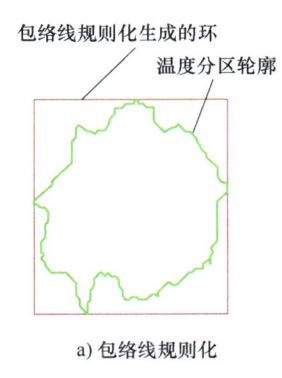

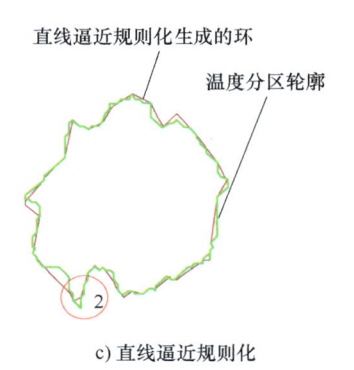

a) 包络线规则化　　b) 极值点规则化　　c) 直线逼近规则化

图 3-32　温度分区轮廓规则化

度分区轮廓上的点在位置函数中的时间 t 为常数，用 C 表示。$\dfrac{\partial f(x,y,z,t)}{\partial x}$ 反映了该温度分区轮廓在其坐标系中的变化趋势，若 $\dfrac{\partial f(x,y,z,t)}{\partial x}>0$，则表示温度分区轮廓在点 (x,y,z,t) 处呈递增趋势，反之，则为递减。如图 3-33 所示，p_0、p_1 点间的曲线在 xoy 坐标系中呈递增趋势，p_1、p_2 点间的曲线则呈递减趋势，则 p_0、p_2 间的曲线上必存在某一点 (x',y',z',C') 使得 $\dfrac{\partial f(x',y',z',C')}{\partial x'}=0$。将温度分区

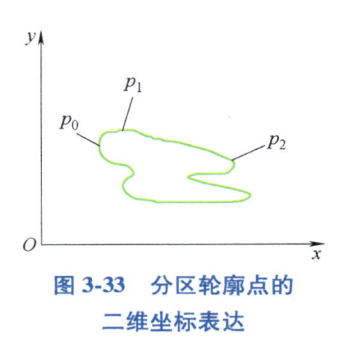

图 3-33　分区轮廓点的二维坐标表达

轮廓上所有 $\dfrac{\partial f(x',y',z',C')}{\partial x'}=0$ 的点按照先后顺序链接组成新环的方法即为极值点规则化法。图 3-32b 所示为采用极值点规则化法对图 3-31 所示的温度分区轮廓规则化处理后，变成由简单线段相连而成的环。

（3）直线逼近规则化方法。直线逼近规则化法是在极值点规则化方法的基础上，在相邻两个极值点之间采用直线逼近的方法生成新的轮廓环。采用最小二值法进行直线逼近，规则化处理后的环如图 3-32c 所示，与图 3-32b 中采用极值点规则化生成的环相比，两种规则化方法生成的环形状相似，但采用直线逼近规则化方法生成的环更逼近温度分区轮廓。

如图 3-32b 与图 3-32c 中圈 1 与圈 2 处所示，采用极值点规则化方法和直线逼近规则化方法处理后的轮廓环仍然存在局部尖角区域，容易发生过沉积。另外，为提高运算效率，满足层面温度实时检测和动态扫描路径规划的实际需要，实际应用中宜采用包络线规则化方法。

3. 分层轮廓与温度分区轮廓求交运算

（1）求交算法。图 3-34 所示为分层轮廓与温度分区轮廓求交示意图，R_1 为分层轮廓的外环，R_1 上的顶点用 $p_n(n=0,1,2,3\cdots)$ 表示；R_2 为温度分区轮廓，R_2 上的顶点用 $q_i(i=0,1,2,3\cdots)$ 表示；R_3 为分层轮廓的内环，R_3 上的顶点用 $k_m(m=0,1,2,3\cdots)$ 表示。R_2 与 R_1、R_3 环的交点用 $H_j(j=0,1,2,3\cdots)$ 表示。分层轮廓与温度分区轮廓求交，即提取 H_0、p_6、H_1、H_2、k_2、k_1、H_3 组成的环（图 3-34 中阴影部分），记为 R_{new}。R_1、R_3 分层轮廓环上的

点遵循右手定则，即外环上的点按逆时针排列，内环上的点按顺时针排列。R_2 温度分区轮廓的顶点既可能为顺时针排列也可能为逆时针排列。对 Weiler-Atherton 多边形裁剪算法进行改进，使其快速实现分层轮廓与温度分区轮廓的求交运算。

采用 Weiler-Atherton 算法，须找出温度分区轮廓在分层轮廓环上的出、入口点。设 R_2 环顶点为逆时针存储，则在分层轮廓外环 R_1 上有 H_0 为 R_2 环入口点，H_1 为 R_2 环出口点；在分层轮廓内环 R_3 上，H_3 为 R_2 环入口点，H_2 为 R_2 环出口点。将分层轮廓外环 R_1 上的入口点或分层轮廓内环 R_3 上的出口点作为 Weiler-Atherton 算法中的入口点，将分层轮廓外环 R_1 上的出口点或分层轮廓内环 R_3 上的入口点作为 Weiler-Atherton 算法中的出口点，即可使用 Weiler-Atherton 算法对分层轮廓与温度分区轮廓求交运算。记交点所在温度分区轮廓 R_2 上的线段的方向向量为 a，在分层轮廓环上的线段的方向向量为 b。Weiler-Atherton 算法的入口处有 $a \times b > 0$，出口处有 $a \times b < 0$。

Weiler-Atherton 算法实现过程比较复杂，李志涛等人对该算法进行改进，简化了其实现过程。但此类 Weiler-Atherton 改进算法将交点直接插入多边形轮廓顶点中，导致在多边形裁剪过程中还须对轮廓顶点进行遍历查询以找到交点，算法效率仍然不高。对 Weiler-Atherton 算法继续改进，在将交点插入原始多边形的同时，按照温度分区轮廓走向，将交点组成首尾相接的交点链，如图 3-35 所示。在多边形裁剪过程中，通过其中的一个交点即可快速查询其相邻交点，避免了采用遍历轮廓顶点方法寻找相邻交点，提高了算法运行效率，满足实时运算的需要。

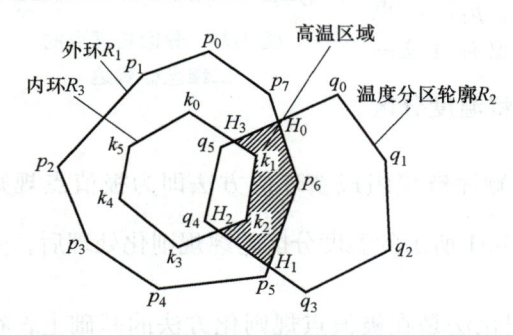

图 3-34 分层轮廓与温度分区轮廓求交示意图

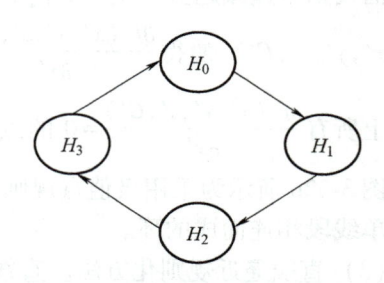

图 3-35 交点链表达示意图

分层轮廓与温度分区轮廓求交算法如下：

1）步骤一：以交点链中某一交点开始，找到符合 Weiler-Atherton 算法入口点的判断条件，并且未使用的一个交点（见图 3-34 中的 H_0 点），记录该交点所在的分层轮廓，同时标记该交点已使用。

2）步骤二：以满足入口处条件的交点（见图 3-34 中的 H_0 点）为基准点，判断交点链中相邻交点（见图 3-35 中的 H_3 点）满足的 Weiler-Atherton 算法出、入口点的判断条件，标记该交点已使用。

3）步骤三：若步骤二中相邻交点为同一分层中不同轮廓环的入口点，则存放上一个入口交点与该处入口交点之间的温度分区轮廓顶点至新生环数组中（以 R_{new} 表示）中，跳转步骤二继续执行；否则执行步骤四。

4）步骤四：若步骤二中相邻交点为同一分层轮廓环的出口点（同一分层轮廓环上的出、入口点成对出现），则将入口点至出口点间的温度分区轮廓顶点按序存放至新生环数组中（以 R_{new} 表示），将出口点至入口点间的分层轮廓顶点按序存放至 R_{new} 中。跳转步骤一继续执行，直至交点链中所有交点都已使用。

（2）求交运算实例。如图 3-36 所示，采用 Weiler-Atherton 改进算法将一个温度分区轮廓与某一复杂的待加工分层轮廓进行求交运算，分层轮廓与温度分区轮廓求交后组成的新环（称为分层轮廓内高温区域环）完全被提取出。

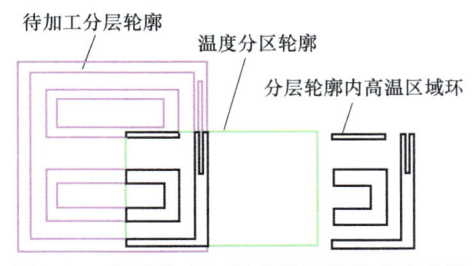

图 3-36 分层轮廓与温度分区轮廓求交实例

4. 分区适应性间距扫描路径生成及验证

对于分层轮廓内高温区域环内外区域，基于不同基体温度分别采用适应性扫描间距，并基于分组平行扫描路径方法生成扫描路径，图 3-37 所示是扫描路径生成实例。

a) 层面温度图像　　b) 分区扫描路径　　c) 分区扫描路径沉积成形样件　　d) 分组平行扫描路径沉积成形样件

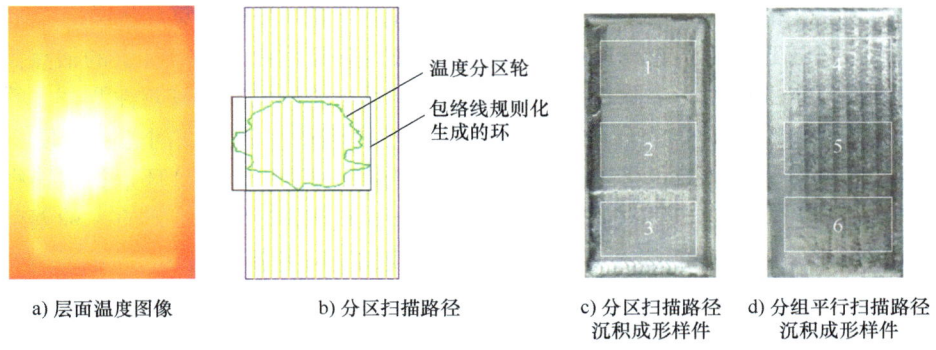

图 3-37 扫描路径生成实例与扫描沉积成形样件

选用基板和粉末材料为 TA15，采用激光功率 1700W、扫描速率 7mm/s、送粉速率 9g/min，搭接率 54%等工艺参数，利用分区扫描路径来沉积成形长 80mm、宽 35mm、高 5mm 的样件。其中首层路径采用分组平行扫描路径生成方法，其余加工层面每沉积一层即用红外热像仪实时采集层面温度，进行温度分区并动态扫描路径规划。图 3-37a 所示为采集的某一层面温度图像。温度分区阈值可根据实际需要优化确定，为便于验证分区扫描路径生成和沉积成形效果，温度分区阈值设定为 400℃，对层面温度图像进行分区轮廓提取，并采用包络线规则化法处理温度分区轮廓，如图 3-37b 所示。沉积层宽度与基体温度呈线性关系，400℃ 以下的低温区域取相应沉积层宽度为 4.4mm，则扫描间距为 2mm；400℃ 以上的高温区域取相应沉积层宽度为 4.9mm，则扫描间距 2.25mm。分区采用适应性扫描间距生成扫描路径如图 3-37b 所示，图 3-37c 所示为采用分区扫描路径沉积成形的样件。图 3-37d 所示为采用分组平行扫描路径沉积成形的样件，其路径规划属于静态扫描路径规划。图 3-37c 中框 1、2、3 处与图 3-37d 中框 4、5、6 处对比可知，采用分区扫描路径的成形层面更光滑平整。

3.4 环形扫描路径规划方法

环形轨迹路径生成是对层面内边界线循环补偿重建,直到边界线数目为零时停止。但目前已有的补偿重建算法,大多是先进行边界线自环处理,然后在进行区域间做布尔运算,布尔运算的几何实现比较复杂,而且计算时间较长。图3-38所示为环形扫描路径图。

a) 三维模型　　　　　　　　b) 环形加工路径　　　　　　　c) 层面环形扫描路径

图 3-38　环形扫描路径图

3.4.1 环形扫描路径生成算法

从环形扫描路径的生成算法来看,采用环形扫描路径规划需要计算偏置曲线,传统的方法是基于轮廓OFFSET原理(轮廓连续向内收缩)来构造等距线,这种方法的缺点是必须对各段偏置线进行复杂的处理,去除偏置中产生的自交环,进行大量的有效性测试,算法效率不高,并且在某些情况下对自交环的判断处理是相当困难的。针对该问题,为便于程序实现,可以将层面轮廓剖分成简单多边形区域,再采用偏置方法生成分区环形扫描路径的办法以及应用Voronoi图方法进行环形扫描路径规划。Voronoi图是对平面区域的一种划分,应用Voronoi图可计算轮廓线的等距线并能保证各段等距线的正确衔接,但Voronoi图的主要缺点是计算复杂,特别对于复杂多连通区域的Voronoi图划分,算法实现更复杂,故以此来规划环形扫描路径不利于程序的快捷实现。鉴于每层轮廓都是一个任意多边形,对于这样的任意多边形可以对其进行Delaunay三角剖分,即将该多边形分成一个个无孔洞的三角形。

从环形扫描成形效果来看,环形扫描的扫描线不断地改变方向,使得由于收缩而引起的内引力方向分散,避免了平行扫描因收缩应力方向一致引起变形的累积,有利于减小层面的翘曲变形;同时环形扫描使填充过程更符合热传递规律,从而降低了成形工件内的残余应力,提高了成形件的物理性能;另外,对于薄壁类、圆盘类等层面轮廓,如果采用环形扫描则减少了扫描的空跳次数,提高了成形效率。但是,当在激光定向能量沉积成形系统中应用现有的环形扫描方式进行扫描时(见图3-39和图3-40),常常会出现如下问题:

(1) 在内外环偏置的过渡区域常常出现局部凸起的过沉积现象或局部沟壑的欠沉积现象,导致成形层面不平整,直接对成形质量产生不利影响。产生这种现象的根本原因是:现有的环形扫描路径是按照设定的扫描间距对层面的内外轮廓的偏置而形成的,因此在内外环偏置的过渡区域的两条扫描线之间无法保证稳定单

图 3-39　环形扫描路径中扫描间距误差

一扫描间距，即与设定的扫描间距相比，出现了扫描间距误差。虽然扫描间距误差只会在一个设定扫描间距内，但因为激光定向能量沉积的光斑直径较大（通常达到 2.0mm 以上），对应的扫描间距也通常达到 2.0mm 以上，因此，由该扫描误差导致的过沉积或欠沉积现象将十分明显，这严重影响了成形层面质量，必须在生成扫描路径时尽量减小这种扫描间距误差，进而减小或消除这种不利影响。

a) 环形扫描轨迹　　　　　b) 分组扫描轨迹

图 3-40　扫描轨迹照片

（2）环形扫描和分组平行扫描的对比试验表明，环形扫描相邻扫描线间的相互浸润性远不如分组平行扫描。究其原因是：环形扫描的扫描线较长，相邻扫描线间的热影响效应降低，导致相互浸润性降低；而分组平行扫描的扫描线较短，激光扫描回到上一条相邻扫描线附近只需要相对很短的时间，上一条扫描线还残存有较高的温度，扫描线间浸润性大大提高。另外，相关试验表明：同一待成形层面，沿短边方向扫描比沿长边方向扫描成形效果好。因此，环形扫描路径规划需要考虑：如何使环形扫描线变短来增加扫描线间的相互浸润性，进而提高成形层面质量，这也是新型环形扫描路径规划研究的主要目标。

鉴于此，提出了一种新的基于层面轮廓凸分解的分区环形扫描方式及其扫描路径生成算法。该算法的主要过程为：首先基于顶点可见性原理，对分层轮廓进行去除内环、凹多边形凸分解等处理，获得若干形态质量较好的凸多边形子区域；然后对各凸多边形子区域进行 Voronoi 图划分，进而实现环形扫描路径规划。

3.4.2　层面轮廓的凸分解算法

1. 去除内环算法

针对含有内环的外环多边形需要去除内环，剖分为若干个不含内环的简单多边形的情况，我们提出了基于多边形极限顶点可见性原理的搭桥连接法来去除内环，保证了剖分所得的简单多边形具有更好的形态质量。

去除内环算法具体步骤如下：

（1）第一步：找出外环多边形的参考极限顶点，并求出其外接矩形长 Length 与宽 Width。

（2）第二步：当 Length>Width 时，采用下列步骤来选择搭桥连接点对。

1）找出所有内环的 HighV 和 LowV 参考极限顶点作为待选的搭桥起点。

2）找出 y 坐标最小的 LowV 为视点，基于顶点可见性原理在外环上找到对应可见点串，然后采用下面所述"凹多边形的凸分解算法"中的第三步或第四步选择最优连接点。

3）取该 LowV 点所在内环上的 HighV 点作为视点，将外环顶点和其他内环上的 LowV 点纳入待选可见点范围内，基于顶点可见性原理找出视点对应的可见点串，然后采用下面所述"凹多边形的凸分解算法"中的第三步或第四步选择最优连接点。

4）如连接点为其他内环上的 LowV 点，则返回步骤 3）继续寻找搭桥连接点。

5）如连接点为外环上的点，此时将原外环剖分为两个外环多边形，然后判断其是否包含内环，对于包含内环的外环多边形返回第一步开始去除内环，直到所有内环均被去除。

（3）第三步：当 Length<Width 时，则找出所有内环的 LeftV 和 RightV 参考极限顶点作为待选的搭桥起点，寻找对应连接点过程与第二步所述过程同理。

2. 凹多边形的凸分解算法

从凹多边形凸分解的剖分质量来看，一般总希望剖分所得内角应尽量在 30°~150°，避免出现狭长或畸变的凸多边形。相对剖分所得的凸多边形数量和质量而言，激光定向能量沉积制造扫描更关注的是剖分所得的凸多边形是否具有更好的形态质量，即剖分时应避免出现狭长的凸多边形情况，因为对激光定向能量沉积制造而言，扫描时狭长多边形的尖角处容易出现过熔覆现象，直接影响成形精度；但所说的畸变凸多边形，即剖分所得多边形中，有两条相邻边在一条线上，反而减少了环形扫描的拐点，变成有利的特殊情况，应加以利用。

鉴于此，首先提出一种基于正负法搜索凹点对应的可见点的新算法，并采用该算法找出凹点的可见点串，然后结合所提出的适用于激光定向能量沉积制造中的扫描分区的剖分准则，选择确定最佳剖分点，保证了剖分所得凸多边形的形态质量。

凹多边形凸分解算法的输入是有 n 条边的简单多边形，其顶点按逆时针方向排列 P_0，P_1，…，P_{n-1}，采用双向链表结构存储。输出是剖分这个简单多边形所得的凸多边形，各个凸多边形顶点采用双向链表结构存储，各链表头存储在动态数组中。算法具体步骤描述如下：

（1）第一步：找出凹点作为当前视点。多边形凹点的判断按照给出的简单多边形的顶点序列依次取各点，求得其相邻点在指定射影直线上的映射点，即可得到映射点间的位置关系，结合对应的判断规则，可得出该点的凹凸性。

（2）第二步：搜索当前视点在区域 A 内的可见点串 SA，同时找到 B 区内最后一点和 C 区内的第一点。可见点的判断寻找见后续"凹点的可见点判断算法"所述。

（3）第三步：采用如下规则来确定剖分连接点：

1）如果 SA 中存在特征点，即当可见点 P_j 正好在 $P_{i-1}P_i$ 或 P_iP_{i+1} 的延长线上，则将其作为剖分连接点，这样可减少一个环形扫描的拐点，有利于提高成形效率。

2）如果 SA 中无特征点，但有凹点，则优先选择凹点作为待定剖分点，结合视点与可见点之间的彼此可视原则并利用权函数判定最优剖分点，可实现一次剖分去掉两个凹点，提高剖分效率。具体判定过程如下：

① 判断视点 P_i 是否同时在某几个可见凹点的区域 A 中，如果视点 P_i 确实在某几个有效可视凹点的区域 A 中，则将这些凹点放入数组 SZ 中；如果视点 P_i 不在任一个可见凹点的区域 A 中，则将各凹点都放入数组 SP 中。

② 如果 SZ 不为空，则采用所建立的权函数计算 SZ 中各点与视点 P_i 组成可见点对的权值，取权值最小的点为剖分连接点 L_i；如果 SZ 为空，则同理在 SP 中的各点选择剖分连接点。

3) 如果 SA 中只存在可见凸点，则结合剖分内角判定原则，利用权函数优选凸点作为最优剖分点，保证了剖分后的多边形的形态质量。通过实践，选择剖分所得的内角最小为 30°，可满足激光定向能量沉积选区环形扫描制造的分区要求。具体判定过程如下。

首先依次取各个可见点与视点 P_i 形成的剖分线所得的剖分角，如果出现满足 $\cos\alpha > \cos 30°$ 或 $\cos\beta > \cos 30°$ 的情况，则称该凸点为无效凸点，反之标记为有效凸点。搜索完毕后，如存在有效凸点，则先判断有效凸点中是否存在第三步 1) 中所述的特征点，如存在，则优先采用该点作为剖分连接点；否则取各有效凸点计算对应的权值，取权值最小的点为剖分连接点 L_i。如不存在有效凸点，即出现了剖分内角较小的情况，则判断凸点的临边中哪条边与区域 A 平分线相交，并求取交点作为剖分连接点 L_i，如图 3-41 所示。

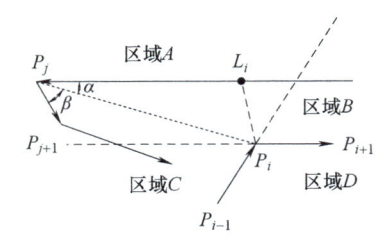

图 3-41　凸点处对应剖分角较小时添加辅助点示意图

4) 如果 SA 为空，即区域 A 无任何可见点，此时，点 BV_{end}（区域 B 的最后一点）和点 CV_{end}（区域 C 的最后一点）必在多边形的同一条边上，求线段（BV_{end}，CV_{begin}）（CV_{begin} 为区域 C 的第一点）与区域 A 平分线的交点即为所求的剖分连接点 L_i，这样剖分后的多边形的形态质量更好。

（4）第四步：根据上面所求得的视点 P_i 和剖分连接点 L_i，从 P_i 至 L_i 引剖分线，将多边形剖分为两个多边形，各多边形顶点按逆时针排列。对新产生的两个多边形按上述步骤递归进行凹多边形凸分解处理，直到所有的多边形都为凸多边形为止。

3. 凹点的可见点判断算法

上述算法中凹点在区域 A 内的可见点串 SA 的判定搜索是其关键步骤，搜索凹点在区域 A 内的可见点的经典代表算法有两种，一种算法是对一个顶点，通过扫描求出它所有的可见点；另一种算法是可见点快速搜索算法，其采取先用射线法求取第一个可见点，然后进行相关六大规则以及螺旋状态的处理规则的判断，进而完成对应可见点的搜索，该算法运行效率较高，但判断规则比较复杂。

提出一种简单有效的基于正负法判断搜索凹点所对应的可见点串的新算法，即先找到凹点区域 A 内的点串，再进一步判断确认这些点是否与凹点构成可见点对。

（1）判定点所属区域。所谓正负法划分区域的基本原理是：对于任意一条直线 $F(x, y) = 0$，它可以把平面划分为三个区域，从而使平面形成三个点集：

满足 $F(x, y) = 0$ 的点的集合，即直线上各点。

满足 $F(x, y) > 0$ 的点的集合，成为区域 F^+。

满足 $F(x, y) < 0$ 的点的集合，成为区域 F^-。

设已知线段的起点为 $A(x_a, y_a)$，终点为 $B(x_b, y_b)$，当前待判定点为 $P(x, y)$，则所求的判断函数为

$$F(x,y) = x(y_b - y_a) + y(x_a - x_b) + y_a x_b - x_a y_b \tag{3-6}$$

因此可由 $F(x, y)$ 值的正负来判断点与直线的位置关系。研究表明,当观察者沿着直线从起点向终点前进时,区域 F^- 总是在观察者的左边,区域 F^+ 总是在观察者的右边。

设从 P_0 出发,搜索到的第一个凹点为 $P_i(x_i, y_i)$,将 P_i 作为视点,$P_{i-1}(x_{i-1}, y_{i-1})$ 和 $P_{i+1}(x_{i+1}, y_{i+1})$ 是它的前后两个邻点,有向线段 $P_{i-1}P_i$ 和 P_iP_{i+1} 所在直线将平面分为 4 个区域:A、B、C、D,如图 3-42 所示。设当前待判定点 $P_j(x, y)$,对应写出相关的判断函数为 $F_{i-1}(x, y)$ 和 $F_{i+1}(x, y)$,则该点所处区域的判定规则见表 3-4,这里将满足 $F(x, y) = 0$ 的点列为区域 A 内的点,如该点作为最终的剖分连接点,此时剖分连接线与视点所在的一边出现了共线的情况,对激光定向能量沉积而言,此处即减少了一个环形扫描的拐点,成为有利的特殊情况。

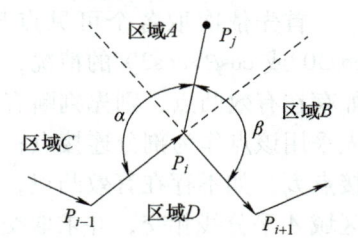

图 3-42 视点的可见分区

表 3-4 点所处区域的判定规则

$P_j(x, y)$ 在区域 A	$P_j(x, y)$ 在区域 B	$P_j(x, y)$ 在区域 C	$P_j(x, y)$ 在区域 D
$F_{i-1}(x, y) \leq 0$	$F_{i-1}(x, y) > 0$	$F_{i-1}(x, y) < 0$	$F_{i-1}(x, y) > 0$
$F_{i+1}(x, y) \leq 0$	$F_{i+1}(x, y) < 0$	$F_{i+1}(x, y) > 0$	$F_{i+1}(x, y) > 0$

判定点所属区域的具体步骤如下:

1) 第一步:为增大搜索速率,从 P_{i+1} 的逆时针方向的下一点开始,依次取各点,判断 $F_{i-1}(x, y)$ 值的正负,当 $F_{i-1}(x, y)$ 的值为负或等于零时,记录该点 AV_{begin},同时将该点顺时针方向的下一点标记为 BV_{end};同理从 P_{i-1} 的顺时针方向的下一点开始,依次取各点,判断 $F_{i+1}(x, y)$ 值的正负,当 $F_{i+1}(x, y)$ 的值为负或等于零时,记录该点 AV_{begin},并将该点逆时针方向的下一点标记为 CV_{begin}。当 $F_{i+1}(x, y)$ 或 $F_{i-1}(x, y)$ 的值等于零时[计算公式见式 (3-6)],将对应点作为标识。

2) 第二步:从 AV_{begin} 开始沿逆时针方向直到 AV_{end} 点依次取各点同时计算 $F_{i-1}(x, y)$ 和 $F_{i+1}(x, y)$ 的值。如这两个值都小于等于零,则该点为待定可见点,将其放入待定可见点数组 P_{SA} 中;如果出现 $F_{i-1}(x, y)$ 值为正时,此时如将该点与顺时针方向至点 AV_{begin} 之间的任意点和视点 P_i 连线都会出现与多边形边相交的情况,故将该点之前放入可见点串 SA 中的各点均置为无效待定可见点,然后依次取下一点判断是否为待定可见点。

(2) 选择确定凹点的可见点串 SA。从待定可见点数组 P_{SA} 中第一点开始依次取出各点作为待定可见点与视点 P_i 形成待定剖分连线,利用正负法判断该点之前的所有点是否都在待定剖分连线的左侧,如其余各点确实在连线左侧,则该点为可见点,并将其放入可见点串 SA 中;如出现有一点在待定剖分连线右侧的情况,则同样基于正负法判定待定剖分连线的两个端点是否在这一点所在邻边的同侧,如在同侧,则该邻边不会与待定剖分线相交,确认待定可见点为可见点,如在异侧,则该邻边与待定剖分线相交,此时确认这一点和待定可见点之间各点和待定可见点为无效可见点;取下一待定可见点继续判断,直至找出所有可见点并将其放入可见点串 SA 中。

4. 可见点对间权函数的建立

凹点处相应的剖分角表达见图 3-42，对于凸点处的分区和剖分角表达与凹点处的分区和剖分角同理。可见点对之间的权值大小计算如下所述。

对于多边形中任意一个顶点 P_i，从 P_i 发出的剖分线可以取得的权值 W_i 为

$$W_i = \begin{cases} f(\alpha,\beta) = |\cos\alpha - \cos\beta|, & \text{若 } P_i \text{ 为凹点} \\ g(\alpha,\beta) = |\cos\alpha - \cos\beta|, & \text{若 } P_i \text{ 为凸点} \end{cases} \tag{3-7}$$

可以规定一组可见点对 P_i 和 P_j 应取得的权值 W_{ij} 为

$$W_{ij} = W_i + W_j \tag{3-8}$$

综上所述，层面轮廓的凸分解算法的主要步骤如下：

1）第一步：根据分层后的截面轮廓所包含的信息，重建内外轮廓环的拓扑关系，形成若干个独立轮廓组的单连通子区域。

2）第二步：对于包含有内环的独立轮廓组，采用去除内环方法，形成若干个不包含内环的简单多边形。

3）第三步：对这些简单多边形进行凹凸性判断，分类为凹多边形或凸多边形。

4）第四步：对凹多边形采用凸分解处理，获得若干个凸多边形。

5）第五步：对凸多边形进行形态质量判断，并对形态质量较差的凸多边形进行优化拆分，以此来获得若干个形态质量好、适合激光定向能量沉积扫描的凸多边形子区域。

包含两个内环的截面轮廓的凸分解结果如图 3-43 所示。可以看出采用我们提出的凸分解算法避免了因剖分而产生尖角的情况；并且利用了剖分后多边形的相邻边共线这一所谓畸变的特殊情况，剖分形状质量较好，满足了激光定向能量沉积扫描的分区要求。

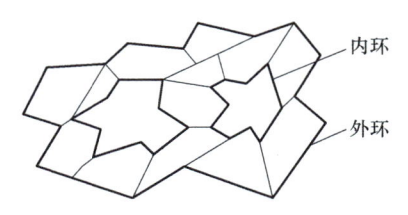

图 3-43 层面轮廓凸分解结果

3.4.3 分区适应性环形扫描路径生成算法

1. 分区适应性环形扫描路径

对凸多边形分区进行 Voronoi 图划分后，采用如下的环形扫描路径生成算法实现了分区适应性环形扫描路径的规划，算法具体步骤如下：

1）第一步：搜索凸多边形的内点。遍历 Voronoi 图节点数组各元素，找到偏置距离最大的节点，即为凸多边形的内点，对其和对应的凸多边形顶点加以标记；并将该偏置距离作为待扫描距离，将待扫描距离与设定的扫描间距的比值取整得到扫描线数，反过来，将待扫描距离与扫描线数的比值作为适应性的实际扫描间距。

2）第二步：生成等距线。通过把边界线偏移某一确定的距离 d 即可得到我们所要的等距线，针对各个 Voronoi 图分区，根据实际扫描间距确定并逐次改变偏置距离 d 值，将 d 值代入相应的等分线参数方程即可得到等距线节点（等距线与相应等分线的交点）。

3）第三步：组成扫描环。将各个 Voronoi 图分区内同一偏置距离的等距线节点按逆时针方向头尾相连形成一条扫描环。

4）第四步：生成扫描路径。为产生连续的扫描路径，必须在相邻扫描环之间搭桥。采

用等分线连接策略实现相邻扫描环之间搭桥,即从内点开始,沿内点与对应凸多边形顶点连接的等分线向外出发,找到最内层的扫描环,从该等分线上的节点开始,沿逆时针方向前进,直到回到该点,然后再沿等分线向外扩展寻找下一环,依此类推,直至凸多边形边界线作为最外层扫描环,完成单个凸多边形的环形扫描路径规划。每个凸多边形的扫描路径形成一个链表,各个扫描起点作为链表头存放在动态数组中。依次完成每个层面轮廓中各个凸多边形的环形扫描路径规划,最终形成扫描路径 CLI 文件输出。

图 3-44 所示为采用分区适应性环形扫描路径生成算法实现的扫描路径规划实例,环间采用直线搭桥连接。

2. 分区环形扫描路径生成实例和试验分析

图 3-45 所示为采用基于层面轮廓凸分解的分区环形扫描路径生成算法生成的一个分层截面的扫描路径规划实例,环间采用端点偏置的过渡连接。图 3-46 所示为分区环形扫描轨迹照片,此时为空跳时没有关闭激光的情况,激光定向能量沉积成形参数为层厚 0.6mm,扫描间距 1.3mm,扫描速率 5mm/s,激光功率 910W,送粉速率 4g/min,成形材料镍基金属粉末。

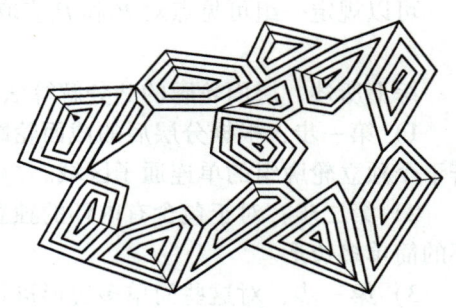

图 3-44 分区适应性环形扫描路径生成实例

结合成形制件可以看出,基于层面轮廓凸分解的分区环形扫描具有以下优点:

(1) 由于将层面轮廓剖分若干凸多边形,便于实现分区的环形扫描路径规划;同时分区后各环形扫描线变短,扫描线间浸润性提高,能够实现均匀致密性扫描。

(2) 层面轮廓凸分区后,各子区域只有一个内点,以该内点为基准,采用适应性扫描间距的生成环形扫描路径,减小了现有环形扫描中内外环过渡区域容易出现的扫描间距误差,有效地减少了局部重复沉积或欠沉积现象,成形层面的扫描线间连接平滑稳定,提高了成形层面质量。

图 3-45 分区环形扫描路径生成实例

图 3-46 分区环形扫描轨迹

参考文献

[1] 卞宏友,刘伟军,王天然,等. 激光金属沉积成形的扫描方式 [J]. 机械工程学报,2006,42 (10):170-175.
[2] 龙日升,刘伟军,邢飞,等. 基板预热对激光金属沉积成形过程热应力的影响 [J]. 机械工程学报,2009,45

(10): 241-247.

[3] 李志涛, 李霖, 吴贤良, 等. 任意多边形裁剪算法的研究及其实现 [J]. 测绘信息与工程, 2004, 29 (5): 8-10.

[4] 卞宏友, 刘伟军, 王天然. 快速成形自适应扫描路径的研究与实现 [J]. 仪器仪表学报, 2006, (S1): 486-488.

[5] 卞宏友, 刘伟军, 王天然, 等. 基于层面轮廓凸分解的光固化选区环形扫描路径的生成算法 [J]. 高技术通讯, 2005, 15 (7): 35-39.

[6] 卞宏友, 刘伟军, 王天然, 等. 面向快速制造扫描分区的凹多边形凸分解算法 [J]. 计算机应用, 2005, 25 (9): 2143-2145.

[7] 赵吉宾, 何利英, 刘伟军, 等. 快速成型制造中零件制作方向的优化方法 [J]. 计算机辅助设计与图形学学报, 2006, 18 (3): 456-463.

[8] WU J H, LIU W J, BIAN H Y. Efficient tool path generation for $\sqrt{3}$ subdivision surface. 2006 International Conference on Mechatronics and Automation. IEEE, 2006, 2008-2012.

[9] 赵吉宾, 刘伟军, 卞宏友, 等. 快速成形制造中扫描方向的优化方法研究 [J]. 计算机集成制造系统, 2006, 12 (12): 2044-2048.

[10] 张嘉易, 刘伟军, 王天然. 三维模型的适应性切片方法研究 [J]. 中国机械工程, 2003, 14 (9): 36-38, 4.

[11] 张嘉易, 刘伟军, 王天然. 快速成形中直接切片补偿曲线转接方法研究 [J]. 机械工程学报, 2003, 39 (5): 92-96.

[12] 张嘉易, 刘伟军, 王天然, 等. 快速成型中直接切片边界曲线补偿方向判定 [J]. 计算机集成制造系统-CIMS, 2003, 9 (10): 906-910.

[13] 张嘉易, 刘伟军, 王天然. 快速原型制造中原型的几何失真性评价方法研究 [J]. 机械科学与技术, 2003, 22 (6): 1037-1038, 1042.

[14] 张嘉易, 刘伟军, 王天然, 等. 快速成型数据处理系统研究 [J]. 机械设计与制造, 2004, (3): 95-97.

[15] 张嘉易, 刘伟军, 王天然. 快速原型分层方案的优化及仿真研究 [J]. 高技术通讯, 2004, 14 (6): 55-59.

[16] 张嘉易, 刘伟军, 王天然. 快速原型制造中小区域数据处理方法研究 [J]. 机械工程学报, 2005, 41 (3): 165-170.

[17] 刘伟军, 张嘉易. 基于层切法的模具自适应数控粗加工研究 [J]. 工具技术, 2005, 39 (4): 9-13.

[18] 刘伟军, 张嘉易. 快速成形容错切片中线段集合自适应连接方法 [J]. 中国机械工程, 2004, 15 (22): 1-4.

[19] 张鸣, 刘伟军, 卞宏友. 基于自由区域的环切轨迹优化连接方法 [J]. 中国机械工程, 2011, 22 (4): 468-473.

[20] PAPACHARALAMPOPOULOS A, BIKAS H, MICHAIL C, et al. On the generation of validated manufacturing process optimization and control schemes [J]. Procedia CIRP, 2021, 96 (2): 57-62.

[21] LIU W J, LI Y X, LIU B S, et al. Development of a novel rectangular – circular grid filling pattern of fused deposition modeling in cellular lattice structures [J]. The International Journal of Advanced Manufacturing Technology, 2020, 108 (11-12): 3419-3436.

[22] 吴建, 吴婷, 陈廷豪, 等. 基于MATLAB的STL模型自适应分层方法研究 [J]. 科技创新与应用, 2021, 11 (27): 53-55.

[23] 朱敏, 党元清, 高思煜, 等. 利用面片法向量保留模型特征的3D打印自适应分层算法 [J]. 西安交通大学学报, 2021, 55 (8): 50-58.

[24] 侯文彬, 夏明栋, 徐金亭. 增材制造中复杂区域的分割填充扫描算法 [J]. 计算机集成制造系统, 2017, 23 (9): 1853-1859.

[25] 戴宁, 欧立松, 黄仁凯, 等. 非支配排序遗传算法的三维打印分层方向优化 [J]. 系统仿真学报, 2015, 27 (10): 2365-2373.

[26] 冯广磊, 刘斌, 陈辉辉. FDM复合式路径填充的生成与优化 [J]. 计算机工程与科学, 2017, 39 (6): 1149-1154.

[27] 陈松茂, 白石根. 基于CAD模型外轮廓线的3D打印自适应分层算法 [J]. 华南理工大学学报 (自然科学版), 2018, 46 (2): 38-43.

[28] 卞宏友, 杨光, 李英, 等. 金属激光沉积成形分组平行扫描路径生成方法 [J]. 机械工程学报, 2013, 49 (11): 171-176.

[29] 卞宏友, 范钦春, 李英, 等. 基于温度分区的激光沉积成形扫描路径生成方法 [J]. 机械工程学报, 2015, 51

(24): 57-62.
- [30] 李文康, 陈长波, 吴文渊. 有效保留模型特征的自适应分层算法 [J]. 计算机应用, 2015, 35 (8): 2295-2300.
- [31] 卞宏友, 左士刚, 曲伸, 等. 激光沉积成形分区环形扫描路径生成算法 [J]. 激光与光电子学进展, 2019, 56 (2): 163-169.
- [32] ZHAO H S, GU F L, HUANG Q X, et al. Connected fermat spirals for layered fabrication [J]. ACM Transactions Graphics, 2016, 35 (4): 100.
- [33] 卞宏友, 范钦春, 李英, 等. LDS 成形层面红外图像的温度分区轮廓提取方法 [J]. 应用激光, 2014, 34 (5): 415-421.
- [34] 金文华, 饶上荣, 唐卫清, 等. 基于顶点可见性的凹多边形快速凸分解算法 [J]. 计算机研究与发展, 1999, 36 (12): 1455-1460.
- [35] CHEN L T, DAVIS L S. A parallel algorithm for the visibility of a simple polygon using scan operations. CVGIP: Graphical Models and Image Processing [J]. 1993, 55 (3): 192-202.
- [36] 金文华, 何涛, 唐卫湾, 等. 简单多边形可见点问题的快速求解算法 [J]. 计算机学报, 1999, 22 (3): 275-282.
- [37] 张玉连. 改进的加权剖分简单多边形为凸多边形的算法 [J]. 燕山大学学报, 2001, 25 (1): 76-79.

第4章

激光定向能量沉积技术的工艺开发

激光定向能量沉积技术是利用高能密度的激光束，瞬间使沉积材料与基体材料之间形成冶金结合的技术，加工过程中激光与基体材料产生熔池，瞬时温度场产生较大的热梯度，从而产生热应力，因此首先就激光定向能量沉积成形过程进行模拟仿真。在激光定向沉积金属材料的过程中，影响激光定向能量沉积层质量的因素较多，这些因素中又以工艺参数的影响最为直接，其中激光功率、扫描速率、送粉速率、扫描策略等是对沉积层质量影响重要的因素，这些工艺参数与沉积层质量之间的关系是非线性的，很难找到一个精确的数学模型来表述，有必要分析研究工艺参数的优化方法以提高激光定向能量沉积成形工件的质量，满足更高标准的制造要求。

激光沉积成形存在的问题主要有两方面：在宏观上，表现在沉积层的形状、裂纹、稀释率、气孔、表面平整度等方面；在微观上，表现在微观组织是否良好，能否满足所需要的性能要求，沉积层的化学元素组成以及分布等方面。

4.1 激光定向能量沉积成形过程的模拟仿真

由于在激光定向能量沉积成形过程中热传导过程错综复杂，而熔池体积过小，热梯度变化剧烈，不方便直接测量，此外熔池中的能量、质量传递过程难以量化，温度场、速度场和浓度场的耦合也给精确测量带来了困难，所以，大部分相关的研究都是以数值模拟为主，以试验验证为辅。通过有限元模拟激光定向能量沉积成形过程，能够帮助我们精确预测和优化工艺参数，从而提高产品质量和性能；减少试验次数，降低成本和时间消耗，提高试验效率。通过模拟，我们可以深入理解激光定向能量沉积成形过程中的物理和化学机制，为新工艺的开发提供理论支持和实践指导。以下通过有限元模拟，从热源模型、相变潜热、材料热物理性能参数等方面来对激光定向能量沉积成形过程进行介绍。

4.1.1 激光定向能量沉积成形过程的仿真模型构建

1. 热源模型

由于激光定向能量沉积成形过程中热源的局部集中热输入，致使成形试样内存在十分不均匀、不稳定的温度场，进而导致成形过程中和成形后出现较大的热应力和变形。因此，激光热源模型是否选取适当，对成形温度场和应力变形的模拟计算精度，特别是在靠近热源的地方，会有很大的影响。

在激光定向能量沉积成形过程的数值模拟研究中，人们提出了一系列适用于激光的热源计算模型：

（1）符合高斯分布的热源模型。在采用激光加工时，激光热源把热能传给试样是通过一定的作用面积进行的，这个面积被称为加热斑点。加热斑点上的热量分布是不均匀的，中心多而边缘少。费里德曼将加热斑点上热流密度的函数分布近似地用高斯数学模型来描述，如图4-1所示。

距加热中心任一点 A 的热流密度 $q(r)$ 的函数分布可表示为

$$q(r)=q_{max}\exp\left(-\frac{3r^2}{R^2}\right) \quad (4\text{-}1)$$

式中，q_{max} 为加热斑点中心最大热流密度；R 为激光有效加热半径；r 为 A 点离激光加热斑点中心的距离。对于移动热源 Q，有：

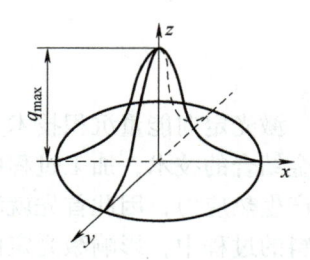

$$q_{max}=\frac{3}{\pi R^2}Q \quad (4\text{-}2)$$

图 4-1　符合高斯分布的热源模型示意图

热源模型式（4-2）在用有限元方法计算激光加工温度场时应用较多。在激光热源对熔池冲击力较小的情况下，运用该模型可得到较准确的计算结果。

（2）半球状热源模型和椭球型热源模型。当激光功率非常大时，必须考虑其能量束流穿透作用。在这种情况下半球状热源模型比较合适。半球状热源热流密度 $q(r)$ 分布函数为

$$q(r)=\frac{6Q}{\pi^{3/2}abc}\exp\left(-\frac{3r^2}{R^2}\right) \quad (4\text{-}3)$$

式中，a、b、c 为半轴长；Q 为移动热源。

这种分布函数也有一定局限性，因为在实践中，熔池在高能激光作用情况下非球对称，为了改进这种模式，提出了椭球型热源模型，其热源热流密度 $q(r)$ 分布函数可表示为

$$q(r)=\frac{6Q}{\pi^{3/2}abc}\exp\left\{-3\left[\left(\frac{x}{a}\right)^2+\left(\frac{y}{b}\right)^2+\left(\frac{z}{c}\right)^2\right]\right\} \quad (4\text{-}4)$$

式中，a、b、c 为半轴长；Q 为移动热源。

（3）双椭球型热源模型。当用椭球型热源分布函数计算时，发现在椭球前半部分温度梯度不像实际中那样陡，而椭球的后半部分温度梯度分布较缓。为此，提出了双椭球型热源模型，将前半部分作为一个1/4椭球，后半部分作为另一个1/4椭球。设前半部分椭球能量分数为 f_1，后半部分椭球能量分数为 f_2，且 $f_1+f_2=2$，则在前半部分椭球内热源热流密度的分布函数为

$$q(r)=\frac{6\sqrt{3}f_1Q}{\pi^{3/2}abc}\exp\left\{-3\left[\left(\frac{x}{a}\right)^2+\left(\frac{y}{b}\right)^2+\left(\frac{z}{c}\right)^2\right]\right\} \quad (4\text{-}5)$$

后半部分椭球内热源热流密度的分布函数为

$$q(r)=\frac{6\sqrt{3}f_2Q}{\pi^{3/2}abc}\exp\left\{-3\left[\left(\frac{x}{a}\right)^2+\left(\frac{y}{b}\right)^2+\left(\frac{z}{c}\right)^2\right]\right\} \quad (4\text{-}6)$$

式（4-5）和式（4-6）中的 a、b、c 可取不同的值，它们相互独立。可将双椭球分成 4 个 1/8 的椭球瓣，每个可对应不同的 a、b、c 值。

从半球状、椭球型到双椭球型热源模型，每一种方案都比前一种更准确，但也伴随着计算量的急剧增加，其热源分布函数更利于应用有限元法或有限差分法在计算机上进行计算，而且实践也证明能得出较满意的模拟结果。对于通常的激光加工，如激光熔凝、激光涂覆、激光表面硬化、激光定向能量沉积成形以及激光切割等，采用高斯分布函数就可以得到较满意的结果。

2. 相变潜热

激光定向能量沉积成形过程中存在两类相变问题：一类是固态相变，即材料固态下的组织转变；另一类是固液相变，即材料的熔化和凝固。材料在发生相变时，会吸收或释放一定的热能，所以在计算激光定向能量沉积温度场时，须考虑相变潜热问题，否则，计算结果会有很大偏差。

对于固态相变潜热，由于其一般比固液相变潜热小得多，通常可以忽略。处理固液相变潜热可采取等温法、比热容突变法、等效热源法等。一般前两种方法比较常用。

（1）等温法。当材料熔化或凝固时，假定此时温度不变，当潜热全部吸收或放出后，温度再继续上升或下降。设熔化潜热为 Q_1，此时比热容为 C_1，则令

$$T_1 = Q_1/C_1 \tag{4-7}$$

在加热过程中，当某点的温度开始超过熔点 T_m 后，令该点温度 T 仍降为 T_m，此时 $\Delta T = T - T_m$。然后进行下一个时间步长的计算。当 ΔT 的积累达到液相线温度 T_L 时，此后潜热的影响结束，该点温度继续上升。凝固时潜热的释放以同样的方法处理。

$$\sum \Delta T = T_L \tag{4-8}$$

（2）比热容突变法。比热容突变法是将潜热的作用以比热容在熔化范围内的突变来代替。当熔化过渡区较大时，这不难做到。若熔化发生在很小的温度范围内，则比热容接近函数，在计算时就容易错过熔化区。为此可引入焓的概念，其数学定义为

$$H = \int_{T_0}^{T} \rho c dT \tag{4-9}$$

式中，ρ 为密度；c 为比热容；T 为当前温度，即系统所处的绝对温度状态；T_0 为参考温度，通常是相变开始或结束的温度。在计算焓的变化时，T_0 作为积分的下限，表示从某一特定温度（即参考温度）开始积分到当前温度 T_0。

这样，无论比热容如何变化，H 总是一个光滑函数。

3. "生死单元"技术

有限元中的"生死单元"技术如图 4-2 所示。其中黄色单元为已激活的试样单元（生单元），黑色单元为正在被激活的试样单元（新生单元），而白色单元为尚未被激活的试样单元（死单元）。考虑到模拟过程中模型刚度矩阵的稳定性，所有单元都必须在前处理阶段建模，包括被杀死或被激活的单元。模拟开始之前，试样所有单元的刚度或传导矩阵被乘以一个很小的因子（默认值为 10^{-6}），此时试样各

图 4-2 "生死单元"技术示意图

单元处于未激活状态。它们的质量、比热容等特性以及单元载荷均等于0，其质量和能量不参加求解过程，单元的应变也始终为0，就好像它们被"杀死"了一样。

在模拟开始之后的每一个载荷步，模型中相应的单元被激活，其刚度、质量、单元载荷等恢复到初始数值，就好像该单元被"复活"了一样，但是被激活的单元没有应变记录，也没有热量存储。

4. 计算模型的建立

为了真实地反映激光定向能量沉积成形过程热传导的特点，并有效降低模拟过程的计算量，基于弹塑性热应力-应变理论做出以下假设：

（1）基板y方向两端面的x、y、z三个方向的位移都被约束为0，试样和基板的初始温度为20℃。

（2）在激光定向能量沉积成形过程中，工件表面只有熔化没有汽化。

（3）在激光定向能量沉积成形过程中，只考虑试样和基板的热传导，不考虑工件表面的热对流和热辐射。

（4）激光是连续型的，激光热流密度函数分布近似符合高斯分布，但在实际加载过程中，符合高斯分布的热流密度的加载是非常困难的。因此，这里采用平均热流密度$q(r)_m$作为系统热载荷，其计算如下：

$$q(r)_m = \frac{1}{\pi R^2} \int_0^R q(r) \cdot 2\pi r \cdot dr = \frac{0.95Q}{\pi R^2} \tag{4-10}$$

（5）材料对激光的吸收率设为常数。

（6）忽略熔池内的流动，试样和基板之间的界面导热通过设定等效热传导系数的方法来处理。

（7）成形材料和基板的热物理及力学参数不随温度变化。

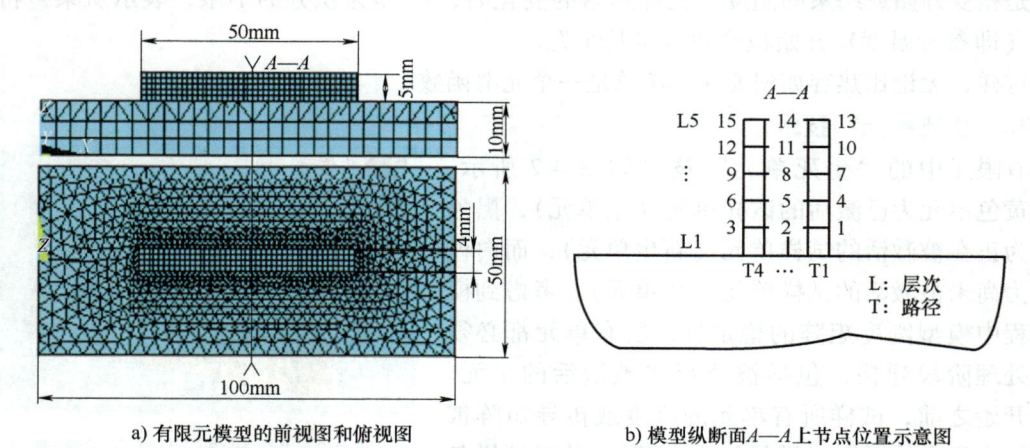

根据上述假设建立了激光定向能量沉积成形过程的有限元数值模拟模型，模型及纵断面节点位置如图4-3所示。模型中采用的基板材料为Q235，其热物性参数见表4-1，钴基Co6、铁基304、镍基In625粉末材料的化学成分分别见表4-2～表4-4，热物性参数见表4-5。为了降低网格过密带来的巨大计算量，试样采用较细的规则六面体映射网格，基板采用较粗的四面体网格。试样被分成五层四道，每一层的高度和宽度均为1mm，即等于激光光斑直径。

a) 有限元模型的前视图和俯视图　　　　b) 模型纵断面$A—A$上节点位置示意图

图4-3　激光定向能量沉积成形过程有限元数值模拟模型

第 4 章 激光定向能量沉积技术的工艺开发

表 4-1 Q235 的热物性参数

比热容/(kJ/kg·℃)	潜热/(kJ/kg)	密度/(kg/m³)	熔点/℃	弹性模量/Pa
0.460	522	7850	1400	2.1×10¹¹

表 4-2 钴基 Co6 的化学成分

元素	C	Cr	Si	Ni	W	Fe	Mn	Mo	Co
质量分数(%)	1.15	29.00	1.00	≤3.00	4.50	≤3.00	≤1.00	≤1.00	其他

表 4-3 铁基 304 的化学成分

元素	C	Mn	P	S	Si	Cr	Ni	Fe
质量分数(%)	≤0.08	≤2.00	≤0.045	≤0.03	≤1.00	18~20.0	8.0~11.0	其他

表 4-4 镍基 In625 的化学成分

元素	Cr	Mo	Nb	Fe	Ti	C	Mn	Si	Co	P	S	Ni
质量分数(%)	20~23	8~10	3.15~4.1	5	0.1	0.5	1	0.5	1	0.015	0.015	其他

表 4-5 三种金属粉末材料的热物性参数

材料	比热容/(kJ/kg·℃)	潜热/(kJ/kg)	密度/(kg/m³)	熔点/℃
钴基 Co6	0.426	310	8820	1480~1500
铁基 304	0.458	269	7860	1500~1550
镍基 In625	0.464	248	8522	950~1000

4.1.2 宏观温度场的模拟仿真

图 4-4 所示为激光定向能量沉积薄壁件的温度梯度矢量图。从图中可以看出，当激光源离开后，定向能量沉积层与周围介质进行对流换热和热传导，使定向能量沉积层冷却。在薄壁件成形过程中，由于激光热源一直处于移动状态，激光光斑移出的区域温度还未完全冷却，激光束热源就再次进入使得区域再次升温，导致熔池温度持续升高，并且随着层数的增加，激光对试件的热影响越来越大。此外，由于在激光束的移动过程中，试件存在热量的传递与热累积效应，热量逐渐由底部累积到上部，因此在整个定向能量沉积成形过程中，熔池温度一直处于递增状态。

在相同的工艺参数下，图 4-5 所示为激光定向能量沉积模拟过程中同一时刻不同材料试样截面温度分布云图。从图中可以看出，虽然激光定向能量沉积加工的工艺参数相同，但由于不同材料所对应的不同热工艺参数差别很大，因此熔池的温度、宽度和深度均有明显的差异。由激光直接照射的点温度很高，熔池温度呈彗星形状分布，熔池前端的温度梯度较大。

图 4-6 所示为不同材料激光定向能量沉积熔池截面图。熔池的温度由定向能量沉积层表面中心位置到基板方向逐渐降低，由中心向两边逐渐降低。由于金属材料物理性质的不同，熔池的最高温度和熔池尺寸均有不同，其中熔池内部温度差距较为明显。钴基 Co6 受到激光

a) 第1层

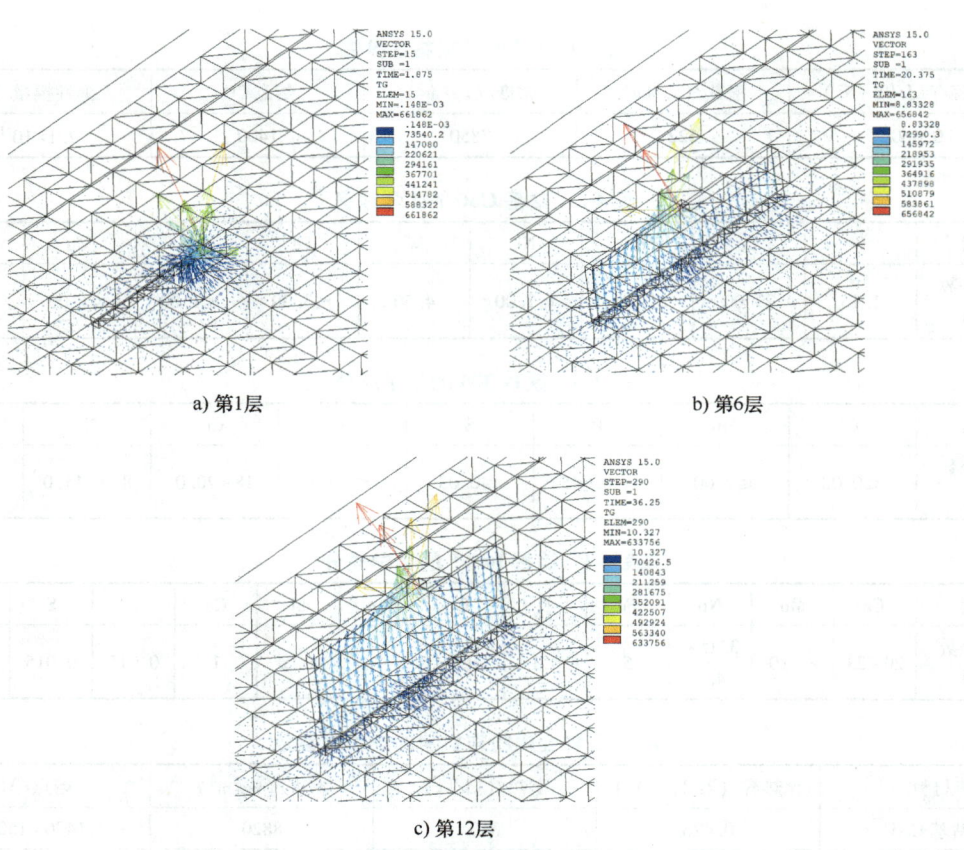

b) 第6层

c) 第12层

图 4-4 激光定向能量沉积薄壁件温度梯度矢量图

a) 铁基304

b) 镍基In625

c) 钴基Co6

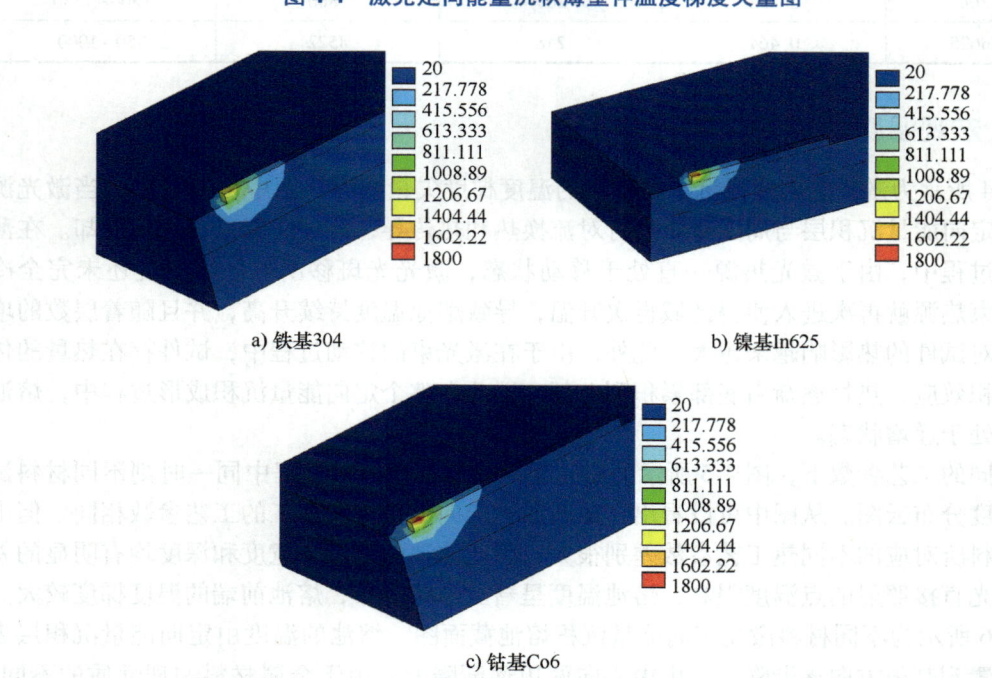

图 4-5 激光定向能量沉积模拟过程中同一时刻不同材料试样截面温度分布云图

能量影响后，温度升高最为明显，熔池温度最高，镍基 In625 相对较高，铁基 304 受激光热源影响后温度形成的熔池后温度相较镍基 In625 和钴基 Co6 低，这会导致铁基 304 表面容易黏附未完全熔化的金属颗粒，但三种金属与基板形成的熔池尺寸宽度变化不明显，其与基体结合面温度均在 1450℃左右，可使定向能量沉积层与基板形成一定程度的冶金结合。

a) 铁基304　　　　　　　　　b) 镍基In625

c) 钴基Co6

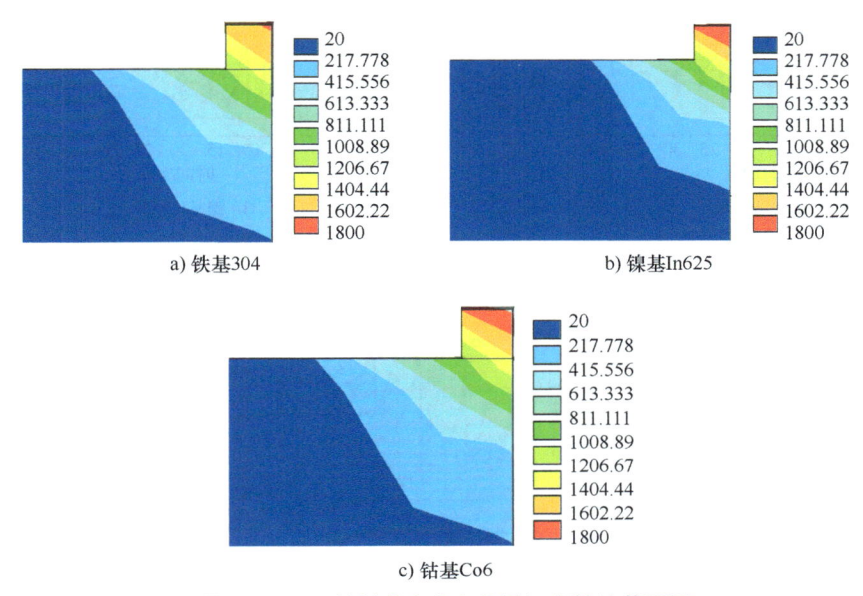

图 4-6　不同材料激光定向能量沉积熔池截面图

在相同激光工艺参数下，铁基 304、镍基 In625 和钴基 Co6 三种不同金属试样各点最高温度不同，可见材料物性对温度场有一定影响。这是由于各金属的比热容、热膨胀系数和激光热能吸收率不同所导致。图 4-7 所示为三种金属薄壁件各层中点温度-时间变化曲线。从图中可以看出，铁基 304 的起始温度最低，且温度增长最缓慢。镍基 In625 与钴基 Co6 熔池起始温度基本相同，但钴基 Co6 的温度累积相较于镍基 In625 更为明显。此外，从图 4-7a 中可以看出，铁基 304 初始温度并未达到液相线温度，因此与基板结合处熔池较浅且成形宽度相对较窄，冶金效果不好，但由于铁基 304 定向能量沉积试样的散热效果较好，薄壁成形后底部温度升温较小，随着定向能量沉积层升高并未出现重熔现象。从图 4-7b 可以看出，镍基 In625 初始温度高于其液相线温度，与基板结合较好，虽然薄壁底部散热较好，并未出现温度持续升高，但高层热量累积明显，容易出现重熔现象。从图 4-7c 中可看出，钴基 Co6 初始温度较高，与基板结合较好，定向能量沉积层温度较高，达到了预热的效果，可有效避免开裂等现象，但随着定向能量沉积的进行，熔池内部温度过高，容易出现重熔等现象。

温度梯度是影响成形试样组织形态的一个重要控制参数，并且在激光定向能量沉积过程中，升温变化和冷却变化影响着试样的凝固速率，这对定向能量沉积层微观组织的形态、晶粒的尺寸和成形件的开裂都有着重要的影响。不同材料最高升温变化和冷却变化如图 4-8 所示，由图可见，在激光定向能量沉积加工过程中，不同金属冷却变化和升温变化均不相同，这说明，在对不同金属进行加工时，虽然熔池温度相差不大，但对微观组织形态还是有着不同的影响规律。镍基 In625 与铁基 304 的升温变化随着定向能量沉积层数的增加逐渐升高，铁基 304 的升温变化较小，钴基 Co6 的升温变化基本保持不变。三种金属的冷却变化均随着

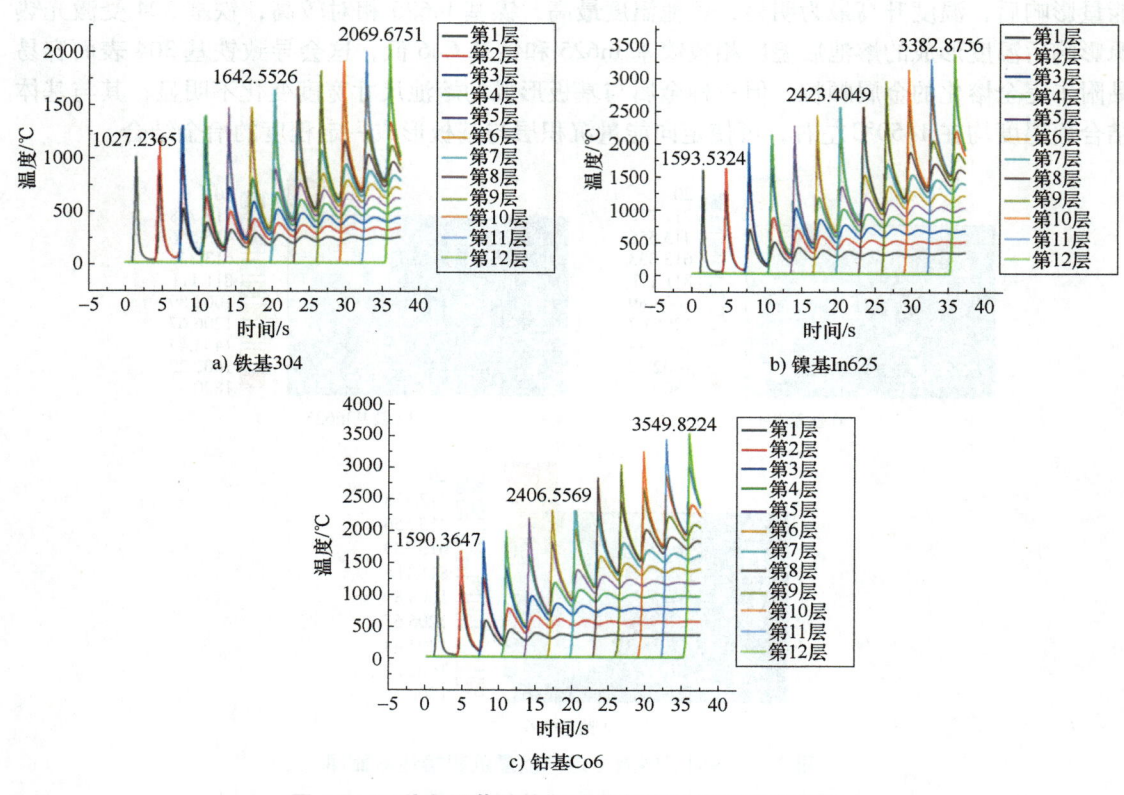

图 4-7 三种金属薄壁件各层中点温度-时间变化曲线

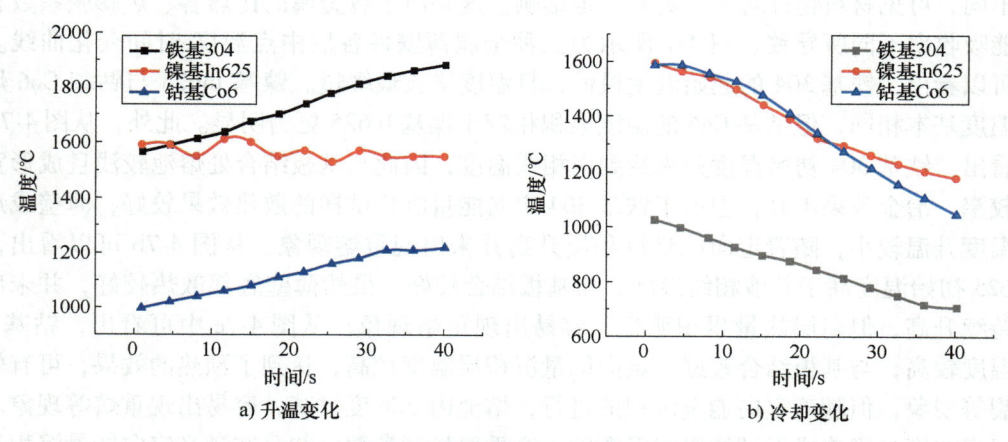

图 4-8 不同材料最高升温变化和冷却变化

定向能量沉积层数的增加持续降低,这说明激光定向能量沉积成形件的冷却变化趋势与加工材料无关。

为了探究金属材料对激光功率、扫描速率等工艺参数的敏感程度,设计不同激光功率与扫描速率的薄壁件成形试验,其工艺参数见表 4-6。观察激光功率和扫描速率对薄壁件成形过程中温度场的影响。

第 4 章 激光定向能量沉积技术的工艺开发

表 4-6 各金属粉末激光定向能量沉积工艺参数

编号	材料	激光功率/W	扫描速率/(mm/s)
1	铁基 304	1000	8
2	铁基 304	1000	12
3	铁基 304	800	8
4	镍基 In625	1000	8
5	镍基 In625	1000	12
6	镍基 In625	800	8
7	钴基 Co6	1000	8
8	钴基 Co6	1000	12
9	钴基 Co6	800	8

图 4-9 所示为不同工艺参数下不同基体试样最高温度随层数的变化。降低激光功率或提高扫描速率后，温度都有一定下降，激光功率比扫描速率的影响更为明显，但总体呈平行线性下降。镍基 In625 对扫描速率的敏感明显大于铁基 304，钴基 Co6 与前两种金属不同。改变钴基 Co6 扫描速率后，温度上升趋势与未改变扫描速率前的变化趋势相同，但整体温度下降 25%。通过改变激光功率，钴基 Co6 的各层中点最高温度出现了低层数降低少、高层数降低多的趋势。这样既保证与基板结合完整，又保证高层温度的叠加不会过高。

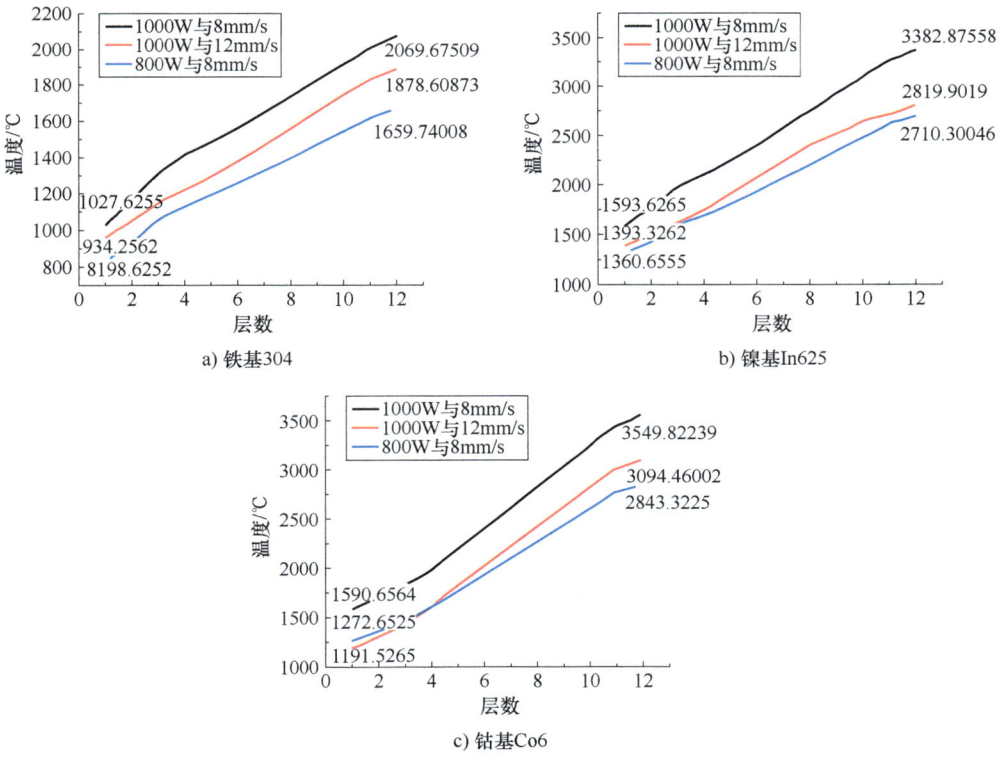

a) 铁基304

b) 镍基In625

c) 钴基Co6

图 4-9 不同工艺参数下不同基体试样最高温度随层数的变化

4.1.3 宏观应力场的模拟仿真

在采用激光定向能量沉积技术对零件进行快速成型或修复的过程中,高能量密度激光束照射到定向能量沉积层表面,不仅使定向能量沉积层与金属材料温度升高至熔点并局部熔化形成熔池,还会使试样内产生不同大小的应力。在激光定向能量沉积过程中,一般会产生弹性热应力和热压缩应力。

熔池周围的金属材料因局部受热而发生局部体积热膨胀,并受周围较冷区域的约束,从而产生了弹性热应力;同时,温度升高后,熔池内材料的屈服极限随着温度的升高将大幅下降,当热应力值超过材料的屈服极限时,成形试样便会产生局部弹性热压缩变形;在定向能量沉积成形冷却阶段,成形区域相对周围区域缩短、变窄,形成塑性拉伸变形。当定向能量沉积成形零件温度逐渐降低至初始温度后,这些应力便会形成残存于零件中的残余应力。

图 4-10 所示为三种金属试样不同层数中点热应力随时间的变化曲线。由图可知,三种金属的热应力变化规律相似,当激光热源正好移动到第 1 层中点上方,节点 1 及所在单元被激活,由于材料局部受热而发生体积局部膨胀,并受到周围已成形单元的约束作用,所以热应力迅速升高。同样,第 4 层、第 7 层、第 10 层节点依次被激活,其热应力迅速增长。同时节点的热应力变化幅度随着定向能量沉积过程的进行而逐渐缩小。这主要是因为随着定向能量沉积层数的增加,各节点处的温度变化幅度逐渐降低,进而引起热应力变化幅度逐渐减小。此外,不同金属其各层热应力最大值与热应力随时间变化后的各层残余应力都有所不同,这主要是因为各金属之间物理性能的差异。铁基 304 第 1 层的热应力在三种金属中最高,镍基 In625 与钴基 Co6 第 1 层最大热应力基本相同,但钴基 Co6 的残余应力相较镍基

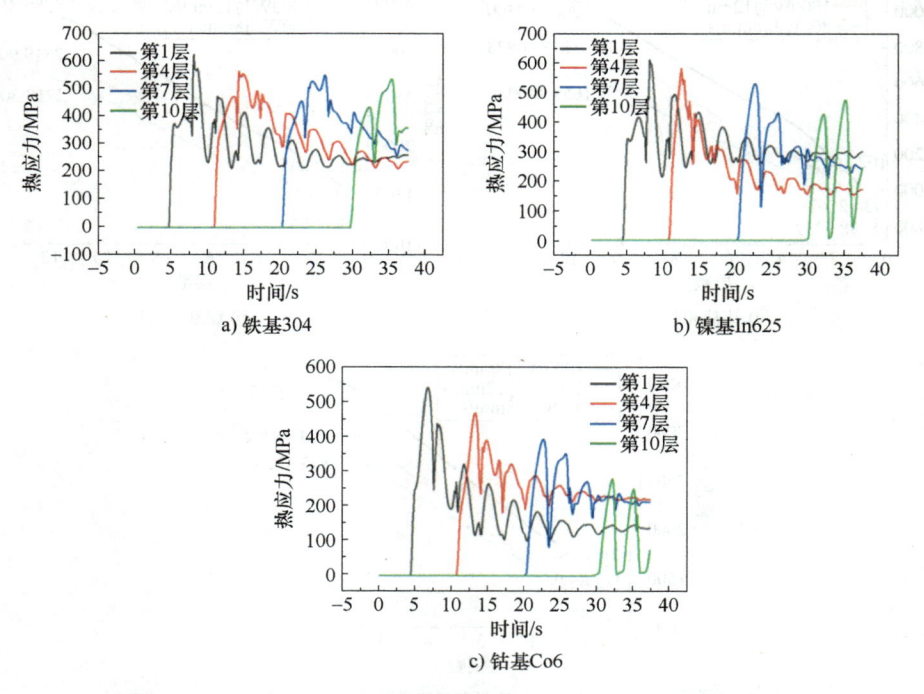

a) 铁基304

b) 镍基In625

c) 钴基Co6

图 4-10 三种金属试样不同层数中点热应力随时间的变化曲线

In625低，但三种金属的热应力无论最大值还是随时间变化的残余应力值差距并不大，这说明材料的不同对底层数激光定向能量沉积影响较小。

从图4-11所示可以看出，不同材料在进行激光定向能量沉积加工薄壁件时，在z方向与y方向的热应力几乎没有差异，热应力的不同主要由在x方向应力产生。随着激光定向能量沉积层数的累加，各层的热应力有所下降。这种现象可以从它们的受热和冷却过程来进行解释。当温度过高时，材料受热发生体积膨胀，受到周围低温区域的约束产生较大热应力，随着试样的冷却热膨胀变形，热应力也随之降低。虽然三种金属有着相同的变化趋势，但镍基In625热应力幅值较大，随着沉积的进行，试样内部残余应力减小；钴基Co6由于温度梯度较小，热应力幅值低，残余应力与铁基304基本相同。三种金属的热应力与残余应力间差值较小，说明在进行激光定向能量沉积加工薄壁件成形过程中，不同金属材料对热应力的影响并不明显。

a) 等效热应力循环图

b) x方向热应力循环图

c) y方向热应力循环图

d) z方向热应力循环图

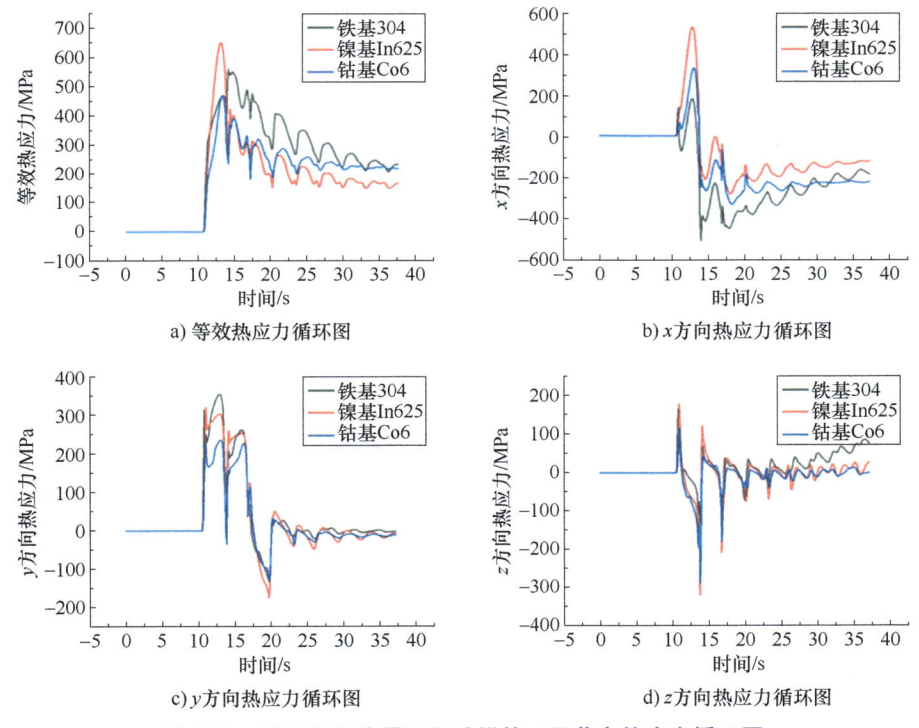

图4-11 激光定向能量沉积试样第4层节点热应力循环图

4.1.4 热力耦合场的模拟仿真

热力耦合场与宏观应力场的模拟仿真在目标和涉及的物理过程上有所不同。热力耦合仿真需要考虑温度和应力的相互影响，而宏观应力场的模拟仿真则主要关注材料或结构在外部载荷作用下的力学行为。

在激光定向能量沉积成形过程中，Von Mises（米斯）热应力可以表示为

$$\sigma_\mathrm{e}=\frac{[(\sigma_{xx}-\sigma_{yy})^2+(\sigma_{yy}-\sigma_{zz})^2+(\sigma_{zz}-\sigma_{xx})^2]^{\frac{1}{2}}}{\sqrt{2}(1+\nu')} \qquad (4\text{-}11)$$

式中，ν'为等效泊松比。

图 4-12 为不同时刻的 Von Mises 热应力分布云图，通过对比图 4-12a～d，可以得到如下几个特点：1）基板的四个角是应力集中区，并且随时间逐渐增大，这是由前述假设中基板各个端面以及底面的位移被全约束所至；2）试样的上表面和侧面以及试样和基板连接区域的表面是高应力区；3）热应力影响区域随着激光的移动而变化，随着定向能量沉积层数的增加而扩大。

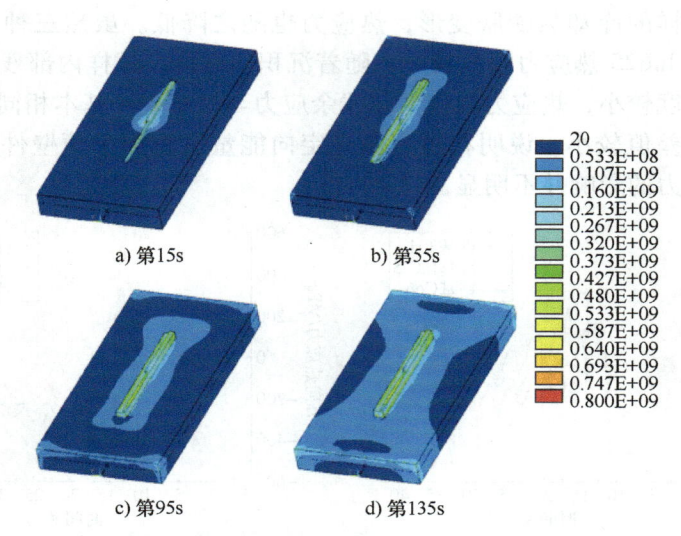

a) 第15s　　　b) 第55s

c) 第95s　　　d) 第135s

图 4-12　不同时刻的 Von Mises 热应力分布云图

图 4-13 所示为图 4-3b 模型纵断面 A—A 上不同层各节点的 Von Mises 热应力随时间变化曲线。如图 4-13a 所示，节点 1 在前 5s 内的 Von Mises 热应力值为 0，在第 5s，其 Von Mises 热应力值迅速由 0 升高。这是因为节点 1 在前 5s 内处于"被杀死"的状态，不参与模拟过程中的热量传导和应力传递，因此也没有热应力应变记录。但是在第 5s，此时激光热源正好移动到节点 1 所在单元上方，节点 1 及其所在单元被激活，其 Von Mises 热应力由于邻近已成形区域的加热作用而迅速升高。同样，节点 2 和节点 3 分别在第 15s 之前和第 35s 之前的 Von Mises 热应力值为零，即处于被"杀死"状态，又分别在第 15s 和第 35s 被激活，其热应力迅速增长。同时各节点的热应力变化幅度随着定向能量沉积的进行而逐渐减小，这主要是因为随着定向能量沉积层数的增加，各节点处的温度变化幅度逐渐降低，进而引起热应力值变化幅度逐渐减小。对比图中其他节点的 Von Mises 热应力变化曲线，可以看出，它们具有和节点 1、2 和 3 相似的 Von Mises 热应力变化规律，只是被激活的时间稍晚而已。

由上述可以看出，某节点的 Von Mises 热应力是其 x、y 和 z 方向各应力的函数，它本身恒为正值，不能表现热应力的拉伸和压缩特征。为了进一步揭示各节点热应力在 x、y 和 z 方向的变化规律，下面对各节点 x、y 和 z 方向的热应力进行详细的分析和比较。

图 4-14 所示为模型纵断面 A—A 上不同层各节点的 x 方向热应力随时间的变化曲线。如图 4-14a 所示，节点 1 的 x 方向热应力最初表现为压应力，然后迅速转变为拉伸热应力；节点 2 的 x 方向热应力开始时偶尔表现为拉应力，但之后均表现为压应力；节点 3 的 x 方向热应力始终都表现为压应力。在节点 1、2 和 3 中，节点 1 的 x 方向热应力和节点 2 的 x 方向热

a) 第1层

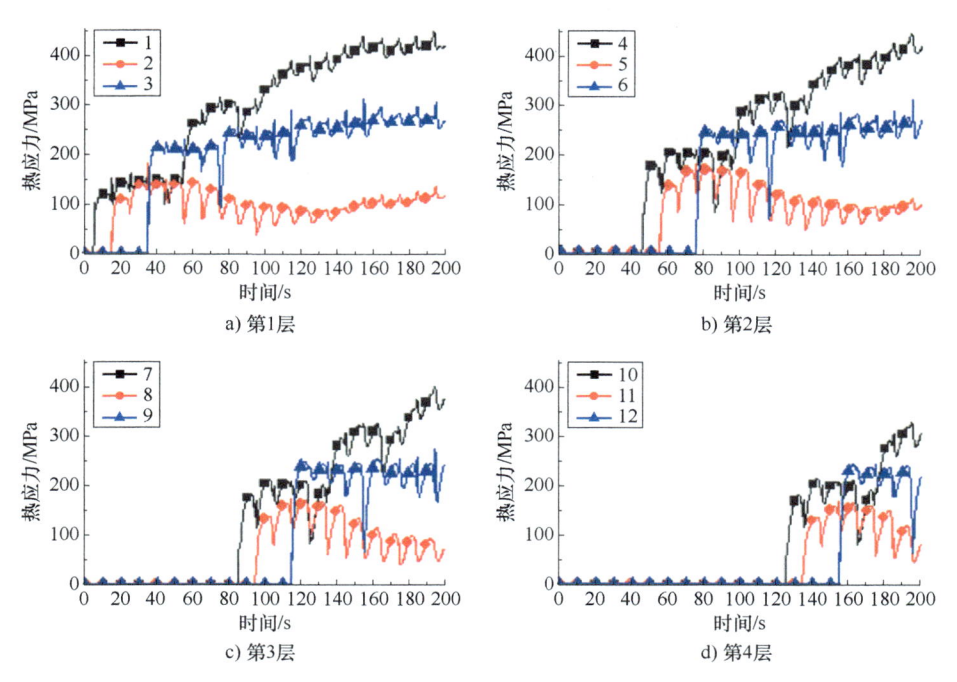

b) 第2层

c) 第3层

d) 第4层

图 4-13　模型纵断面 A—A 上不同层各节点的 Von Mises 热应力随时间变化曲线

应力大小相仿，节点 3 的 x 方向热应力最大，最大值达到了 242MPa。通过对比图 4-14b~d 可以发现，虽然后续层的节点被激活的时间较晚，但其 x 方向热应力变化规律与第 1 层各节点的 x 方向热应力变化规律相似。

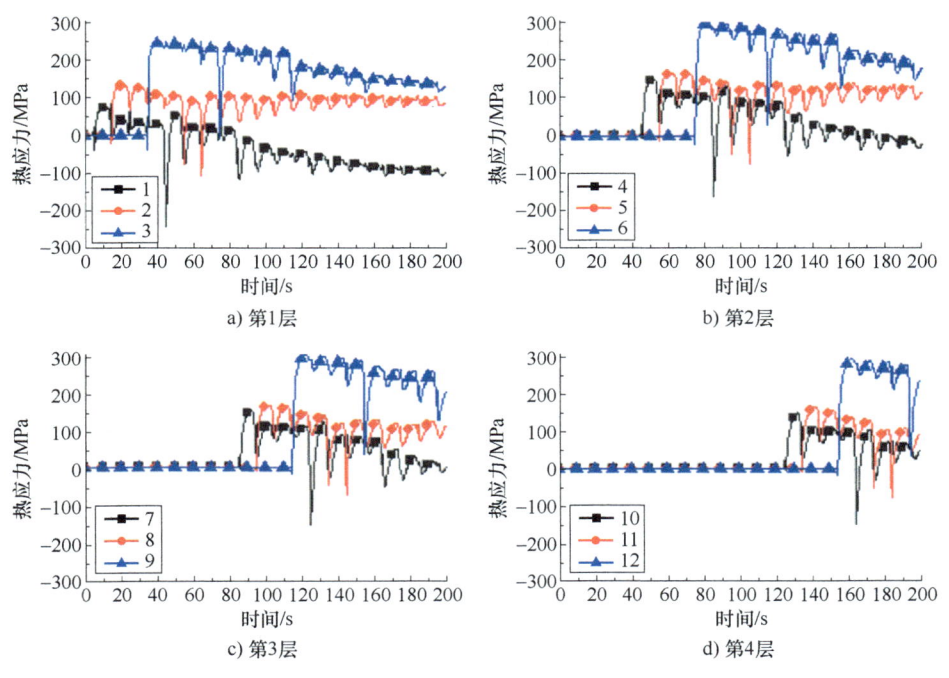

a) 第1层

b) 第2层

c) 第3层

d) 第4层

图 4-14　模型纵断面 A—A 上不同层各节点的 x 方向热应力随时间变化曲线

图 4-15 所示为模型纵断面 A—A 上不同层各节点的 y 方向热应力随时间变化曲线，其中，节点 1 和 3 在大部分时间都表现为压应力，偶尔会表现为拉应力。节点 2 的 y 方向热应力最初表现为压应力，然后迅速转变为拉应力，但最终随着模拟的进行而表现为压应力。其他节点的 y 方向热应力变化规律与节点 1、2 和 3 的类似，除了被激活时间不同以外。另外，与图 4-14 对比发现，节点 y 方向的热应力远小于其 x 方向的热应力，其最大值也不超过 150MPa。

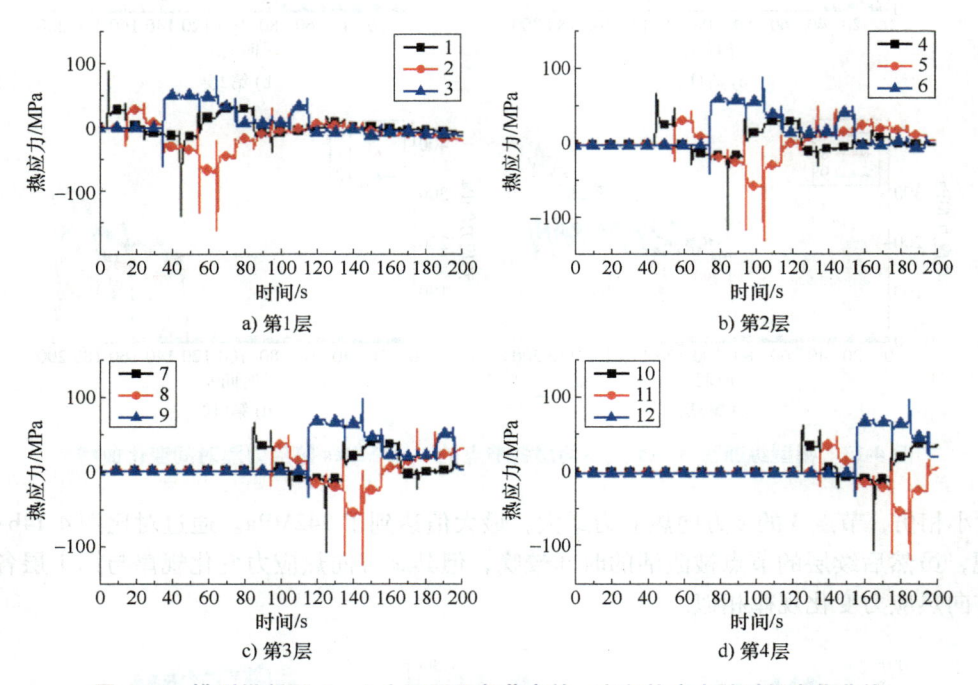

图 4-15 模型纵断面 A—A 上不同层各节点的 y 方向热应力随时间变化曲线

图 4-16 所示为模型纵断面 A—A 上不同层各节点 z 方向热应力随时间变化曲线，其中，节点 1 的 z 方向热应力是拉应力，且其值在节点 1、2 和 3 之中是最大的；节点 2 的 z 方向热应力是拉应力，其值为三者之中最低；节点 3 的 z 方向热应力最初是压应力，但最终转变成拉应力。这个现象可以从它们的受热和冷却过程来进行解释。节点 1 位于试样第 1 层第 1 道，其经历的加热和冷却过程远比节点 3 早，由于基板的强冷却作用，其 z 方向存在剧烈的温度梯度并引起材料沿 z 方向的膨胀和收缩，从而产生沿 z 方向巨大的热应力。而节点 3 位于试样第 1 层末道，已成形道的预热作用降低了其沿 z 方向的温度梯度，所以其 z 方向热应力也小于节点 1。至于节点 2，它位于试样内部，由于周围区域的加热作用，其 z 方向的温度梯度远小于节点 1 和 3，所以其 z 方向热应力也远小于它们。其他节点的 z 方向热应力变化规律与节点 1、2 和 3 类似，除了被激活时间不同。

通过比较试样不同层不同道各节点的 Von Mises、x 方向、y 方向和 z 方向的热应力变化，可以得到以下结果：

1）位于同一道不同层各节点具有相似的 Von Mises、x 方向、y 方向和 z 方向的热应力变化规律。

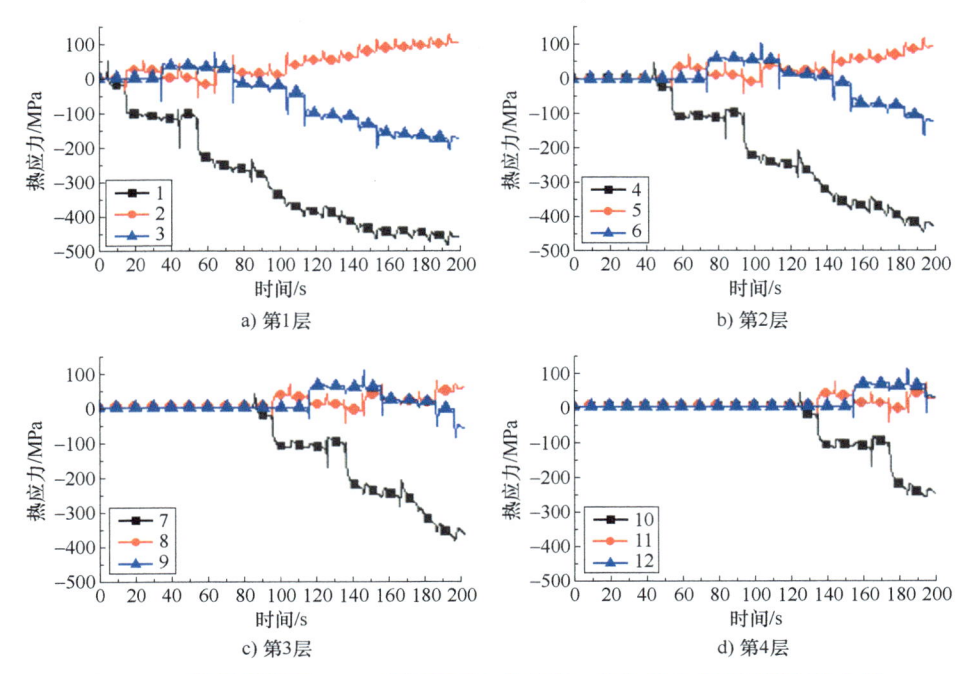

图 4-16 模型纵断面 A—A 上不同层各节点的 z 方向热应力随时间变化曲线

2）根据式（4-11），在 Von Mises 热应力的各应力分量中，x 方向和 z 方向的热应力远大于 y 方向的热应力，也就是说 Von Mises 热应力主要表现为 x 方向和 z 方向的热应力。这是激光定向能量沉积成形过程中试样产生裂缝甚至发生断裂的一个重要原因。

4.1.5 微观组织演化的模拟仿真

激光定向能量沉积产生的熔池在一个很小的尺度内具有复杂的温度瞬态变化特征。在激光高能量输入下，微米尺度熔池内产生了超过金属沸点的高温，引发了巨大的温度梯度。当激光离开后，熔池又会在毫秒尺度的时间内凝固，这种快速的凝固使熔池内部枝晶的生长方式变得十分复杂，因此，采用相场法揭示熔池在凝固时在不同热特征条件下产生的不同形式的枝晶结构，有助于进一步预测定向能量沉积层的力学性能。

1. 基于相场法的快速凝固模型

合金的凝固过程是一个自由能不断趋于最小化，或者系统熵值增加的过程。鉴于基于自由能的相场凝固模型更适用于等温凝固的情形，因此采用基于熵值的二元合金相场凝固模型，学者 Wang 等推导的系统熵值 S 的形式为

$$S = \int \left[s(\phi, e, c) - \frac{\varepsilon^2}{2} | \nabla \phi |^2 \right] \mathrm{d}x^2 \tag{4-12}$$

式中，s 为热力学密度函数，ϕ 为相场序参数，当 $\phi = 0$ 时，表示系统中的固体部分，当 $\phi = 1$ 时，表示系统中的液体部分；e 为系统的内能密度函数；c 为溶质浓度；$\mathrm{d}x^2$ 为二维空间中的微小面积元素。

在相场模型中，$s(0, e, c)$ 和 $s(1, e, c)$ 分别为固体和液体的经典热力学熵密度，而 ε 为熵密度的梯度修正。在忽略系统体积变化的假设下，守恒通量与能量密度和溶质浓度的

联系并结合经典线性不可逆热力学可以表示为

$$\begin{cases} J_e = M_c \nabla \dfrac{\delta S}{\delta e} + M_{ce} \nabla \dfrac{\delta S}{\delta c} \\ J_c = M_c \nabla \dfrac{\delta S}{\delta c} + M_{ec} \nabla \dfrac{\delta S}{\delta e} \end{cases} \tag{4-13}$$

式中，J_e 为能量流密度，反映了能量在系统中的流动情况；J_c 为溶质浓度流密度，反映了溶质浓度在系统中的流动情况；M_c 为与潜热和扩散有关的常数；M_{ce} 和 M_{ec} 为热和溶质扩散相互作用的常数，一般可以被忽略。那么相场序参数 ϕ 演变的基本控制方程可以表示为

$$\frac{\partial \phi}{\partial t} = M_\phi \frac{\delta S}{\delta \phi} \tag{4-14}$$

式中，M_ϕ 常被称为动力学系数或迁移率。

为了保证正熵的产生，令 $M_\phi > 0$，那么就构成了相场模型的基础：

$$\begin{cases} \dfrac{\partial e}{\partial t} \approx -\nabla \cdot M_e \nabla \dfrac{\delta S}{\delta e} \\ \dfrac{\partial c}{\partial t} \approx -\nabla \cdot M_c \nabla \dfrac{\delta S}{\delta c} \end{cases} \tag{4-15}$$

其中涉及的近似值只涉及材料参数的相对值和相图与自由能对相场的依赖性。为了考虑固液界面能各向异性带来的影响，具有4个各向异性优势方向的熵密度的梯度修正 ε 可表示为

$$\varepsilon = \varepsilon_0 [1 + \gamma \cos(4(\theta - \theta_0))] \tag{4-16}$$

式中，ε_0 表示各向异性修正值；γ 为各向异性强度；θ 为固液界面法向量的角度，以弧度表示；θ_0 为枝晶生长的偏角。

其中，

$$\begin{cases} \theta = \arctan \dfrac{\partial \phi / \partial y}{\partial \phi / \partial x} \\ \dfrac{\partial \theta}{\partial x} = \left(\dfrac{\partial \phi}{\partial x} \dfrac{\partial \phi^2}{\partial x \partial y} - \dfrac{\partial \phi}{\partial y} \dfrac{\partial \phi^2}{\partial x \partial x} \right) / |\nabla \phi|^2 \\ \dfrac{\partial \theta}{\partial y} = \left(\dfrac{\partial \phi}{\partial x} \dfrac{\partial \phi^2}{\partial y \partial y} - \dfrac{\partial \phi}{\partial y} \dfrac{\partial \phi^2}{\partial x \partial y} \right) / |\nabla \phi|^2 \end{cases} \tag{4-17}$$

因此，系统熵值 S 的变分函数可表示为

$$\begin{cases} \dfrac{\delta S}{\delta c} = \dfrac{\partial S}{\partial c} = \dfrac{\mu_A - \mu_B}{T} \\ \dfrac{\delta S}{\delta e} = \dfrac{\partial S}{\partial e} = \dfrac{1}{T} \end{cases} \tag{4-18}$$

式中，μ_A 和 μ_B 为合金中不同组分的化学势。进一步对其剖析，需要明确化学势如何取决于相场、温度和浓度。引入系统的 Helmholtz 自由能 f：

$$f = (1-c)\left[f_A(\phi, t) + \Omega(\phi)c^2 + \frac{RT}{V_m}\ln(1-c) \right] + f_B(\phi, t) + \Omega(\phi)(1-c)^2 + \frac{RT}{V_m}\ln c \tag{4-19}$$

式中，$f_A(\phi, t)$ 和 $f_B(\phi, t)$ 分别为合金中不同组分的自由能，在 $\phi=0$ 或 $\phi=1$ 时，在不同温度下须达到最小值；$\Omega(\phi)$ 为与混合焓相关的热力学常数；R 为气体常数，V_m 为合金的摩尔体积。对于合金中的某一组分，有：

$$e = e_s T_m + C(T - T_m) + [\phi^3(10 - 15\phi + 6\phi^2)]L \tag{4-20}$$

式中，e_s 为组元固体的内能；T_m 为合金中某一组分的熔点；C 为固液的比热容；L 为合金中某一组分的熔化潜热。因此，$f_A(\phi, t)$ 和 $f_B(\phi, t)$ 分别为

$$\begin{cases} f_A(\phi,t) = W_A g(\phi) T + [e_s^A T_m^A - C_A T_m^A + p(\phi) L_A]\left(1 - \dfrac{T}{T_m^A}\right) - C_A T \ln \dfrac{T}{T_m^A} \\ f_B(\phi,t) = W_B g(\phi) T + [e_s^B T_m^B - C_B T_m^B + p(\phi) L_B]\left(1 - \dfrac{T}{T_m^B}\right) - C_B T \ln \dfrac{T}{T_m^B} \end{cases} \tag{4-21}$$

式中，W_A 和 W_B 分别为双阱势函数 $g(\phi)$ 的缩放高度；角标 A 表示合金组分 A 的相关变量；角标 B 同理。综上，相场的控制方程的最终形式为

$$\dfrac{1}{M_\phi}\dfrac{\partial \phi}{\partial t} = \nabla \varepsilon^2 \nabla \phi + \dfrac{\partial}{\partial x}\left(|\nabla \phi|^2 \varepsilon(n) \dfrac{\partial \varepsilon(n)}{\partial\left(\dfrac{\partial \phi}{\partial x}\right)}\right) + \dfrac{\partial}{\partial y}\left(|\nabla \phi|^2 \varepsilon(n) \dfrac{\partial \varepsilon(n)}{\partial\left(\dfrac{\partial \phi}{\partial y}\right)}\right) - [(1-c)H_A + cH_B] \tag{4-22}$$

式中，H_A 和 H_B 分别为

$$\begin{cases} H_A = \dfrac{1}{T}\dfrac{\partial f_A(\phi,t)}{\partial \phi} = W_A \dfrac{\mathrm{d}g(\phi)}{\mathrm{d}\phi} + 30 L_A\left(\dfrac{1}{T_m^A} - \dfrac{1}{T}\right) \\ H_B = \dfrac{1}{T}\dfrac{\partial f_B(\phi,t)}{\partial \phi} = W_B \dfrac{\mathrm{d}g(\phi)}{\mathrm{d}\phi} + 30 L_B\left(\dfrac{1}{T_m^B} - \dfrac{1}{T}\right) \end{cases} \tag{4-23}$$

如果使 M_ϕ 依赖于浓度，对于二元相图来说，M_A 和 M_B 分别表示物质 A 和物质 B 的迁移率，那么

$$M_\phi = (1-c)M_A + cM_B \tag{4-24}$$

同理，H_A 和 H_B 分别表示物质 A 和物质 B 的焓，溶质守恒方程可以表示为

$$\dfrac{1}{T}\nabla(\mu_A - \mu_B) = (H_A - H_B)\nabla\phi - \dfrac{R}{V_m}\dfrac{\nabla c}{c(1-c)} \tag{4-25}$$

如果保持 T 不变，p 表示体积分数或其他描述相分布的参数，具体来说，$p(\phi)$ 可以表示相场 ϕ 对应的某种相的体积分数，那么

$$\dfrac{\partial c}{\partial t} = \nabla \cdot M_c \dfrac{V_m}{R} c(1-c)[D_S - p(\phi)(D_L - D_S)] \tag{4-26}$$

式中，D_L 和 D_S 分别为液相和固相的溶质扩散系数。由于 $c(1-c)$ 的存在，可知纯固相和液相的扩散系数均为常数，因此最终的溶质扩散控制方程为

$$\dfrac{\partial c}{\partial t} = \nabla \cdot D\left[\nabla c + \dfrac{V_m}{R}c(1-c)(H_B - H_A)\nabla\phi\right] \tag{4-27}$$

式中，$D = D_L + p(\phi)(D_S - D_L)$。

至此，熔池的枝晶生长将遵循相场的控制方程与溶质扩散控制方程，通过式（4-28）控制的固定温度估计确定枝晶生长时所处的温度场，进而获得不同凝固条件下枝晶的生长机理与最终形貌。

$$T = T_0 + G(y - v_s t) \tag{4-28}$$

式中，T 为当前温度，是描述枝晶生长过程中温度场变化的关键参数；T_0 为初始温度或参考温度，是温度场分析的基准点；G 通常为热导率或温度梯度，在枝晶生长过程中，它影响着

温度场的分布和变化；y 为空间坐标，特别是在垂直于热流方向上的坐标，用于定位温度场中的具体位置；v_s 为枝晶生长速率，是枝晶形态和温度场相互作用的重要参数；t 为时间，枝晶生长是一个随时间变化的过程，时间参数对于理解生长机理至关重要。

2. 熔池内枝晶的动态生长

与大多数定向凝固类似，熔池的凝固边界移动时，边界前方的液相区域开始形核，随着随机扰动的发生，原本的平界面被破坏，枝晶开始从平界面上生长，图 4-17 所示为枝晶的动态生长过程。图中，红色区域表示已经凝固的固相区域（$\phi=1$），蓝色区域表示尚未凝固的液相区域（$\phi=0$）。在凝固初期，平界面凝固受到随机扰动后，凝固界面发生 Mullins-Sekerka 界面失稳，从而诱导枝晶从平界面开始生长。在生长初期，枝晶之间距离较大，此时枝晶之间尚未形成竞争生长。在凝固过程中，溶质不断从固相排出，但由于溶质分配系数沿凝固界面的动态特性，导致凝固界面前沿的溶质浓度同样呈现随机性。由合金相图可知，溶质浓度的升高会导致熔体的局部液相线温度的升高，从而降低凝固前沿过冷度，最终抑制枝晶生长。因此，由于凝固界面浓度的差异性，导致枝晶在初始生长阶段的生长速率各不相同。在枝晶的持续生长过程中，生长速率较快的枝晶，开始占据主导地位，如图 4-17b 和图 4-17c 所示，在两个生长速率较快的枝晶中会夹杂着一个生长速率较慢的枝晶。由于枝晶在生长中不断地向液相排出溶质，因此溶质会不断聚集到生长较快的枝晶中。随着溶质浓度的不断升高，导致生长较慢的枝晶的生长速率越来越慢，最终被生长较快的枝晶融合，如图 4-17d 所示。此外，当所有处于生长劣势的枝晶被融合后，凝固界面上的所有枝晶的生长速率便几乎一致，这时凝固界面的移动将达到稳定状态，如图 4-17e 和图 4-17f 所示。达到稳态后，枝晶的一次枝晶臂间距、枝晶尖端半径以及前沿过冷等凝固参数将几乎保持稳定。

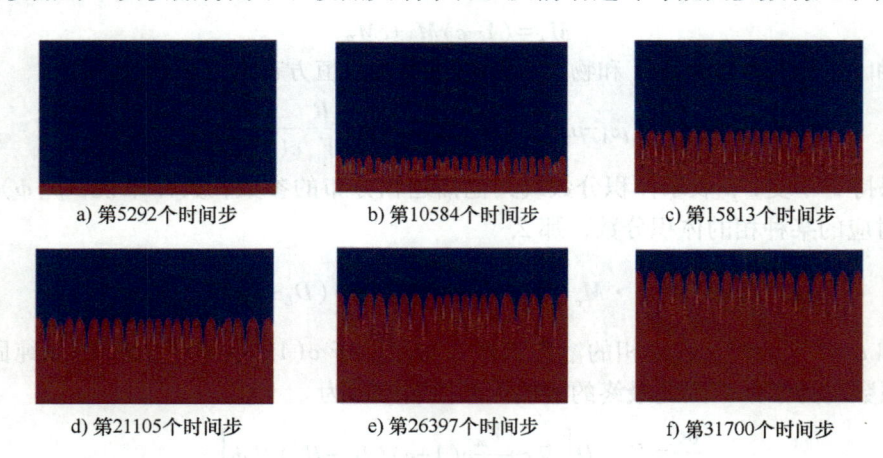

a) 第5292个时间步 b) 第10584个时间步 c) 第15813个时间步

d) 第21105个时间步 e) 第26397个时间步 f) 第31700个时间步

图 4-17 枝晶的动态生长过程

3. 溶质的动态分布特征

图 4-18 所示揭示了熔池内枝晶生长过程中的溶质分布特征。图 4-18 所示除了清晰地显示出枝晶的动态生长情况外，还揭示了枝晶在生长过程中，溶质的瞬态分布特征以及溶质的传输机理。从图中可以看出，随着枝晶的进一步生长，越来越多的溶质从固相中被排出。由于相邻枝晶之间的液相区域非常小，不利于溶质在液相中的传输，因此溶质浓度在相邻枝晶之间将变得越来越高。随着枝晶的进一步生长，不具有生长优势的枝晶将被其他优势枝晶吞

并，此类枝晶的生长由于其枝晶尖端的溶质浓度越来越高而受到抑制，如图 4-18c 和图 4-18d 所示。当枝晶进入稳态生长后，相邻枝晶之间的浓度分布将趋于稳定，且此时枝晶尖端的溶质浓度基本不会再进一步升高，从而保证了枝晶尖端过冷保持恒定。枝晶尖端的溶质溶度会使枝晶尖端产生成分过冷并提高液相线温度，从而影响枝晶的生长速率。

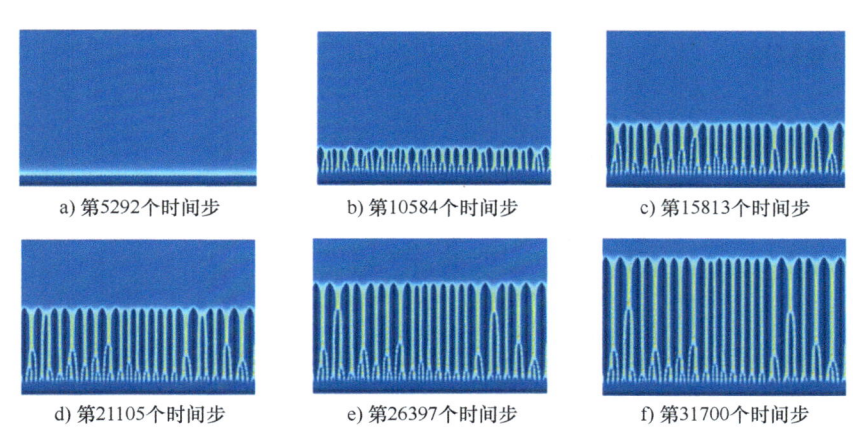

a) 第5292个时间步　　b) 第10584个时间步　　c) 第15813个时间步

d) 第21105个时间步　　e) 第26397个时间步　　f) 第31700个时间步

图 4-18　熔池内枝晶生长过程中溶质的分布特征

4. 一次枝晶臂间距

一次枝晶臂间距为两个相邻枝晶轴线的距离，越大的枝晶尖端半径意味着枝晶横向尺寸的增加，会削弱定向能量沉积层在垂直于枝晶方向的强度。图 4-19 所示揭示了沿熔池底部至熔池顶部定向能量沉积层一次枝晶臂间距的模型预测结果。结果表明，在构建的相场模型中，熔池沿凝固边界从熔池底部到熔池顶部的一次枝晶臂间距呈现先增大再减小的趋势。在模型的计算结果中，一次枝晶臂间距的最小值出现在熔池底部，约为 4.8μm，而最大值出现在熔池的中心部位，约为 10.16μm。尽管熔池底部的凝固速率较慢，但其较高的温度梯度使得其凝固后的组织主要呈现为等轴晶与短柱状晶，大部分枝晶小而细，因此其一次枝晶臂间距同样很小。而在一次枝晶臂间距出现最大值的熔池中部，与熔池底部和顶部相比，其温度梯度较低。这说明温度梯度的降低可能会增加一次枝晶臂的间距。

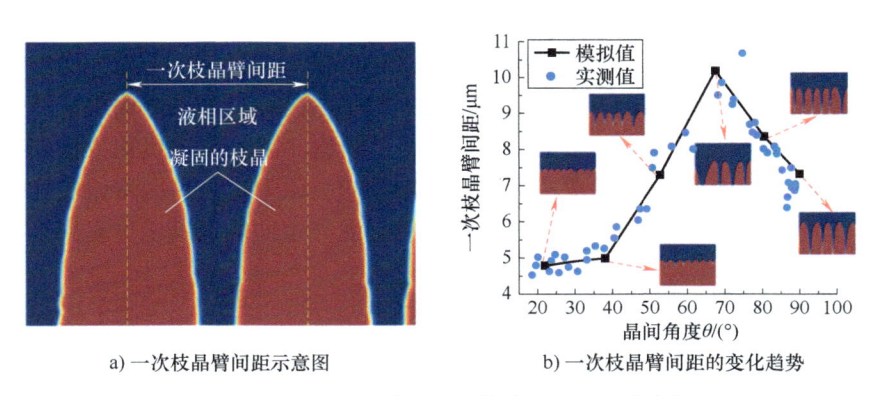

a) 一次枝晶臂间距示意图　　b) 一次枝晶臂间距的变化趋势

图 4-19　一次枝晶臂间距沿熔池凝固边界的变化

为了更深入地探究温度梯度与凝固速率对一次枝晶臂的影响，分析一次枝晶臂间距与温度梯度的关系，如图 4-20 所示。结果表明，一次枝晶臂间距与温度梯度呈现单调幂律关系。当温度梯度增加时，一次枝晶臂间距从最开始的快速下降到最后趋于稳定。这说明在低温度梯度的情况下，凝固后的枝晶具有充分的时间进行竞争与融合，在融合掉受到抑制生长的枝晶后，具有生长优势的枝晶变得更加粗大，因此最终呈现出较大的一次枝晶臂间距。而当温度梯度较高时，过高的温度梯度会拉长已经生长的枝晶，从而呈现较为细长的枝晶，使得一次枝晶臂间距变得更小。

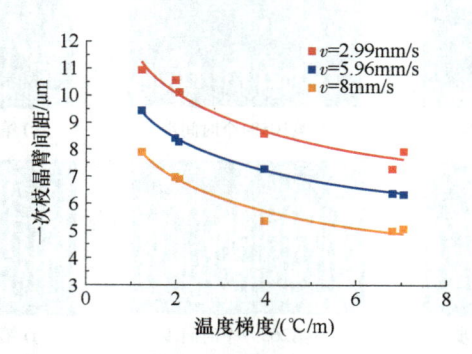

图 4-20　一次枝晶臂间距与温度梯度的关系

4.2　激光定向能量沉积工艺参数优化

激光定向能量沉积的最终目的是获得致密、无明显缺陷、与基体形成良好冶金结合以及具备优异力学性能的定向能量沉积层。随着技术的进步，激光定向能量沉积被进一步应用于零件直接制造和修复，并在新的领域也得到应用。而在激光定向沉积过程中，影响激光定向能量沉积层质量的因素较多，这些因素中又以工艺参数的影响最为直接，其中，激光功率、扫描速率、送粉速率等是对沉积层质量影响较大的几个工艺参数，它们与沉积层质量之间的关系是非线性的，很难找到一个精确的数学模型来表述。可以看出，要获得理想的沉积层质量，就需要得到合适的工艺参数。目前获取合适工艺参数最常用的方法还是通过大量的试验，积累经验值，但这种方法既消耗时间，又增加生产成本。正是由于激光定向能量沉积工艺的复杂性，激光定向能量沉积工艺参数的优化面临诸多问题，相关方面的文献也不多，其研究就具有十分重要的现实意义。因此，有必要分析研究工艺参数的优化方法以提高激光定向能量沉积成形工件的质量，满足更高标准的制造要求。以下通过单因素试验优化设计、正交试验优化设计、响应面优化设计以及智能算法针对激光定向能量沉积过程中工艺参数的优化进行深入分析。

4.2.1　激光定向能量沉积单因素试验优化设计

单因素试验的定义是在试验中只有一个影响因素，或虽有多个影响因素，但在安排试验时只考虑一个对指标影响最大的因素，其他因素尽量保持不变的试验方法。为了在激光定向能量沉积过程中提高单因素优化的效率，需要合理地安排试验点，减少试验次数，尽可能迅

第 4 章 激光定向能量沉积技术的工艺开发

速地找到最佳激光定向能量沉积工艺参数,这被称为单因素优选法。单因素优选法的试验设计包括均分法、对分法、黄金分割法等。

如图 4-21 所示,均分法即对激光定向能量沉积工艺参数范围进行均分,可以同时进行多个沉积参数条件的试验,节约时间,灵活性较强。对分法取每次激光定向能量沉积工艺参数范围的中点作为试验点,这样一次沉积试验即可去掉参数范围的一半,减少试验次数,但可能会陷入局部优解,更适用于预先了解工艺参数对沉积层质量的影响规律的情况。黄金分割法基于激光定向能量沉积工艺参数范围的 0.618 倍处及其对称点进行选取,将沉积层质量较高的参数范围留下,接着继续筛选直至达到优选结果,但其只适用于指标函数为单峰函数的情况,而激光定向能量沉积后形成的沉积层质量很可能会存在多个极值。对于预先不清楚沉积工艺参数对沉积层质量的影响规律,且寻优过程可能存在多个极值的激光定向能量沉积情况,选用均分法进行单因素试验优化较为合理。

图 4-21 单因素试验设计方法

因此,通过单因素试验针对激光定向能量沉积过程进行优化设计的步骤为:针对激光定向能量沉积工艺参数设计单因素试验,并按照试验设计进行激光定向能量沉积试验。然后对每一项沉积成形的工件计算沉积层的宽度、深度及高度。并以激光定向能量沉积后得到的沉积层宽度最大、深度最小、高度最宽为判断依据,分别选取每一种参数下的最优参数,将选取出的每一种最优参数进行组合,即得到了单因素试验优化设计的激光定向能量沉积工艺参数。在进行激光定向能量沉积工艺的单因素优化中,需要对沉积工艺参数的取值范围进行约束,其通常要受到所选激光定向能量沉积设备的激光输入功率、扫描速率、送粉速率等实际条件的限制。因此,实际激光的输入功率、激光的扫描速率、送粉器的送粉速率、光斑的离焦量既不能低于设备的限定值,也不能高于设备的限定值。

进行单因素试验优化选择时,针对得到的沉积层样件,首先要基于沉积层高宽比条件筛选掉一些具有明显缺陷的参数组合,再进行单因素试验的优化分析。激光定向能量沉积后沉积层的高宽比需要大于0.4,如图 4-22 所示的结构,如果沉积层的高宽比太小,会导致沉积层的宽度过大,并且沉积层的高度和深度会变得很低,这样的沉积层不利于金属粉末的有效使用,并且沉积层和基体可能无法形成良好的冶金结合。

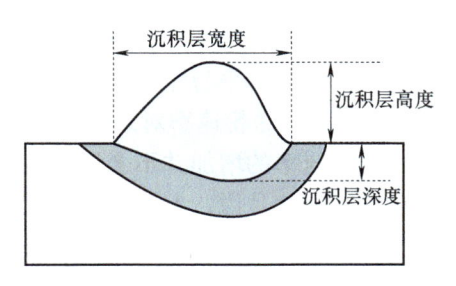

图 4-22 激光定向能量沉积层几何形状示意图

因此,采用均分法针对激光功率、扫描速率、送粉速率这三种工艺参数设计了如表 4-7 所示的单因素试验方案,以揭示这三类工艺参数对定向能量沉积层形貌的影响规律。试验条件主要包括，激光光斑直径固定为 1.1mm，送粉气流为 7.9L/min，基体温度为室温。改变激光功率、扫描速率、送粉速率，试验完成后，使用 Olympus OLS4100 激光共聚焦显微镜观察沉积层表面的金相组织。

表 4-7　单因素试验设计表

沉积工艺参数	数值
激光功率/W	450，550，650，750，850，950
扫描速率/(mm/s)	4，6，8，10，12，14
送粉速率/(r/min)	0.5，0.6，0.7，0.8，0.9，1.0
光斑直径/mm	1.1
送粉气流/(L/min)	7.9

图 4-23a 所示为激光功率对激光定向能量沉积层形貌的影响规律。定向能量沉积层的宽度和深度随着激光功率的增加而增加，定向能量沉积层的高度先增加后减小。较高的激光功率意味着被激光熔化的粉末数量的增加，同时还会增加基体吸收的激光能量，因此，常常在高激光功率下获得宽而厚的定向能量沉积层。但是，一旦送粉速率固定，激光器可以熔化的最大粉末数量就会存在上限。在这种情况下，如果激光功率连续增加，则传递到定向能量沉积层的能量继续增加，定向能量沉积层的固化速率降低，此时定向能量沉积层的宽度和深度增加以减小高度。另外，当激光功率为 450W 和 550W 时，图 4-23a 中没有相关的定向能量沉积层深度数据。通过观察图 4-23a 中相关定向能量沉积层的横截面，可以看出没有定向能量沉积层深度。这表明在这两个功率水平下，由于功率低，传递到基板表面的能量不足以熔化基板。

扫描速率的影响如图 4-23b 所示。当扫描速率增加时，由于定向能量沉积层光斑的激光停留时间减少，并且此时存在更少的基板和金属粉末熔化量，因此传递到基板的热能减少，造成定向能量沉积层的宽度、高度和深度减小。扫描速率的影响类似于激光功率。扫描速率应满足以下要求，首先是金属粉末应充分熔化以与基材形成冶金结合。第二是熔池的寿命不能太长，否则可能导致金属粉末过度燃烧并使金属粉末中的合金元素发生变化。同时，不应将过多的热能传递给基板，以避免基板变形。

相较于激光功率与激光扫描速率，送粉速率对定向能量沉积层形貌的影响比较复杂，如图 4-23c 所示。送粉速率对定向能量沉积层宽度影响不大。也就是说，在激光功率一定的情况下，送粉速率的增加并不会增加熔化的金属粉末，因为激光功率恒定意味着输入的热量也是恒定的。也就是说，参与形成定向能量沉积层的金属粉末的量是固定的，所以定向能量沉积层的宽度变化不大。送粉量对定向能量沉积层宽度的影响较小，而对定向能量沉积层高度和深度具有更明显的影响。图 4-23c 表明，随着送粉速率的增加，定向能量沉积层的高度出现了先增加后降低的趋势。这表明，在一定的激光功率下，增加送粉速率意味着被激光熔化的粉末数量增加，即存在更多被熔化的粉末落入熔池表面，这造成了定向能量沉积层高度的增加。但当送粉速率增加到一定程度时，由于激光功率不变，则激光所能够熔化的粉末数量存在上限，超过这个上限后，激光无法熔化更多的粉末，因此定向能量沉积层的高度不会继

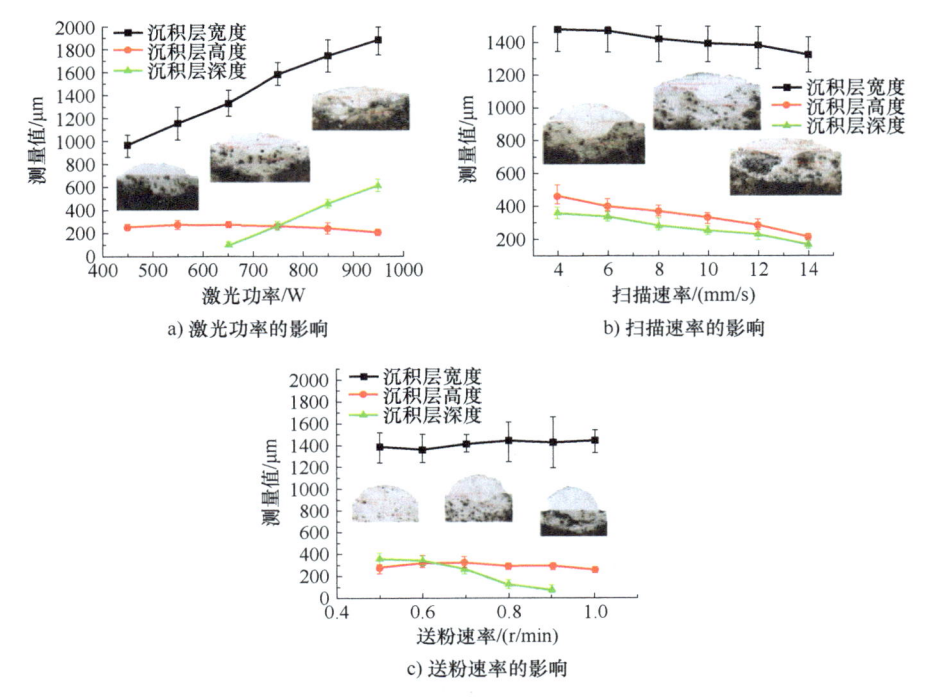

图 4-23 工艺参数对激光定向能量沉积层形貌的影响规律

续上升。与此同时，当送粉速率过高时，还会对激光能量形成一定的屏蔽作用，这使得尽管有一些粉末被激光熔化，但由于粉末下方存在未被熔化的粉末，使得被熔化的粉末仍然难以到达熔池，就会造成参与成形的粉末数量减少，从而降低定向能量沉积层高度。同时，过高的送粉速率会造成大量熔化不充分的粉末黏着于定向能量沉积层表面而形成粘粉现象，这在实际生产中应尽量避免。

综上分析，当追求最大的沉积层宽度时，单因素试验优化得到的最优工艺参数为：激光功率950W、扫描速率4mm/s、送粉速率1.0r/min；当追求最小的沉积层高度时，单因素试验优化得到的最优工艺参数为：激光功率950W、扫描速率14mm/s、送粉速率1.0r/min；当追求最小的沉积层深度时，单因素试验优化得到的最优工艺参数为：激光功率650W、扫描速率14mm/s、送粉速率1.0r/min。

4.2.2 激光定向能量沉积正交试验优化设计

单因素试验优化只能分析单个沉积工艺参数对沉积层质量的影响，进而进行工艺参数的优化，但是激光定向能量沉积成形各工艺参数对沉积层宏观尺寸的影响不是孤立的，而是相互联系、相互制约的。因此，需要综合分析各工艺参数对沉积层宏观尺寸的影响规律以研究其综合影响。

正交试验优化设计是研究多因素多水平的一种设计方法，如图4-24所示，其根据正交性从全面试验中挑选出部分有代表性的点进行试验，这些有代表性的点具备了"均匀分散，齐整可比"的特点，是一种高效率、快速、经济的试验设计方法。日本著名的统计学家田口玄一将正交试验选择的水平组合列成表格，称为正交表，可以用来设计多因素综合作用下的试验，研究各试验因素对试验结果的影响大小。正交试验也是目前科研和制造工艺中用的较为广泛的一种处理多因素试验的科学方法。虽然正交试验的结果不一定是全面试验法中最好的结果，但其可用更少的试验次数得出具有代表性的试验结果，这使得效率大大提升。因此，需要对激光定向能量沉积进行正交试验，其具体步骤为：1）确定研究的因素（激光定向能量沉积的工艺参数）；2）依据实际情况确定各沉积层质量指标的水平；3）制作正交试验表格；4）进行激光定向能量沉积试验；5）分析正交试验结果。

因此，采用激光功率、扫描速率、送粉速率作为正交试验的研究因素，同时为了使最终的优化结果计算更为准确，需要更加广泛的工艺参数范围。设计了如表4-8所示的 L36（6^3）3因素6水平正交试验。具体的试验分组与试验结果见表4-9。

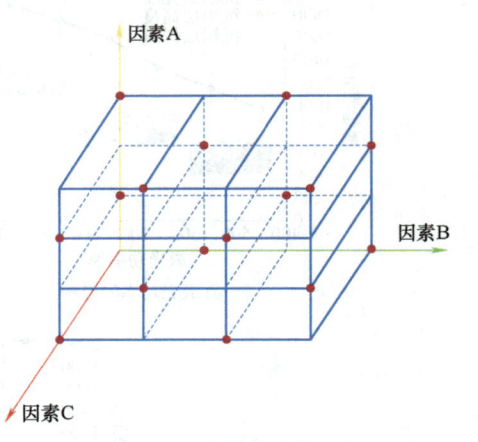

图 4-24 正交试验设计原理

表 4-8 正交试验因素水平表

	水平 1	水平 2	水平 3	水平 4	水平 5	水平 6
激光功率/W	450	550	650	750	850	950
扫描速率/(mm/s)	4	6	8	10	12	14
送粉速率/(r/min)	0.5	0.6	0.7	0.8	0.9	1.0

表 4-9 正交试验分组及试验结果

编号	激光功率/W	扫描速率/(mm/s)	送粉速率/(r/min)	沉积层宽度/μm	沉积层高度/μm	沉积层深度/μm
1	450	4	0.5	1290.02	520.015	null
2	550	6	0.5	1538.765	301.26	null
3	650	8	0.5	1588.815	230.065	217.65
4	750	10	0.5	1571.255	205.04	325.04
5	850	12	0.5	1641.25	141.25	358.755
6	950	14	0.5	1606.31	131.25	392.52
7	450	6	0.6	1156.32	221.25	null
8	550	8	0.6	1333.89	221.31	null
9	650	10	0.6	1432.555	207.5	null
10	750	12	0.6	1468.86	170.115	162.5

第4章 激光定向能量沉积技术的工艺开发

（续）

编号	激光功率/W	扫描速率/(mm/s)	送粉速率/(r/min)	沉积层宽度/μm	沉积层高度/μm	沉积层深度/μm
11	850	14	0.6	1985.1	802.525	510.055
12	950	4	0.6	1920.05	537.595	581.255
13	450	8	0.7	705.055	151.51	null
14	550	10	0.7	1168.785	187.535	null
15	650	12	0.7	1715.15	968.79	105
16	750	14	0.7	1837.6	635.02	307.545
17	850	4	0.7	1792.51	475.005	388.77
18	950	6	0.7	1825.085	366.29	440.06
19	450	10	0.8	1205.135	310.02	null
20	550	12	0.8	1416.32	266.275	null
21	650	14	0.8	1454.035	182.535	153.75
22	750	4	0.8	1489.06	166.41	235.11
23	850	6	0.8	1569.15	141.3	303.83
24	950	8	0.8	2006.46	722.795	657.62
25	450	12	0.9	972.54	167.52	null
26	550	14	0.9	1267.68	861.28	null
27	650	4	0.9	1376.48	606.3	null
28	750	6	0.9	1831.32	861.28	357.52
29	850	8	0.9	1857.675	606.3	437.59
30	950	10	0.9	1872.755	415.035	510.07
31	450	14	1	530.1	108.885	null
32	550	4	1	1492.585	1148.835	null
33	650	6	1	1618.845	697.5	68.77
34	750	8	1	1727.76	508.8	225.25
35	850	10	1	1722.605	392.52	336.31
36	950	12	1	1751.325	327.785	367.28

极差分析是通过计算试验过程中每种工艺参数所对应的试验数据的最大值和最小值之间的差异去评估试验数据的离散程度，可用于研究激光定向能量沉积正交试验的数据，包括在能量沉积过程中激光功率、扫描速率、送粉速率等参数之间对沉积层指标的优劣度和每种沉

积参数间具体水平的优劣度,用以得出基于每种指标的最优沉积参数组合。

对表 4-7 中数据进行极差分析,得到各指标极差值见表 4-10,由表可知沉积工艺参数对沉积层宽度的影响程度为激光功率>扫描速率>送粉速率;对沉积层高度的影响程度:送粉速率>扫描速率>激光功率;对沉积层深度的影响程度为:激光功率>扫描速率>送粉速率。

表 4-10 正交试验极差分析表

沉积层宽度/μm			沉积层高度/μm			沉积层深度/μm		
激光功率/W	扫描速率/(mm/s)	送粉速率/(r/min)	激光功率/W	扫描速率/(mm/s)	送粉速率/(r/min)	激光功率/W	扫描速率/(mm/s)	送粉速率/(r/min)
853.8025	143.11	75.5925	251.2158	289.41833	331.4725	491.4675	90.7625	58.78333

不同水平下的各沉积层指标的平均值如图 4-25 所示,以沉积层宽度达到最大为目标,并将各因素中最大的指标平均值作为该因素的较优水平可知激光定向能量沉积的最优工艺参数组合为激光功率 850W、扫描速率 6mm/s、送粉速率 0.6r/min;以沉积层高度最小为目标,以各因素中最小的指标平均值作为该因素的较优水平,可以得到的最优沉积参数组合为激光功率 450W,扫描速率 10mm/s,送粉速率 0.5r/min;以沉积层深度最小为目标得到的

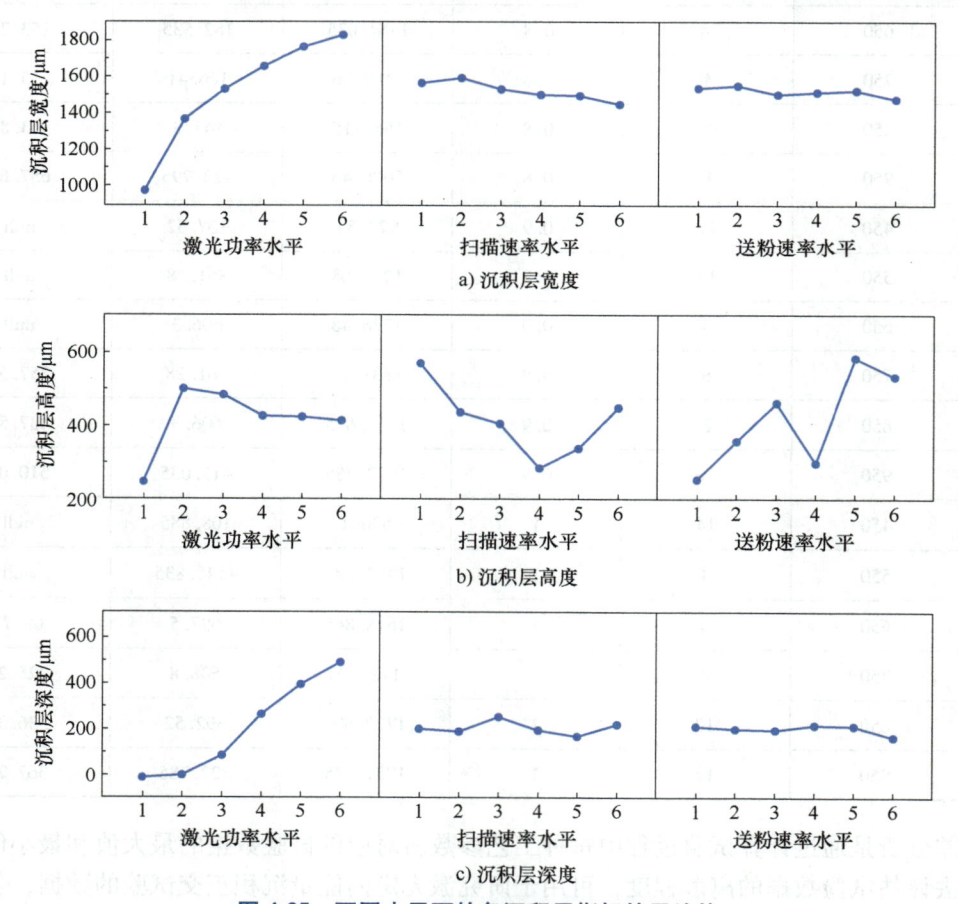

a) 沉积层宽度

b) 沉积层高度

c) 沉积层深度

图 4-25 不同水平下的各沉积层指标的平均值

最优沉积参数组合为激光功率550W，扫描速率12mm/s，送粉速率1.0r/min。但涉及同时优化多个沉积层质量的响应指标，正交试验优化法处理后得到的参数组合可能存在矛盾情况，因此，正交试验更适合对激光定向能量沉积的单个沉积层质量指标进行优化求解。

4.2.3 激光定向能量沉积响应面优化设计

响应曲面设计方法（Response Surface Methodology，RSM）是利用合理的试验设计方法并通过试验得到一定数据，采用多元多次回归方程来拟合因素与响应值之间的函数关系，通过对回归方程的分析来寻求最优工艺参数，解决多变量问题的一种统计方法。相对于正交试验优化和单因素试验优化，响应面优化方法具有很多优势：自变量的极端水平为试验极大值或极小值、采用非线性数学模型拟合相关系数高、预测性较好、精密度高、可获得较优试验条件和预测结果，对激光定向能量沉积的工艺参数有着较高的优化能力。

其一般可以分为Box-Behnken Design（BBD）设计试验与Central Composite Design（CCD）中心复合设计试验两种。BBD适用于因素水平较少（因素一般少于5个，水平为3个）的情况，且在因素数相同时比中心复合设计所需的试验次数少，可以评估因素的非线性影响；适用于所有因素均为计量值的试验；使用时不需要多次连续试验。CCD适用于多因素多水平试验，有连续变量存在。值得注意的是，CCD设计试验比BBD设计试验能更好地拟合相应曲面。因为在CCD的设计过程中，有很多点会超出原定的水平，所以在试验室的条件下，CCD设计试验可以更好地解决激光定向能量沉积的优化问题。

因此，在对激光定向能量沉积进行响应面优化时，首先要进行CCD的试验设计，并运行激光定向能量沉积试验，CCD试验选取激光功率、扫描速率和送粉速率作为想要优化的目标。设计试验因素对应的编码水平见表4-11。

表4-11 设计试验因素对应的编码水平

工艺参数	编码水平		
	-1	0	1
激光功率/W	1400	1800	2200
扫描速率/(mm/s)	5	7	9
送粉速率/(r/min)	0.8	1	1.2

根据CCD中心复合设计响应面试验，三因素三水平的响应面试验采用20组不同的激光定向能量沉积组合进行沉积试验，并测量沉积层的宽高比、稀释率及润湿角试验设计及结果，见表4-12。

表4-12 响应面试验表

编号	激光功率/W	扫描速率/(mm/s)	送粉速率/(r/min)	润湿角	沉积层宽高比	稀释率
1	1.4	5	0.8	39.3°	4.31	0.20
2	2.2	5	0.8	29.1°	5.61	0.28
3	1.4	9	0.8	23.8°	6.53	0.27
4	2.2	9	0.8	22.8°	7.75	0.36

(续)

编号	激光功率/W	扫描速率/(mm/s)	送粉速率/(r/min)	润湿角	沉积层宽高比	稀释率
5	1.4	5	1.2	46.6°	3.23	0.15
6	2.2	5	1.2	36.7°	4.34	0.19
7	1.4	9	1.2	33.3°	4.65	0.19
8	2.2	9	1.2	30.6°	4.97	0.23
9	1.4	7	1	35.4°	4.47	0.21
10	2.2	7	1	27.4°	5.76	0.31
11	1.8	5	1	36°	4.14	0.20
12	1.8	9	1	25.1°	6.02	0.27
13	1.8	7	0.8	25.3°	6.19	0.29
14	1.8	7	1.2	37.8°	4.24	0.16
15	1.8	7	1	30.6°	5.14	0.25
16	1.8	7	1	34.8°	5.10	0.26
17	1.8	7	1	30.2°	5.12	0.27
18	1.8	7	1	31.6°	5.08	0.26
19	1.8	7	1	30.3°	5.30	0.27
20	1.8	7	1	30.9°	4.50	0.25

根据表 4-12 所示的激光定向能量沉积响应面试验设计和实际测试结果，利用 Design-Expert 软件对各响应指标数据进行回归方程的拟合，建立沉积层宽高比、稀释率、润湿角的回归模型，得到各指标的多项式响应面预测函数方程，见式（4-29）~式（4-31）。

$$\lambda = 75.675 - 23.7 \cdot P - 7.9675 \cdot v + 21.0375 \cdot n + 2.5625 \cdot Pv - 2.1875 \cdot Pn + 0.75 \cdot vn \tag{4-29}$$

$$\eta = 5.48856 - 3.96469 \cdot P - 1.38106 \cdot v - 3.63875 \cdot n + 0.13594 \cdot Pv + 1.70313 \cdot Pn + 0.72187 \cdot vn \tag{4-30}$$

$$\theta = -0.62954 + 0.058949 \cdot P + 0.078608 \cdot v + 1.30261 \cdot n + 0.0015625 \cdot Pv - 0.14063 \cdot Pn - 0.021875 \cdot vn + 0.076705 \cdot P^2 - 0.00318182 \cdot v^2 - 0.56818 \cdot n^2 \tag{4-31}$$

式中，λ 为沉积层宽高比；η 为沉积层的稀释率；θ 为润湿角；P 为激光功率；v 为扫描速率；n 为送粉速率。

图 4-26 所示为进行激光定向能量沉积后沉积层宽高比、稀释率、润湿角的试验值与预测值的对比分析。从图中可以看出，图上各点均分布在直线附近，说明通过响应面模型得到的结果与试验结果吻合程度较高，一致性较好。

由图 4-27a 宽高比同沉积工艺参数的关系可知，宽高比与激光功率和扫描速率呈正相关性，而与送粉速率呈负相关性。在相同的送粉速率和扫描速率作用下，随着激光功率的增

a) 宽高比　　　　　　　　　b) 稀释率　　　　　　　　　c) 润湿角

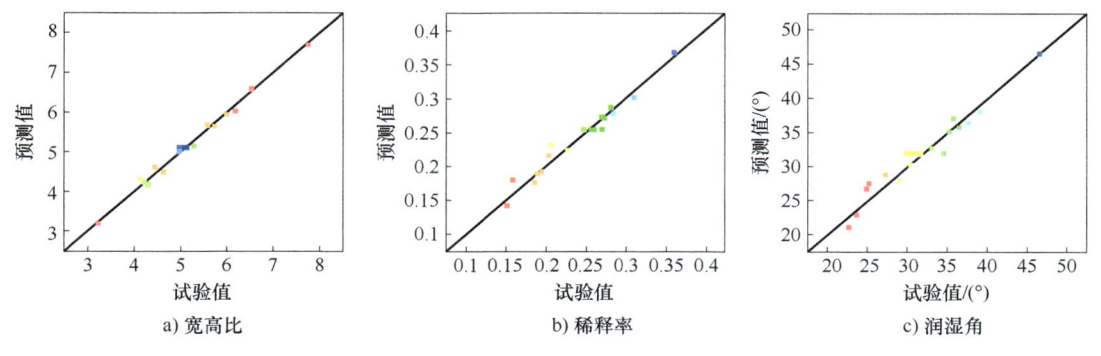

图 4-26　预测值与试验值对比图

加，输入熔池的能量增大，在相同粉末量的状态下，熔池温度场增大，有利于热量向基板平面方向的传导，扩大热影响区，使得熔宽增大，导致宽高比增大。在相同的激光功率和送粉速率的作用下，随着扫描速率的增加，单位时间内注入熔池的粉末量减少，熔宽和熔高都随之减小，但熔高的减小速率大于熔宽的减小速率，使得宽高比增大。在相同的激光功率和扫描速率的相同的作用下，送粉量越大，单位时间内注入熔池的粉末更多，熔高和熔宽都随之增加，但熔高的增加速率大于熔宽的增加速率，导致宽高比减小。同时，图 4-27b 和图 4-27c 给出了扫描速率与送粉速率交互作用的等高线图和 3D 响应面图，由图中可直观看出，当扫描速率较小时，送粉速率较大会产生较小的宽高比。因此为了寻求较大宽高比的金属沉积层，要保证送粉速率较小的同时，扫描速率要大。

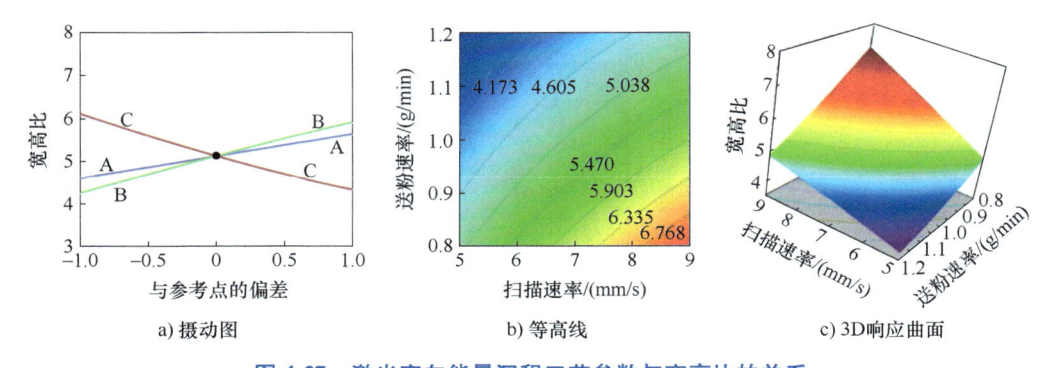

a) 摄动图　　　　　　　　　b) 等高线　　　　　　　　　c) 3D响应曲面

图 4-27　激光定向能量沉积工艺参数与宽高比的关系

由图 4-28a 可知，稀释率与激光功率和扫描速率呈正相关性，而与送粉速率呈负相关性。在相同的送粉速率和扫描速率的作用下，熔池表面送粉速率相同，随着激光功率的增加，输入熔池的能量增大，可以提高熔池的整体温度，降低冷却速率，可显著增高熔深，导致稀释率快速增大；在相同的激光功率和送粉速率作用下，随着扫描速率的增加，熔池表面的送粉速率将减少，引起熔高降低，导致稀释率增大；在相同的激光功率和扫描速率下，送粉速率越大，单位时间内有更多的粉末注入熔池，更多的激光能量被粉末吸收，熔高随之增加，熔深随之减小，故导致稀释率减小。图 4-28b、图 4-28c 给出了激光功率与送粉速率交互作用的等高线图和 3D 响应面图，由图中可直观看出，当激光功率较小时，送粉速率较大会产生较大的稀释率。因此,为了寻求较小的稀释率金属沉积层,要保证激光功率较小的同时,送粉速率要大一点。

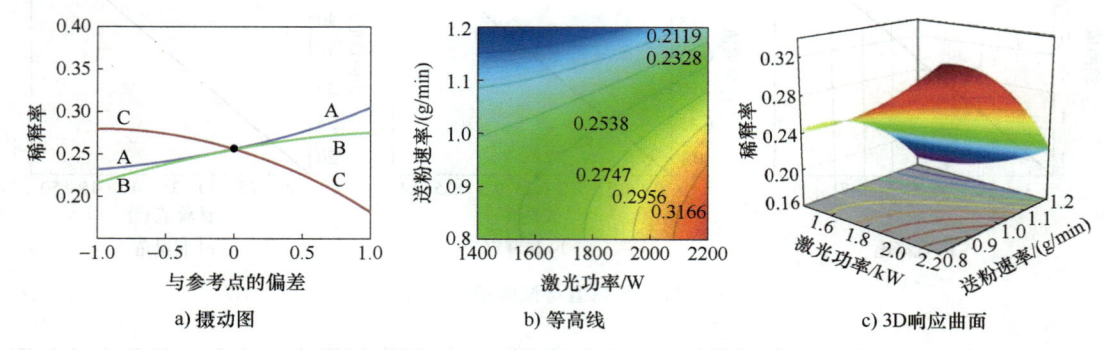

a) 摄动图　　　　b) 等高线　　　　c) 3D响应曲面

图 4-28　激光定向能量沉积工艺参数与稀释率的关系

由图 4-29a 可知,润湿角与激光功率和扫描速率呈负相关性,而与送粉速率呈正相关性。在相同的送粉速率和扫描速率作用下,熔池表面送粉速率相同,随着激光功率的增加,熔池的宽度增加,送粉速率不变,熔高减小,导致润湿角减小;在相同的激光功率和送粉速率作用下,随着扫描速率的增加,单位时间送粉速率较小,高度减小,润湿角减小;在相同的激光功率和扫描速率下,送粉速率增加,单位时间内粉末量增加,熔高增大,故导致润湿角增大。图 4-29b、图 4-29c 给出了激光功率与扫描速率交互作用的等高线图和 3D 响应面图,由图中可直观看出,当激光功率较大时,扫描速率较大会产生较小的润湿角。因此,为了寻求较小的润湿角金属沉积层,要保证在激光功率大的同时,扫描速率要大一些。

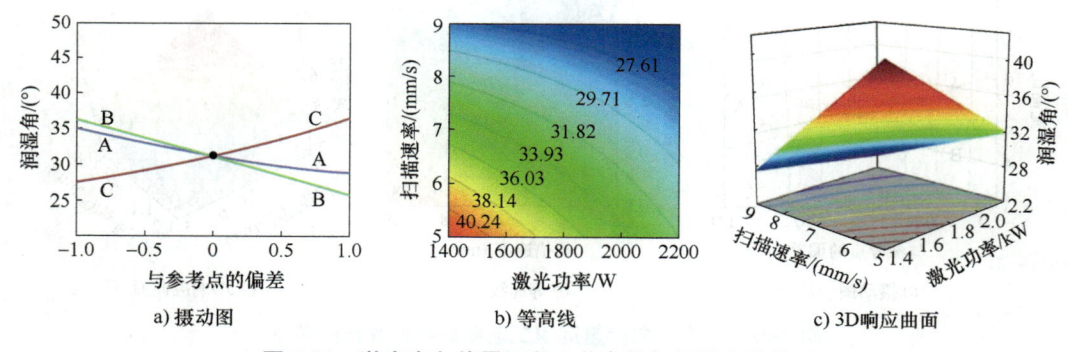

a) 摄动图　　　　b) 等高线　　　　c) 3D响应曲面

图 4-29　激光定向能量沉积工艺参数与润湿角的关系

进行响应面分析后,因为激光定向能量沉积的响应指标有多个(沉积层宽高比、稀释率、润湿角),因此,需要建立多个响应曲面以同时优化多个响应值进行多响应优化设计。应用马氏距离法优化多个响应的优化方法可以使多响应优化问题得到良好解决。

马氏距离法就是定义响应的估计值与其协方差的距离函数。用这个距离函数表示各个响应与其目标值之间的偏差。马氏距离法把 m 个响应和目标值分别看成是 m 维马氏空间中的点,通过最小化这两个点之间的马氏距离,得到一组使各个响应都较为满意的影响因子输入变量的值。马氏距离函数定义表达式为

$$\rho(\hat{Y}(X),\pmb{\theta}) = \{[\hat{Y}(X)-\pmb{\theta}]^{\mathrm{T}}[\mathrm{var}(\hat{Y}(X))]^{-1}(\hat{Y}(X)-\pmb{\theta})\}^{1/2} \qquad (4-32)$$

式中，ρ 为该响应的马氏距离；$\hat{Y}(X)$ 为对该响应指标的估计值；$\mathrm{var}(\hat{Y}(X))$ 为 $\hat{Y}(X)$ 的方差-协方差的结构矩阵的估计形式；$\pmb{\theta}$ 为单独对该响应在其试验区域只能够进行优化时所得到的最优值。

通过最小化该马氏距离函数可优化激光定向能量沉积的多响应指标，从而得出最优的工艺参数组合为激光功率 1800W、扫描速率 7mm/s，送粉速率 1r/min。并展开激光定向能量沉积试验，得到的结果如表 4-13 所示。由表可知，宽高比、稀释率和润湿角的预测模型误差均在 10% 以内，预测精度较好。虽然在建模时忽略了熔池的不规则性，设备实际输出参数的波动等因素，导致结果有一点误差，但是误差在 10% 之内，在可接受范围之内，同时也说明模型可靠。

表 4-13　模型预测值与实际值对比结果

	预测值	实际值	误差
宽高比	5.122	4.851	0.055
稀释率	0.255	0.242	0.053
润湿角/(°)	31.88	32.168	0.009

4.2.4　激光定向能量沉积逼近理想解排序法优化设计

基于响应面的激光定向能量沉积优化可以得到良好的沉积参数组合，但在使用响应面优化法之前，如果试验点的选取不当，则采用响应面优化法是无法得到良好的沉积层质量的。因此，应当确立合理的试验的各因素与水平，以保证设计的试验点可以包括最佳的试验条件。但响应面在因素水平的选择上主要由人工经验进行，存在主观干涉优化结果的问题。

采用逼近理想解排序（Topsis）法进行优化可以良好地解决人为主观干涉的问题，它是根据评价对象与理想化目标的接近程度进行排序的方法，是一种距离综合评价方法。基本思路是通过假定正、负理想解，测算各样本与正、负理想解的距离，得到其与理想方案的相对贴近度（即距离正理想解越近，则距离负理想解越远），进行各评价对象的优劣排序。并在已知的参数组合中，将逐步逼近最优的沉积参数组合作为激光定向能量沉积的最优理想解，得到最终优化参数组合。

Topsis 法可以对多个对象的指标进行综合评价，通过计算各方案间的欧式距离，确定各方案间的相似程度，但忽略了在赋权时其权重存在主观设定的问题。熵权法可以通过深刻反映指标信息熵值效用价值来确定权重。因此，采用熵权-Topsis 法处理激光定向能量沉积多目标问题更加科学可靠，其步骤如图 4-30 所示。

在采用熵权-Topsis 法对激光定向能量沉积进行优化前，为了简化计算，针对表 4-7 中的数据，在优化工艺参数之前，排除一些明显缺陷的参数组合，并对这些数据应用熵权-Topsis 法进行优化。首先应用熵权法定义各工艺参数的权重 w_j，假设原始试验数据以如下矩阵表示：

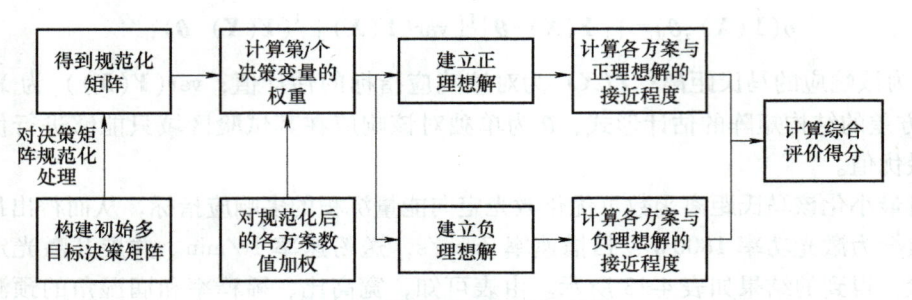

图 4-30 熵权-Topsis 法流程图

$$X = \begin{bmatrix} x_{11} & x_{12} & \cdots & x_{1n} \\ x_{21} & x_{22} & \cdots & x_{2n} \\ \cdots & \cdots & x_{ij} & \cdots \\ x_{m1} & x_{m2} & \cdots & x_{mn} \end{bmatrix} \tag{4-33}$$

式中，m 为实施试验次数；n 为反映表层表面形貌的指标数量。

由于形貌指标的维度可能不同，因此试验数据矩阵应进行归一化处理。质量指数分为正指数和负指数。正指数越大，试验结果越好，反之亦然。正指数的归一化值可以通过式（4-34）获得：

$$x_{ij}^n = \frac{x_{ij} - \min\{x_{ij}\}}{\max\{x_{ij}\} - \min\{x_{ij}\}} \tag{4-34}$$

负指数的归一化值可由式（4-35）获得：

$$x_{ij}^n = \frac{\max\{x_{ij}\} - x_{ij}}{\max\{x_{ij}\} - \min\{x_{ij}\}} \tag{4-35}$$

那么就可以计算出第 i 个实施试验在第 j 个质量指数中的比例为

$$p_{ij} = \frac{x_{ij}^n}{\sum_{i=1}^m x_{ij}^n} \tag{4-36}$$

因此，第 j 个形貌指标的熵为

$$e_j = -k \sum_{i=1}^m p_{ij} \ln(p_{ij}) \tag{4-37}$$

式中，$k = 1/\ln m$。因为 $0 < p_{ij} < 1$ 且 $0 \leq e_j/k \leq \ln m$，那么 $0 \leq e_j \leq 1$。

计算出熵值后，应得到差异系数。对于第 j 个质量指数，如果质量指数的数值相差很多，这个指数对评价结果的影响就会更大，相应的熵就会更小，反之亦然。因此，差异系数定义为

$$d_j = 1 - e_j \tag{4-38}$$

质量指标的权重为

$$w_j = \frac{d_j}{\sum_{j=1}^n d_j} \tag{4-39}$$

接下来进行 Topsis 法流程，将原始试验数据矩阵 X 采用向量归一化方法进行归一化：

$$r_{ij} = \frac{x_{ij}}{\sqrt{\sum_{i=1}^{m} x_{ij}^2}} \tag{4-40}$$

式中，r_{ij} 为 x_{ij} 的归一化值。然后通过对质量指标的权重进行整合，可以得到加权决策矩阵为

$$V = (V_{ij})_{m \times n} = w_j v_{ij} \tag{4-41}$$

进一步需要确定正理想解和负理想解。

对于正理想解：

$$V^+ = \{(\max v_{ij} | j \in J^+), (\min v_{ij} | j \in J^-)\} \tag{4-42}$$

对于负理想解：

$$V^- = \{(\min v_{ij} | j \in J^+), (\max v_{ij} | j \in J^-)\} \tag{4-43}$$

在 Topsis 法中，理想解是指每个指标都达到理想条件的具体解。负理想解是指每项指标都处于最差状态的具体解。如果一个决策问题有 n 个指标和 m 个候选方案，那么候选方案可以描述为 n 维空间中的 m 个点：

$$CS_i = [v_{i1}, v_{i2}, \cdots, v_{in}] \tag{4-44}$$
$$i = 1, 2, 3 \cdots, m$$

而正理想解和负理想解也可以描述为两个 n 维空间点：

$$V^+ = (v_1^+, v_2^+, \cdots, v_n^+) \tag{4-45}$$

$$V^- = (v_1^-, v_2^-, \cdots, v_n^-) \tag{4-46}$$

因此，可以分别得到候选点与正、负理想点之间的欧氏距离为

$$S_i^+ = \sqrt{\sum_{j=1}^{n}(v_{ij} - v_j^+)}, i = 1, 2, \cdots, m \tag{4-47}$$

$$S_i^- = \sqrt{\sum_{j=1}^{n}(v_{ij} - v_j^-)}, i = 1, 2, \cdots, m \tag{4-48}$$

由欧氏距离定义关联度：

$$C_i = \frac{S_i^-}{S_i^+ + S_i^-} \tag{4-49}$$

根据式（4-47）和式（4-48）可以分别计算出候选点与正理想点或负理想点之间的欧氏距离，由式（4-49）可得到关联度，见表 4-14。

表 4-14 每组试验的关联度

编号	S_i^+	S_i^-	C_i
1	0.086236	0.033923	0.282318
2	0.071648	0.0541	0.430226
3	0.046045	0.074472	0.617938
4	0.037694	0.078434	0.675408
5	0.04179	0.087429	0.676596
6	0.097775	0.028857	0.227879

(续)

编号	S_i^+	S_i^-	C_i
7	0.081872	0.056305	0.407487
8	0.055333	0.057787	0.510845
9	0.05428	0.075487	0.581711
10	0.029104	0.09742	0.769974
11	0.028459	0.094425	0.768407

根据表 4-14，越高的关联度意味着与理想解越接近，而第 10 组试验数据的关联度最高。这说明第十组试验数据对应的工艺参数（750W，8mm/s，1r/min）能够获得符合预期形貌的定向能量沉积层。通过观察该参数组合对应的定向能量沉积层，从图 4-31 可以看出，熔池的几何形状满足大定向能量沉积宽度、小定向能量沉积深度和定向能量沉积高度的要求。适宜的定向能量沉积层深度有助于控制稀释率，从而在金属粉末和基材之间形成理想的冶金结合，并保证定向能量沉积层的预期性能；适宜的定向能量沉积层高度有助于控制纵向成形性能；适宜的定向能量沉积层宽度有助于提高大面积定向能量沉积层的定向能量沉积效率。

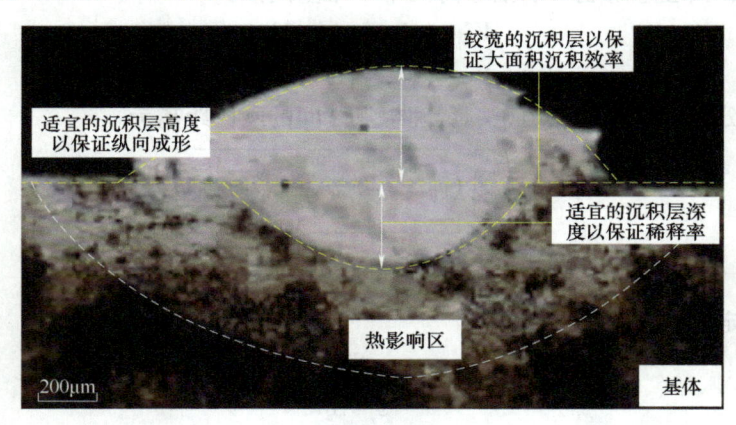

图 4-31 使用优化的工艺参数获得的定向能量沉积层形貌

4.2.5 激光定向能量沉积非支配排序遗传算法优化设计

种群智能算法是通过对生物、物理、化学、社会、艺术等系统或领域中的相关行为、功能、经验、规则、作用机理的认知，在特定问题特征的导引下提炼相应的特征模型，并应用种群迭代的思想，进行智能化的迭代搜索以实现参数优化的方法。因为激光定向能量沉积的不同工艺参数通常会影响沉积层的多个性能参数，属于多目标决策优化问题，所以在应用种群智能优化算法解决激光定向沉积工艺参数的多目标优化问题时，需要在建立多目标优化的模型的基础上对初始种群迭代求解后得到 Pareto 种群解集，并在解集内选取合适的最优参数组合。Pareto 种群解集是由非支配解的种群构成的解集，由 Pareto 解构成的曲面称为 Pareto 最优前沿，如图 4-32 所示，处于 Pareto 前沿中的任何一个解都无法被证明其明显优于其他任一解，实际的优化问题通常从 Pareto 种群解集中选择一个合适解。

带精英策略的非支配排序遗传算法（Nondominated Sorting Genetic Algorithm Ⅱ，NSGA-Ⅱ算法）是一种经典的基于 Pareto 解集的多目标种群优化算法，迭代后的种群收敛于 Pareto 最优前端，是一种典型的非常有效的求解方式，适合应用于激光定向能量沉积的优化领域。其原理是模拟生物种群群体进化的过程，首先将待优化的沉积层模型映射到种群中，将个体作为适应度函数，适应度函数表示个体对环境的适应能力；然后通过自然选择、交叉、变异等遗传操作，产生后代种群，适应度高的个体更容易产生后代并保存下来，其后代种群的平均适应能力要优于父代种群；最后通过若干代的进化，种群平均适应度会收敛于最大值，算法最终也会收敛并分布于 Pareto 最优前端。最后通过综合考量，在 Pareto 前端选取一组参数组合作为激光定向能量沉积的最优参数组合。NSGA-Ⅱ算法的流程如图 4-33 所示。

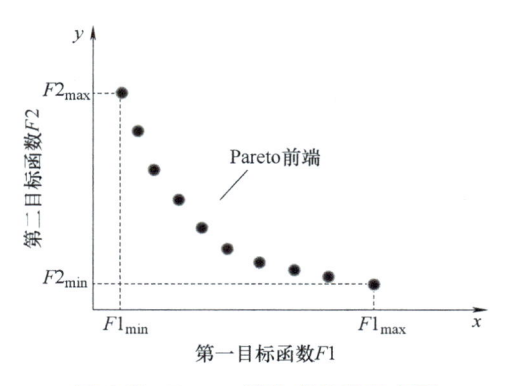

图 4-32　Pareto 解构成前沿示意图

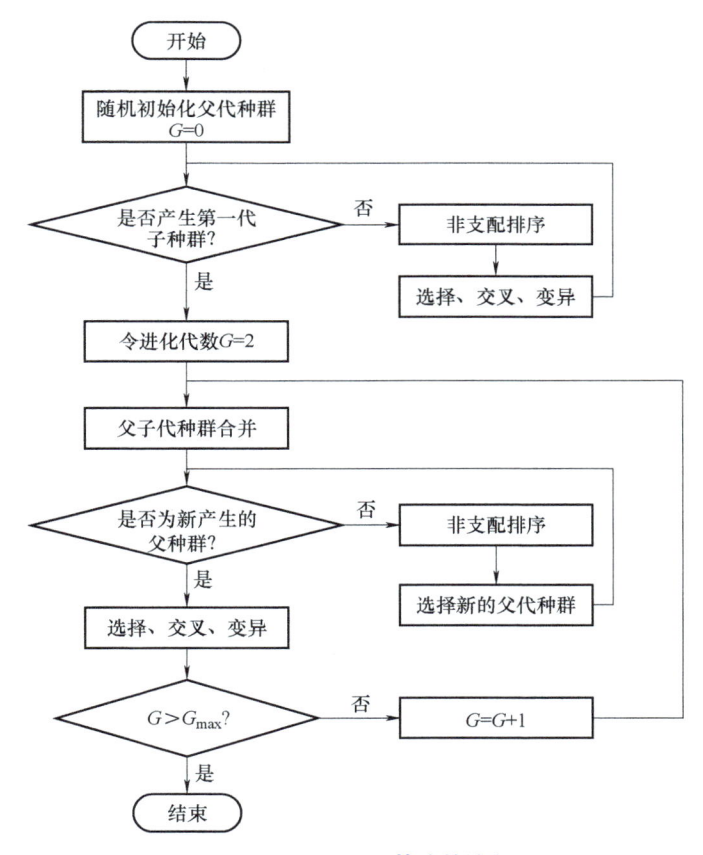

图 4-33　NSGA-Ⅱ算法的流程

应用 NSGA-Ⅱ算法对激光定向能量沉积的工艺参数进行优化首先需要建立其工艺参数同

沉积层质量的非线性耦合关系。由于响应面回归模型具有高映射能力，可以实现从输入到输出的任意非线性映射，能够被用来进行耦合以实现对沉积层质量的预测，因此，对于激光定向能量沉积进行多目标种群算法优化。首先需要以激光功率、扫描速率、送粉速率为激光定向能量沉积参数，并依据式（4-29）~式（4-31）的响应面模型，将其分别作为沉积层宽高比、稀释率、润湿角的拟合模型进行多目标优化求解。

进一步地构建NSGA-Ⅱ智能算法的优化目标函数与约束条件：宽高比是从沉积层横截面的几何特征来反映激光定向能量沉积质量的，当沉积层宽高比小于3时，沉积层与基体容易脱落，因此需要保证表面具有较大的宽高比λ，即目标函数ψ_1为

$$\psi_1 = \max[\lambda(P,v,n)] \tag{4-50}$$

式中，P为激光功率；v为扫描速率；n为送粉速率。

稀释率η定义为基体中融入的金属面积与整个沉积层面积的比，要使结合强度够高，就要使稀释率尽可能小，因此定义目标函数ψ_2为

$$\psi_2 = \min[\eta(P,v,n)] \tag{4-51}$$

润湿角θ的大小一方面反映了沉积材料与基体材料的润湿性，另一方面反映了激光定向能量沉积工艺参数的适配性。润湿角越小，证明沉积材料与基体之间的润湿性越好，有利于沉积层的铺展和生长，使二者结合更加牢固，因此对应的目标函数ψ_3为

$$\psi_3 = \min[\theta(P,v,n)] \tag{4-52}$$

并对沉积参数的范围，依据响应面试验方案的上下限范围设置如下限定条件：

$$\begin{cases} 1.4\text{kW} \leq P \leq 1.8\text{kW} \\ 5\text{mm/s} \leq v \leq 9\text{mm/s} \\ 0.8\text{r/min} \leq n \leq 1.2\text{r/min} \end{cases} \tag{4-53}$$

同时设置NSGA-Ⅱ的初始种群的数量为100，最大迭代次数为200，交叉概率0.8，变异概率0.1，对激光定向沉积进行多目标优化，优化后的激光定向能量沉积层Pareto前沿解集如图4-34所示。在经过NSGA-Ⅱ算法优化后的Pareto解集中，红色的点为最终选取的优化点。

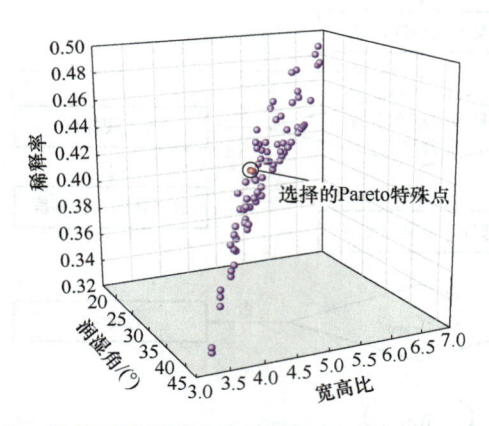

图4-34 优化后的激光定向能量沉积层Pareto前沿解集

在应用NSGA-Ⅱ算法得到的最优种群的沉积参数集合中优选出最适合的参数组合：激光功率为1800W，扫描速率为8.9664mm/s，送粉速率为1.0781r/min，对应的宽高比为5.48，

稀释率为 0.459，润湿角为 28.62°。相较于单独依靠响应面设计优化出的沉积层，对稀释率的优化略微弱于采用响应面设计，但其拥有更高的宽高比与更小的润湿角，综合来看优化效果更好。

4.3 激光定向能量沉积扫描策略优化

在激光定向能量沉积过程中，激光功率、扫描速率以及送粉速率的改变会对试件的成形质量产生影响。优化激光定向能量沉积过程中的工艺参数（激光功率、扫描速率、送粉速率），可以提高定向能量沉积成形件的质量。

而激光定向能量沉积是材料的分层累加过程，每一层的扫描路径决定着成形试样的热积累及热演化，故不同的扫描策略会对试样的热力学行为产生不同的影响，进而改变试样的质量精度和组织性能。由此可见，在进行激光定向能量沉积过程中，除激光功率、扫描速率、送粉速率以外，扫描策略的选择对于激光定向能量沉积过程也有着至关重要的影响。分析不同扫描策略对于激光定向能量沉积试样质量精度和组织性能的影响规律，在进行激光定向能量沉积时选择合理的激光扫描策略，可以减少激光定向能量沉积过程中变形、开裂和过热等不良现象的产生，提高激光定向能量沉积金属零件的质量精度，改善金属零件的组织性能。

4.3.1 扫描策略对成形零件质量精度的影响

激光定向能量沉积时常见的扫描策略主要有长边平行往复扫描、短边平行往复扫描和层间正交往复扫描三种，其扫描路径示意图如图 4-35 所示。

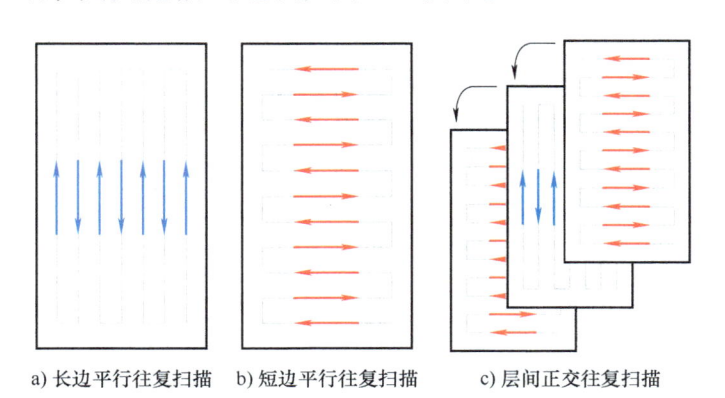

图 4-35 不同扫描策略的扫描路径示意图
a) 长边平行往复扫描　b) 短边平行往复扫描　c) 层间正交往复扫描

以镍基合金粉末 Inconel 625 为例，按照图 4-35 中三种扫描策略沉积 10 层 50mm×30mm 沉积层，成形试样宏观形貌如图 4-36 所示。沿沉积试样长边、短边、横截面处按平均间距取 5 个位置测量，试样尺寸测量位置及测量结果分别如图 4-37、图 4-38 所示。长边平行往复扫描由于相邻扫描路径之间加热间隔较长，容易出现冷凝收缩的现象，随着沉积层数的升高，成形试样的水平方向尺寸减小，而垂直方向尺寸增加，表面平整度一般，布满凹凸不平的条纹；由于长边平行往复扫描时激光头的启停较少，因此成形试样的几何尺寸波动不大，

a) 长边平行往复扫描　　b) 短边平行往复扫描　　c) 层间正交往复扫描

图 4-36　不同扫描策略下的成形试样宏观形貌

成形精度适中。短边平行往复扫描由于激光与送粉组件运动频繁启停，导致成形精度较差，成形试样表面呈现明显的高低起伏，几何尺寸波动较大；由于短边平行往复扫描往复行程较短，热累积效应明显，表面出现了过热氧化现象；此外，短边平行往复扫描引入的较高能量输入导致熔池具有强烈的 Marangoni 流，加剧了熔池液相扰动行为，也加剧了试样表面的起伏波动。层间正交往复扫描时，由于奇数层短边扫描时可有效抑制因热应力过大导致的变形开裂等缺陷，而偶数层长边平行往复扫描时可有效减少因热累积效应明显导致的过热氧化等现象，并且相邻层扫描路径交替垂直有利于填充沉积层的凹沟，故试样整体无明显缺陷，平整度较高，各方向尺寸波动较小，成形精度较其他两种扫描策略有明显提升，可在一定程度上避免长边扫描与短边扫描在成形效果上的缺陷。

由于激光定向能量沉积过程中熔池的快速熔凝会导致沉积层中热应力的积聚，因此成形试样中存在着残余应力。残余应力会损害制件的尺寸精度和服役寿命，而扫描策略是影响成形试样残余应力大小和分布的重要因素。本研究中成形试样的残余应力采用基于布拉格方程 $2d\sin\theta = n\lambda$ ［d 为晶面间距；θ 为布拉格角或掠射角，是衍射角 2θ（衍射线与入射 X 射线延长线的夹角）的一半；n 为反射级数，λ 为波长］和广义胡克定律 $\sigma_\phi = KM$ ［σ_ϕ 为衍射晶面法线在试样表面投影方向（即 OS_ϕ）上的内应力；K 为应力系数；M 为 2θ 与 $\sin^2\psi$ 的比值，即直线的斜率］的 X 射线衍射 $\sin^2\psi$ 方法进行测量，其中，

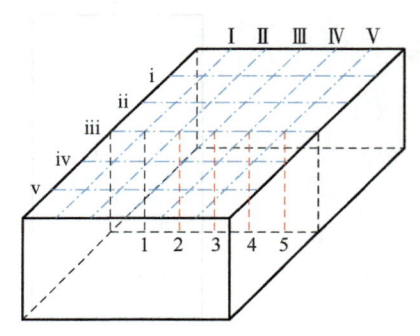

图 4-37　试样尺寸测量位置示意图

$$K = -\frac{E}{2(1+\nu)}\cot\theta_0 \frac{\pi}{180} \tag{4-54}$$

$$M = \frac{\partial(2\theta)}{\partial \sin^2\psi} \tag{4-55}$$

式中，E 为弹性模量；ν 为泊松比；θ_0 为无应力试样衍射峰的布拉格角；ψ 为试样表面法线与衍射晶面法线之间的夹角，即晶面方位角。

a) 几何尺寸分布

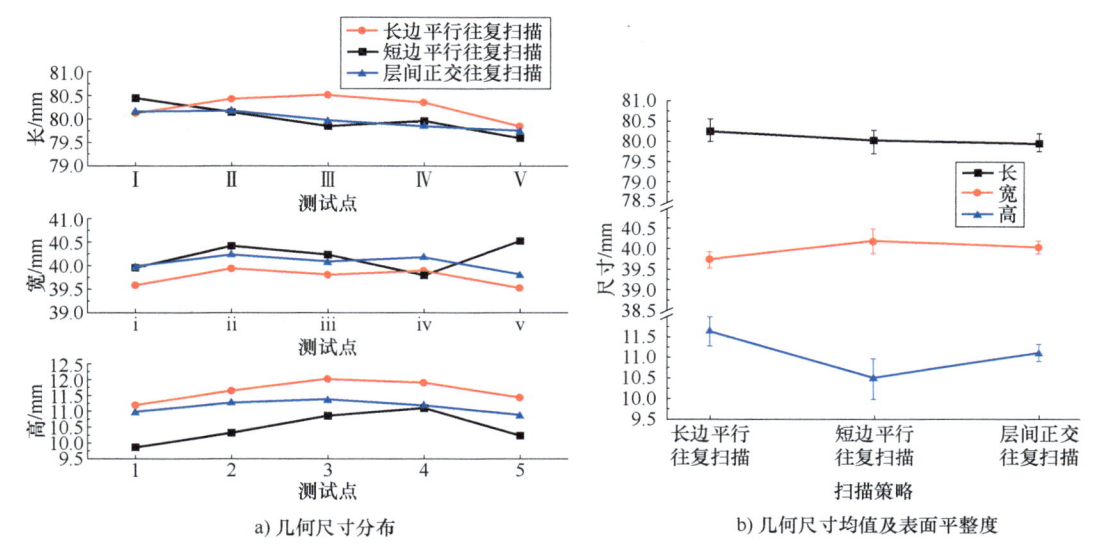

b) 几何尺寸均值及表面平整度

图4-38 试样宏观形貌的几何尺寸分布和几何尺寸均值以及表面平整度

该方法采用的坐标系统及测量示意图如图4-39和图4-40所示。图中，ϕ为试样表面待测残余应力与主应力方向的夹角，即应力方位角。在测量试验中，衍射晶面选择晶面指数{220}，晶面方位角ψ分别选择0°、10°、20°、30°、40°，测出各晶面方位角ψ对应峰位的衍射角2θ，并采用最小二乘法进行线性回归，求解出2θ与$\sin^2\psi$的比值，即直线的斜率M，并将Inconel 625材料的弹性模量$E=205$GPa和泊松比$\nu=0.308$代入求解K，由此计算出成形试样表面沿主应力σ_x方向（即$\phi=0°$）的残余应力。

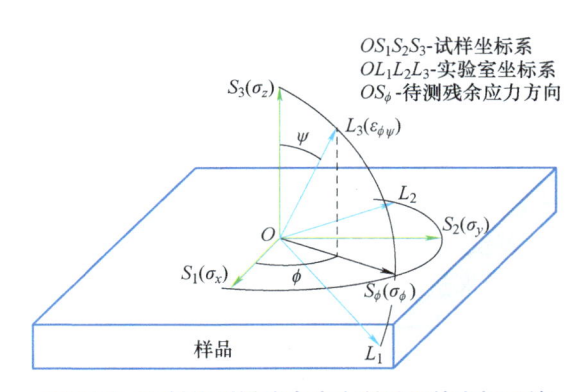

图4-39 X射线测量残余应力所采用的坐标系统

采用上述方法对三种扫描策略成形式样表面的残余应力进行测量，测量结果如图4-41所示。由图4-41可以看出，三种扫描策略成形试样的表面残余应力均为拉应力，层间正交往复扫描成形试样的残余应力略低于短边平行往复扫描成形试样，明显低于长边平行往复扫描成形试样。这是因为随着沉积的进行，试样温度逐渐升高，长边平行往复扫描由于相邻沉积线扫描间隔时间较长，使得熔池不同区域传热速率不一致，熔池液相热收缩效应更为显著，热量散失速率较快，冷却速率较快，温度梯度较大，增大了由于不均匀温度场作用而导

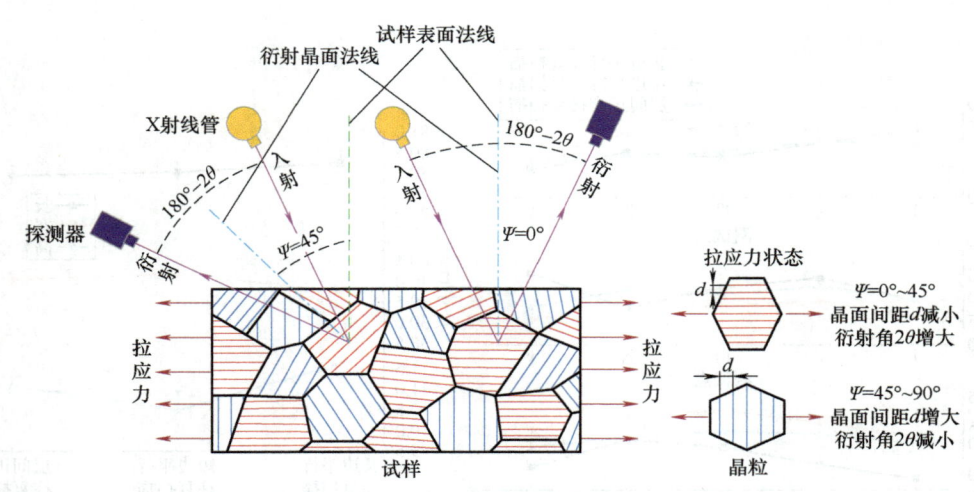

图 4-40 拉应力状态下同倾法测量残余应力示意图

致的内应力；短边平行往复扫描由于相邻沉积道次间隔时间较短，热量积聚造成升温速率较快，热累积效应使得冷却速率较慢，温度梯度相对不高，减小了由于不均匀温度场作用而生成的内应力；层间正交往复扫描交替使用长边与短边扫描沉积各层，由于两相邻沉积层间扫描路线呈直角，可有效抵消层间拉伸与压缩应力，达到消减与均布残余应力的目的。

在进行激光定向能量沉积时，扫描策略的不同，不仅会对成形试样的宏观外貌、残余应力产生影响，还会对成形试样的裂纹和孔洞情况产生一定的影响。选择适当的扫描策略可以有效减少成形试样上裂纹和孔洞的产生。

图 4-42 和图 4-43 分别为不同扫描策略成形试样的孔洞 OM（光学显微镜）照片和裂纹 SEM（扫描电子显微镜）照片。从图 4-42 中可以看出，当分别采用长边平行往复扫描、短边平行往复扫描、层间正交往复扫描对 Inconel 合金（铬镍铁合金）粉末进行多道多层沉积时，成形试样内部均会产生一定尺寸和数量的裂纹与孔洞。

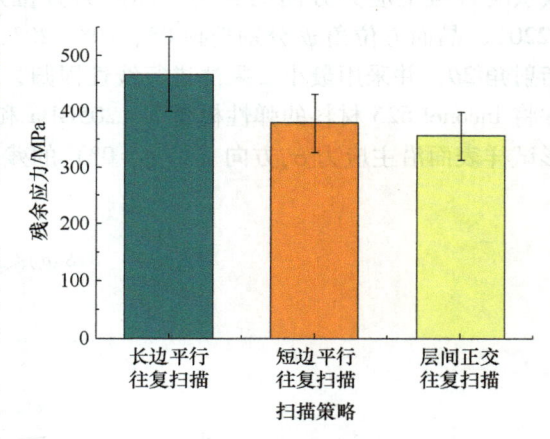

图 4-41 不同扫描策略成形试样的表面残余应力

从图 4-42a 和图 4-43a 中可以看出，长边平行往复扫描成形试样内部所产生的裂纹与孔洞尺寸最大、数量最多，这是由于在金属沉积过程中，熔池中的湍流现象会产生气体截留效应，长边平行往复扫描成形试样的温度下降快，较快的冷却速率阻碍了熔池中气体的逸出，导致了大量孔洞的产生，而孔洞通常又是裂纹源。此外在金属沉积过程中，沉积当前沉积层时会造成上一沉积层的重熔和再加热，由此在试样中产生复杂的应力分布。长边平行往复扫描成形试样较快的冷却速率生成较大的温度梯度，导致残余应力积聚严重且分布不均匀，极易导致微裂纹的形成和扩展。图 4-42b 和图 4-43b 表明，短边平行往复扫描成形试样裂纹和孔洞的尺寸和数量相较长边平行往复扫描有了明显改善，这是由于相对放慢的冷却速率增

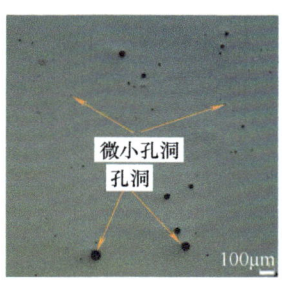

a) 长边平行往复扫描　　　b) 短边平行往复扫描　　　c) 层间正交往复扫描

图 4-42　不同扫描策略成形试样的孔洞 OM 照片

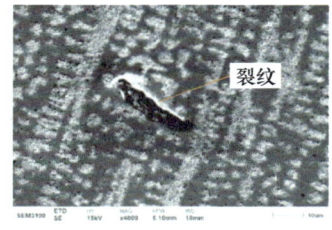

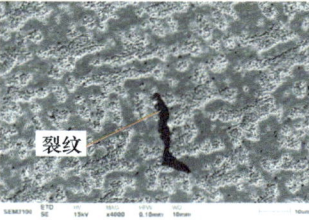

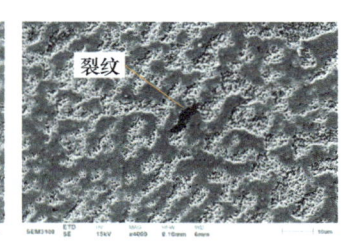

a) 长边平行往复扫描　　　b) 短边平行往复扫描　　　c) 层间正交往复扫描

图 4-43　不同扫描策略成形试样的裂纹 SEM 照片

加了熔池中气体逸出的机会,减少了孔洞形成的概率。此外,由于在短边平行往复扫描过程中已成形试样温度较高,温度梯度减小,因此内应力较小,不易造成裂纹的产生和扩展。图 4-42c 和图 4-43c 表明,层间正交往复扫描成形试样裂纹和孔洞的尺寸和数量最小,这是由于层间正交往复扫描的方式结合了长边平行往复扫描与短边平行往复扫描的优势,既可以抑制熔池温度不会过高,又可以保证试样平均温度不会过低。因此,采用层间正交往复扫描策略的成形试样温度相对均衡,残余应力相对较小,冶金缺陷相对较少,成形质量相对较高。

成形试样的致密度也反映了成形试样的裂纹及孔洞的情况,因此为了解成形试样的裂纹和孔洞情况,对成形试样进行致密度测试是必要的。利用阿基米德排水法原理测试成形试样的致密度。首先用线切割方法从三种扫描策略成形试样上各切下 1 个尺寸为 10mm×10mm×10mm 的块体,用金相砂纸将块体表面打磨光滑。用 FA2004 电子天平测得块体在空气中的净质量记为 m_0,再将块体悬挂在水中使其不接触量杯的壁面,称量其在水中的质量 m_1。致密度 K 的计算公式为

$$K=\frac{m_0\rho_0}{\rho_1(m_0-m_1)}\times100\% \qquad (4-56)$$

式中,ρ_0 为蒸馏水的密度,$\rho_0=1\mathrm{g/cm^3}$;ρ_1 为 Inconel 625 合金的理论密度 $\rho_1=8.44\mathrm{g/cm^3}$。

为了使测试的致密度误差达到最小化,对每个合金试样进行 3 次测量,计算平均值,作为该合金试样的密度值。

由于扫描策略对成形试样的孔洞及裂纹等冶金缺陷产生影响(见图 4-42 与图 4-43),所

以导致其成形试样的致密度存在差异。根据阿基米德排水法，测量长边平行往复、短边平行往复、层间正交往复扫描成形试样的致密度分别达到 97.1%、98.2% 和 98.8%。通过对三种扫描策略下成形试样致密度的分析可知，以层间正交式往复扫描方式进行激光定向能量沉积可以得到裂纹及孔洞更少的成形试样，如图 4-44 所示。

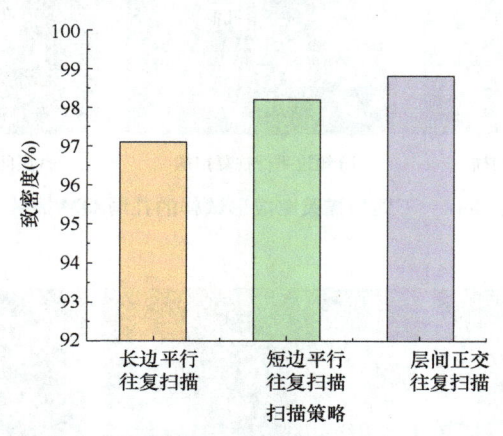

图 4-44 扫描策略对成形试样致密度的影响

综上所述，在进行激光定向能量沉积时，采用长边平行往复扫描策略的成形试样裂纹和孔洞较多，致密度较低。相比于长边平行往复扫描策略，采用短边平行往复扫描策略的成形试样，其裂纹和孔洞等缺陷有所减少，致密度得到提高。与前两种扫描策略相比，采用层间正交往复扫描策略得到的成形试样，裂纹和孔洞更少，致密度更高。

4.3.2 扫描策略对成形零件微观组织的影响

激光定向能量沉积时采用的扫描策略不同，得到的成形试样的微观组织也会存在差异。由于长边平行往复扫描垂直方向的温度梯度较大，晶粒会沿着梯度方向生长，为柱状晶提供驱动力，因此，长边平行往复扫描成形试样的微观组织主要由柱状枝晶组成，平均晶粒尺寸（枝晶轴间距离）约为 4μm，如图 4-45a 所示。而短边平行往复扫描由于热累积效应明显，温度梯度相对较小，热影响区较大，导致熔体内过冷程度增加，柱状晶生长逐渐被独立的形核所取代，发生柱状晶-等轴晶转变，受马拉高尼效应影响，晶粒倾向于沿不同的热流方向生长，从而形成一定体积分数的没有显著生长取向的粗大不规则等轴晶，其平均晶粒尺寸约为 11μm，如图 4-45b 所示。而层间正交往复扫描成形试样的金相组织介于上述二者之间，呈现为较短粗的柱状晶结构，其平均晶粒尺寸约为 8μm，如图 4-45c 所示。

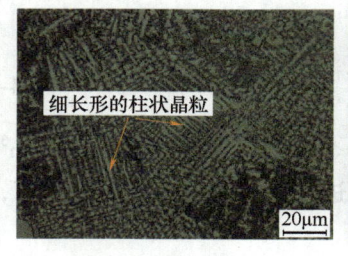

a) 长边平行往复扫描　　b) 短边平行往复扫描　　c) 层间正交往复扫描

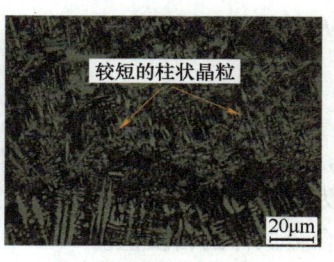

图 4-45 扫描策略对成形试样微观组织的影响

第4章 激光定向能量沉积技术的工艺开发

Inconel 625 合金是一种典型的固溶强化型镍基高温合金，铬元素（Cr）、钼元素（Mo）、铌元素（Nb）和铁元素（Fe）是合金中主要的固溶强化元素。在 Inconel 625 合金激光定向能量沉积过程中，Nb 元素的偏析会导致凝固末期晶界间析出金属间化合物 Laves 相。三种扫描策略成形试样的枝晶间拓扑密排相——Laves 相的尺寸与分布如图 4-46 所示。采用长边平行往复扫描沉积层中温度梯度较大，凝固速率较高，溶质元素在液相中的扩散速率快于在固相中，造成固相（枝晶干）中的 Nb 元素偏聚在液相（枝晶间）的速率加快，枝晶间 Nb 溶质元素富集，Nb 元素的偏析程度增大，产生晶界偏析，从而达到 Laves 相形成的成分条件，使得 Laves 相在最后凝固的晶界对合部位析出，导致长边平行往复扫描成形试样的 Laves 相尺寸较小、分布较密集，呈网状分布（见图 4-46a），而采用短边平行往复扫描，沉积层中热累积增加，沉积层温度升高，导致熔池中的温度梯度与凝固速率降低，使枝晶间 Nb 元素的偏析程度有所减弱，形成的 Laves 相也有所减少，但 Laves 相的尺寸却有了明显的增大（见图 4-46b）。而层间正交往复扫描成形试样的 Laves 相尺寸适中，分布弥散均匀（见图 4-46c）。

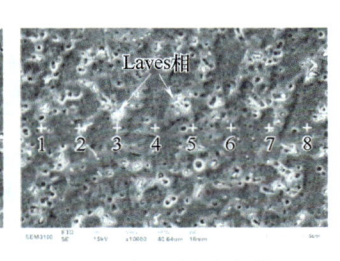

a) 长边平行往复扫描　　b) 短边平行往复扫描　　c) 层间正交往复扫描

图 4-46　不同扫描策略成形试样 Laves 相的尺寸与分布

在激光定向能量沉积过程中，Nb、Mo 等合金元素是 Laves 相的主要组成元素，凝固过程中元素的偏析将会促进枝晶间 Laves 相的析出，发生 L→（γ+Laves）共晶反应。依照图 4-46 所示的取点位置，每隔 5μm 选取点测试试样元素成分与含量。三种扫描策略下成形试样中 Nb、Mo 元素的区域分布和点分析、面分布成分偏析情况分别如图 4-47 和图 4-48 所示。三种扫描策略成形试样不同区域中 Nb、Mo 元素都存在偏析，长边平行往复扫描成形试样中 Nb、Mo 元素的偏析程度相对严重，层间正交往复扫描成形试样中 Nb、Mo 元素的偏析程度则明显降低，造成这种现象的原因主要是长边平行往复扫描成形试样的 Laves 相呈网状密集分布，而 Laves 相的形成会消耗基体中大量的 Nb、Mo 等固溶强化元素，使得枝晶干与枝晶间不同位置的元素含量产生差异；短边平行往复扫描成形试样的 Laves 相虽分布稀疏，但尺寸较大，造成各区域 Nb、Mo 等元素分布贫富不均；层间正交往复扫描成形试样的 Laves 相均匀弥散，元素分布相对均衡，所以成分偏析情况相对较小。

不同扫描策略成形试样的 XRD（X 射线衍射）图谱如图 4-49 所示。从图 4-49 中可以看出，不同扫描策略下成形试样的物相相同（γ-Ni 固溶体是主相），衍射峰位基本相同，但不同扫描策略会影响成形试样晶体织构的变化，进而导致峰强存在差异。长边平行往复扫描成形试样由于定向生长的枝晶居多，晶粒择优取向，织构明显，所以主衍射峰较强；短边平行往复扫描成形试样由于趋于生成等轴晶，晶体生长方向没有明显倾向性，取向变得随机，织构减少，故主衍射峰较弱；层间正交往复扫描成形试样的组织主要为短粗的柱状晶，其织构

a) 不同扫描策略Inconel 625合金成形试样中 Nb、Mo元素区域分布情况

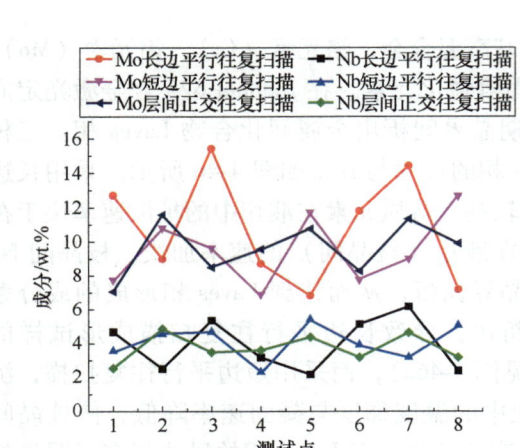

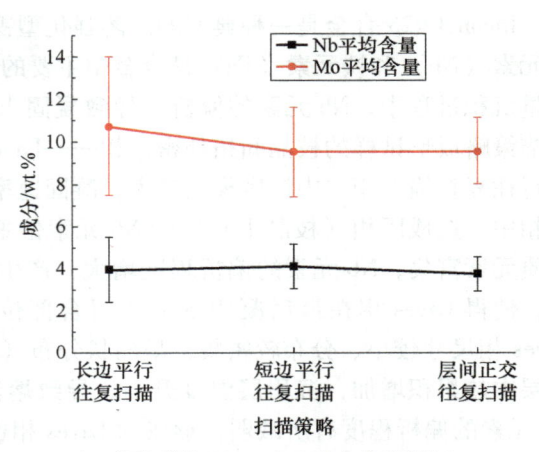

b) 不同扫描策略Inconel 625合金成形试样中 Nb、Mo元素区域点分析成分偏析情况

图 4-47 不同扫描策略 Inconel 625 合金成形试样中 Nb、Mo 元素区域分布及点分析成分偏析情况

a) 长边平行往复扫描

b) 短边平行往复扫描

c) 层间正交往复扫描

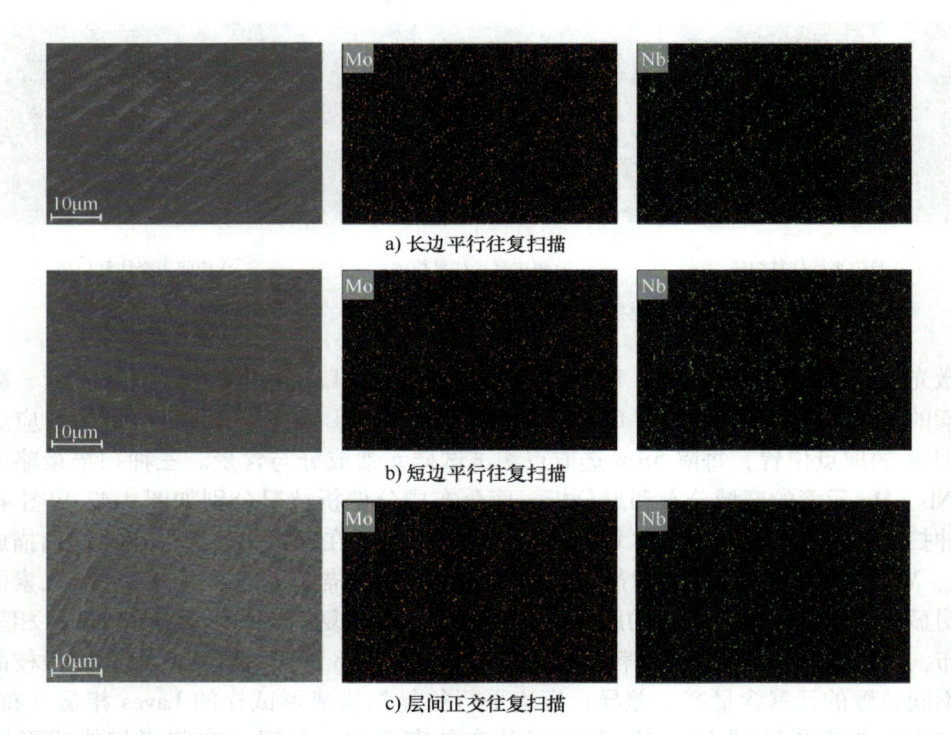

图 4-48 不同扫描策略 Inconel 625 合金成形试样中 Nb、Mo 元素面分布成分偏析情况

强度决定了主衍射峰强度介于上述二者之间。此外，三种扫描策略成形试样的析出相如 Laves 相由于含量有限，在 XRD 图谱中并未明显发现它们的衍射线条。

4.3.3 扫描策略对成形零件力学性能的影响

受沉积方向、Laves 相形态及数量的影响，不同扫描策略成形试样的拉伸性能以及试样的显微硬度方面各有差异。

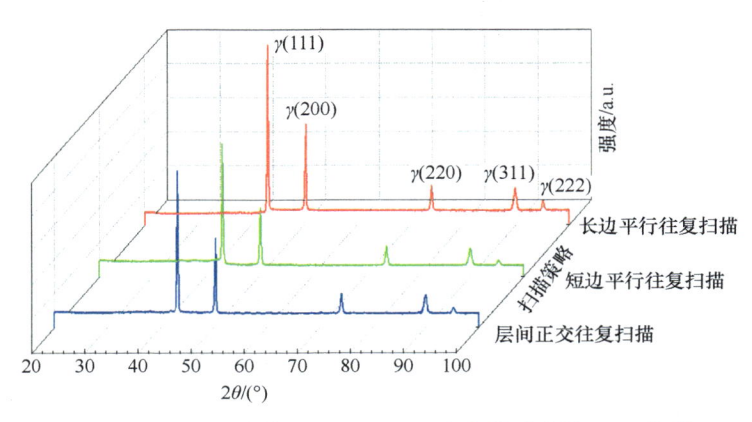

图 4-49　不同扫描策略 Inconel 625 合金成形试样 XRD 图谱

按照图 4-50 所示的取样尺寸和方向，在不同扫描策略的成形样块上、中、下水平方向（横截面）切取共 3 件拉伸试样，并沿长边侧面垂直方向（纵截面）间隔切取 3 件拉伸试样，分别测试其横向及纵向的拉伸性能，测试结果如图 4-50 所示。

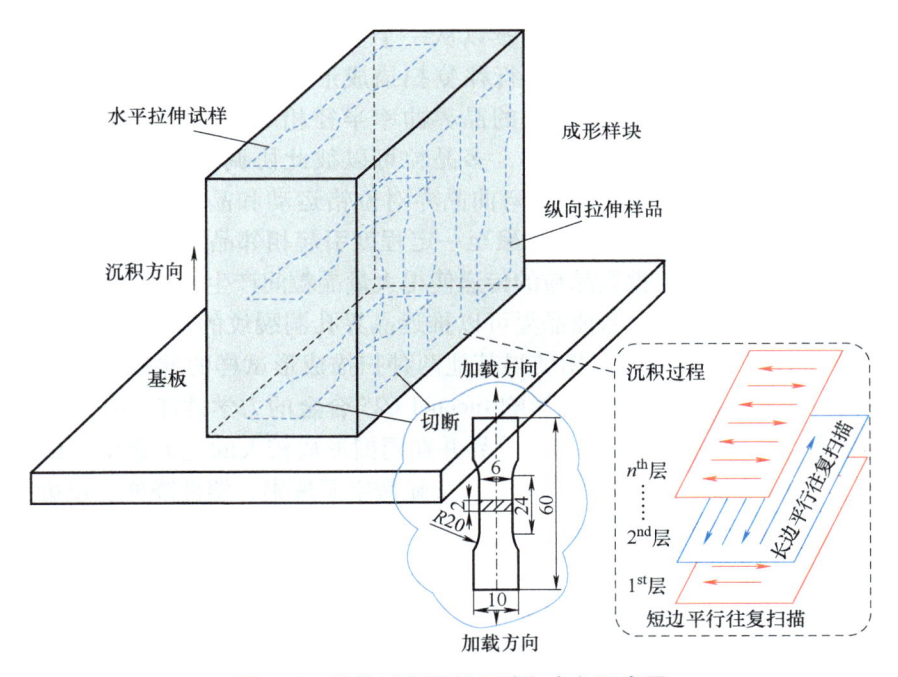

图 4-50　拉伸试样取样尺寸和方向示意图

不同扫描策略成形试样的横向力学性能从高到低的总体趋势是：层间正交往复扫描、短边平行往复扫描、长边平行往复扫描，如图 4-51a 所示。长边平行往复扫描试样由于内部孔洞、微裂纹较多，在外力载荷作用下裂纹容易迅速扩展，导致力学性能指标降低。而层间正交往复扫描综合了上述两种扫描的优势，有效抑制了变形、裂纹、过热等不良现象的产生，致密度较高，有利于提高成形试样的力学性能。

a) 横向　　　　　　　　　　　　b) 纵向

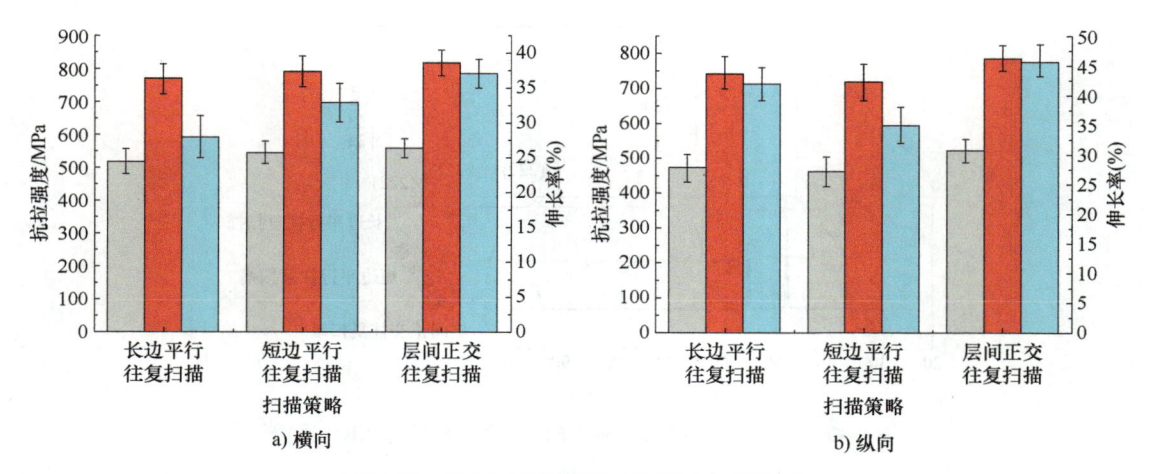

图 4-51　不同扫描策略成形试样的力学性能

长边平行往复扫描成形试样的组织主要由外延生长的柱状晶组成，沿着沉积方向分布着较为平直的晶界，所以晶界曲率半径较大。在横向拉伸塑性变形过程中，晶界曲率半径越大，其协调变形能力就越差，滑移难以从一个晶粒过渡到另一个晶粒，这会导致合金的塑性变形能力降低，从而使长边平行往复扫描成形试样在横向性能上呈现出较低的伸长率。而其他两种扫描成形试样晶粒的晶界曲率半径相对较小，晶界长度数量相对增加，在塑性变形过程中为保持应变连续，多晶粒可以彼此协调变形能力，位向随变形发生转动，由此提高材料的塑性；此外，弯曲晶界对位错运动和晶界滑动的阻滞效应更大，使得大量位错在晶界处塞积，内应力积聚至一定程度引起相邻晶粒内位错源开动，在晶粒协调作用下形成晶内多滑移，批量晶粒的传递使得大量晶粒间产生相互滑动和转动，由此产生宏观明显的塑性变形。因此，弯曲晶界可以推迟晶界孔洞裂纹的形成，阻止裂纹的扩展，如图 4-52 所示。弯曲晶界的强化作用使得其他两种扫描成形试样的伸长率和抗拉强度都有所提高。此外，Laves 相的形成会严重影响 Inconel 625 合金的力学性能。长边平行往复扫描成形试样密集网状分布的 Laves 相会钉扎晶界并在周围形成较大的应力集中，成为裂纹源及裂纹扩展通道，从而导致裂纹产生并迅速扩展，显微空洞聚集，塑性降低。短边平行往复扫描成形试样的 Laves 相分布相对稀疏，数量较少，而层间正交往复扫描成形试样的 Laves 相分布细小均匀弥散，这两种扫描试样中 Laves 相的体积分数有了明显降低，对晶界的钉扎作用也逐渐减弱，晶粒间协调变形能力增强，而且在塑性变形过程中，Laves 相周围的应力集中也会降低，从而使合金在拉伸过程中具有更长的均匀变形阶段，推迟了颈缩的产生，提高了合金的塑性。

不同扫描策略成形试样的纵向力学性能从高到低的总体趋势是：层间正交往复扫描、长边平行往复扫描、短边平行往复扫描，如图 4-51b 所示。这是因为纵向是试样沉积方向，相对而言，长边平行往复扫描在此方向温度梯度最大，晶粒生长取向趋于该方向形成定向生长的柱状晶，而拉伸方向与该方向平行，织构在此方向有较好的延展性，但由于长边平行往复扫描成形试样冶金缺陷多、致密度低，Laves 相呈密集网状分布，在一定程度上消减了材料的强韧性，故长边平行往复扫描成形试样的纵向力学性能稍低于层间

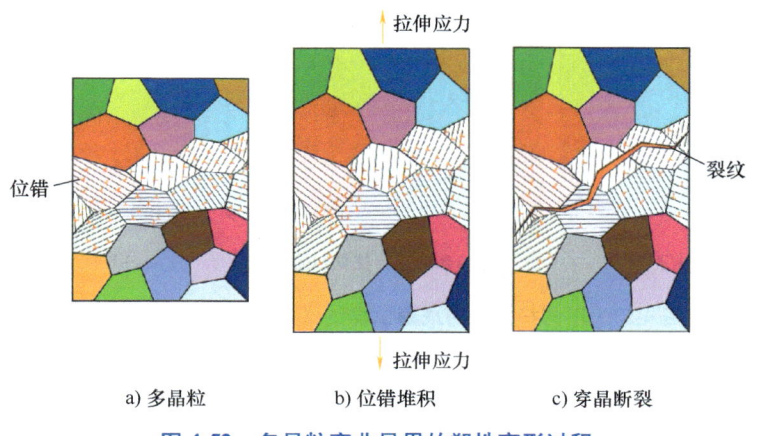

第 4 章 激光定向能量沉积技术的工艺开发

a) 多晶粒　　b) 位错堆积　　c) 穿晶断裂

图 4-52　多晶粒弯曲晶界的塑性变形过程

正交往复扫描。层间正交往复扫描成形试样其组织晶粒生长仍具有择优取向，织构特征使其较好地继承了长边平行往复扫描的纵向延展性能。此外，层间正交往复扫描成形试样冶金缺陷少、致密度高，Laves 相体积分数降低明显，导致其韧性与强度得到增强。短边平行往复扫描由于热累积效应明显，热影响区较大，趋于生成粗大的不规则等轴晶组织，有降低材料力学性能的趋势。此外，短边平行往复扫描成形试样的冶金缺陷较多、致密度较低，导致其较差的力学性能。

不同扫描策略成形试样的横向力学性能与纵向力学性能呈现各向异性。总体来看，层间正交往复扫描成形试样的拉伸性能表现最优，可以在一定程度上提高合金的强度和塑性，降低各向异性。

不同扫描策略试样的拉伸断口均呈韧性断裂的特征，断口处都可以观察到明显呈蜂窝状的韧窝形貌，如图 4-53 所示。在拉伸过程中，随着拉应力的增大，断裂首先发生在 Inconel 625 合金组织中最薄弱的地方，比如 Laves 相周围应力集中处，或者气孔、缩松、夹杂等缺陷位置，微观裂纹迅速扩展并形成孔洞，孔洞经形核、长大、聚集最后相互连接而导致韧性断裂。由图 4-53a 可以看出，长边平行往复扫描成形试样断口的韧窝多为伸长型韧窝，呈抛物线形状，有明显的撕裂特征。撕裂时试样受到力矩作用，显微孔洞各部分所受应力不同，沿着受力较大的方向韧窝被拉长，韧窝伸长方向平行于断裂方向，但深度较浅，说明韧窝形成的应力状态为拉伸撕裂型，撕裂后断口产生的突起较小，说明塑形变形相对较小。由图 4-53b 可以看出，短边平行往复扫描成形试样断口的韧窝多为等轴型韧窝，形状较为规则，韧窝深度较大，说明韧窝形成的应力状态为均匀应变型，圆形微坑是在拉伸正应力作用下形成的，应力在整个断口表面上分布均匀，显微孔洞沿空间三个方向上均匀长大，塑形变形相对较大。由图 4-53c 可以看出，正交拉伸试样断口韧窝区域整体较平齐，韧窝的分布均匀而且规则，有明显的等轴型韧窝特征。但相比于短边平行往复扫描成形试样，韧窝尺寸更大，深度更深，颈缩明显，说明材料的塑性更好。成形试样拉伸断口产生不同断口形貌的原因在于晶粒形态、晶粒尺寸以及晶粒生长方向存在差异，在拉伸试验过程中，不同扫描策略试样的微观组织结构阻碍裂纹扩展的形式和能力不同，最终导致韧窝断裂的断口形貌不同。

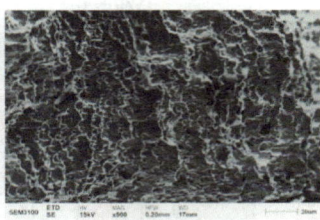

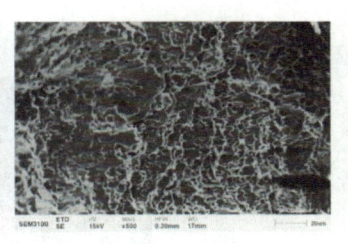

激光定向能量沉积增材制造技术及应用

a) 长边平行往复扫描　　　　b) 短边平行往复扫描　　　　c) 层间正交往复扫描

图 4-53　不同扫描策略成形试样的横向拉伸试样断口形貌

不同扫描策略成形试样的显微硬度分布如图 4-54 所示。沿垂直（沉积）方向在基板与沉积层交界面的两侧间距 0.2mm 的位置选点测试硬度，10 个距离每个位置都测量 3 次，然后取平均值作为该距离的显微硬度。从图中可以看出，长边平行往复扫描成形试样的硬度值相对较高，短边平行往复扫描成形试样的硬度值相对较低，层间正交往复扫描的硬度值介于上述二者之间。这是因为长边平行往复扫描成形试样的 Laves 相多尔密集，呈网状分布，在很大程度上会限制基体的变形，并且 Laves 相是硬脆相，这些都会导致试样的显微硬度明显升高；层间正交往复扫描成形试样 Laves 相的分布较为均匀弥散，试样的显微硬度相比长边平行往复扫描成形试样有所降低，硬度值较为平稳；短边平行往复扫描成形试样 Laves 相的分布较为稀疏，但尺寸较大，试样的显微硬度明显降低，但硬度值波动较大。此外，短边平行往复扫描在同一扫描平面内相邻熔池之间的热影响较大，同时不同层之间的热影响相比其他两种扫描策略也更加明显，很容易在局部产生过多的热量积聚，导致其晶粒尺寸相比其他扫描策略更大，硬度更低。

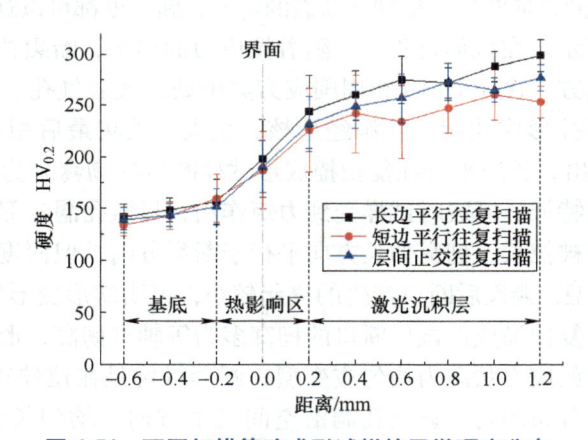

图 4-54　不同扫描策略成形试样的显微硬度分布

与长边平行往复扫描和短边平行往复扫描两种扫描策略相比，采用层间正交往复扫描策略成形试样可获得更好的拉伸性能。三种扫描策略拉伸试样断口的蜂窝状韧窝形貌虽然均可以体现出韧性断裂的特征，但层间正交往复扫描策略得到的成形断口的韧窝呈现出更为明显的等轴型韧窝，韧窝尺寸更大，深度更深，成形试样的塑性更好。层间正交往复扫描策略下的成形试样虽然硬度略低于长边平行往复扫描成形试样,但其硬度值波动更为平稳。

参考文献

[1] 席明哲,张永忠,石力开,等. 激光快速成形金属薄壁零件的三维瞬态温度场数值模拟[J]. 中国有色金属学报. 2003,13(4):887-892.

[2] WANG S, LI F L, WEIGUNY A. Algebraic dynamics and time-dependent dynamical symmetry of nonautonomous systems[J]. Physics letters A, 1993, 180(3): 189-196.

[3] SONER H M. Convergence of the phase-field equations to the mullins-sekerka problem with kinetic undercooling[J]. Archive for Rational Mechanics and Analysis, 1995, 131(2): 139-197.

[4] BECKERMANN C, VISKANTA R. Mathematical modeling of transport phenomena during alloy solidification[J]. Applied Mechanics Reviews, 1993, 46(1): 1-27.

[5] 张晓宇,李涤尘,黄胜,等. 激光定向能量沉积与喷丸复合工艺成形性能研究[J]. 电加工与模具,2022,(5):45-47.

[6] SAMPLE A K, HELLAWELL A. The mechanisms of formation and prevention of channel segregation during alloy solidification[J]. Metallurgical and Materials Transactions A, 1984, 15(12): 2163-2173.

[7] 邓琦林,胡德金. 激光定向能量沉积快速成型致密金属零件的试验研究[J]. 金属热处理. 2003,28(2):33-38.

[8] 刘化强,刘江伟,国凯,等. 激光定向能量沉积 Inconel 718 特征与工艺参数优化[J]. 应用激光,2021,41(1):13-21.

[9] 曹鹏,王守勇,郝建洁,等. 激光定向能量沉积工艺对 Mo 涂层裂纹及耐磨性的影响[J]. 兵器材料科学与工程,2023,46(5):27-33.

[10] 赵龙志,王怀,赵明娟,等. 激光沉积涂层裂纹控制的研究进展[J]. 华东交通大学学报,2018,35(5):94-98.

[11] 龙日升,刘伟军,尚晓峰. 激光金属沉积成形过程中温度场的数值模拟[J]. 激光技术,2007,(4):394-396,430.

[12] 宋博学,于天彪,姜兴宇,等. 激光熔覆产生的熔池温度与对流分析[J]. 东北大学学报(自然科学版),2020,41(10):1427-1431.

[13] 单奇博,刘忱,姚静,等. 扫描策略对激光熔化沉积态 TC4 钛合金组织性能及残余应力的影响[J]. 激光与光电子学进展,2021,58(11):256-264.

[14] 龙日升,刘伟军,卞宏友,等. 扫描方式对激光金属沉积成形过程热应力的影响[J]. 机械工程学报,2007,(11):74-81.

[15] LONG R S, LIU W J, XING F, et al. Numerical simulation of thermal behavior during laser metal deposition shaping[J]. Transactions of Nonferrous Metals Society of China, 2008, 18(3): 691-699.

[16] 王学深. 正交试验设计法[J]. 山西化工,1989,3(24):53-58.

[17] 丁倩倩,殷铭,李传柱,等. 钴基 WC 激光熔覆工艺参数和性能研究[J]. 应用激光,2023,43(7):25-34.

[18] 李莉,张赛,何强,等. 响应面法在试验设计与优化中的应用[J]. 实验室研究与探索,2015,34(8):41-45.

[19] 宗志宇,何桢,孔祥芬. 多响应优化方法的比较和应用研究[J]. 数理统计与管理,2006,(6):697-704.

[20] 虞晓芬,傅玳. 多指标综合评价方法综述[J]. 统计与决策,2004,(11):119-121.

[21] 徐伟伟,高川云,张道洋,等. 不同热处理对激光定向能量沉积技术+锻造复合制造 TC4 钛合金组织与力学性能研究[J]. 机械工程学报,2023,59(15):304-310.

[22] 刘思峰,蔡华,杨英杰,等. 灰色关联分析模型研究进展[J]. 系统工程理论与实践,2013,33(8):2041-2046.

[23] 王军华,梁向源,路妍,等. 基于 NSGA-Ⅱ 算法的宽带激光熔覆工艺参数优化[J]. 激光杂志,45(7):220-226.

[24] 赵凯,梁旭东,王炜,等. 基于 NSGA-Ⅱ 算法的同轴送粉激光熔覆工艺多目标优化[J]. 中国激光,2020,47(1):96-105.

[25] 张宇祺. 激光增材制造金属零件过程中的热力学分析及热变形研究[D]. 沈阳:沈阳工业大学,2019.

[26] 张凯, 刘伟军, 尚晓峰, 等. 快速原型技术在国防科技中的应用 [J]. 工具技术, 2005, 39 (11): 4-14.
[27] 关泰红, 高勃, 吕晓卫, 等. 激光快速成形工艺参数对生物陶瓷复合涂层物相组成的影响 [J]. 中国激光, 2009, 36 (10): 2717-2721.
[28] ZHANG K, GENG J T, LIU W J, et al. Influences of scanning strategy on the quality, accuracy, microstructure and performance of Inconel 625 parts by LAM [J]. Journal of Materials Research and Technology, 2023, 26: 1962-1983.
[29] 张霜银, 林鑫, 陈静, 等. 工艺参数对激光快速成形TC4钛合金组织及成形质量的影响 [J]. 稀有金属材料与工程, 2007, 36 (10): 1839-1843.
[30] 龙日升, 刘伟军, 邢飞, 等. 基板预热对激光金属沉积成形过程热应力的影响 [J]. 机械工程学报, 2009, 45 (10): 241-247.

第5章 激光定向能量沉积零件的热处理

激光定向能量沉积过程为快速熔凝，沉积区组织通常为亚稳态状态，易出现组织分布不均匀，残余应力过大，进而导致变形开裂等问题，并且熔池的快速冷却也抑制了强化相的充分析出，直接影响零件的性能。因此需要进行后续热处理来优化调整沉积区组织、消减残余应力，继而提高其力学性能。

5.1 激光定向能量沉积 GH4169 合金热处理

5.1.1 GH4169 合金热处理工艺

GH4169 合金热处理主要分为固溶热处理和时效热处理。不同的热处理工艺参数，如加热温度、保温时间和冷却方式等对 GH4169 合金的晶粒尺寸、强化相形貌和数量等微观组织和力学性能有着重要的影响。

固溶热处理主要目的：溶解或部分溶解 γ' 相，为后续时效处理过程获得合适的 γ' 相做准备；获得均匀而合适的晶粒尺寸；溶解晶界处分布不均匀的碳化物、硼化物，为后续时效过程析出合理分布做准备。固溶热处理的加热温度、保温时间和冷却方式对 GH4169 合金的微观组织调控有着重要影响。其中，加热温度越高，γ' 相在 γ 相基体中的溶解度越大，分布越均匀，但随着晶界处一次 γ' 相的回溶，合金组织会出现晶粒尺寸快速长大甚至过烧等现象；保温时间越长，γ' 相及其第二相的回溶越充分，但晶粒尺寸会随着时间而迅速长大；冷却方式通常有炉冷、空冷、油冷和水冷。冷却速率直接影响 γ' 相的尺寸、形态以及晶界状态，从而影响 GH4169 合金的拉伸、高温蠕变机制和蠕变、持久性能。

时效热处理可能是一级、二级或者多级处理，其主要目的是析出细小均匀分布的 γ' 相等强化相，增加强化相的数量，达到强化 GH4169 合金性能的目的。时效温度和时效时间是影响时效热处理的主要因素。其中，时效温度一般选取在该合金的使役温度附近，以使合金 γ' 相的尺寸和数量在服役过程中保持稳定。为了减小合金在冷却过程中的内应力，时效热处理一般采取空冷。此外，为了获得 γ' 相等微观组织和力学性能在材料使役过程中的变化规律，通常对合金在使役温度范围内进行长期热暴露，以便对合金组织与性能的稳定性进行评估。

激光定向能量沉积 GH4169 合金试样采用的热处理工艺见表 5-1，其中，FC 为炉冷，AC 为空冷。

表 5-1 激光定向能量沉积 GH4169 合金热处理工艺

试样编号	热处理工艺	
1	时效热处理	720℃×8h（50℃×h，FC）+620℃×8h，AC
2	时效热处理	720℃×16h（50℃×h，FC）+620℃×8h，AC
3	时效热处理	720℃×24h（50℃×h，FC）+620℃×8h，AC
4	时效热处理	720℃×28h（50℃×h，FC）+620℃×8h，AC
5	固溶+时效热处理	980℃×1h，AC+720℃×8h（50℃×h，FC）+620℃×8h，AC
6	均匀化+固溶+时效热处理	1100℃×1.5h，AC+980℃×1h，AC+720℃×8h（50℃×h，FC）+620℃×8h，AC

5.1.2 GH4169 合金时效热处理显微组织

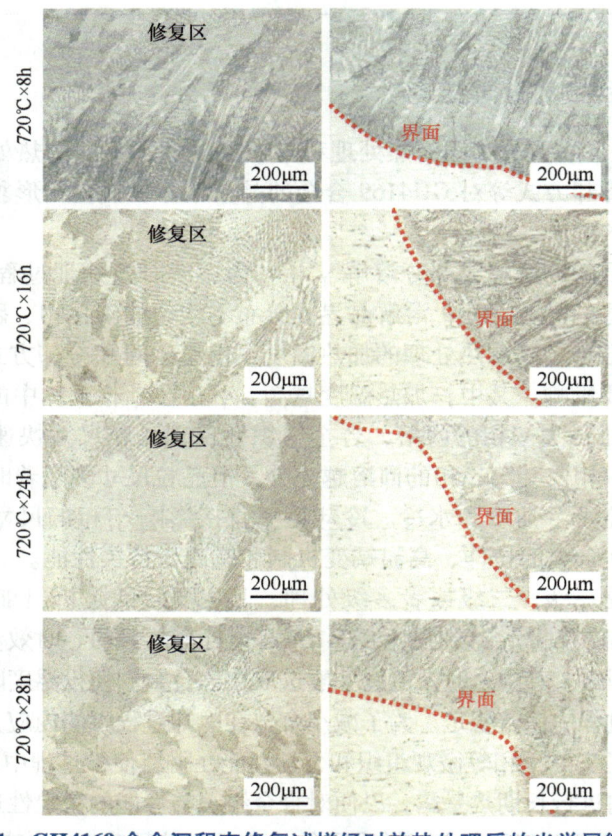

GH4169 合金沉积态修复试样经时效热处理后的光学显微镜图如图 5-1 所示。GH4169 合金沉积态修复试样经时效热处理后，随着时效时间的延长，修复区组织的柱状枝晶特征有向等轴晶转变的趋势。原本方向一致并呈连续外延生长的枝晶组织，在经过长时间时效热处理后开始呈现出大小不一的分块趋势，在时效时间 28h 的试样组织中尤为明显。修复区与基体区的界面处组织与沉积态修复试样一致，未发生大的变化。

图 5-1 GH4169 合金沉积态修复试样经时效热处理后的光学显微镜图

图 5-2 所示为 GH4169 合金沉积态经过不同时长时效热处理后的电子显微镜图，表 5-2 为经过不同时长时效热处理后 Laves 相的显微组织特征。可见，随着时效时间的延长，修复试样中 Laves 相的形貌与尺寸发生了变化。1 号试样经过 720℃、8h 时效热处理后，Laves 相形貌呈现断续的树枝状，相比于沉积态试样出现了略微碎化，大多数 Laves 相的长度在 4μm 左右。随着时效热处理时间的延长，试样中 Laves 相进一步碎化，呈颗粒状或岛状，且呈均匀状散布，大小在 2μm 左右。各试样中 Laves 相的体积百分数经过统计，分别为 5.7%（1号）、5.6%（2号）、4.0%（3号和4号）。虽然延长时效热处理时间可使试样中 Laves 相体积含量略微下降，但当时效时间超过 24h 后，Laves 相的体积含量变化趋缓近于停止。因为 GH4169 合金试样的时效热处理温度低于 Laves 相的完全固溶温度（1080℃以上），只能少量溶解 Laves 相，并且随着时效热处理时间的延长，Laves 相的体积含量也不再发生明显变化。

a) 720℃×8h
b) 720℃×16h
c) 720℃×24h
d) 720℃×28h

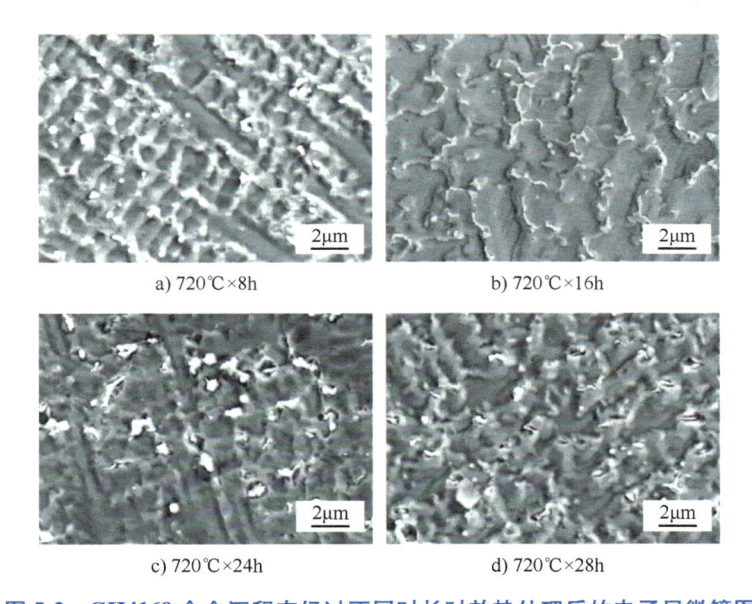

图 5-2 GH4169 合金沉积态经过不同时长时效热处理后的电子显微镜图

表 5-2 经过不同时长时效热处理试样的 Laves 相显微组织特征

时效热处理试样	Laves 相晶粒尺寸/μm	Laves 相体积分数（%）
1号	4	5.7
2号	2	5.6
3号	2	4.0
4号	2	4.0

5.1.3 GH4169 合金固溶时效热处理显微组织

时效热处理工艺无法提高 GH4169 合金沉积态修复试样的塑性，而固溶时效热处理则能在保持合金强度的同时提升塑性。此外，添加均匀化处理更有利于在随后的固溶和时效热处理过程进一步促进 γ′ 相、δ 相的析出。其中 δ 相作为 GH4169 合金中的稳定相，它的含量、形貌和分布情况均对合金的缺口敏感性产生重要影响，适量的δ相有益于合金塑性的提升。

GH4169合金沉积态修复试样经过固溶+时效热处理和均匀化+固溶+时效热处理后的光学显微镜和电子显微镜图分别如图5-3和图5-4所示。由此二图可见，试样经固溶+时效热处理后，修复组织中柱状枝晶的晶界开始扩展、合并，逐渐开始向等轴晶转变，但修复区与零件基体间依然可以清晰地观察到柱状枝晶与等轴晶的界面；试样经均匀化+固溶+时效热处理后，修复区显微组织发生了静态再结晶，柱状枝晶的晶界经扩展、合并后形成新的晶粒。沉积态修复试样的粗大柱状枝晶已经转变为较细小的等轴晶形态，但晶粒尺寸在变得细化的同时，这些经过再结晶后的等轴晶晶粒尺寸并不均匀，部分晶粒尺寸超过800μm，其余晶粒尺寸在60μm左右。此外，修复组织发生了静态再结晶后，修复区中柱状枝晶完成了向等轴晶的转变，使得修复区与零件基体之间的界面基本消失。

a) 固溶+时效热处理

b) 均匀化+固溶+时效热处理

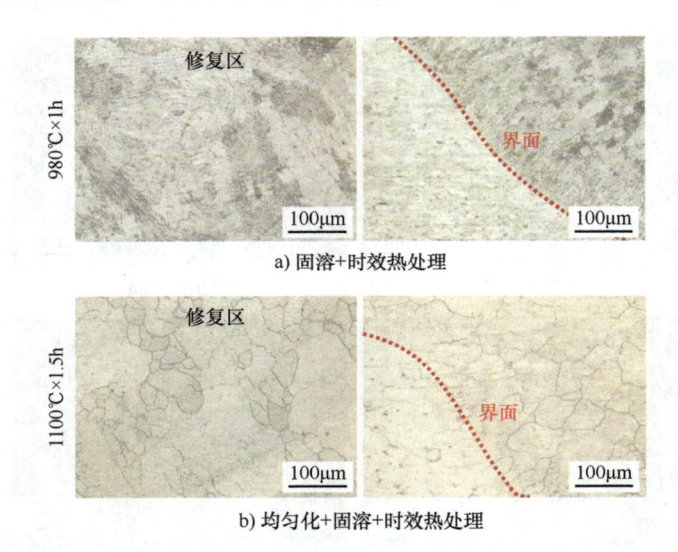

图5-3 GH4169合金沉积态修复试样经固溶+时效热处理和均匀化+固溶+时效热处理后的显微组织（光学显微镜）

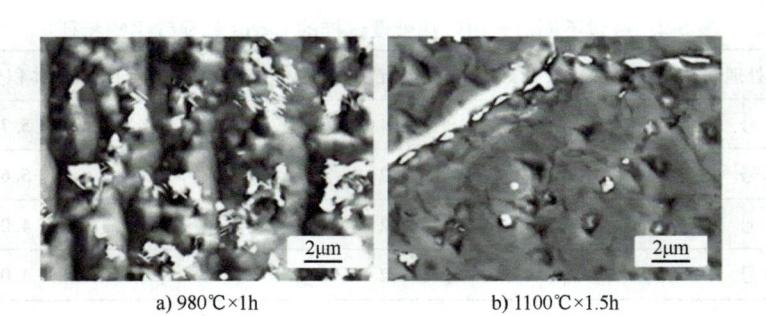

a) 980℃×1h　　　　b) 1100℃×1.5h

图5-4 GH4169合金沉积态修复试样经固溶+时效热处理和均匀化+固溶+时效热处理后的显微组织（电子显微镜）

试样经980℃×1h固溶热处理后，修复区组织中枝晶间的Laves相被大量溶解，使得Laves相中Nb元素部分回溶到奥氏体基体当中。另外，由于980℃的固溶温度恰好处在δ相的析出温度范围 860~995℃ 之中，使得 Laves 相的周围析出大量针状 δ 相，如图 5-4a 所示。这是因为随着部分回溶的 Nb 元素来不及扩散，在 Laves 相的周围形成了富 Nb 的区域，而 Nb 元素也正是 δ 相的主要成分元素；试样经过均匀化+固溶+时效热处理后，Laves 相基本溶解，修复区组织中仅有少量颗粒状分布，在晶界及晶粒内部均析出有针状或者短棒状的 δ 相，如图 5-4b 所示。结果表明，1100℃ 阶段保温 1.5h 后的均匀化处理更有利于 Laves 相的固溶。枝晶间 Laves 相的溶解，会在枝晶间释放出大量的 Nb 原子，这将有利于在随后的固溶和时效热处理阶段进一步促进 δ 相、γ″相和 γ′相的析出。

5.1.4　GH4169 合金固溶时效热处理力学性能

1. 时效热处理对 GH4169 合金力学性能的影响

图 5-5 所示为不同时效热处理试样的拉伸性能。由图 5-5 可见，与 GH4169 合金沉积态相比，经时效热处理后的试样其强度明显提高，均接近或达到锻件标准 Q/3B 548—1996（高强）的水平，但塑性略低。其中，时效时间为 8h 的试样（1 号）的抗拉强度为 1320MPa，屈服强度为 1158MPa，断后伸长率为 5%，其抗拉强度和屈服强度分别达到锻件标准的 98.5% 和 105.3%，为时效热处理修复试样中的最高值，但断后伸长率仅达到锻件标准的 41.7%。随着时效时间的延长，2 号、3 号、4 号试样的抗拉强度分别达到锻件标准的 94.7%、93.4% 和 94%，屈服强度则分别达到了 94.7%、91.7% 和 100.5%。

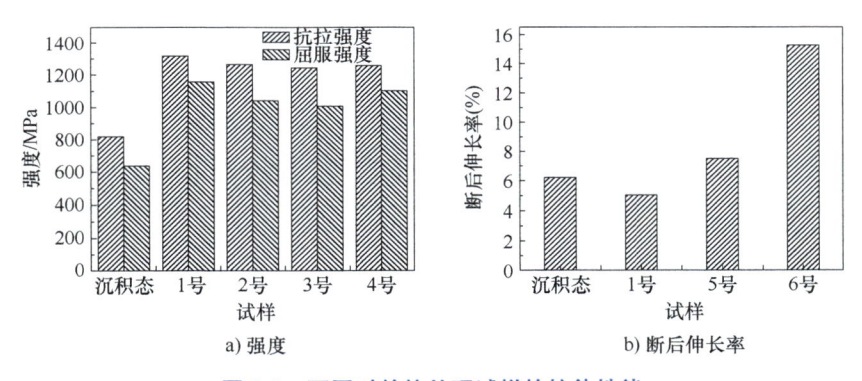

图 5-5　不同时效热处理试样的拉伸性能

GH4169 合金沉积态试样经时效热处理的目的是析出主要强化相 γ″和辅助强化相 γ′，其中 720℃ 热处理主要析出 γ″相。析出的 γ″相可以对组织起到强化作用，从而提高了试样的抗拉强度。但随着时效处理时间的延长，试样的抗拉强度并没有随之提升。这是因为随着试样时效热处理时间的延长，强化相 γ″的尺寸也随之增加并超过了临界尺寸。另外，试样经 8h 时效热处理后，合金中绝大部分的 γ″相已经析出，延长时效时间无法再析出更多的强化相，因为直接时效热处理对 Laves 脆性相的溶解没有明显的作用，使得枝晶间析出的 Laves 相依然存在，沉积态试样的塑性没有提高。

2. 固溶+时效热处理对 GH4169 合金力学性能的影响

由图 5-6 可以看出，试样经固溶+时效热处理后，抗拉强度和屈服强度明显提高，达到了锻件标准；其断后伸长率为锻件标准的 62.5%，比沉积态修复试样的提高了 21%。这是由于沉积态修复试样在固溶热处理阶段溶解了大量 Laves 相，且释放出大量 Nb 元素，导致

析出了大量针状 δ 相，减小了修复试样的缺口敏感性，提高了 GH4169 合金试样的塑性。但是析出的 δ 相也占用了一部分强化相的形成元素 Nb，使得 5 号修复试样相比于 1 号时效热处理修复试样并没有析出过多的强化相 γ″。与 GH4169 合金的沉积态和直接时效态修复试样相比，5 号修复试样的断后伸长率虽然有了提高，但却依然低于锻件标准。这与修复组织中依然存在着较多的 Laves 脆性相有关。试样经均匀化+固溶+时效热处理后，抗拉强度和屈服强度达到了锻件标准的 93.1% 和 97.9%，断后伸长率超出了锻件标准 27.1%，约为 GH4169 合金沉积态的 2.5 倍。这是因为均匀化处理可以使枝晶间的 Laves 相溶解，消除了合金中元素的微观偏析，使得强化相得以在组织中均匀析出；另外，均匀化处理使组织从粗大的柱状枝晶转换成细化的等轴晶组织，有利于试样综合力学性能的提高。

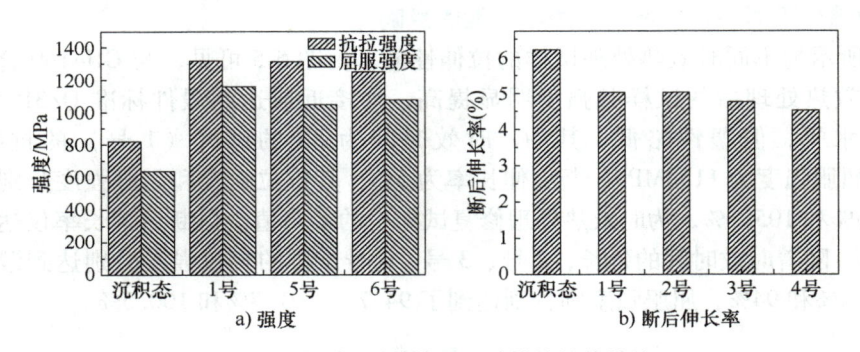

图 5-6　固溶+时效热处理试样的拉伸性能

5.2 激光定向能量沉积 TC17 钛合金热处理

5.2.1 TC17 钛合金热处理工艺

钛合金材料常用的热处理工艺有去应力退火、固溶热处理和时效热处理。

（1）去应力退火。去应力退火是为了去除机械加工过程中产生的残余内应力，在回复温度以下对产生塑性变形的钛合金进行热处理可以使其残余应力下降，热处理时间的延长和退火温度的升高有利于残余应力的消除。去应力退火的本质是减少晶格缺陷的数量，不会发生肉眼可见的物理变形，而会发生较为明显的物理力学性能的变化。钛和钛合金的回复属于第二类内应力过程，其消除了特定温度下位错和空位运动所引起的塑性变形。回复温度低于再结晶温度，通常在 600℃ 左右。去应力退火的时间一般取决于工件的厚度、残余内应力的大小、设定的退火温度以及去应力的程度，冷却方式大多采用空冷或炉冷。

（2）固溶热处理。固溶热处理主要是将合金加热到某一温度并且在该温度段保温一段时间后进行淬火，如此便得到了亚稳态的 β 转变组织。固溶温度通常在转变点以上 50~100℃ 左右，冷却方法一般为水冷却或油冷。同时还应控制固溶处理的时间，以保证合金元素在 β 相中充分溶解。

（3）时效热处理。固溶处理过程中会产生亚稳定的 β 相，时效热处理后亚稳定的 β 相会分解以达到强化材料的目的，因此有必要对固溶处理后的材料进行时效热处理。时效温度的选择非常重要。如果时效温度过低，也难以避免出现 ω 相。但如果温度过高，则组织非常不均匀，导致合金强度下降。因此，时效温度一般选用 500℃ 以上。此外，高温时效可以使一些钛合金材料具有更好的韧性。在钛合金再结晶温度以上进行时效处理可使钛合金在使用温度下具有更好的热稳定性。

激光定向能量沉积 TC17 钛合金固溶+时效热处理工艺见表 5-3，其中，WQ 为水冷，AC 为空冷。

表 5-3　TC17 钛合金固溶+时效热处理工艺

试样编号	热处理工艺
1	沉积态
2	820℃×1h, AC+800℃×4h, WQ+630℃×8h, AC
3	840℃×1h, AC+800℃×4h, WQ+630℃×8h, AC
4	860℃×1h, AC+800℃×4h, WQ+630℃×8h, AC
5	840℃×1h, AC+800℃×4h, WQ+580℃×8h, AC
6	840℃×1h, AC+800℃×4h, WQ+680℃×8h, AC

5.2.2　TC17 钛合金时效热处理组织

不同时效温度下 TC17 钛合金的显微组织如图 5-7 所示。可以看出，经不同时效温度处理后，TC17 钛合金组织依旧为网篮组织，由发生粗化现象的初生 α 相与亚稳态 β 转变组织构成。在时效温度从 580℃ 升高到 680℃ 的过程中，晶界明显粗化，其厚度由约 1.9μm 提升到 2.8μm。随着时效温度的升高，初生 α 相体积分数不发生明显改变，对初生 α 相的形貌改变不明显，长度几乎不发生变化，片层厚度略微增加。当时效温度为 680℃ 时，初生 α 相长度为 2~5μm，宽度为 1~1.5μm，长宽比平均约为 3∶1。但是，细小的次生 α 相明显发生变化。当时效温度为 580℃ 时，次生 α 相厚度约为 0.15μm，随着时效温度升高为 630℃，元素容易扩散，进而次生 α 相大量从 β 转变组织中析出，均匀弥散分布在初生 α 相间，次生 α 相的体积分数增多，但其厚度没有明显变化。但随着时效温度进一步提升到 680℃，在较高的时效温度下，元素扩散加剧，扩散的距离增加，导致次生 α 相粗化现象明显，进而次生 α 相的体积分数明显减少，次生 α 相片层厚度增加到 0.25μm，提升近 70%。

5.2.3　TC17 钛合金固溶时效热处理组织

1. TC17 钛合金沉积态显微组织

激光定向能量沉积 TC17 钛合金沉积区宏观组织为沿沉积方向贯穿多个沉积层的粗大 β 柱状晶，如图 5-8a 所示，近似呈定向生长的 β 柱状晶主轴垂直于激光扫描方向或略向激光扫描方向倾斜。层带现象出现在不同沉积层之间。此外，宏观组织存在明暗交替的现象，这是因为不同晶粒的晶体学取向所致。当光学显微镜放大倍率达 1000 倍时，观察试样沉积区微观组织，由于 β 晶粒析出 α 相极其细小，显微组织模糊不清，导致晶内微观结构无法观察分析，显微组织应选用放大倍率更高的扫描电镜进行分析。沉积态的显微组织为典型的网篮组织，如图 5-8b 所示，这是由于熔池中液态金属在激光定向能量沉积过程中以较大冷却

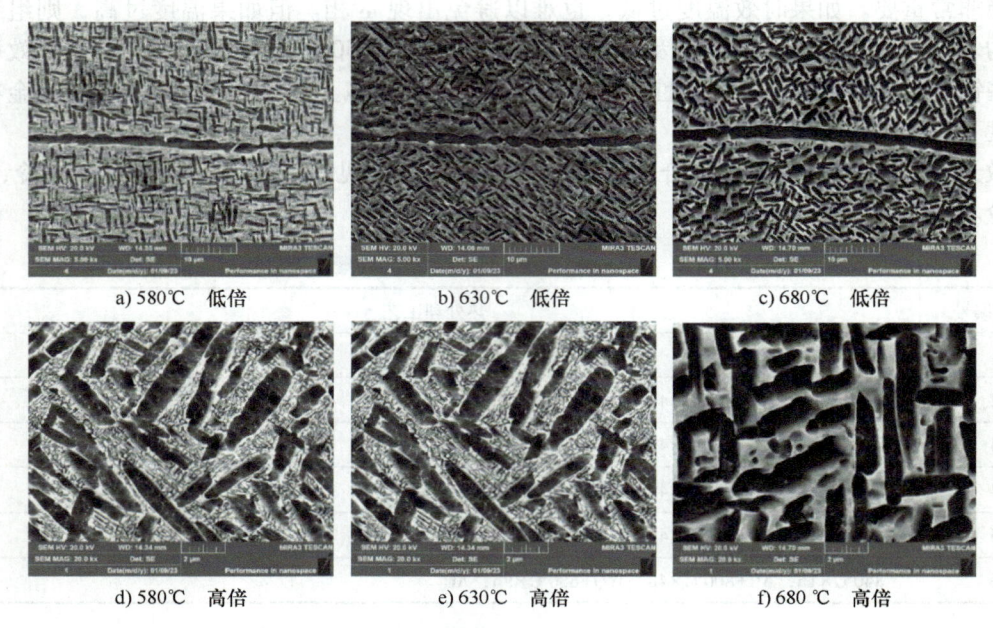

a) 580℃ 低倍   b) 630℃ 低倍   c) 680℃ 低倍

d) 580℃ 高倍   e) 630℃ 高倍   f) 680 ℃ 高倍

图 5-7　不同时效温度下 TC17 钛合金的显微组织

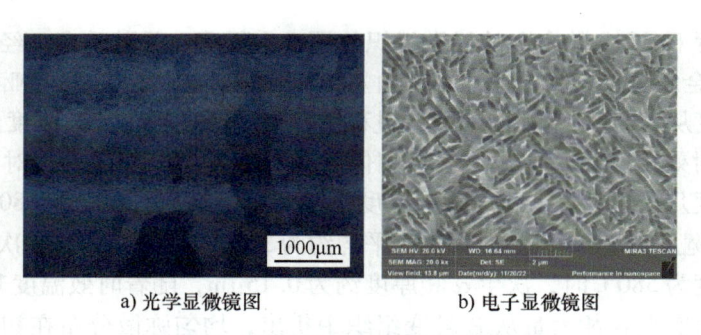

a) 光学显微镜图   b) 电子显微镜图

图 5-8　TC17 钛合金沉积态显微组织

速率凝结，呈现出极细小的 β 转变组织，这种原始凝固组织在之后的逐层沉积过程中会被多次循环加热，导致细小的 β 转变组织发生了粗化现象，从而形成了细小的网篮组织，其中 α 相的体积分数约为 64%、片层 α 相长为 0.8~2μm、宽度为 0.3~0.5μm，长宽比平均约为 4∶1。

2. 不同固溶温度下 TC17 钛合金显微组织

图 5-9 所示为不同固溶温度下激光定向能量沉积 TC17 钛合金的显微组织。从图 5-9a 中可以看出，经固溶时效热处理后的组织为粗大的网篮组织，且大部分初生 α 相因转变为 β 相而溶解消失，形成亚稳态的 β 转变组织，少量初生 α 相得以保留。这是由于固溶热处理冷却方式为冷却速率较快的水淬，将大量元素固溶在 β 基体中，后经时效热处理（空冷），部分 β 转变组织析出呈集束状细小的次生强化相（次生 α 相），因此仅少量的初生 α 相和细小的次生 α 相共同分布在 β 基体上。另外，随着固溶热处理温度由 820℃ 上升到 860℃ 后，部分初生 α 相优先在晶界附近溶解，逐渐形成没有初生 α 相的区域（见图 5-9c）。随着固溶

温度上升到820℃，初生α相粗化现象明显，片层α相长度为1.2~3μm，宽度为0.5~0.8μm，长宽比平均约为3:1，此时初生α相体积分数为49%，较沉积态有所下降（见图5-9d），当固溶温度升高到840℃时，初生α相粗化现象最明显，片层α相长度为2~4μm，宽度为0.6~1μm，长宽比平均约为2:1，且初生α相体积分数由约49%下降到41%（见图5-9e），随着温度进一步增加到860℃，(α+β)→β转变更为充分，初生α相进一步溶解，导致初生α相体积分数继续下降到33%，初生α相尺寸有所减小，片层α相长度为1~2μm，宽度为0.5~0.8μm（见图5-9f）。经时效热处理析出的次生α相也受固溶温度的影响，随着固溶温度升高，初生α相逐渐粗化且相含量逐渐降低，水淬处理固溶到β基体的元素越多，β转变组织越不稳定，时效过程中α相的形核动力越大，进而β基体析出呈细针状的次生α相组成的增强相越多，当温度为840℃时，次生α相体积分数达到峰值，但随着温度进一步增加接近相变点，α相开始向β相转变，导致一少部分次生α相溶解消失且体积分数明显有所下降（见图5-9f）。

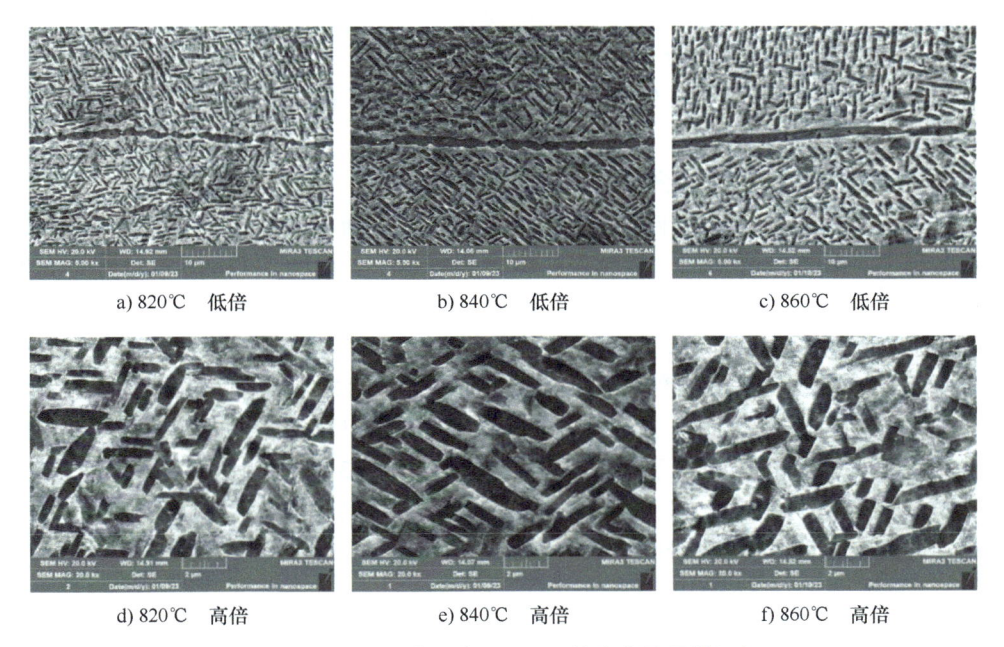

a) 820℃　低倍　　　b) 840℃　低倍　　　c) 860℃　低倍

d) 820℃　高倍　　　e) 840℃　高倍　　　f) 860℃　高倍

图5-9　不同固溶温度下TC17钛合金的显微组织

5.2.4　TC17钛合金固溶时效热处理力学性能

1. 固溶时效热处理TC17钛合金的显微硬度

图5-10所示为1号~6号试样的显微硬度。通过观察可知，试样经固溶时效热处理后其显微硬度较沉积态有较大幅度的提升，这是因为在固溶过程中，初生α相逐渐粗化且相含量降低，冷却速率较快的水淬处理把大量元素固溶到β基体中，后经时效热处理（空冷），部分β转变析出呈集束状细小的次生α相组成的增强相，导致α/β相界面增加，更好地提高了其位错运动阻力，使其硬度大幅度提高。

当固溶温度升温到840℃，3号试样显微硬度最高为447.6 $HV_{0.3}$，与2号试样相比，虽然初生α相含量有所降低，但是细小弥散的次生α相含量较多，进而硬度提高。随着温度升高接近相变点，α相向β相转变更为充分，α/β相界面大大减少，位错运动所受阻碍减小，导致4号试样显微硬度有所下降。随着时效温度的升高，元素更容易扩散，次生α相大量析出，均匀弥散分布在初生α相间，从而产生弥散强化作用，使其硬度进一步提高。当时效温度为630℃时，试样的显微硬度最高。随着温度进一步提升，元素扩散加剧，扩散距离增加，次生α相发生粗化，进而次生α相体积分数减小，α/β相界面减少，位错运动所受的阻碍减小，界面强化效应减弱，其塑性变形能力提高，导致6号试样的显微硬度值相比于沉积态有小幅度的下降。综上所述，固溶温度变化对试样的显微硬度影响较大，经840℃×1h，AC+

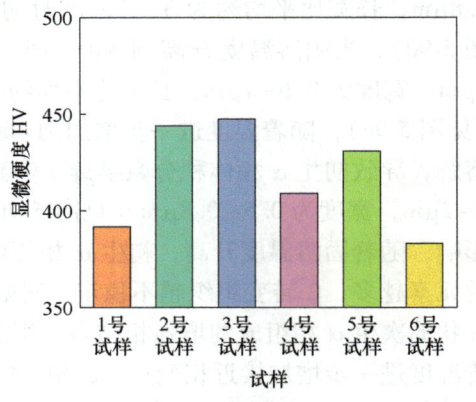

图 5-10 固溶时效热处理 TC17 钛合金试样显微硬度

800℃×4h，WQ+630℃×8h，AC 处理后的 TC17 钛合金显微硬度达到最优，较沉积态提升 14%。

2. 固溶时效热处理 TC17 钛合金的摩擦磨损性能

图 5-11 所示是 1 号~6 号试样的摩擦磨损试验图。根据 Archard 的磨损定律，可知金属材料的硬度越大，其抵抗磨损的性能越强，摩擦系数越小。由图 5-11a 所示可知，在摩擦磨损前 60s 内，处于对磨面粗糙程度较低、摩擦力较小的预磨期，摩擦系数呈上升趋势，经过预磨期后，由于对磨面粗糙程度趋于平稳，摩擦磨损进入稳定阶段，但是随着环境温度的增加，磨损后期摩擦系数发生小幅度增加。经固溶时效热处理之后，试样的摩擦系数较沉积态有大幅度的减小，其中 3 号试样（840℃×1h，AC+800℃×4h，WQ+630℃×8h，AC）的平均摩擦系数最低为 0.21，较沉积态平均摩擦系数（0.32）低 34%，结合图 5-11b 可以看出，3 号试样磨损量（3.4mg）最少，只有沉积态磨损量（9.7mg）的 1/3 左右，与摩擦系数变化趋势一致，表现出较好的抗磨损性能。

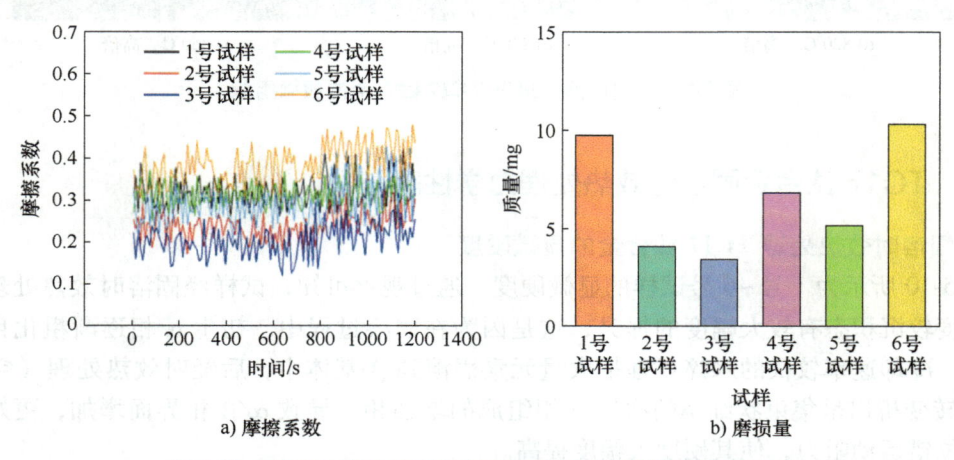

a) 摩擦系数　　b) 磨损量

图 5-11　固溶时效热处理 TC17 钛合金试样摩擦磨损试验图

第 5 章 激光定向能量沉积零件的热处理

TC17 钛合金试样摩擦磨损表面形貌如图 5-12 所示。其中 1 号试样（见图 5-12a）与 6 号试样（见图 5-12f）相似，为严重的塑性变形及黏着磨损，大部分磨损表面变得光滑平整，并且发生黏着现象，材料沿滑动方向被挤压到表面边缘，此时发生严重的塑性变形。2 号试样（见图 5-12b）和 5 号试样（见图 5-12e）的磨损机制主要为氧化层的剥落，磨损表面大部分区域发生了氧化层的剥落，少部分区域出现未彻底剥落的氧化层仍与基材相连的现象；且磨损表面上有与滑动方向角度相同的划痕，少量颗粒状黏附在磨损表面，在轻微塑性变形的作用下，只有小部分区域变得相对光滑平坦。3 号试样（见图 5-12c）的磨损机制主要为氧化磨损，处在轻微磨损阶段，磨损形貌最佳，磨损表面附着一些细小碎屑，氧化层经挤压后出现了裂纹，少部分开裂呈薄片状的氧化层出现在磨损表面。4 号试样（见图 5-12d）的磨损机制主要为氧化层的剥落+黏着磨损+塑性变形，部分磨损表面由于轻微塑性变形的影响变得光滑。在轻微塑性变形的作用下，磨损表面出现了呈较大片状的氧化剥落层，并且在此周围黏附痕迹较明显，与 3 号试样相比磨损较为严重，磨损形貌较差。

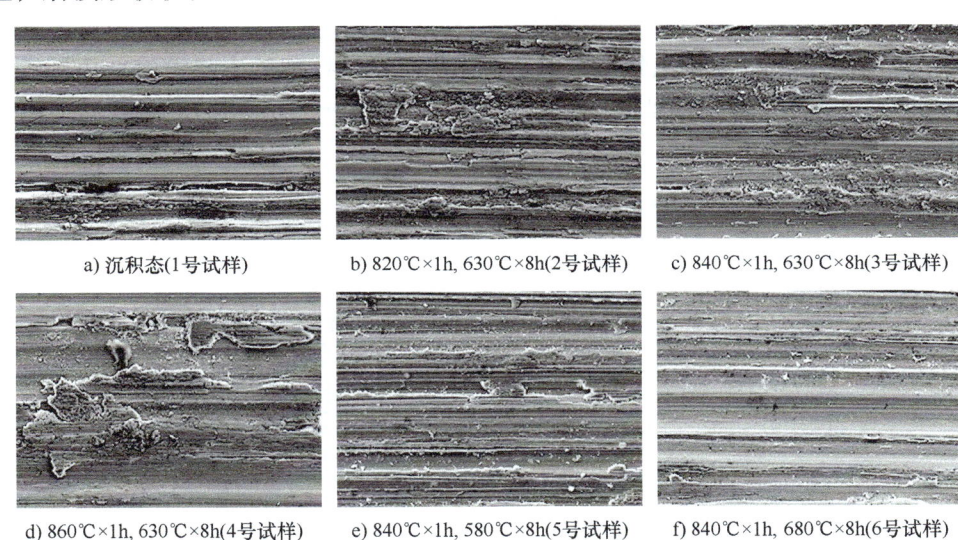

a) 沉积态(1号试样)　　b) 820℃×1h, 630℃×8h(2号试样)　　c) 840℃×1h, 630℃×8h(3号试样)

d) 860℃×1h, 630℃×8h(4号试样)　　e) 840℃×1h, 580℃×8h(5号试样)　　f) 840℃×1h, 680℃×8h(6号试样)

图 5-12　TC17 钛合金试样摩擦磨损表面形貌

5.3　激光定向能量沉积制件局部热处理方法

采用激光定向能量沉积技术对 GH4169 合金和钛合金发动机机匣等大型薄壁件进行修复后，如采用真空炉进行整体热处理时，需要装夹保证的位置和尺寸精度复杂，使得热处理夹具难于设计和制造，同时工件在进行整体热处理时产生的应力释放易引起新的变形超差。采用感应加热技术可对工件的指定部位进行局部热处理，可以避免上述问题。感应加热局部热处理即通过合理地设计感应加热线圈的形状、大小及加热位置对金属零件进局部快速加热，以达到退火、淬火及回火等热处理目的。

5.3.1 GH4169合金局部热处理组织性能

针对 LDED 修复 GH4169 合金试样，采用真空热处理炉进行整体热处理（后称真空整体热处理）；另外，采用感应加热系统进行局部热处理（后称局部热处理），热处理前使用夹具对 GH4169 合金沉积态修复试样进行夹持，修复试样上下两块压板能使试样加热区中温度分布得更加均匀，同时还避免了修复试样在高温环境中的受热变形；通过红外热像仪对热处理过程中修复试样表面的温度分布进行实时检测，以此来精确控制热处理的温度变化。热处理制度均为：直接时效处理（720℃×8h，FC+620℃×8h，AC）。

1. 显微组织分析

图 5-13 所示为 GH4169 合金修复试样的局部热处理态和真空整体热处理态的光学显微镜与高倍电子显微镜照片。由图 5-13a 可以看出，GH4169 合金修复试样的局部热处理态组织与沉积态相比变化不大，均为外延生长的柱状枝晶，枝晶的取向性较强，趋向平行于沉积高度方向生长。但在修复区中，枝晶间析出的 Laves 相的形貌与尺寸有所变化，如图 5-13b 所示。与沉积态试样中连续树枝状的形态相比，局部热处理态试样的 Laves 相形貌呈颗粒状或岛状，呈现出一定的断裂碎化趋势，表明 Laves 相经热处理后少量溶解。由图 5-13c 和图 5-13d 可以看出，真空整体热处理态的组织及枝晶间 Laves 析出相的形态与局部热处理态相比没有明显的变化。

a) 局部热处理态光学显微镜图　　b) 局部热处理态电子显微镜图

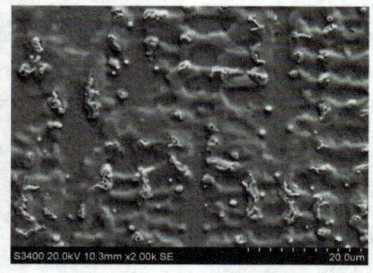

c) 真空整体热处理态光学显微镜图　　d) 真空整体热处理态电子显微镜图

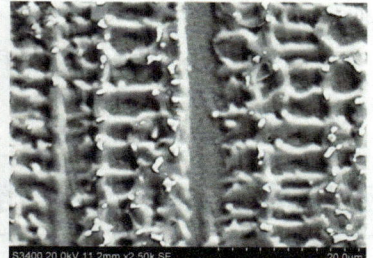

图 5-13　GH4169 合金修复试样显微组织

2. 残余应力分析

图 5-14 所示为 GH4169 合金修复试样的三种热处理态的残余应力直方图，图中的数值均采用绝对值表示。由图 5-14 可知，经局部热处理后，σ_x 的最大降幅为 207MPa，平均降低了 33.5%。σ_y 的最大降幅为 296MPa，平均降低了 43.5%。真空整体热处理对残余应力的消

减程度要比局部热处理方式高出 10%~20%，其中 σ_x 平均降低了 43.8%、σ_y 平均降低了 61.5%。这是因为局部热处理方式是对修复试样的局部进行加热并实现应力释放，而真空整体热处理是对修复试样的整体进行加热，因而修复试样中的残余应力能够在更大的区域中得到更为均匀的重新分布和松弛。所以，真空整体热处理方式对 GH4169 合金修复试样的残余应力消减效果要比局部热处理方式更为显著。通过试验可知，两种热处理方式均对 GH4169 合金修复试样的残余应力有显著的消减效果。因此，对于大型修复工件而言，在不便于采用真空整体热处理时，采用局部热处理方式也是消减修复工件中残余应力的一种有效手段。

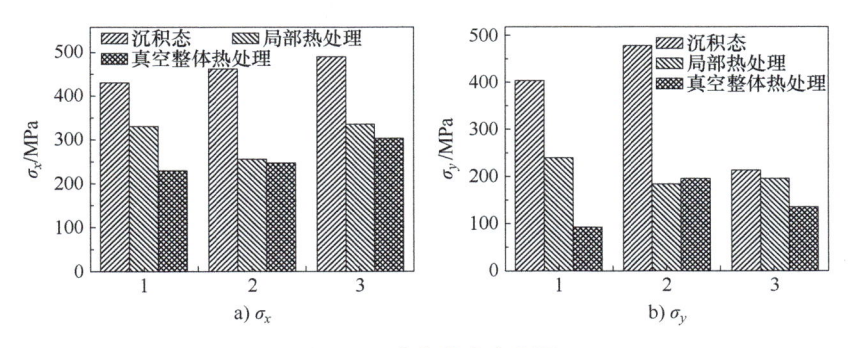

图 5-14 残余应力直方图

3. 显微硬度分析

图 5-15 所示为 GH4169 合金修复试样的局部热处理态和真空热处理态的显微硬度分布情况。由图 5-15 可知，经过热处理后，修复试样的修复区内部的硬度值升高，修复区、熔合区及零件基体区的硬度分布趋于均匀。经过局部热处理和真空热处理后的 GH4169 合金修复试样的显微硬度平均值分别为 461 $HV_{0.1}$ 和 471 $HV_{0.1}$，真空整体热处理态略高于局部热处理态试样。GH4169 合金修复试样显微硬度的提高是因为在直接时效热处理阶段，强化相 γ'' 和 γ' 析出的缘故。在利用激光定向能量沉积技术对 GH4169 合金损伤零件进行修复的时候，由于熔池的快速冷却不利于 δ 相、γ'' 和 γ' 相析出，另外由于快速凝固的原因，使得 GH4169 合金沉积态修复组织中具有很大的溶质过饱和度，因此，在这种状态下组织中的相在析出时具有很高的驱动力，这将有利于在热处理期间，促进修复组织中固态相变的发生。而双时效处理就是通过进一步促进 γ'' 和 γ' 相的充分弥散析出来强化 GH4169 镍基合金。

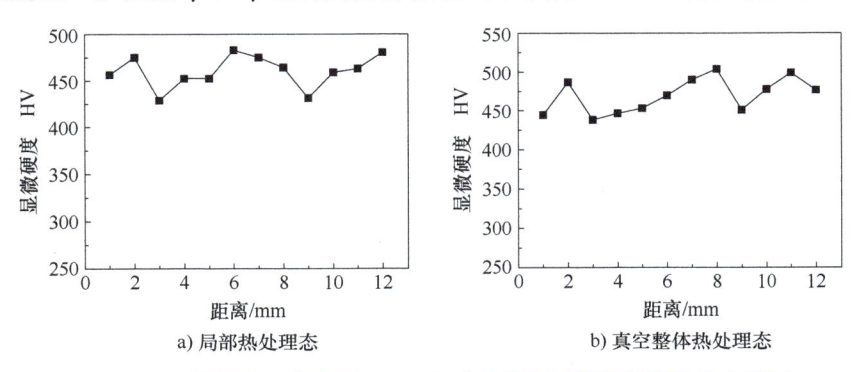

图 5-15 不同热处理方式下 GH4169 合金修复试样显微硬度分布情况

4. 拉伸性能分析

图 5-16 所示是 GH4169 合金的沉积态、局部热处理态和真空整体热处理态拉伸数据示意图。从中可以看出，GH4169 合金沉积态修复试样经感应加热局部热处理后，平均抗拉强度与平均屈服强度值达到了 1163MPa 与 1081MPa，分别比沉积态修复试样提高了 42% 和 70%；相当于锻造技术标准 Q/3B 548—1996 的抗拉强度值的 86.8% 和屈服强度值的 98.3%。经真空整体热处理后，修复试样的抗拉强度和屈服强度略高于局部热处理态，平均值达到了 1320MPa 和 1158MPa。由此可见，在经过直接时效热处理后，修复试样的抗拉强度和屈服强度获得很大程度的提升，但经过不同方式热处理后的修复试样的断后伸长率相比沉积态修复试样略有降低。

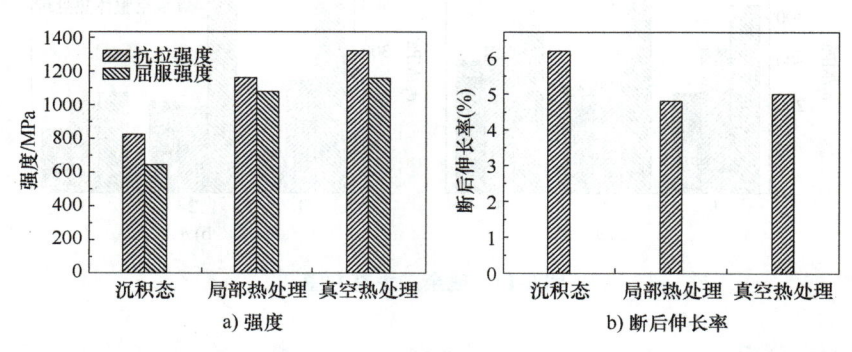

图 5-16　局部和真空热处理后 GH4169 合金室温拉伸性能

GH4169 合金沉积态修复试样在经过直接时效热处理后，修复区组织中的 γ″ 和 γ′ 强化相得到弥散析出。其主要强化相 γ″ 相将与基体共格析出形成共格强化以及有序强化；同时，枝晶间 Laves 析出相的部分溶解，使得部分 Nb 元素回溶到基体中，进一步促进了 γ″ 和 γ′ 强化相的析出，从而提升了热处理后修复试样的拉伸性能。

由于直接时效热处理工艺的温度低于 Laves 相的完全固溶温度（1080℃ 以上），所以 Laves 相虽被少量溶解，但仍大量存在。Laves 相一方面降低了 Nb 元素的固溶强化作用，同时也因其占用大量的 Nb 元素导致经时效后修复组织中 γ″ 相的析出减少，从而降低了 GH4169 合金修复试样的室温拉伸性能，使其无法达到锻件的标准；另一方面作为脆性相，其本身的塑性变形能力较差，容易在 Laves 相周围因位错塞集引起应力集中而成为裂纹源，从而造成 GH4169 合金修复试样的塑性无法得到改善。

真空整体热处理方式是对 GH4169 合金修复试样进行整体加热，相比于仅对试样的修复部位进行局部加热的局部热处理方式而言，真空整体热处理态修复试样的残余应力能够在更大的区域中得到更为均匀的重新分布和松弛，所以真空整体热处理态修复试样的室温拉伸性能结果略高于局部热处理态。

5.3.2　TC17 钛合金局部热处理组织性能

针对 LDED 修复 TC17 钛合金试样，采用柔性加热局部热处理设备进行局部退火热处理，将柔性热电偶紧密贴合固定在修复试样上，使用履带式柔性加热器缠绕并加热修复试样，热电偶可以实时检测 TC17 钛合金修复试样表面的温度变化，进而精准控制热处理的温度。整体热处理工艺制度为 600℃×4h，AC；退火局部热处理工艺制度分别为 600℃×1h，AC；600℃×2h，AC；600℃×4h，AC。

1. 显微组织分析

从图 5-17 中可以看出，经局部退火热处理后的 TC17 钛合金沉积区组织同样是典型的网篮组织，随着保温时间的增加，α 片层尺寸增加明显，α 相体积分数有小幅度的波动，从高倍电子显微镜下可见，在层片状 α 之间析出了一些细针状次生 α 相，经过热处理，α 相之间的残留亚稳态 β 相被分解，从而产生了一些细针状的次生 α 相。与 600℃×4h、AC 真空整体热处理态相比，α 片层长度和宽度略微降低，α 相体积分数和长宽比不发生明显变化。

a) 600℃×4h 真空整体热处理态　　b) 600℃×1h 局部热处理态

c) 600℃×2h 局部热处理态　　d) 600℃×4h 局部热处理态

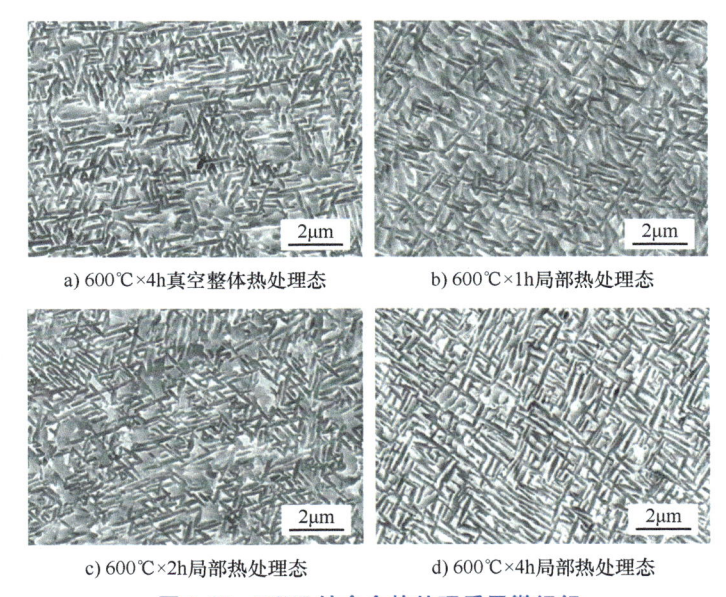

图 5-17　TC17 钛合金热处理后显微组织

2. 拉伸性能分析

表 5-4 为 TC17 钛合金沉积态修复试样、600℃×4h 真空整体热处理态修复试样、600℃×4h 局部热处理态修复试样的室温拉伸性能测试数据。局部退火热处理后，修复试样平均抗拉强度为 1128MPa，平均屈服强度为 1079MPa。与沉积态相比，分别提高 2.36% 和 4.96%；与真空整体热处理相比，平均抗拉强度低 0.88%，平均断后伸长率低 19%。这是由于局部退火热处理对修复试样部分区域进行加热和保温，而真空整体热处理是对修复试样整个试样进行加热和保温，进而局部退火热处理 α 相析出的体积分数相对较少，而且次生 α 相的体积分数也相对较少，因此局部热处理态修复试样抗拉强度及塑性略低于真空整体热处理态试样。

表 5-4　TC17 钛合金室温拉伸性能

试样编号	沉积态			真空整体热处理态			局部热处理态		
	R_m/MPa	$R_{p0.2}$/MPa	A（%）	R_m/MPa	$R_{p0.2}$/MPa	A（%）	R_m/MPa	$R_{p0.2}$/MPa	A（%）
1	1089	1018	10.3	1149	1111	11.0	1127	1077	7.5
2	1107	1033	11.1	1163	1139	10.5	1125	1078	7.7
3	1110	1033	11.3	1165	1139	9.5	1133	1083	6.4

(续)

试样编号	沉积态			真空整体热处理态			局部热处理态		
	R_m/MPa	$R_{p0.2}$/MPa	A（%）	R_m/MPa	$R_{p0.2}$/MPa	A（%）	R_m/MPa	$R_{p0.2}$/MPa	A（%）
平均值	1102	1028	10.9	1138	1092	8.9	1128	1079	7.2
锻件标准				1120	1030	7			

参考文献

[1] 赵卫卫，林鑫，刘奋成，等. 热处理对激光立体成形 Inconel718 高温合金组织和力学性能的影响 [J]. 中国激光，2009，36（12）：3220-3225.

[2] 卞宏友，刘子茗，刘伟军，等. 激光沉积修复 GH4169/GH738 合金时效热处理组织与摩擦磨损性能 [J]. 中国激光，2023，50（12）：177-185.

[3] 卞宏友，翟泉星，韩双隆，等. 激光沉积修复金属去应力退火局部处理工艺 [J]. 材料热处理学报，2017，38（7）：126-131.

[4] GU J L, DING J L, WILLIAMS S W, et al. The strengthening effect of inter-layer cold working and post-deposition heat treatment on the additively manufactured Al-6. 3Cu alloy [J]. Materials Science and Engineering A, 2016, 651: 18-26.

[5] ZUO W, MA L, LU Y, et al. Effects of solution treatment temperatures on microstructure and mechanical properties of TIG-MIG hybrid arc additive manufactured 5356 aluminum alloy [J]. Metals and Materials International, 2018, 24: 1346-1358.

[6] 孔永华，李胡燕，陈国胜，等. 热处理工艺对 GH4169 合金蠕变性能的影响 [J]. 稀有金属与硬质合金，2014，42（1）：52-56.

[7] 葛锋，张玉碧，王春光，等. 热处理对 Inconel 718 合金组织与性能影响的研究进展 [J]. 热加工工艺，2013，42（12）：177-180.

[8] 陈博，邵冰，刘栋，等. 热处理对激光熔化沉积 TC17 钛合金显微组织及力学性能的影响 [J]. 中国激光，2014，41（4）：57-63.

[9] 郭华，于胜文. GH4169 合金时效处理相变问题分析 [J]. 铸造技术，2014，35（5）：939-941.

[10] 张亚玮，张述泉，王华明. 激光熔化沉积定向快速凝固高温合金组织及性能 [J]. 稀有金属材料与工程，2008，37（1）：169-172.

[11] 卞宏友，左士刚，曲伸，等. 激光沉积修复 TA15/TC17 钛合金组织与力学性能 [J]. 应用激光，2019，39（4）：550-555.

[12] 卞宏友，朱明昊，曲伸，等. 激光沉积制造 GH4169 合金组织性能各向异性研究 [J]. 应用激光，2018，38（5）：738-741.

[13] 卞宏友，董文启，王世杰，等. GH4169 薄壁零件表面损伤的激光沉积修复试验研究 [J]. 中国激光，2016，43（10）：90-96.

[14] 卞宏友，赵翔鹏，曲伸，等. 基体预热对激光沉积修复 GH4169 合金性能的影响 [J]. 中国激光，2016，43（7）：98-103.

[15] 卞宏友，赵翔鹏，曲伸，等. 热处理对激光沉积修复 GH4169 合金高温性能的影响 [J]. 中国激光，2016，43（1）：93-99.

[16] 卞宏友，赵翔鹏，杨光，等. 热处理对激光沉积修复 GH4169 合金残余应力和拉伸性能的影响 [J]. 中国激光，2015，42（10）：67-72.

[17] 卞宏友，赵翔鹏，杨光，等. 激光沉积修复 GH4169 合金热处理的组织及性能 [J]. 中国激光，2015，42（12）：161-168.

[18] 刘佳权. TC17 钛合金激光增材修复组织与性能研究 [D]. 沈阳：沈阳工业大学，2023.

[19] 张泽昌. 激光沉积 TC17 钛合金热处理工艺研究 [D]. 沈阳：沈阳工业大学，2023.

第6章

激光定向能量沉积典型合金的组织性能

影响激光定向能量沉积组织和性能的因素很多，包括粉末的粒度、纯度、合金成分等，也包括激光功率、扫描速率、扫描策略等，还包括基板预热，这些因素会影响熔池的行为、热影响区的宽度以及组织演变，进而影响所成形零部件的组织和性能。另外，通过对激光定向能量沉积试样进行热处理，也可以改变其组织和性能，通过优化热处理工艺可以提高力学性能。

6.1 激光定向能量沉积典型粉末材料

6.1.1 典型金属材料

激光定向能量沉积目前应用较为广泛的合金材料有以 Ti-6Al-4V（TC4）为代表的钛合金、以 AlSi10Mg 为代表的铝合金、以 316L 为代表的不锈钢、以 300M 为代表的高强钢、以 H13 为代表的模具钢、以 Incone 718（GH4169）为代表的镍基高温合金以及铜合金、钨合金等。

1. 钛合金

钛具有两种同素异构体，分别为密排六方结构的 α-钛和体心立方结构的 β-钛，图 6-1 所示为 α-钛和 β-钛的晶胞示意图。α-钛在 882℃以下稳定存在，在 20℃时晶格常数为 a = 0.295nm，c = 0.468nm，轴比 c/a = 1.586；β-钛在 882~1678℃稳定存在，在 900℃时晶格常数为 a = 0.332nm。纯钛在 882℃时会发生 β→α 转变，间隙原子和置换原子对相变点有很大影响，因此，钛合金的相变点取决于合金的元素含量。

通常，钛合金主要分为三类，即 α、α+β 和 β 型合金。α 型合金具有非常稳定的组织、抗氧化且耐磨，国内 TA 系列的钛合金在退火态下即为 α 型组织，如 TA15，因合金无相变，因此无法采用热处理方法进行强化。β 型合金的强度较高，但稳定性较差，可通过固溶+时效的热处理制度继续提高强度，国内 TB 系列的钛合金在退火态下的组织为 β 型，如 TB7。α+β 型钛合金在退火态下兼有上述两种 α+β 组织，同时也具有两种合金的性能优点，综合性能优异，组织较稳定，可通过热处理进一步改善其性能，国内 TC 系列的合金即为 α+β 型合金，其中最典型的为 TC4，即 Ti-6Al-4V。

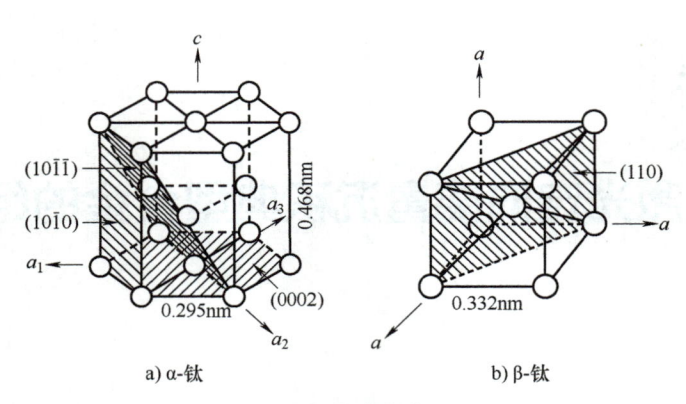

图 6-1 晶胞示意图

2. 铝合金

铝合金是以铝为基添加一定量其他合金化元素的合金，是轻金属材料之一。铝合金的密度为 $2.63\sim2.85g/cm^3$，有较高的强度（110~650MPa），比强度接近高合金钢，比刚度超过钢，有良好的铸造性能和塑性加工性能、良好的导电、导热性能、良好的耐蚀性和焊接性，可作为结构材料使用，在航天、航空、交通运输、建筑、机电、轻化和日用品中有着广泛的应用。

铝合金按其成分和加工方法又分为变形铝合金和铸造铝合金。变形铝合金是以各种压力加工方法制成的管、棒、线、型等半成品铝合金，具体地说，就是先将合金配料熔铸成坯锭，再进行塑性变形加工，通过轧制、挤压、拉伸、锻造等方法制成各种塑性加工制品。变形铝合金根据其用途又可分为防腐铝合金、超硬铝、特殊铝、硬铝、锻铝 5 类。铸造铝合金是将配料熔炼后用砂模、铁模、熔模和压铸法等直接铸成各种零部件的毛坯。按加入的主要元素不同铝合金又可分为 Al-Si 系合金、Al-Zn 系合金、Al-Mg 系合金等。

3. 钢

钢是合金材料中最大的一个分支。钢的成分、形态和制备工艺的多样性造就了其在传统制造业中非凡的地位。在激光定向能量沉积制造技术发展史上，钢也是被广泛用于激光定向能量沉积制造研究的重要材料，可细分为 3 大类：不锈钢、高强钢和模具钢。

不锈钢常按组织状态分为：马氏体型不锈钢、铁素体型不锈钢、奥氏体型不锈钢、奥氏体-铁素体（双相）型不锈钢及沉淀硬化不锈钢等。304 和 316 奥氏体型不锈钢粉末及其低碳钢种 304L 和 316L 是最先研发用于激光定向能量沉积制造研究的不锈钢材料，如今已成为激光定向能量沉积制造市场上典型的加工材料。此外，德国 EOS 公司研制的 GP1（17-4PH）、PH1（15-5PH）马氏体沉淀硬化不锈钢也广泛应用于激光定向能量沉积制造技术。

由美国航空航天局（NASA）和美国空军研究实验室（AFRL）共同研发的 A-100 钢属于二次硬化型超高强度钢，该类合金广泛用于航空航天领域，但其熔炼与成形工艺复杂，现已研发出适用的激光定向能量沉积技术。此外，300M、30CrMnSiA 和 40CrMnSiMoVA 等高强钢的研究也在逐步开展。

H13 模具钢具有高硬度和较好的抗软化性能，激光定向能量沉积成形件的力学性能优于同等硬度的锻造 H13 钢。此外，M2 模具钢和 P20 模具钢等材料也已用于激光定向能量沉积制造行业。德国的 EOS 公司还特别研制了 MS1（18Ni300）马氏体时效钢用作激光定向能量沉积制造专用模具钢。模具一般为单件、小批量生产，其外形相对复杂，内部需要随形冷却通道，特别适合用激光定向能量沉积制造技术加工。

4. 镍基合金

镍基合金是指在 650~1000℃ 高温下有较高的强度与一定的抗氧化腐蚀能力等综合性能的一类合金。按照主要性能又细分为镍基耐热合金、镍基耐蚀合金、镍基耐磨合金、镍基精密合金与镍基形状记忆合金等。高温合金按照基体的不同，分为铁基高温合金、镍基高温合金与钴基高温合金。镍基合金是目前应用最为广泛的一种高温合金，主要应用于高温、强酸或强碱、强氧化等工作环境。

Inconel 718 高温合金中含有铌和钼等元素，在 700℃ 时表现出高强度、优异的韧性和耐蚀性，常用于汽轮机和液体燃料火箭中的零部件。此类合金还具有良好的焊接性，不存在焊后开裂的倾向，因此特别适用于激光定向能量沉积制造叶片。同时，Inconel 625 和 Inconel 738 也是该系列中受到重点研究和应用的两种材料。此外，Inconel 600、Inconel 690 和 Inconel 713 等高温合金材料也已用于激光定向能量沉积技术的成形研究中。

5. 铜合金

铜合金是以纯铜为基体加入一种或几种其他元素所构成的合金。铜合金具有优异的导热、导电性能以及良好的耐磨减摩性能，因此是发动机燃烧室及其他零件内衬的理想材料。但是，这些属性也给铜合金激光定向能量沉积制造带来了一些挑战。另外，铜粉具有较高的反射率，同时容易氧化，激光很难连续熔化铜合金粉末。因此，向铜粉中添加元素以改变粉末的热学特性对于激光定向能量沉积制造至关重要。

6. 其他材料

镁合金、铼合金、钼合金、钨合金、钛、钽、钒、梯度功能材料、金属间化合物等材料也在逐渐开发出适用的激光定向能量沉积工艺。

6.1.2 金属粉末的表征

激光定向能量沉积制造产品的质量可以从以下几个方面综合评价：工件的致密度、尺寸精度、表面粗糙度、沉积速率以及力学性能。金属粉末一般由粒度、粒度分布、流动性、松装密度、振实密度、球形度和球形率等来进行表征。

1. 粒度

颗粒的大小叫粒度，一般颗粒的大小又以直径表示，故也称粒径。金属粉末颗粒分级：1000~50μm 的为常规粉末，50~10μm 称细粉末，10~0.5μm 称极细粉末，小于 0.5μm 称超细粉末，0.0001~0.1μm 称纳米级粉末。

2. 粒度分布

不同粒径颗粒占总量的百分数叫粒度分布。在能量源束斑直径一定的条件下，粒径分布决定了最小沉积层厚度和工件细节尺寸的精度。粒径越小，工件尺寸精度越高。在激光定向能量沉积制造实体结构时，大球体堆积形成框架，小球体填充大球体之间的孔隙，从而形成相对致密的结构。因此，致密的材料结构需要不同粒径的粉体，通常选用不同粒径的粉体按照一定体积分数进行混合。

3. 流动性

流动性是指一定量的金属粉末颗粒流过规定孔径的量具所需要的时间，通常以50g粉末通过霍尔流速计的时间（单位为s/50g）加以测量，数值越小说明该粉末的流动性越好。对于激光定向能量沉积制造技术，粉体的流动性是极其重要的性能指标，进料粉末精确地堆积出薄而均匀的粉末层，粉末层之间融化决定了工件密度的均匀性。流动性是一个与形貌、粒度分布及松装密度相关的综合性参数。粉体的流动性应遵循以下几个规则：

1）球形粉末颗粒比不规则或有棱角的粉末具有更好的流动性。
2）颗粒粒径对于其流动性有很大影响，颗粒尺寸大的比尺寸小的流动性更好。
3）由于颗粒间的毛细作用，粉末的湿度会降低其流动性。
4）在测量流动性的时候，粉末的流动性与粉末堆积密度相关，堆积密度高的粉末流动性比堆积密度低的差。
5）相邻颗粒间的吸引力如范德华力和静电力会影响粉末的流动性或造成粉末团聚，对于粒径越小的粉末，该作用力越明显。

4. 松装密度

松装密度是当粉末试样自然地充满规定容器时，单位容积的粉末质量。自然填充状态下的体积就是颗粒体积+颗粒上的开孔和闭孔体积+颗粒间空隙体积。一般情况下，粉末粒度越粗，松装密度越大，粗细搭配的粉末越能够获得更高的松装密度。松装密度通常用漏斗法、斯科特容量计法来测定。

5. 振实密度

振实密度是指将粉末装入振动容器中，在规定的条件下经过振实后测得的粉末密度。粉体材料振实后的体积是指颗粒体积+颗粒上的开孔和闭孔体积+颗粒间振实后空隙体积。一般振实密度比松装密度高20%~30%。

6. 球形度

球形度是指粉末颗粒形状接近于球形的程度。测试方法为采用扫描电子显微镜（简称扫描电镜）观察，利用专用软件，快速分割扫描电镜下的明暗区域，并对其中的颗粒进行快速划分，剔除拍摄不完整的颗粒，长短轴之比≤1.2的颗粒可视为球形。

7. 球形率

球形率定义为球形粉末占总粉末的比率。测试方法为采用光学显微镜及扫描电子显微镜观察，任意抽取一定数量粒度在规定范围内的粉末，然后计算球形颗粒占总颗粒的百分比。

6.1.3 金属粉末制备

1. 雾化法

金属粉末的制备过程是将经过冶炼的合金原料（锭、棒或丝等）高温熔融，再雾化形成粉末。

（1）真空感应气雾化制粉。真空感应气雾化的原理基于感应加热和气体动力学的相互作用。当感应熔炼线圈中通入高压惰性气体，形成高速气流。在旋转的感应熔炼线圈上，金属材料被感应加热至熔化，并受到气体动力学力的作用，使金属流在高速气流的作用下分散成微米级颗粒。该方法制备的粉末具有高纯度、均匀的粒径分布和良好的流动性等优点。

（2）电极感应气雾化制粉。电极感应气雾化法是将原料在空气、惰性气体下或在真空条件下熔融，随后熔融合金流体通过高速空气、氮气、氦气或氩气喷嘴雾化成颗粒。电极感应气物化制粉粉末颗粒大多呈球形，存在一些不规则的颗粒，颗粒粒径范围为 0~500μm，20~150μm 范围内的粉体产量在总产量的 10%~50% 之间波动。

（3）等离子旋转电极雾化制粉。等离子旋转电极雾化法是将等离子枪产生的等离子弧作为高温热源，熔化高速旋转的金属棒料端面形成熔融金属液膜，液膜在棒料高速旋转离心力的作用下形成微小液滴，最终在惰性气体（氩气或氦气）的冷却作用下快速凝固形成球形金属粉末的一种技术。

（4）等离子雾化法制粉。等离子雾化法以金属丝材为原材料，利用等离子火炬产生的聚焦等离子射流将金属丝材熔化，形成微小金属熔滴，下落过程中在表面张力的作用下，冷却凝固形成球形粉末。金属丝材的雾化及冷凝过程均处于惰性气氛环境中，并且采用非接触式雾化过程，因此可减少氧化，获得高纯度的金属粉末。

2. 化学法

（1）还原法制粉。还原法是利用还原剂在一定条件下将金属氧化物或金属盐类等进行还原而制取金属或合金粉末的方法，是生产中应用最广的制粉方法之一。常用的还原剂有气体还原剂（如氢、分解氨、转化天然气等）、固体碳还原剂（如木炭、焦炭、无烟煤等）和金属还原剂（如钙、镁、钠等）。

（2）电解法制粉。电解法是通过电解熔盐或盐的水溶液使得金属粉末在阴极沉积析出的方法。电解水溶液可以生产 Cu、Ni、Fe、Ag、Sn、Fe-Ni 等金属（合金）粉末，电解熔盐可以生产 Zr、Ta、Ti、Nb 等金属粉末。其优点是制取的金属粉末纯度较高，一般单质粉末的纯度可达 99.7% 以上；另外，电解法可以很好地控制粉末的粒度，可以制取出超精细粉末。但是电解法制粉耗电量大，制粉成本较高。

（3）羰基法制粉。将某些金属（铁、镍等）与一氧化碳合成为金属羰基化合物，再热分解为金属粉末和一氧化碳。工业上主要用来生产镍和铁的细粉和超细粉以及 Fe-Ni、Fe-Co、Ni-Co 等合金粉末，这样制得的粉末很细，纯度很高，但成本高。

3. 机械法

（1）球磨法制粉。球磨法主要分为滚动球磨法和振动球磨法。该方法利用了金属颗粒在不同的应变速率下产生应变而破碎细化的机理。此方法主要适用于 Sb、Cr、Mn、Fe-Cr 合金等粉末的制取。其优点是可连续操作，生产率高，适用于干磨、湿磨，可以进行多种金属及合金的粉末制备；缺点是对物料的选择性不强，在粉末制备过程中分级比较困难。

（2）研磨法制粉。研磨法是将压缩气体经过特殊喷嘴后，喷射到研磨区，从而带动研磨区内的物料互相碰撞，摩擦成粉。气流膨胀后随物料上升进入分级区，由涡轮式分级器分选出达到粒度的物料，其余粗粉返回研磨区继续研磨，直至达到要求的粒度被分出为止。

6.1.4 金属粉末特性及其对制件影响

1. 颗粒形貌

颗粒形貌对粉体的堆积密度和流动性能有很大影响。与不规则的颗粒相比，球状的或规则的等轴颗粒倾向于有序紧密堆积。研究表明，颗粒形貌对铺粉的堆积密度进而对沉积工件的密度有显著影响，颗粒形貌越不规则，颗粒的堆积密度越低，越容易导致激光定向能量沉积制造的产品存在缺陷。

2. 粉末氧含量

金属重熔后，元素以液体形态存在，或者可能存在易挥发元素的挥发损失，且粉末的形态存在卫星球、空心球等问题，因此有可能在局部生成气孔缺陷，或者造成沉积后的零部件的成分异于原始粉末或者母合金的成分，从而影响到工件的致密性及其力学性能。因此，对不同体系的金属粉末，氧含量均为一项重要指标，以钛合金为例，业内对该指标的一般要求在0.13%~0.15%，亦即氧元素在金属中所占的质量百分比在0.13%~0.15%。由于目前用于激光定向能量沉积的金属粉末制备技术主要以雾化法为主（包括超声速真空气体雾化和旋转电极雾化等技术），容易产生氧化，因此在粉末制备过程中要对气氛进行严格控制。

3. 粉末中的杂质

粉末中的杂质通过目视、体视显微镜和扫描电镜进行检查。取待测粉末100g，放入直径为50~100mm的玻璃器皿中（可分批放入，以单层平铺为原则），首先通过目视直接检查，然后分别用体视显微镜，扫描电镜仔细对样品粉末夹杂进行检查。粉末中的杂质会对激光定向能量沉积零件性能产生有害影响。

6.2 激光定向能量沉积合金组织

6.2.1 镍基合金显微组织

为了深入研究激光定向能量沉积金属制件的内部组织和相的形成规律与特征，选用镍基合金粉末（F101）进行单道多层沉积的薄壁墙试验（工艺参数见表6-1），图6-2所示为该试验的示意图。在基板上进行沉积100层的薄壁墙试验后，采用线切割方式沿垂直方向在薄壁墙顶部切取金相试样进行显微组织分析。

表6-1 工艺参数

激光功率/W	扫描速率/(mm/s)	光斑直径/mm	送粉速率/(g/min)	扫描间距/mm	分层厚度/mm
700	6	3	4	1.3	0.25

图6-3所示为薄壁墙纵截面沉积层中部的显微组织（扫描电子显微镜照片）。由图可见，凝固显微组织主要由相互平行且生长方向与基板垂直（从熔池底部指向顶部）的枝晶组成，由于基材的冷却作用，使得液态金属在冷却凝固过程中具有方向性，晶粒择优取向生长，形成与基板几乎垂直的枝晶组织。

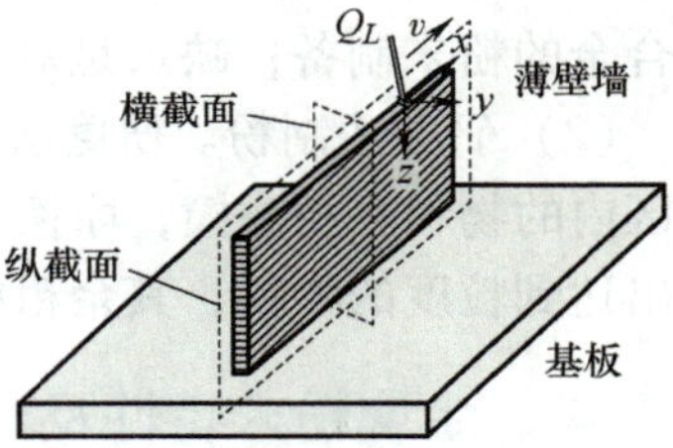

图6-2 薄壁墙试验示意图

激光定向能量沉积成形工艺过程中沉积层中轴线纵截面和沉积成形过程固液界面温度梯度G与凝固速率v变化示意图如图6-4所示，假设激光扫描速度沿v_b方向推进，并形成熔池。由文献可知，在凝固区内固液界面的局部凝固速度v_s（指固液界面在法线方向上的推进速度）与光束扫描速度v_b之间的关系为

$$v_s = v_b \cos\theta \tag{6-1}$$

式中，θ 为固液界面法线方向与光束扫描速度方向之间的夹角，即 v_s 与 v_b 的夹角，定义为凝固方向角。

图 6-5 所示为激光熔池在沿扫描速度方向上的截面示意图。工作台承载基材和沉积层以速度 v_b 向右运动，改变参考系，看成激光束以扫描速度 v_b 向左移动，而固液界面也会随着光斑运动，其大小也为速率 v_b，由 Ⅰ 向 Ⅱ、Ⅲ 处迁移，假设 A、B、C 是熔池深度方向上位于底部、中部、顶部的三点。

从图 6-5 中可以看出，当界面离开 Ⅰ 的瞬间，熔池底部的 A 处开始凝固，由于该处 θ 趋向于 90°，因而 v_s 趋向于 0，形状控制因子 G/v_s 值很大，凝固组织以低速平界面生长，形成平面晶组织形态。

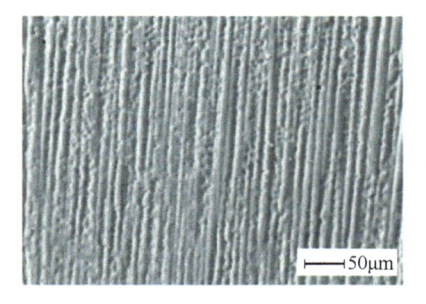

图 6-3　薄壁墙纵截面沉积层中部的显微组织

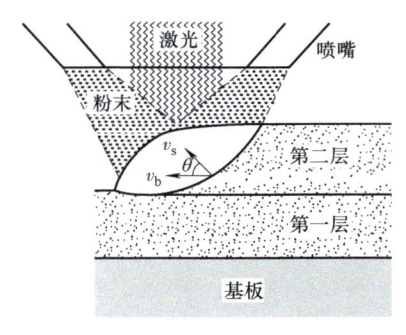

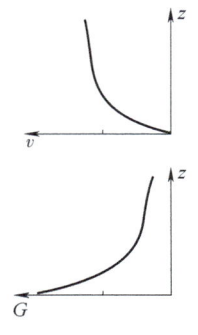

图 6-4　沉积层中轴线纵截面和沉积成形过程固液界面温度梯度 G 与凝固速率 v 变化示意图

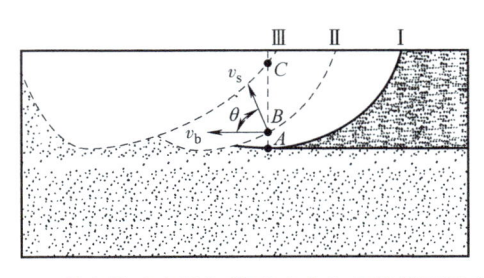

图 6-5　激光熔池在沿扫描速度方向上的截面示意图

从图 6-6 所示的沉积层表面的 X 射线衍射结果可以看出，其表面的 (111)、(200) 和 (220) 晶面衍射峰非常明显，说明沉积层表面为多晶且晶粒取向比较杂乱，不再是定向凝固的枝晶组织。此外，还可以从中看出，其组织为全 γ 相组织，即 γ (111)、γ (200) 和 γ (220)。在衍射图中没有发现与之共格析出的 γ′相，推断是因为冷却速率过快，使得 γ′相在 γ (Fe, Ni) 固溶体内难以析出。

图 6-7 所示为薄壁墙纵截面中部沉积层扫描电镜形貌。图中为中部三层沉积层的显微结构，并标识了激光束扫描方向和激光束入射方向。从图中可以看出，每一沉积层都分为两个区域：沉积区和重熔区。每一层沉积区域的柱状枝晶总是自下而上朝着扫描方向有轻微的倾

斜。从图 6-4 和图 6-5 中可以看出，熔池下部首先形核的晶粒由于垂直方向的温度梯度而择优取向生长，但晶粒形核生长的方向又有沿固液界面法向方向推进的趋势，所以形成了这种有一定倾斜角度的枝晶结构，并且新生枝晶总是在前一层枝晶的顶部形核并且沿着它的生长方向继续外延生长。图 6-8 所示为薄壁墙纵截面中部沉积层重熔区的视图。从图中可以看出，重熔区的微观组织表现为没有明显组织特征的窄薄条带，局部阻止了新沉积层中的枝晶沿袭前一层中枝晶的生长方向。这种现象可由图 6-5 及相关理论来解释，重熔区位于熔池的底部，θ 接近 90°，凝固速率很低，这将会导致重熔区的晶粒生长方式成为没有明显组织特征的平面晶特征。

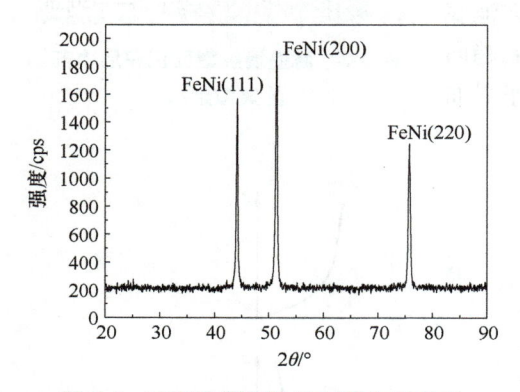

图 6-6　沉积层表面的 X 射线衍射结果

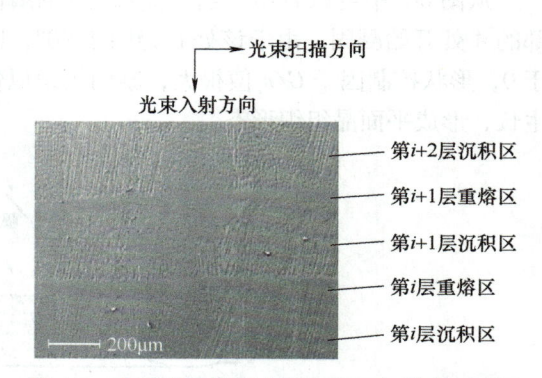

图 6-7　薄壁墙纵截面中部沉积层扫描电镜形貌

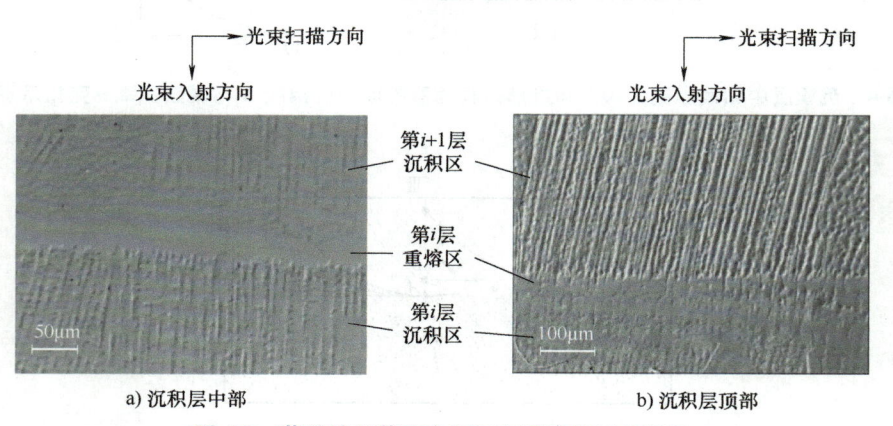

a) 沉积层中部　　b) 沉积层顶部

图 6-8　薄壁墙纵截面中部沉积层重熔区的视图

此外，从图 6-7 中还可以发现，中部各沉积层并未出现图 6-3 所示的顶部沉积层的等轴晶组织，这种现象可以解释为前一沉积层表面的等轴晶组织在沉积下一层时被重熔，造成重熔区的显微组织在较低凝固速率下表现为平面晶生长方式，微观结构表现为无明显组织特征。

6.2.2　不锈钢显微组织

对在激光功率 1000W、扫描速率 8mm/s、送粉速率 4g/min、光斑直径 2mm、扫描路径间距 1.38mm 这组工艺参数下得到的 316 不锈钢沉积层的横截面进行了显微组织分析。

1. 微观形貌

图 6-9 所示为 316 不锈钢在 A3 基体上激光定向能量沉积后在结合区的形貌，沉积层的横截面由基体、结合区、沉积层三部分组成。定向能量沉积层与基体结合区存在一较窄的白亮带，这是沉积层与基体金属在热源作用下合金元素交互扩散而形成的固溶结合层，它的微观组织是几微米宽的平面晶带，腐蚀后呈白亮色，由 γ(Fe，Ni) 固溶相构成，它的存在表明沉积层与基体之间已形成了良好的冶金结合。在白亮带上面还有一条十几微米宽的无明显组织特征的区域，这是平面晶低速外延生长到沉积层中形成的无组织结构区。在它的上面出现了垂直于结合面向上生长的枝晶组织。

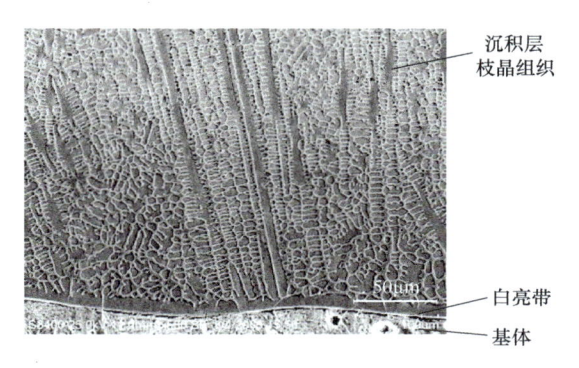

图 6-9 316 不锈钢在 A3 基体上定向能量沉积后在结合区的形貌

激光定向能量沉积过程可近似地看成是一个定向凝固过程，由前面的分析可知，在熔池底部形状控制因子 G/v_s 值很大，凝固组织以低速平界面生长，形成由固溶相构成的白亮带和无明显组织特征的结构区；随着离熔池底部距离的增加，G/v_s 值迅速减小，平界面失稳，晶粒长大机制占优，形成柱状枝晶组织。

2. 沉积层全貌

图 6-10 所示为 316 不锈钢沉积层的金相全貌图，从该低倍金相照片中可以看到，除了沉积层与基材结合处出现了表明冶金结合的白亮带，整体显微组织都呈细密枝晶并行连续外延生长状态，顶部也没有了成形镍基粉末所得到的等轴晶组织。

下面结合柱状晶/等轴晶（Columnar to Equiaxed Transition，CET）生长转变理论分析在316 不锈钢沉积层顶部出现外延柱状枝晶、而未出现等轴晶凝固组织的原因。在分析中针对316 不锈钢试验材料的情况，采用了西北工业大学李延民等人关于 Fe-17Cr-12Ni 三元合金的分析计算具体过程，根据 Gaumann 的 CET 转变模型（简称 GTK 模型）建立了新的改进模型。改进模型中为了简化讨论，将转化的临界等轴晶体积分数确定为 0.5，若等轴晶体积分数大于临界值为等轴晶生长，反之则为柱状晶生长。

图 6-11 所示为改进 GTK 模型所计算得出的316 不锈钢 CET 转变曲线。图中的阴影部分大致为本工艺参数下激光定向能量沉积 316 不锈钢过

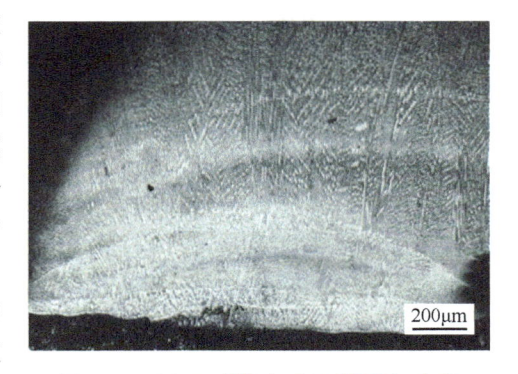

图 6-10 316 不锈钢沉积层的金相全貌

程中温度梯度和凝固速率的范围。从图中可以看出，因采用的工艺参数的凝固组织均落在柱状晶生长范围内，未发生 CET 转变。转变预测模型与图 6-10 所示的试验结果得到了很好的吻合，沉积层凝固组织整体呈现从基底外延的完全柱状枝晶形态，顶部并未出现等轴晶生长，证明了李延民等人所建立的改进转变模型的正确性。对于镍基合金粉，由于成形过程中温度梯度、凝固速率、粉末成分等与 316 不锈钢不尽相同，推断是因为在特定工艺参数下激光熔池从底部向顶部温度梯度不断降低，而凝固速率逐渐增大，导致合金粉沉积层顶部的局域凝固条件落在了其 CET 转变曲线的左上侧，即等轴晶区域内，因此在沉积层顶部出现了柱状晶向等轴晶的组织转变。

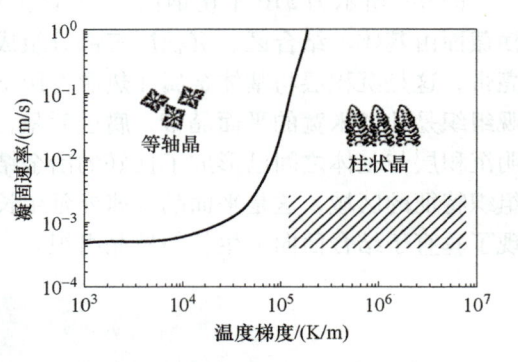

图 6-11 316 不锈钢柱状晶/等轴晶（CET）转变曲线

3. 沉积层内部微观组织

图 6-12a 和图 6-12b 所示分别为 316 不锈钢沉积层横截面左右部分的局域微观组织。从图中可以看出，316 不锈钢沉积层的内部呈现明显的枝晶外延生长形态。不但沉积层横截面的总体形貌呈弧形，而且沉积层内部凝固的金属熔滴由于受表面张力的作用，也表现为凝固枝晶组织沿圆弧半径方向连续外延生长，并且先后凝固的熔滴形成弧形的分界面。此外，沉积层内下部的一次枝晶粗大，二次枝晶发达；而上部的枝晶细密，一次枝晶干和二次枝晶臂之间的间距也均变小。

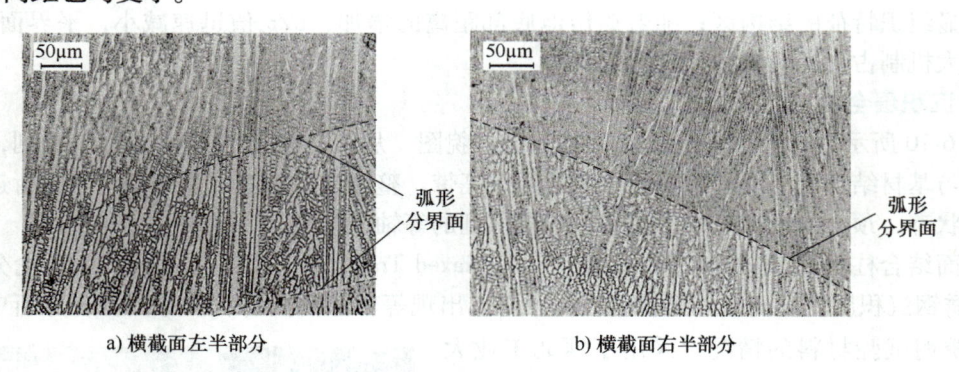

a) 横截面左半部分　　　　b) 横截面右半部分

图 6-12 316 不锈钢沉积层内部局域微观组织

4. 沉积层内部成分变化和相组成

图 6-13a 和图 6-13b 所示分别为激光定向能量沉积层横截面沿水平、垂直方向元素成分的能谱线扫描结果。从图中可以看出，合金中的主要元素 Fe、Cr、Ni 在沉积层内部的水平和垂直扫描线上波动平缓、分布均匀。图 6-13b 中在基材与沉积层交界处出现了成分能谱线的突变，因为 Q235 钢的主要成分为 Fe 元素，不含有其他合金元素，所以在从沉积层向基材过渡时，Fe 元素含量突增，而 Cr、Ni 元素含量骤减。在过渡区内，可以观察到基材与沉积层之间的元素扩散作用。该过渡区的成分曲线波动现象可由图 6-14 来解释说明，图 6-14

所示为650℃时的Ni-Fe-Cr三元平衡相图，图中的A点表示316不锈钢的化学成分，B点表示Q235钢的化学成分，线从A至B表示Ni、Fe、Cr合金元素由沉积层向基材高度方向的成分含量变化情况，由此可以说明成分的能谱线在过渡区发生突变的原因。

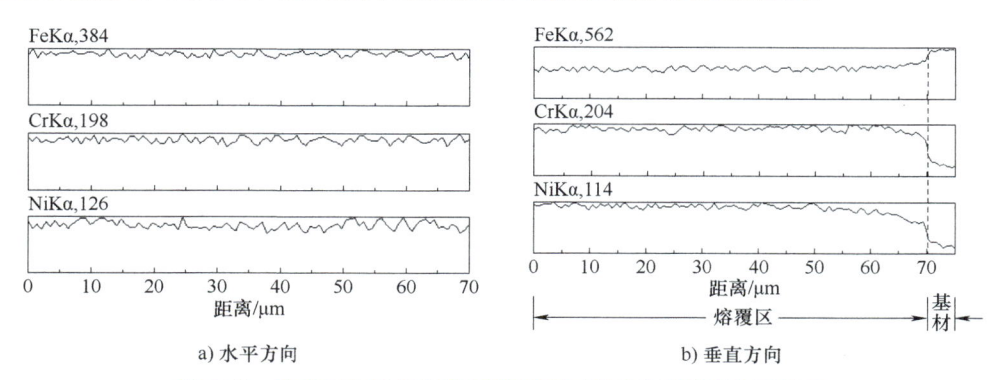

a) 水平方向

b) 垂直方向

图6-13　激光定向能量沉积层横截面元素成分能谱线扫描结果

为了考察成形件的微观偏析程度，沿图6-15所示的相邻枝晶主干连线方向间隔一定距离选点测量了Fe、Cr、Ni三种主要元素的含量变化，点距10μm，测量结果如图6-16所示。图6-17所示为前三个测量点的能谱图。从图中可以看出，沉积层的元素成分比较均匀，与合金粉末的名义成分很接近。从中还可以计算出激光沉积成形件微观尺度内Fe、Cr、Ni的成分偏析度（即元素的最大含量与最小含量的比值）分别约为1.05、1.18、1.21，可见激光沉积成形件的成分在宏观和微观尺度内都是很均匀的，没有出现明显的成分偏析现象。相比传统的铸造等加工方式，偏析程度明显减弱。

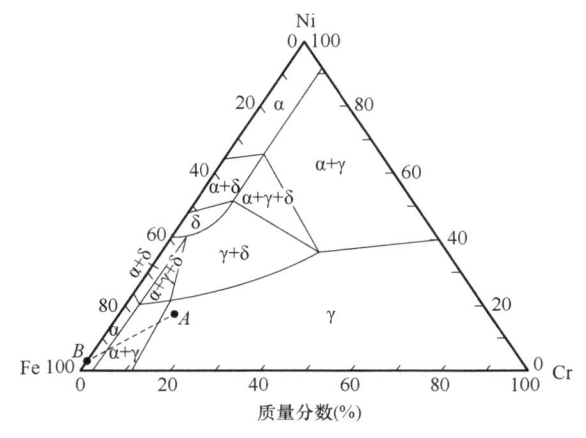

图6-14　650℃时Fe-Ni-Cr三元合金平衡相图
（A、B点分别代表316不锈钢和Q235钢的成分）

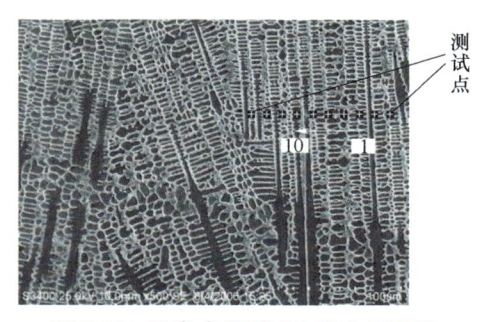

图6-15　元素成分测试点分布示意图

图6-18所示为316不锈钢激光定向能量沉积直接成形件X射线衍射曲线。从中可以看出，其组织为全γ相组织。对于Cr、Ni含量相近的不锈钢来说（Cr/Ni<1.5），其凝固组织以γ相为主，而且随着冷却速率的提高，溶质扩散能力下降，其组织中γ相逐渐增加，当冷却速率很高时，将得到全γ相组织；并且Cr/Ni比值越低，就越容易形成γ相，得到全γ相所需的冷却速率就越小。对于本试验所使用的316不锈钢来说，其Cr/Ni比值约为1.24，而

165

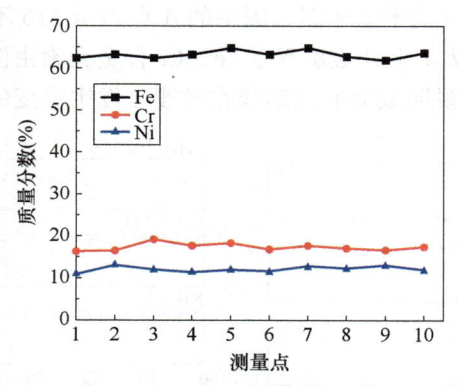

图 6-16 选点测量 316 不锈钢激光沉积成形件内部元素 Fe、Cr、Ni 含量变化结果

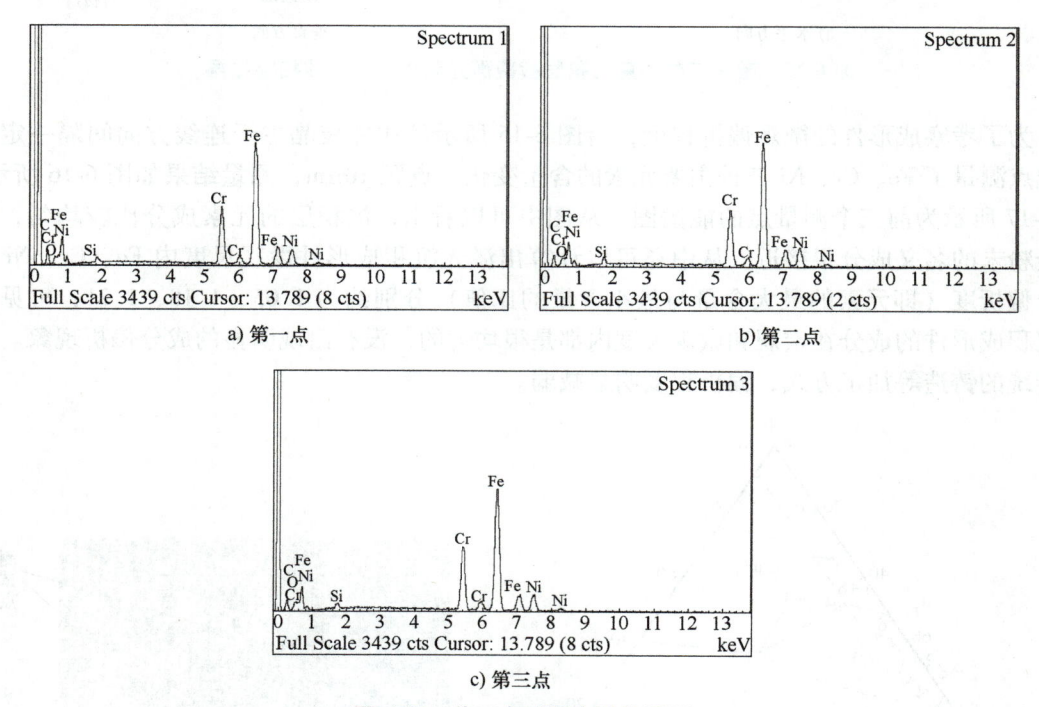

a) 第一点

b) 第二点

c) 第三点

图 6-17 前三个测量点的能谱图

且成形过程的凝固速率和冷却速率都很高，使得在凝固过程中 γ 相生长始终占据领先位置，因而形成了全 γ 相组织。

6.2.3 钛合金显微组织

选用 TC4 钛合金粉末进行激光定向能量沉积试验，试验中的工艺参数为激光功率 1000W、扫描速率 10mm/s、光斑直径 3mm、搭接率 50%、约束气流量 20L/min、送粉气流量 4L/min，每层层厚 0.5mm。试验中所采用的 TC4 钛合金粉末是由电极感应熔炼气体雾化法制备，粉末粒度为 53~135μm。TC4 钛合金粉末的成分见表 6-2，图 6-19 给出了粉末形貌和成分测试结果。

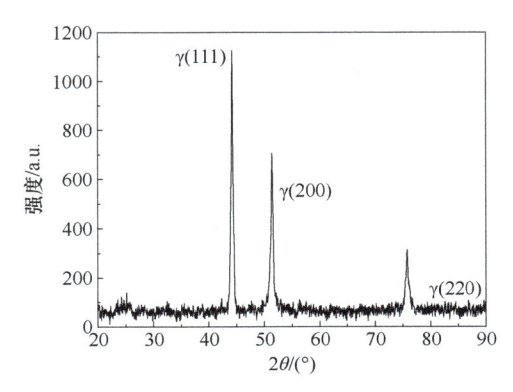

图 6-18　316 不锈钢激光定向能量沉积直接成形件 X 射线衍射曲线

表 6-2　TC4 钛合金粉末的成分

元素	Al	V	Fe	Si	C	N	H	O	Ti
质量分数（%）	6.02	4.00	0.098	0.033	0.025	0.04	0.008	0.16	其他

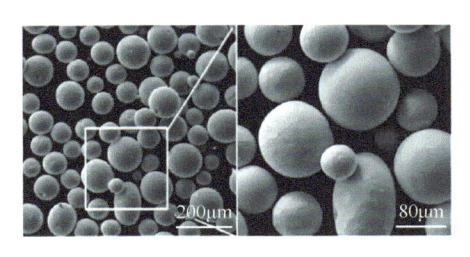

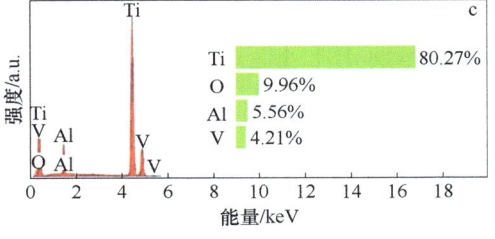

a) 粉末形貌电子显微镜图　　b) EDS 分析(成分测试结果)

图 6-19　TC4 钛合金粉末形貌及 EDS 分析

图 6-20 所示为激光定向能量沉积 TC4 钛合金显微组织形貌。从图中可以看出，沉积态试样的显微组织由大量粗大的 α 片层和粗短状的 β 相组成，晶界完整且晶界周围有大量的 α 相沿晶界生长成集束状，α 片层相间为 β 相。TC4 合金在成形过程中，由于熔池冷却速率极快，组织中来不及进行转变，转而发生马氏体相变形成 α′ 针状马氏体。针状马氏体组织是由大大小小的针状马氏体混合交错构成，马氏体分解析出的 β 相颗粒弥散分布于针状马氏体周围。

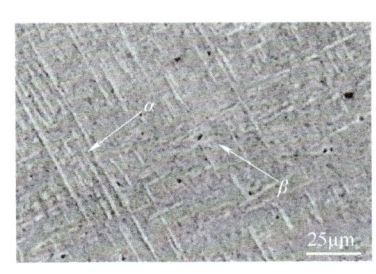

a) 粗大的α片层和粗短状的β相　　b) α′针状马氏体

图 6-20　激光定向能量沉积 TC4 钛合金显微组织形貌

6.3 激光定向能量沉积典型材料力学性能

6.3.1 镍基合金力学性能

1. 强度与塑性

为了深入研究激光定向能量沉积金属制件的强度与塑性特征，选用镍基合金粉末（自配制的一种镍基合金粉末）进行了单道多层沉积的薄壁墙试验（工艺参数见 6.2.1 节中表 6-1）。在基板上进行沉积 100 层的薄壁墙试验后，采用线切割方式在图 6-2 中的薄壁墙试样上沿垂直和平行于扫描方向切取尺寸如图 6-21a 所示的标准片状力学性能拉伸试样，切割后的实物图见图 6-22，然后利用 SANS CMT5105 型电子万能试验机以 0.5mm/min 的加载速率沿图 6-21b 和图 6-21c 所示的方向加载进行常温拉伸试验。

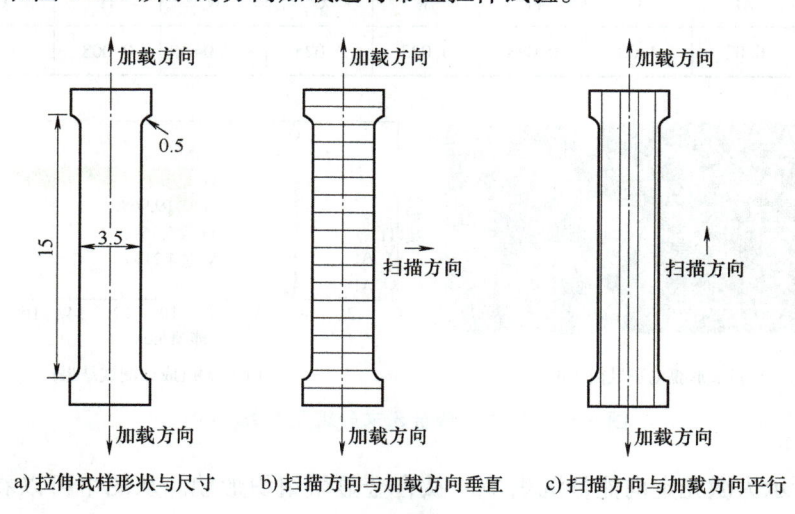

a) 拉伸试样形状与尺寸　b) 扫描方向与加载方向垂直　c) 扫描方向与加载方向平行

图 6-21　拉伸试验示意图

激光定向能量沉积镍基合金试件的力学性能数据结果见表 6-3。测试结果表明，激光定向能量沉积试件的力学性能具有各向异性。扫描方向与拉伸方向平行的试件的屈服强度和断裂强度比扫描方向与拉伸方向垂直的试样高很多，但断后伸长率却要低得多。这是由于当扫描方向与拉伸方向平行时，大部分枝晶晶界与拉伸方向垂直，由此阻碍位错运动，可以承受更大的载荷，起到了晶界强化的作用。

图 6-22　拉伸试样实物图

表 6-3　激光定向能量沉积镍基合金试件的力学性能

激光定向能量沉积方向	弹性模量/GPa	屈服强度/MPa	抗拉强度/MPa	断后伸长率（%）
平行	15.2	385	572	9.6
垂直	4.83	224	338	18.5

图 6-23 所示为拉伸试样拉断后断口形貌的扫描电镜照片。通过断口组织形貌的观察，发现在断口上分布着各种形状和大小的韧窝，断口上出现韧窝是组成相韧性较高的标志，说明破坏前承受大的正应力作用。

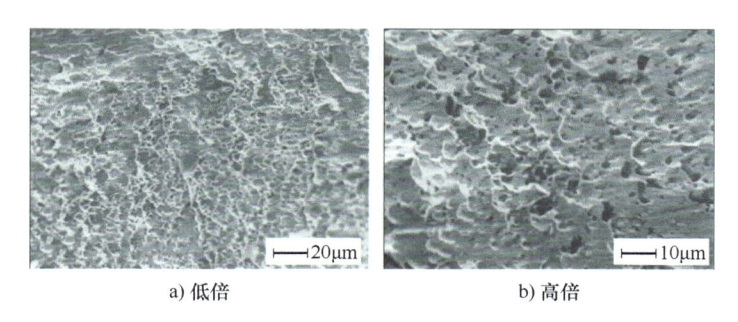

a) 低倍　　　　　　　　　　b) 高倍

图 6-23　拉伸试样断口形貌的扫描电镜照片

2. 显微硬度

显微硬度是衡量材料性能的重要指标之一，它除了与材料本身的性能有关外，还取决于材料的组织结构。图 6-24 所示为采用最佳工艺参数（见表 6-1）单道沉积 40 层成形的镍基合金薄壁零件纵截面显微硬度分布。横坐标为基板表面到薄壁测量点的垂直距离，即薄壁高度，纵坐标为测量的维氏显微硬度值。纵截面各部位显微硬度值在 123.2~135.5HV，薄壁零件的底部与顶部的硬度明显高于中间的部位。零件顶部的硬度高是因为保护气流和外界环境的强冷作用导致沉积层快速凝固和组织细化引起的。零件中间部位的显微硬度降低是因为在每一个循环中（即激光束往复运动一次），各点的温度都经历一次从低到高再降低的循环过程，这样先成形的部分将经历数次热循环，这种效果与多次回火和时效热处理相当，因此造成了零件中间部位显微硬度的降低。而零件底部的显微硬度又呈上升趋势是因为初期进行的多层沉积过程受到基板的强制冷

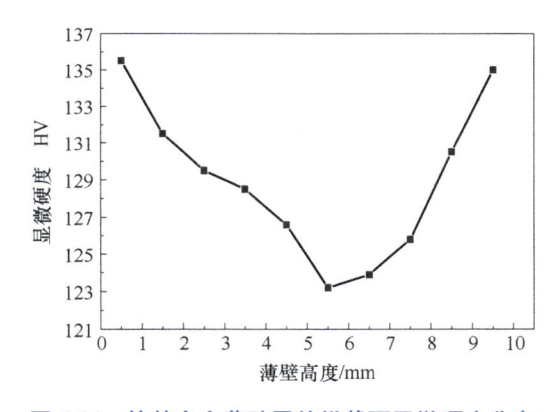

图 6-24　镍基合金薄壁零件纵截面显微硬度分布

却作用，自下而上的温度梯度显著，形成了特别细密的枝晶所至。综合以上各个因素，造成了沉积层中各部位的显微硬度差异。

6.3.2　不锈钢力学性能

1. 强度与塑性

采用最优工艺参数（激光功率 1000W、扫描速率 8mm/s、送粉速率 4g/min、光斑直径 2mm、扫描间距 1.38mm）在激光定向能量沉积成形的多层薄壁墙试样上切取如图 6-21b 和图 6-21c 所示的两个标准拉伸试样。一个拉伸试样的加载方向与扫描方向垂直，另一个拉伸试样的加载方向与扫描方向平行。拉伸试样的 SEM 断口形貌如图 6-25 所示。从图中可以看

出，断口表面为灰色、粗糙不平的缩颈区，其上分布着各种形状和大小的韧窝，说明在应力载荷达到断裂强度的时候，试样发生了塑性断裂，韧窝表明所制材料具有很好的韧性。表 6-4 中为激光定向能量沉积 316 不锈钢薄壁件与常规退火态 316 不锈钢棒材的力学性能的比较。从 Sandia National Laboratories（美国圣地亚国家实验室）的相关试验结果来看，激光定向能量沉积金属制件由于分层制造出现的各向异性可以通过固溶和时效等后续热处理制度来减弱或消除。

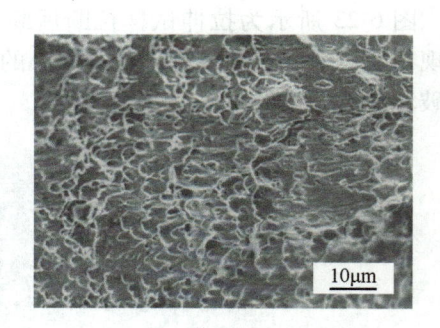

图 6-25 激光定向能量沉积 316 不锈钢试件的 SEM 断口形貌

表 6-4 激光定向能量沉积 316 不锈钢薄壁件的力学性能

沉积成形材料方向	屈服强度/MPa	抗拉强度/MPa	断后伸长率（%）
平行	558	639	21
垂直	352	536	46
退火态棒材	241	586	50

2. 显微硬度

为了测试 316 不锈钢薄壁件的显微硬度分布，沿着薄壁件横截面的高度和宽度方向选取如图 6-26 所示的测量点进行测量。厚度方向两相邻测量点的距离为 0.1mm，而高度方向两相邻测量点的距离为 0.2mm，高度方向的起始测量点为距薄壁件横截面中轴线顶部 0.2mm 处，并标记为 1，向下每隔 0.2mm 依次记录为 2、3…12。厚度方向则沿第 12 个点向两侧各测 5 个点。硬度测试结果如图 6-27 和图 6-28 所示。

从图 6-27a 中可以看出，激光定向能量沉积 316 不锈钢薄壁件横截面宽度方向硬度分布呈现出两边高、中间低的趋势，而图 6-27b 所示的高度方向硬度分布沿顶部向中部有逐渐降低的趋势，顶部由于受到保护气和外界的冷却作用，受到的热影响最小，同时没有重熔情况发生，所以硬度值较高。

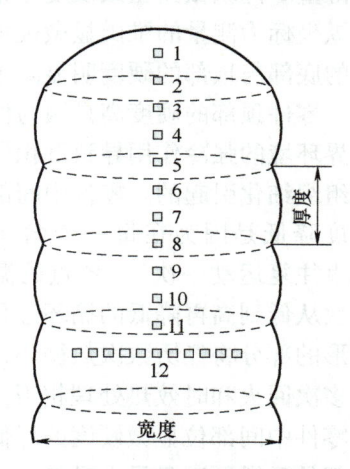

图 6-26 薄壁件横截面硬度测量点分布示意图

6.3.3 钛合金力学性能

1. 强度与塑性

以 GB/T 228.1—2021 为标准对激光定向能量沉积 TA15 合金进行高温拉伸，试验结果见表 6-5。同一温度下定向能量沉积 TA15 钛合金力学性能没有表现出较大的差异性，TA15 钛合金的抗拉强度为 642~687MPa，断后伸长率为 26.4%~41.1%，断面收缩率为 45.2%~70.7%，屈服强度为 519~551MPa。

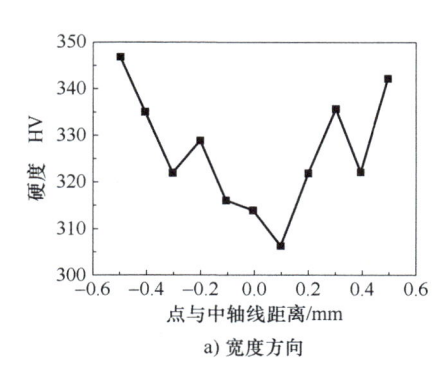

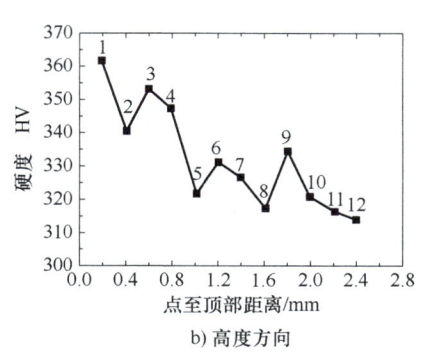

第6章 激光定向能量沉积典型合金的组织性能

a) 宽度方向

b) 高度方向

图 6-27　激光定向能量沉积 316 不锈钢薄壁件横截面硬度分布

表 6-5　激光定向能量沉积 TA15 高温短时拉伸试验结果

试样编号	温度/℃	抗拉强度/MPa	断后伸长率（%）	断面收缩率（%）	屈服强度/MPa
TXY-1	500	669	26.8	56.9	541
TXY-2	500	642	32.6	61.3	525
TXY-3	500	687	26.4	48.5	547
TXY-4	500	659	36.3	55.9	530
TXY-5	500	671	28.8	50.8	551
TXY-6	500	662	32.7	45.2	522
TZ-1	500	678	35.6	64.4	523
TZ-2	500	643	41.1	70.7	526
TZ-3	500	664	29.5	52.4	542
TZ-4	500	652	32.2	58.8	537
TZ-5	500	648	37.0	64.6	519
TZ-6	500	669	31.6	57.5	545

2. 耐磨钛基沉积层显微硬度

图 6-28 所示为耐磨钛基梯度沉积层沿厚度方向的显微硬度变化。可以看到从沉积层到基材的显微硬度呈现梯度下降，沉积层硬度最高，保持在 1200~1400HV，大约是基材的 3 倍，由于基材元素的混入使得结合区硬度下降，在 600~800HV。梯度沉积层的显微硬度稳定，表明其在相同厚度区域具有均匀的力学性能，有利于沉积层在受到外力作用时保持稳定。

3. 钛合金断裂韧性

（1）钛合金断裂韧性测试条件。金属零件的断裂韧性表征的是材料阻止裂纹扩展的能力，是度量材料韧性好坏的一个定量指标。TA15 合金粉末的化学成分见表 6-6，试件采用 C (T) 试样。

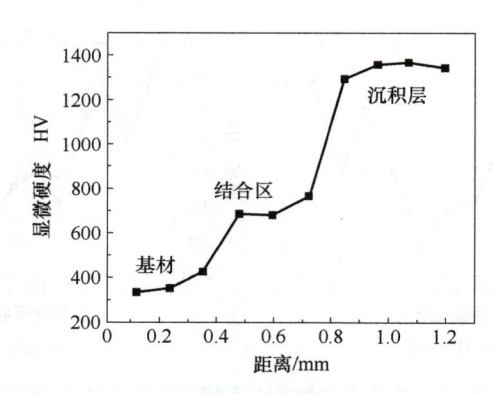

图 6-28 耐磨钛基梯度涂层沿厚度方向的显微硬度变化

表 6-6 TA15 合金粉末的化学成分

元素	Al	Zr	Mo	V	Fe	Si	C	N	H	O	Ti
质量分数（%）	6.530	1.780	1.530	1.470	0.130	0.033	0.012	0.014	0.005	0.110	其他

试件按两个方向取样，取样方向如图 6-29 所示，Z 方向为沉积方向，裂纹分别在 xz 平面，xy 平面内预制。试件编号与工艺情况见表 6-7。

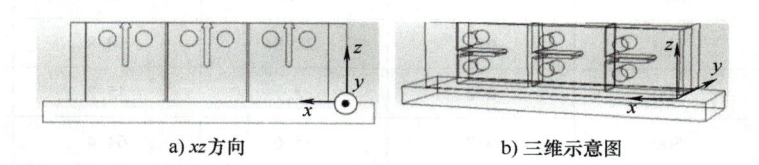

a) xz 方向 b) 三维示意图

图 6-29 试件取样方向示意图

表 6-7 C（T）试件情况

取样方向	试验件编号	对应编号	材料工艺	数量
z 方向	LDM-5~8	JGXF-DLRD-B-室-01~04	激光定向能量沉积 TA15	4
x 方向	LDM-9~11	JGXF-DLRD-D-室-01~03		3

试验均在室温大气环境下进行。裂纹预制过程采用应力模式，加载正弦波，应力比 $R=0.1$，加载频率 10Hz。静力拉断过程采用位移模式加载，加载速率 0.05mm/s。

断裂韧度测定试验在 Instron-100kN 疲劳试验机上进行。断裂韧度测定试验使用 U 形夹具，外形尺寸严格按照《ASTM-E399 金属材料线弹性平面断裂韧度 K_{IC} 试验方法》相关规定设计。试验采用 YYJ-3/5-D 电子引伸计测量裂纹尖端张开位移，技术参数见表 6-8。

表 6-8 YYJ-3/5-D 电子引伸计技术参数

引伸计级别	0.5 级	校准范围/mm	0~3.0
标距 L_e/mm	5.0	最大变形/mm	3
标定器	GWB-200	电源电压/V	5

(续)

校准系统	引伸计检定装置	灵敏度/(mV/V)	1.45
校准依据	JJG 762-2007		

根据标准，紧凑拉伸试样预制裂纹名义长度为 $(0.45 \sim 0.55)W$，其中，W 为试宽度，这里的 $W=60\text{mm}$，则预制裂纹名义长度为

$$(0.45 \sim 0.55)W = 27 \sim 33\text{mm} \tag{6-2}$$

预制裂纹前缘到缺口顶点的名义距离为

$$(0.45 \sim 0.55)W - 27 = 0 \sim 6\text{mm} \tag{6-3}$$

确定合理的应力水平和循环数，采用 $R=0.1$ 的应力比预制裂纹。为了获得满足要求的预制裂纹，对每件试验件采用表面直读方法测定裂纹前缘到缺口顶点的距离为 3~4mm。

将引伸计安装于试样上，静力加载直至试件拉断。标准规定，试样加载速率应使应力强度因子速率在 $0.55 \sim 2.75\text{MPa} \cdot \text{m}^{1/2}/\text{s}$ 范围内。根据应力强度因子计算公式，偏保守的确定位移加载速率为 0.05mm/s。

（2）钛合金断裂韧性测试过程。z 轴取样方向进行了 4 件试件试验，x 轴取样方向进行了 3 件试件试验。直线为初始载荷随裂纹位移曲线，曲线为试验后期变化曲线。z 轴取样方向 4 件试件的典型 p-v 曲线，如图 6-30a 所示，四件试件最大韧性强度均在 0.8~1.0mm 裂纹之间。x 轴取样方向 3 件试件的典型 p-v 曲线，如图 6-30b 所示，该方向上三件试件最大韧性强度发生在 1.0~1.2mm 裂纹之间。

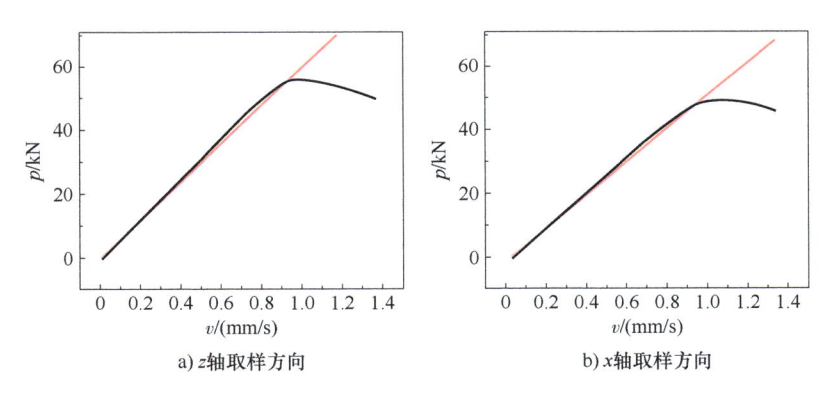

a) z 轴取样方向

b) x 轴取样方向

图 6-30 试件的拉伸 p-v 曲线

（3）钛合金断裂韧性测试结果。根据标准，对于断裂韧度测定试验测得数据，按照以下步骤完成 PQ 与 K_{IC} 的计算。

1）裂纹长度 a 的测量。沿着裂纹厚度方向等距取五个位置测取 5 个读数 $a_1 \sim a_5$，然后以 $a = 1/3(a_2 + a_3 + a_4)$ 作为裂纹平均长度，规定 a_2，a_3，a_4 中最大与最小长度之差不得超过 2.5%，a_1 或 a_5 与 a 之差不得大于 10%。试验结束后，通过断口判读得到了每个试件的有效裂纹长度。

2）利用 p-v 曲线确定 PQ。做初始线性段斜率 95% 的割线 OP，在交点之前单调增，则 $PQ = P$，否则取 P 之前的最大载荷作为临界负荷 PQ。

3）计算 KQ。标准紧凑拉伸试样的应力强度因子为

$$KQ=PQ/(B\sqrt{W})f(a/W) \quad (6\text{-}4)$$

式中，几何修正因子 $f(a/W)$ 值根据 a/W 查表得到。代入 PQ 即对应得到 KQ。

4）KQ 有效性判断。试验测试值 KQ 是否确实为该材料的 K_{IC}（断裂韧性）还需要通过有效性判断，未经有效性判断的 KQ 称为条件断裂韧度。KQ 必须满足如下两个条件才能认为结果有效：

$$P_{max}/PQ \leqslant 1.10 \quad (6\text{-}5)$$
$$B、a \text{ 和}(W-a) \geqslant 2.5(KQ/R_{eL}) \quad (6\text{-}6)$$

式中，B 为试样厚度。

得到 K_{IC} 结果见表6-9，经验证试验结果均有效。

表6-9 断裂韧度试验数据

试件编号	取样方向	P_{max}/kN	PQ/kN	$f(a/W)$	$K_{IC}/(\text{MPa} \cdot \text{m}^{1/2})$
JGXF-DLRD-B-室-01	z	56.1413	55.8546	10.20	77.5058
JGXF-DLRD-B-室-02	z	54.1070	53.9678	10.48	76.8780
JGXF-DLRD-B-室-03	z	47.7141	46.6989	10.40	67.8101
JGXF-DLRD-B-室-04	z	51.3989	47.4275	10.36	66.5520
JGXF-DLRD-D-室-01	x	55.5908	55.1034	11.15	83.3321
JGXF-DLRD-D-室-02	x	64.0387	62.7435	10.34	88.7605
JGXF-DLRD-D-室-03	x	64.5591	62.8556	10.23	87.0838

两种取样方向试样的断裂韧度 K_{IC} 见表6-10。K_{IC} 与取样方向有关：垂直于裂纹扩展平面的柱状晶，其对裂纹扩展的阻滞作用最强；平行于裂纹扩展方向柱状晶位于裂纹扩展平面内。

表6-10 断裂韧度

取样方向	断裂韧度 $K_{IC}/(\text{MPa} \cdot \text{m}^{1/2})$
z	77.19
x	86.36

（4）钛合金疲劳裂纹扩展速率。以TA15钛合金为例，测定激光定向能量沉积成形TA15钛合金两个方向C（T）试件在应力比 $R=0.1$ 下稳定裂纹扩展速率段的疲劳裂纹扩展速率。两个方向C（T）试件均为3件，试件编号见表6-11。

表6-11 试件编号说明

z 方向	对应编号	x 方向	对应编号
LDM2-1~2	JGXF-LWKZ-B-室-01~02	LDM3，LDM4	JGXF-LWKZ-D-室-01~02

疲劳试验在室温大气环境下进行，试件通过U形夹具和销钉加载，U形夹具夹持在试

验机上,轴向加载,应力比为 $R=0.1$,施加正弦波,频率 $f=8Hz$。

随后采用丝绒抛光织物,抛光粉选择直径为 $2.5\mu m$ 的金刚石颗粒,以得到无划痕的镜面,从而便于观察裂纹扩展路径、准确判读裂纹尖端、读取裂纹扩展尺寸。用最小分度值为 $0.01mm$ 的游标卡尺在试样的韧带区域三点处测量试件厚度 B,取算术平均值。采用工具显微镜测量试件宽度 W 及初始缺口长度 a_0。

采用多级降载方法预制疲劳裂纹,多级载荷应力比均取为 $R=0.1$,首级载荷峰值比正式载荷峰值高 30% 左右,最后一级载荷峰值比正式载荷峰值低 10% 左右。试验过程中每级载荷作用下裂纹扩展量应使裂纹长度扩展量大于 $\frac{3}{\pi}\left(\frac{K'_{max}}{R_{p0.2}}\right)^2$、小于 $0.5mm$,其中,K'_{max} 为上一级力的最大应力强度因子,$R_{p0.2}$ 为条件屈服强度。逐级降低载荷使得裂纹从缺口尖端扩展 $2.5\sim 3.0mm$。

试验过程中观察裂纹扩展路径和试件前后表面预制裂纹的长度,若裂纹扩展方向与水平线夹角超过 $10°$ 或前后表面裂纹长度测量值之差超过 $2mm$,则预制裂纹无效。预制裂纹结束后,转入正式疲劳裂纹扩展速率测试,施加正式交变载荷,根据经验和摸索确定的各试件正式疲劳载荷见表 6-12。

表 6-12 各试件的正式疲劳载荷

试件编号	载荷峰值 p_{max}/kN
JGXF-LWKZ-B-室-01	4.0
JGXF-LWKZ-B-室-02	3.5
JGXF-LWKZ-D-室-01	4.0
JGXF-LWKZ-D-室-02	4.0

试验过程中采用表面直读系统进行裂纹长度测量,连续记录试验数据,每次记录间隔裂纹扩展量在 $0.2\sim 0.3mm$;记录裂纹扩展 (a,N) 数据。

满足如下条件时,试验终止:

1) $W-a<\frac{4}{\pi}\left(\frac{K_{max}}{R_{p0.2}}\right)^2$。

2) 平均穿透疲劳裂纹与式样对称平面的最大偏离超过 $\pm 10°$。

钛合金疲劳裂纹扩展测试分析过程如下:

1) 裂纹扩展速率估计。采取割线法估计疲劳裂纹扩展速率:

$$\left(\frac{da}{dN}\right)_{\bar{a}}=(a_{i+1}-a_i)/(N_{i+1}-N_i) \quad (6-7)$$

式中,a_i,a_{i+1} 为相邻两点的裂纹长度;N_i,N_{i+1} 是与 a_i,a_{i+1} 对应的相邻两点循环数。

2) 应力强度因子计算。对于 C(T) 试件,应力强度因子变程 ΔK 计算如下:

$$\Delta K=\frac{\Delta P}{B\sqrt{W}}\frac{(2+a)}{(1-a)^{3/2}}(0.886+4.64\alpha-13.32\alpha^2+14.72\alpha^3-5.6\alpha^4) \quad (6-8)$$

式中,ΔP 为载荷变程,表示在一次加载循环中载荷的变化量,$\Delta P=P_{max}(1-R)$ [其中,P_{max}

为最大载荷；R 为加载比（即最小载荷与最大载荷的比值）]；B 为试件的厚度；W 为试件的宽度；a 为裂纹长度；α 为裂纹长度与试样宽度的比值，即

$$\alpha = \frac{a}{W}$$

式（6-7）对于 $a/W \geq 0.2$ 的范围有效。

3）裂纹扩展速率参数估计。采用 Paris 公式描述疲劳裂纹扩展速率，具体如下：

$$\frac{\mathrm{d}a}{\mathrm{d}N} = C(\Delta K)^m \tag{6-9}$$

式中，C，m 为裂纹扩展速率参数；$\mathrm{d}a/\mathrm{d}N$-ΔK 两个方向的曲线如图 6-31 所示。

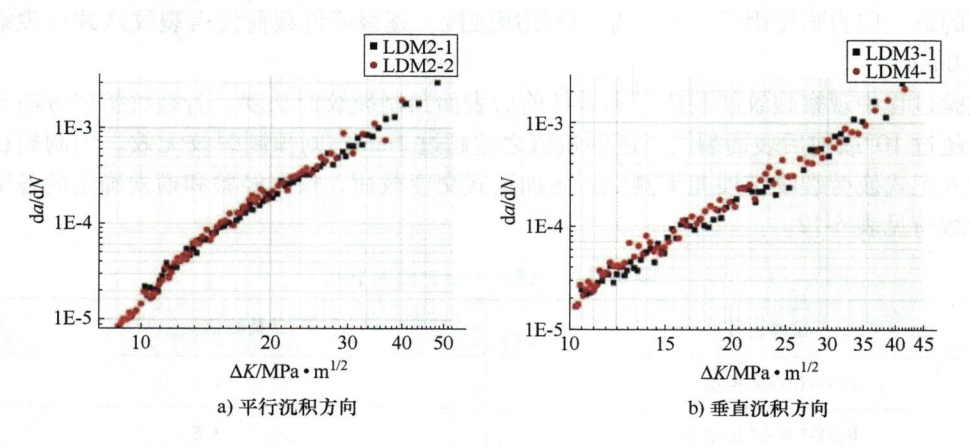

a) 平行沉积方向

b) 垂直沉积方向

图 6-31　$\mathrm{d}a/\mathrm{d}N$-ΔK 曲线图

基于 Paris 公式不同方向裂纹扩展速率参数拟合结果见表 6-13。

表 6-13　基于 Paris 公式不同方向裂纹扩展速率拟合结果

方向	C	m	相关系数
平行沉积方向	9.6659×10^9	3.29174	0.97798
垂直沉积方向	1.4379×10^8	3.13330	0.98018

进行了激光定向能量沉积成形 TA15 钛合金两个取样方向在应力比 $R = 0.1$ 下的疲劳裂纹扩展速率测试，测试结果如下：

平行沉积方向：$\dfrac{\mathrm{d}a}{\mathrm{d}N} = 9.6659 \times 10^{-9} \Delta K^{3.29174}$

垂直沉积方向：$\dfrac{\mathrm{d}a}{\mathrm{d}N} = 1.4379 \times 10^{-8} \Delta K^{3.13330}$

两个方向裂纹扩展速率基本相同。

4. 钛合金高温持久

以 TA15 合金为例，在室温 22℃ 环境下进行高温拉伸持久试验，试件为 3.0mm×10.0mm 矩形试件，长度 25mm。试验结果见表 6-14，TA15 合金发生断裂的时间为 60~90h。

表 6-14　TA15 试样参数以及试验结果

试样编号	材料名称	温度/℃	应力/MPa	时间/h
HTXY-1	TA15	500	470	62.20
HTXY-2	TA15	500	470	85.50
HTXY-3	TA15	500	470	73.30
HTZ-1	TA15	500	470	71.25
HTZ-2	TA15	500	470	87.50
HTZ-3	TA15	500	470	76.25

6.4　激光定向能量沉积钛基材料耐磨层摩擦磨损性能

航空发动机的压气机轮盘、涡轮轮盘用来安装冷端、热端的关键零件——压气机叶片、涡轮叶片，工作在高温度、大载荷、剧烈振动、严重摩擦等恶劣条件之下，对材料的性能要求苛刻。功能梯度材料（Functionally Gradient Materials，FGM）是一种全新的材料，其基本思想是，根据具体要求，选择两种具有不同性能的材料，通过连续地改变这两种材料的组成和结构，使界面消失，从而得到物性和功能相应于组成和结构的变化而缓慢变化的非均质材料。将功能梯度材料和激光定向能量沉积两种技术有机结合，同样会提高零部件的耐磨性能。

6.4.1　激光定向能量沉积制备耐磨涂层

将钛合金功能梯度材料粉末放入真空干燥箱中烘干，将 TC4 粉末及 TC4、Ti 和 Cr_3C_2 混合粉末放入不同的送粉器。

将基板表面氧化膜打磨掉，交叉纹理有利于激光的吸收，更利于首层激光定向能量沉积熔池的形成。把打磨干燥后的基板放到工作台上，真空箱内压力抽到 10^{-2}Pa 时充入氩气，氩气纯度大于等于 99.99%。

设置激光定向能量沉积功率（1800~2200W）、扫描速率（5~8mm/s）、扫描间距（1.2~1.5mm）、分层厚度（0.4~0.6mm）、载气压力 0.3MPa、载气流 3L/min。加工完成后，保持预热温度 3h 后，在真空箱内自然冷却，制备出的钛合金功能梯度材料样件如图 6-32 所示。

图 6-32　钛合金功能梯度材料样件

6.4.2　摩擦磨损测试及结果

磨损试验在德国 Optimol 公司生产的 SRV-3 摩擦磨损试验机上进行，试验条件为室温大气、干滑动摩擦磨损，对磨副为 GCr15 钢球，表 6-15 为试验参数。试验时首先采用线切割方法将基材和功能梯度材料切割成 10mm×10mm×2.8mm 的长方体试样，用 1200 号细砂纸将试样表面研磨平整、光滑,清洗后将基材和试样分别粘贴在厚度为 5mm 的试验机自带圆柱体上表面中心位置。

表 6-15 摩擦磨损试验参数

载荷/N	频率/Hz	行程/mm	时间/h
20	10	1	0.5

图 6-33 所示为 TC4 基材和沉积件在大气干滑动摩擦条件下,分别与 GCr15 钢球对磨后得到的摩擦系数随时间变化曲线图。

如图 6-34 所示,在相同室温大气干摩擦滑动、载荷为 20N、速率为 10mm/min、行程为 1mm、时间为 0.5h 的条件下,基材的体积磨损量为 0.127mm^3,涂层体积磨损量为 0.002723mm^3,基材的体积磨损量是涂层的 46.6 倍,说明沉积层耐磨性能良好。

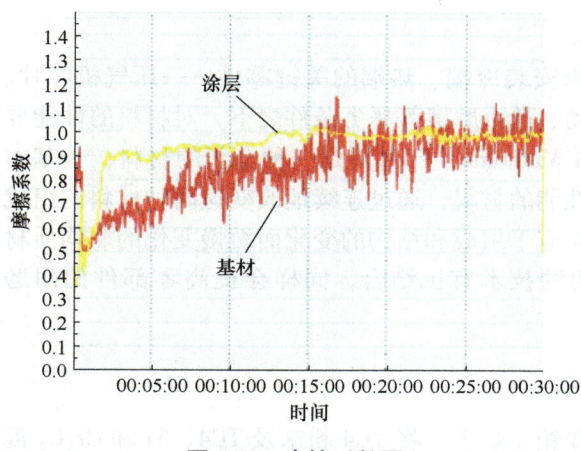

图 6-33 摩擦系数图

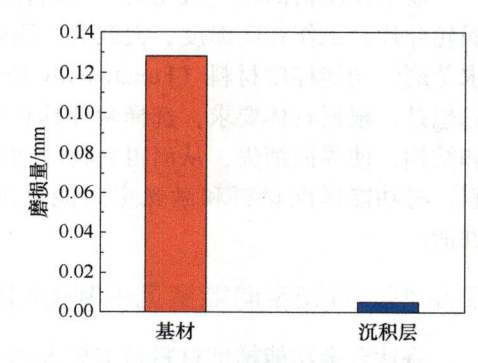

图 6-34 基材与沉积层的磨损量

6.4.3 基材磨损机制

图 6-35 所示为基材磨损表面形貌。从图中可以看出,基材磨损表面存在明显的塑性变形痕迹和大量犁削沟槽,沟槽深而密,部分磨屑堆积在摩擦面边缘,磨损表面分布有大量的切屑状磨屑和少量颗粒状磨屑,这是典型的磨粒磨损和氧化磨损特征。

a) 整体形貌图   b) 放大图

图 6-35 基材磨损表面形貌

6.4.4 沉积层表面磨损机制

图 6-36 所示为含 Cr_3C_2 沉积层磨损表面。从图中可以看出，含 Cr_3C_2 沉积层磨损表面如同被细砂纸打磨过一样，平整、光滑，只有在磨球反复滑动的方向上有轻微的磨痕，没有塑性变形和剥落的痕迹。由此可见，沉积层磨损表面呈现明显的磨粒磨损特征。沉积层的磨损机制以磨粒磨损为主，还有少量的黏着磨损，沉积层的磨损程度较小，摩擦系数稳定，相比基材具有更好的耐磨性能。

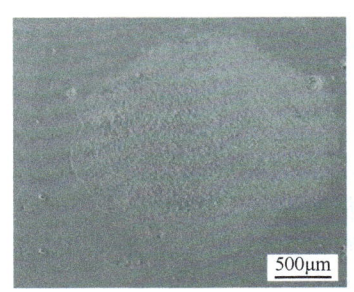

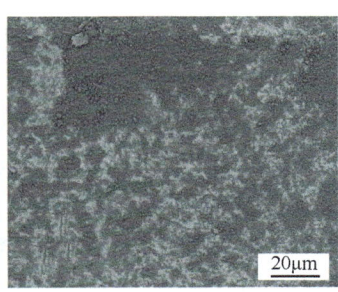

a) 整体形貌图　　b) 放大图

图 6-36　含 Cr_3C_2 沉积层磨损表面

6.4.5 颗粒强化机制

对于 TiC 颗粒增强金属基复合材料，增强相的强化作用主要表现为细化基体显微组织、增大位错运动阻力和提高基体受载时的加工硬化率。增强相对位错的运动阻力越大，强化效果越好。如果 TiC 增强颗粒是均匀分布的球形，直径为 d，体积为 V_p，则复合材料的屈服强度 σ_y 可以用下式表示：

$$\sigma_y = \frac{G_m b}{\left(\frac{2d^3}{3V_p}\right)^{1/2}(1-V_p)} \tag{6-10}$$

式中，G_m 为基体的切变模量；b 为柏氏矢量。

根据修整过的切变滞后理论，颗粒增强金属基复合材料的屈服强度可以表示为

$$\sigma_{yFGM} = \sigma_{ym}\left\{V_P\left[1+\frac{(L+l)A}{4L}\right]+(1-V_P)\right\} \tag{6-11}$$

式中，σ_{ym} 为基体强度；V_P 为增强相的体积分数；A 为增强粒子的长径比（对于等轴粒子 $A=1$）；L 是粒子垂直于拉应力的长度。

从式（6-10）和式（6-11）可以看出增强相粒子的形状和体积分数对复合材料强度的贡献，可以看出，增强相的尺寸越小，体积分数越大，强化效果越显著。但是值得注意的是式中基体的 G_m 和 σ_{ym} 已经不再是同成分单一基体合金的力学性能，因为 TiC 增强颗粒的存在使基体合金的力学行为发生了改变。

图 6-37 所示为梯度涂层磨损表面形貌放大图，从图中可以看出，磨损产生的磨屑集中分布在黑色组织下方，而灰黑色基体的磨损相对较小，说明黑色组织在摩擦过程中起着支撑

作用，保护着灰色基体组织。

梯度涂层中 TiC 弥散分布于固溶体基体之中，在梯度涂层承担载荷的过程中，TiC 颗粒起到"骨架"作用，承担了主要的载荷，明显地强化了固溶体基体，增强了梯度涂层的耐磨性能。

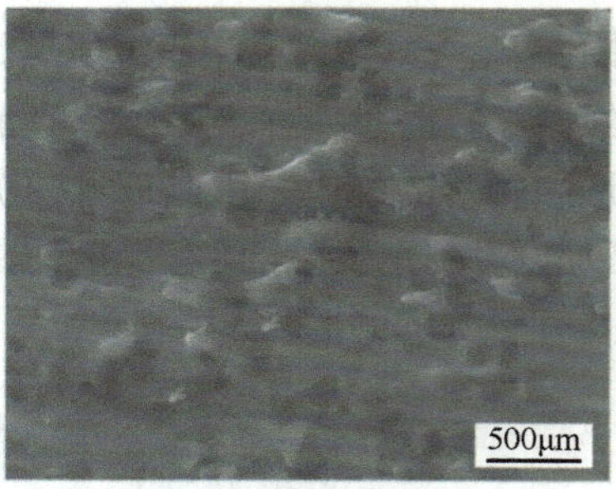

TiC 颗粒增强相对基体的强化主要表现在以下三个方面：

（1）TiC 颗粒增强相使基体显微组织细化。TiC 颗粒增强相能够使复合材料组织细化，从而使复合体满足 Hall-Petch 关系：

$$\sigma_{yG} = \sigma_0 + kd^{-1/2} \tag{6-12}$$

图 6-37 梯度涂层磨损表面形貌放大图

式中，σ_0 为其他强化方式作用项；k 为系数；d 为晶粒直径。对于较大尺寸的粒子，在粒子周围形成的应变梯度将起到形核基底的作用，从而提高形核率。

（2）TiC 增强相与位错相互作用引起的材料强化。TiC 颗粒增强相与位错相互作用引起的强化，即 Orwan 强化，由 Orwan 关系式表示为

$$\sigma_0 = \frac{0.83M\mu b \ln\left(\frac{2r}{r_0}\right)}{2\pi(1-\nu)^{1/2}(\lambda_s - 2r_s)} \tag{6-13}$$

式中，M 为 Taylor 因子；μ 为切变模量；b 为柏氏矢量；ν 为泊松比；r 为粒子半径；r_0 为位错芯半径；λ_s 为两个粒子之间的距离；r_s 为粒子平均半径；$\lambda_s - 2r_s$ 表示粒子间的有效距离。由式（6-13）可知，Orwan 强化机制有效发挥作用的条件是硬质增强相的尺寸和相互粒子之间的距离都要足够小。

（3）TiC 增强相使基体加工硬化率提高引起的材料强化。Nardone 和 Prewo 指出，复合材料的预测强度还包括基体加工硬化率提高对强度的贡献。当增强相（TiC）与基体存在较大的热膨胀系数差异时，这种热物理相容性的失配使得增强相周围的基体中形成由高密度位错组成的塑性变形区发生了屈服，产生了应变强化；剩余的基体合金则呈三向拉应力状态，表现为应力强化。塑性区增加的强度增量为

$$\sigma = \alpha \frac{\mu b}{\lambda_s - r_s} \tag{6-14}$$

式中，α 为比例常数；μ 为切变模量；b 为柏氏矢量。

对于远离增强相的基体区域。当有小刚性粒子分布之后，只要有小的应变，就在小粒子周围产生大量的附加位错，从而提高这些区域的加工硬化率。由此引起的对基体的加工硬化贡献包括两个方面：

1）低温下和小应变下由反向应力产生的作用于基体的镜像应力引起的加工硬化 σ_{w1}。

$$\sigma_{w1} = \gamma\mu f\varepsilon \tag{6-15}$$

式中，γ 为与泊松比有关的常数；ε 为基体经受的应变；f 为小粒子所占体积分数；μ 为切变模量。

2）高温和大应变下小粒子周围基体发生范性弛豫导致的加工硬化 σ_{w2}。

$$\sigma_{w2} = 5\mu \left| \frac{2fb\varepsilon}{d} \right| \tag{6-16}$$

式中，d 为粒子直径；μ 为切变模量；b 为柏氏矢量；ε 为基体经受的应变；f 为小粒子所占体积分数。

6.4.6 耐磨性强化机制

激光定向能量沉积复合涂层的强化机制有以下六种。针对各种具体的材料体系，总是有两种或者几种机制同时起作用，但其中必有一种是主导的。

（1）固溶强化：由于激光定向能量沉积过程中涂层内扩展固溶体的形成，使得溶质原子过饱和度增加，晶格产生畸变，从而导致涂层强度升高。

（2）细晶强化：快速凝固过程中涂层内晶粒和第二相来不及长大，呈现出晶界或相界强化效应。

（3）弥散强化：激光定向能量沉积过程中第二相颗粒在涂层基体内均匀弥散地析出，使涂层的硬度明显提高。

（4）位错或层错亚结构强化：快速加热和冷却过程导致沉积区内位错密度明显增大或第二相产生大量层错结构，从而使涂层得到强化。

（5）相变强化：激光定向能量沉积过程中复合涂层内基体发生相变而引起涂层硬度明显增加。如复合涂层中钢基体的马氏体相变，Ti 合金的 α-β 相变。

（6）颗粒强化：向复合涂层中添加硬质相颗粒，使涂层的宏观硬度明显提高。强化程度取决于外加硬质相的性质、粒度和含量。

参考文献

[1] 雷霆，杨晓源，方树铭，等. 钛 [M]. 2 版. 北京：冶金工业出版社，2011.
[2] HUNT J D. Steady state columnar and equiaxed growth of dendrites and eutectic [J]. Materials Science and Engineering 1984：65（1），75-83.
[3] 杨海欧. Rene95 合金激光立体成形显微组织与力学性能的研究 [D]. 西安：西北工业大学，2002.
[4] 周尧和，等. 凝固技术 [M]. 北京：机械工业出版社，1998.
[5] 卢建刚. 激光沉积成形薄壁试件的工艺和显微组织研究 [D]. 长沙：湖南大学，2004.
[6] SAVAGE W F. ARONSON A H. Preferred orientation in the weld fusion zone [J]. Welding Journal, Research Suppl. 1996, 45：85-89.
[7] RAPPAZ M, DAVID S A, VITEK J M, et al. Development of microstructures in Fe-15Ni-15Cr single crystal electron beam welds [J]. Metallurgical and Materials Transactions A. 1989, 20（1）：1125-1138.
[8] RAPPAZ M, DAVID S A, VITEK J M, et al. Analysis of microstructures in Fe-15Ni-15Cr single-crystal welds [J]. Metallurgical and Materials Transactions A. 1990, 21（1），1767-1782.
[9] RAPPAZ M, DAVID S A, VITEK J M, et al. Microstructures formation in longitudinal bicrystal welds [J]. Metallurgical and Materials Transactions A. 1993, 24（1），：1433-1446.
[10] 李延民. 激光立体成形工艺特性与显微组织研究 [D]. 西安：西北工业大学，2001.
[11] 冯莉萍. 激光多层涂覆定向凝固研究 [D]. 西安：西北工业大学，2002.
[12] 林鑫，李延民，王猛，等. 合金凝固列状晶/等轴晶转变 [J]. 中国科学（E 辑）. 2003, 33（7）：577-588.
[13] 林鑫，杨海欧，陈静，等. 激光快速成形过程中 316L 不锈钢显微组织的演变 [J]. 2006, 42（4）：361-368.
[14] GAUMANN M, TRIVEDI R, KURZ W. Nucleation ahead of the advancing interface in directionla solidification [J]. Materials

Science and Engineering A. 1997, 226: 763-769.

[15] WEN G. Microstructural design of mechanical properties for laser-fabricated stainless steel parts. Dissertation for the Doctoral Degree [D]. Orlando: University of Central Florida. 2000.

[16] ELMER J W, ALLEN S M, EAGAR T W. Microstructure development during solidification of stainless steel alloys [J]. Materials Science and Engineering A., 1989, 20A: 2117-2131.

[17] 王华明, 李安, 张凌, 等. 激光熔化沉积快速成形 TA15 钛合金的力学性能 [J]. 航空制造技术, 2008 (7): 4.

[18] 张凯. 激光直接成形金属零件的工艺研究 [D]. 沈阳: 中国科学院沈阳自动化研究所, 2007.

[19] 卞宏友, 邸腾达, 王世杰, 等. 热处理对激光沉积 DZ125 合金组织与摩擦磨损性能的影响 [J]. 稀有金属材料与工程, 2020 49 (8): 2840-2844.

[20] WU D J, YUAN S J, YU C, et al. Microstructure Evaluation and Mechanical Properties of Ti6Al4V/Inconel 718 Composites Prepared by Direct Laser Deposition [J]. Rare Metal Materials and Engineering, 2021, 50 (1): 78-84.

[21] 黄煊杰, 吴丽娟, 李波, 等. 超音速激光沉积 WC/Cu 复合涂层的微观结构及耐磨性能表征 [J]. 2020, 56 (10): 78-85.

[22] 吴东江, 刘妮, 余超, 等. 直接激光沉积 Al2O3 增强 NiCrAlY 涂层的微观组织及力学性能 [J]. 2020, 49 (1): 203-212.

[23] 王涛, 孟琨, 王长宏, 等. WC 颗粒对激光沉积 Ni25 涂层耐磨性增强机制影响研究 [J]. 特种铸造及有色合金, 2022, 42 (9): 1057-1060.

[24] 师昌绪, 材料大词典 [M]. 北京: 化学工业出版社, 1994.

[25] MORTENSEN A, SURESH S. Functionally graded metals and metal-Ceramic composites. Part 1: Processing [J]. International Materials Reviews, 1995, 40 (6): 239-265.

[26] 湛永钟, 张国定. SiCp/Cu 复合材料摩擦磨损行为研究 [J]. 摩擦学学报, 2003, 23 (6): 495-499.

[27] 刘灿楼, 胡镇华等. Ti (C, N) 基金属陶瓷的摩擦磨损研究 [J]. 硬质合金, 1994, 11 (3): 148-152.

[28] 雷廷权. 激光沉积 Ni/TiCq 复合涂层的组织结构及干滑动磨损行为 [D]. 哈尔滨: 哈尔滨工业大学, 1994.

[29] 贾成厂, 李汉霞, 郭志猛, 等. 陶瓷基复合材料导论 [M]. 北京: 冶金工业出版社, 1998.

[30] 张廷杰, 曾泉蒲, 毛小南, 等. 颗粒增强 MMCs 中小粒子的强化作用 [J]. 稀有金属材料与工程, 1999, 28 (1): 14-17.

[31] 王朋波. 钛基复合材料 TiC、TiB 增强相的原位反应合成 [D]. 西安: 西安建筑科技大学, 2007.

第 7 章

激光定向能量沉积过程的检测与控制

激光定向能量沉积过程中形成的熔池是一个多输入、强耦合，非线性时变的受控对象，熔池形貌及温度场包含了大量过程信息，对成形质量至关重要，但受多种因素干扰，其过程检测具有较大难度。近年来，传感技术的发展为熔池形貌及温度检测提供了一种新的方法。传感技术是指通过传感器实现对环境、物体等信息获取的技术，结合图像处理技术，可以实现被检测对象的精确量化分析。熔池在线测量系统通过传感器实现熔池动态测量，并通过数据采集卡及数据处理系统进行信号转换及图像处理，获取熔池温度及形貌稳定性信息。在熔池不稳定的情况下，利用控制器进行反馈控制，从而实现激光定向能量沉积过程的智能控制，保证熔池的稳定性，提高成形零部件的质量和精度。此外，超声无损检测及残余应力检测技术成为激光沉积零部件质量评价中不可或缺的关键技术，可实现激光沉积制件内部缺陷及残余应力的检测，有效评估制件的成形质量，为激光沉积成形件质量的提升并确保其服役的安全性提供了保障。

7.1 激光定向能量沉积熔池在线测量系统

激光定向能量沉积过程中熔池温度场及形貌对成形零部件质量至关重要，不仅影响显微组织的形成，还影响应力应变的发展，对成形件尺寸精度、表面粗糙度、沉积速率、粉末黏附等方面产生影响。熔池温度场及形貌是一个包含大量信息的中间过程参数，受工艺参数影响，因此，须准确把握熔池温度、形貌（熔宽、熔高、熔池面积等）与工艺参数之间的关系，并对成形过程进行反馈控制，使成形件的组织性能、尺寸精度和表面形貌等达到预期目标。由于激光定向能量沉积过程熔池尺寸小、温度高、熔化和凝固速率快，一些常规的方法无法对其进行精确测量，大多数研究以数值模拟为主，通过有限元法进行模拟。尽管如此，模拟分析通常在理想条件下得到，仅从数值模拟角度进行研究无法解决实际沉积过程的所有问题。因此，熔池的直接在线测量更具实际意义，且为激光定向能量沉积过程的智能控制提供反馈信息。

7.1.1 熔池在线测量系统构成

激光定向能量沉积过程在线测量系统是指在激光定向能量沉积过程中，通过各种传感器实时采集装备运行状态和工艺参数等数据，经过数据处理和分析后，通过可视化界面提供实时监控信息，并在必要时进行反馈控制的一种系统，如图 7-1 所示。该系统主要由传感器

（高温计、红外热像仪、相机、激光扫描仪等）、数据采集卡、数据处理系统及反馈控制系统组成。不同传感器测量的信号首先经数据采集卡将模拟信号转换为数字信号，再输入至数据处理系统进行处理分析后传输至反馈控制系统，形成闭环控制，以调节激光功率、扫描速率、送粉速率等工艺参数，以实现激光定向能量沉积过程的智能控制。

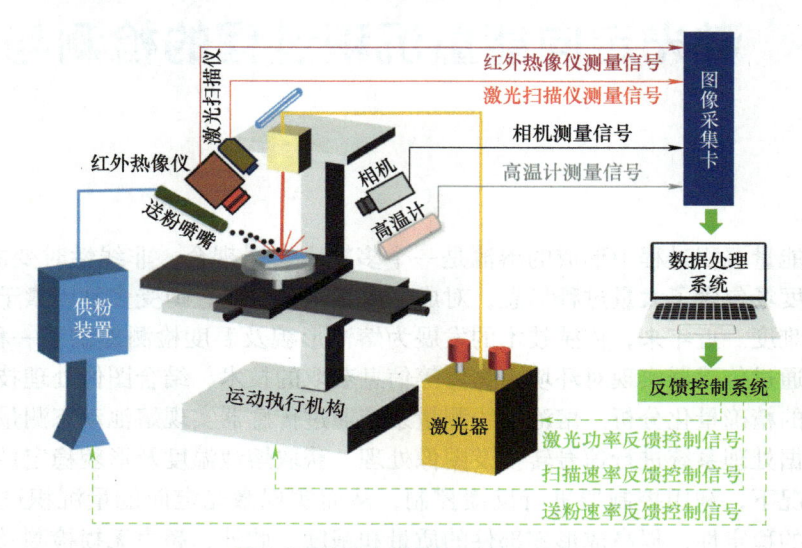

图 7-1 熔池在线测量系统示意图

7.1.2 传感器

传感器的选择应根据激光定向能量沉积过程的特点和要求来确定，包括熔池温度、熔池形貌等参数的测量。现有熔池在线测量系统采用的传感器主要包括高温计、红外热像仪、相机和激光扫描仪等。

1. 高温计

高温计测温原理是根据物体所发射出的红外辐射能量测量物体表面温度，主要分为单色高温计和双色高温计（比色高温计），属于非接触式温度传感器。采用单色高温计的测量结果受物体表面发射率影响，而激光定向能量沉积过程熔池表面发射率很难估计。与单色高温计相比，比色高温计利用物体在某一温度下两种不同波长光谱辐射强度的比值来测量物体表面温度，不受水汽、检测物体大小形状和物体发射率变化等影响。因此，通常采用比色高温计测量熔池温度。

在激光定向能量沉积过程中安装两个比色高温计进行温度测量，如图 7-2a 所示，既可以测量熔池温度，又可以测量熔池冷却速率。第一个比色高温计用于测量熔池中心温度 T_1；第二个比色高温计用于测量熔池后端设定距离 d 处的温度 T_2，即熔池经过一段时间 τ（$\tau = d/v$，v 为激光扫描速率）后的温度。两个比色高温计的电压信号通过控制器接口传输到数据处理系统，将电压信号转换为温度信号，再通过式（7-1）计算出冷却速率。图 7-2b 为通过两个比色高温计测量的熔池温度及熔池冷却速率结果。

$$冷却速率 = \frac{T_1 - T_2}{\tau} \tag{7-1}$$

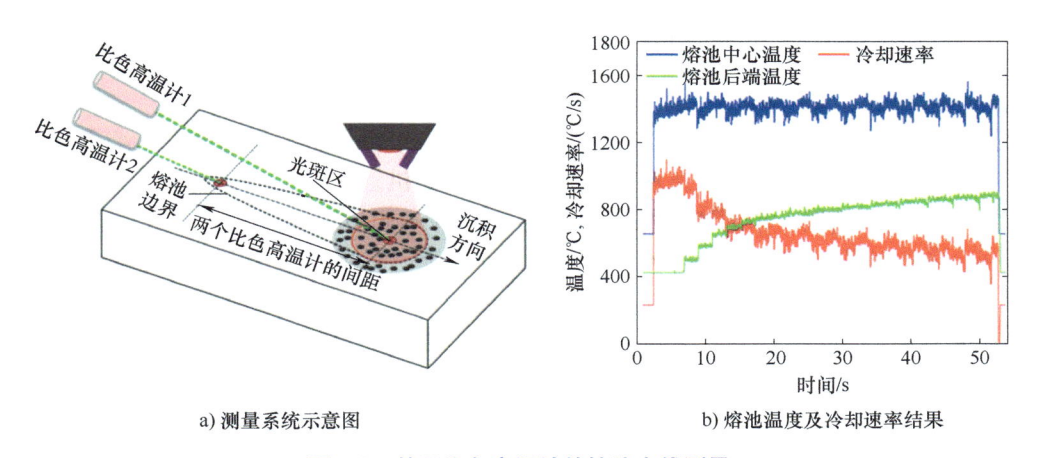

a) 测量系统示意图   b) 熔池温度及冷却速率结果

图 7-2　基于比色高温计的熔池在线测量

2. 红外热像仪

红外热像仪是一种基于红外热辐射原理的温度传感器。物体发出红外辐射能量，通过热敏探测器探测不同温度区域的辐射强度。传感器将这些热辐射信息转换为电信号，并通过图像处理算法生成温度图像，显示了目标物体的温度分布，不同颜色代表不同的温度区域。通过红外热像仪测量的温度图像，可以快速了解熔池状态，例如是否均匀、是否存在气孔或裂纹等，有助于及时调整工艺参数，确保熔池稳定，从而提高所成形的零部件质量。基于红外热像仪的熔池在线测量系统示意图如图 7-3a 所示，通常在红外热像仪前加装滤光片，去除激光波长对红外热像仪工作波段的影响，且可采用比色高温计进行标定，以确定熔池发射率。如激光定向能量沉积过程需要在保护气体中进行，如氩气等，红外热像仪可安装在成形仓外，通过红外玻璃进行熔池温度的测量。图 7-3b 所示为基于红外热像仪测量的熔池温度分布。

a) 测量系统示意图   b) 熔池温度分布

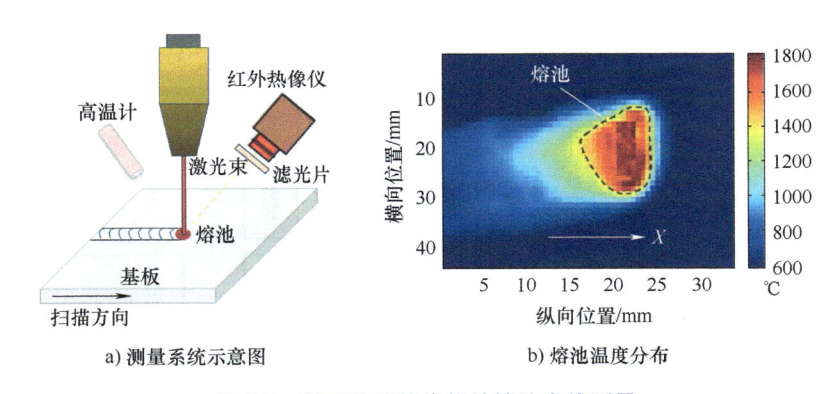

图 7-3　基于红外热像仪的熔池在线测量

3. 相机

相机用于熔池图像和视频的获取。根据图像传感器技术的不同分为 CCD（Charge-Coupled Device）相机与 CMOS（Complementary Metal Oxide Semiconductor）相机。CMOS 传感器采用逐行扫描的方式读取像素数据，而 CCD 传感器采用电荷转移的方式读取数据。在激光定向能量沉积在线测量系统中，CCD相机与CMOS相机获取熔池图像信号后，通过数据采集卡将模拟信号转换为数字信号，再经过数据处理系统后便可获得熔池温度、形貌、尺寸信息。

根据光路通道及相机数量，基于相机的激光定向能量沉积熔池在线测量系统主要有三种结构方案：单通道单相机、双通道双相机和双通道单相机。

（1）单通道单相机。单通道单相机系统通过两种不同波长滤光片处理熔池热辐射，并使用同一台相机接收热辐射，其系统示意图如图7-4所示。两个滤光片固定在由电动机驱动的转盘上，以较快的速率交替出现在光路中，以便相机摄取不同波长下熔池的辐射，再通过图像采集卡传输至数据处理系统进行数据处理分析。其优点为仅使用一台相机，光路简单，便于调整；缺点是响应较慢，且两幅图像之间存在时间差，给温度计算带来较大误差。

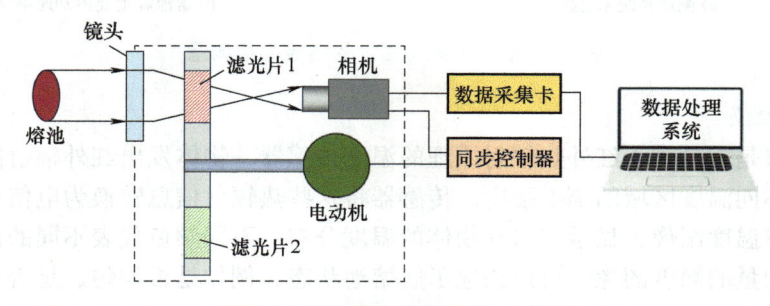

图 7-4 单通道单相机系统示意图

（2）双通道双相机。双通道双相机系统使用两台相机同时接收熔池热辐射，辐射光路被分成两束，两台相机通过不同的滤光片捕获两束光，得到两个波段的图像。每台相机对应一个滤光片，通过同步控制器控制两台相机同步采集图像，然后将两台相机采集到的信号通过数据采集卡转换后再输入数据处理系统进行处理分析，其示意图如图7-5所示。双通道双相机系统的优点为不需要调色板，响应较快；缺点是光路复杂，不便调整，体积、重量、价格相对较高。

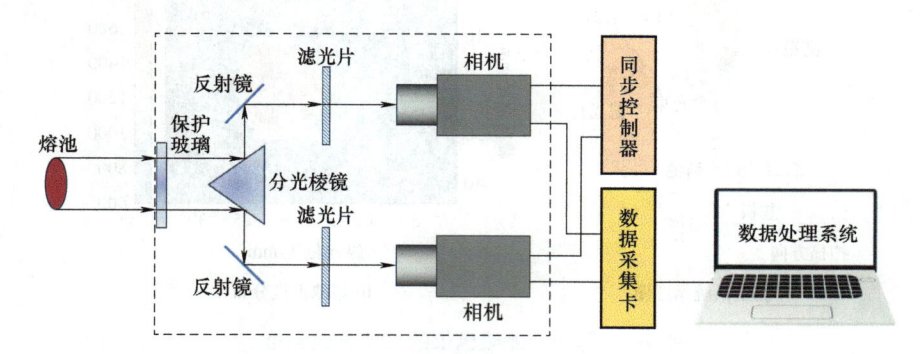

图 7-5 双通道双相机系统示意图

（3）双通道单相机。双通道单相机系统使用分光棱镜将熔池的辐射光束分成两束，然后使用两个平面镜和一个反射棱镜将两束光反射到同一台相机中，其示意图和实物图如图7-6所示。因此，系统中只有一台相机，大大降低了成本。

第7章 激光定向能量沉积过程的检测与控制

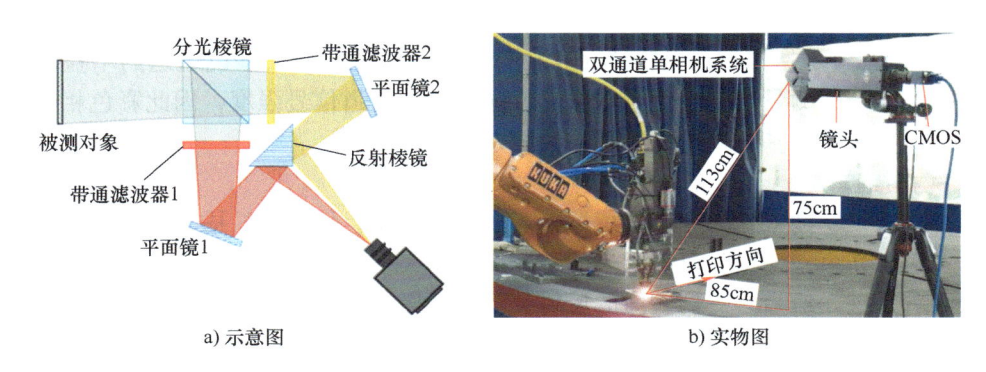

图 7-6 双通道单相机系统
a) 示意图　b) 实物图

相机的安装方式分为侧置安装和同轴安装。侧置安装系统将相机侧置在熔池旁边，相机光学中心线与熔池中心线成一定角度，如图 7-6b 所示，也可安装在喷嘴侧面，随沉积头同步运动。由于激光定向能量沉积设备的喷嘴与熔池之间的距离非常小（约为 5mm），所以熔池视野非常有限。侧置安装的相机光学中心线与熔池中心线之间的角度较大，易导致熔池图像变形。而同轴安装系统在与激光光路同轴方向上设置分光镜等光路，将熔池的红外辐射导出，实现熔池的同轴测量，如图 7-7 所示。与侧置安装相比，同轴安装对于熔池传感有很大的优势，其测量精度较高。

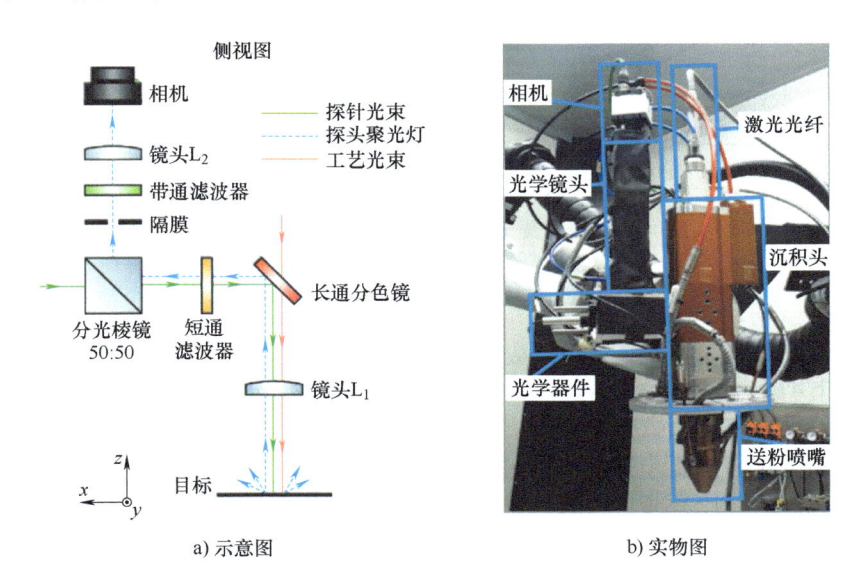

图 7-7 同轴安装系统
a) 示意图　b) 实物图

相机的选择直接决定拍摄图像的质量和后续的系统工作运行效率。为保证获取的熔池图像信息可以真实反映熔池辐射特性，应用时需要考虑以下因素：

1）红外光不能用于高温测量，因此在熔池温度测量时，须滤除入射光红外波段信号。

2）自动增益控制的作用是在输入信号强度发生改变时，自动调节增益以保持输出电平的稳定性，而输出信号必须真实反映输入的辐射强度，因此在熔池温度测量时须关闭相机的自动增益控制功能。

3）白平衡调节是指拍摄白色物体时，自行调整红、绿、蓝三基色通道的增益，使得输出电平保持相同，而测量熔池温度时须如实反映三基色通道信号强度，因此彩色相机须关闭白平衡调节功能，将三基色通道的增益设为固定值。

4. 激光扫描仪

激光扫描仪是一种常见的光学传感器，通过激光束对目标进行扫描和测量。它的工作原理是通过发射激光束，并接收反射回来的激光信号来实现对目标的扫描和测量。激光束照射到目标表面后，激光信号会受到表面的反射和散射，激光扫描仪通过测量激光信号的时间延迟和角度变化，计算出目标表面的形状和尺寸。

如图 7-8 所示，在增材制造装备的在线测量系统中，激光扫描仪作为一种高精度的测量工具，有着广泛的应用，可以实时扫描和测量零件的尺寸，与设计模型进行对比，判断零件是否符合要求。通过这种方式，可以及时发现尺寸偏差，并采取措施进行调整和修正，以确保零件的尺寸精度。

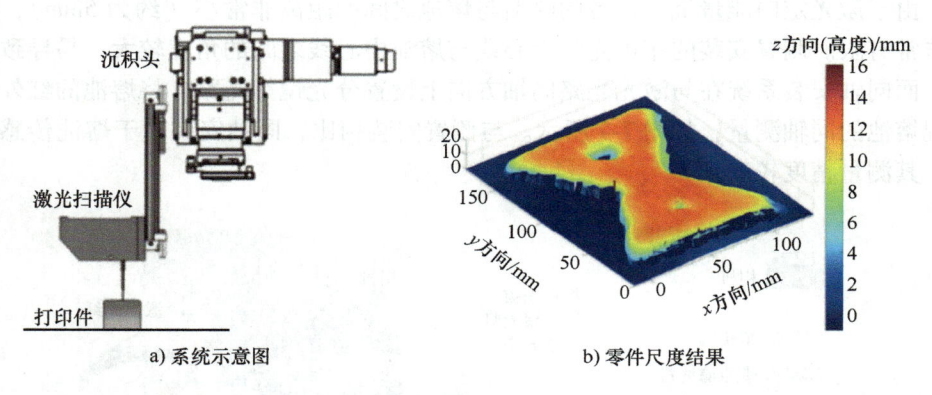

图 7-8 基于激光扫描仪的在线测量

7.1.3 数据采集卡

数据采集卡的主要功能是把传感器采集到的模拟信号转换成数字信号，并送往数据处理单元进行数据处理。在开始数据采集前，需要对传感器进行校准和校验。这是确保传感器输出的数据准确和可靠的重要步骤。校准过程包括确定传感器的灵敏度和响应特性，以及与标准装备或试验数据的对比校验。一旦传感器安装和校准完成，可以开始进行数据采集。数据采集可以通过连续监测、定时采样或事件触发等方式进行。采集的数据可以实时传输到监控系统或存储于内存或硬盘中进行保存。

由于激光定向能量沉积过程是一个动态持续过程，数据采集卡应具有以下特性：

1）能够与传感器配套使用，实现传感器输出信号与数据处理单元的连接。

2）能够实时传输熔池数据图像，画质清晰，性能稳定可靠。

3）采集每一帧图像所需的处理时间，相邻两帧图像的相隔时间都应足够短，采集到的熔池图像流畅不间断。

4）图像采集卡数据存储方式不应采用造成图像数据丢失或失真的 jpg 和 jpeg 格式，应采用 BMP 格式。

5）提供二次软件开发包，可开发出适合处理激光定向能量沉积熔池图像的软件。

7.1.4 数据处理系统

通过熔池在线测量系统采集的熔池图像包含了大量的熔池信息，为提取这些信息，必须进行相应的图像处理，以量化或可视化的形式显示出来。数据处理系统的目的有两个：一是通过数据处理系统自动识别和理解图像，获得熔池信息，为反馈控制提供必要数据，二是通过数据处理系统产生更适合观察和识别的图像。熔池图像处理分为熔池图像预处理（包括图像滤波、边缘检测、种子填充、轮廓提取、阈值分割、形态学处理等）和熔池信息提取（包括熔池宽度、高度、面积、温度计算及温度的伪彩色处理等）。数据处理流程如图 7-9 所示。

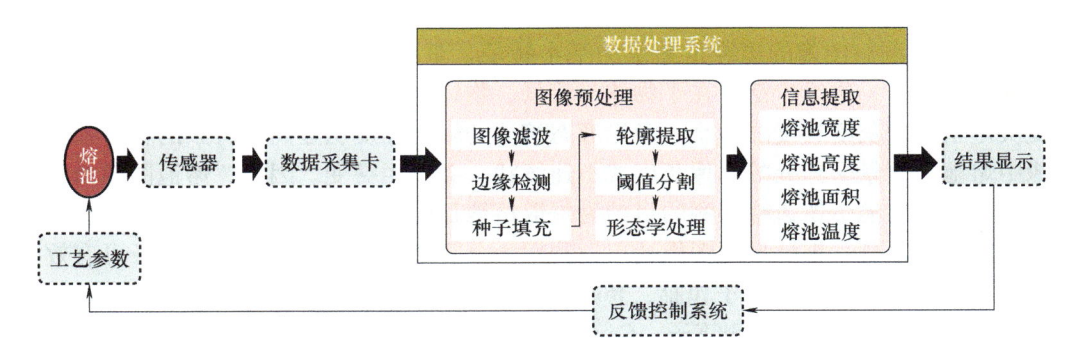

图 7-9 数据处理流程图

1. 图像预处理

激光定向能量沉积成形过程中往往存在各种形式的噪声，主要包括高温熔池中的噪声、电子元件的噪声以及检测环境中的噪声等。噪声的存在对图像产生一定程度的干扰，会降低图像质量、使图像模糊、特征不明显，直接影响了熔池图像的成像质量，不利于后续熔池信息提取。因此，有必要对图像进行预处理，以有效降低噪声、减少噪声干扰、增强图像特征。

（1）图像滤波。在图像信息提取前，首先应对图像进行滤波处理以减少噪声干扰、增强图像特征。图像滤波方法通常分为两大类：空间域法和频率域法。空间域法主要是在空间域中对图像灰度值直接进行运算处理，常见算法包括：均值滤波、中值滤波、高斯滤波、数学形态学滤波等。频率域法的基本原理是，图像经过变换以后，频域某范围内分量受到抑制而其他分量不受影响，从而改变输出图像的频率分布，达到图像平滑的目的。根据熔池图像的特点，基于模板操作的均值滤波、中值滤波以及为去除小物体的数学形态学滤波应用较为广泛。

1）均值滤波。均值滤波算法的原理：首先确定一个以某像素为中心点的邻域，然后将邻域中的各个像素的灰度值取加权均值，把加权均值作为中心点像素灰度的新值。模板操作是数字图像处理中经常用到的一种运算方式，实现了一种邻域运算，即某个像素点的结果不仅和本像素灰度有关，还和其邻域点的值有关，合理设置模板中各值的大小，可以实现图像平滑滤波操作。

2）中值滤波。中值滤波算法的原理：中值滤波一般采用一个含有奇数个点的滑动窗口，用窗口中各点灰度值的中值来替代指定点的灰度值。对于奇数个元素，中值是指按大小排序后的中间数值；对于偶数个元素，中值是指排序后中间两个元素灰度值的平均值。中值滤波的主要功能是让与周围像素的差值比较大的像素改取与周围像素值接近的值，从而消除孤立的噪声。与同样模板大小的线性滤波器相比，中值滤波不仅对某些类型的随机噪声具有出色的去噪能力，而且还减少了细节模糊，特别是对脉冲噪声的滤除效率极高，因此得到了相当广泛的应用。

3）数学形态学滤波。数学形态学算法的原理：通过对目标影响的形态变换，实现结构分析和特征提取的目的。传统图像处理中的线性算子和非线性算子均是形态学算子的特例。它是一个图像处理的统一理论，是对传统理论的推广。数学形态学的主要内容是设计一整套变换来描述图像的基本特征。常用的基本变换包括膨胀、腐蚀等。

（2）边缘检测。图像的边缘是图像的基本特征，是指其周围像素灰度有阶跃变化或屋顶变化的像素集合，边缘广泛存在于物体与背景、物体与物体、基元与基元之间，边缘的锐利程度决定了图像灰度梯度的大小。激光液态熔池的辐射强度明显高于背景的辐射强度，熔池图像中熔池与背景交界处的图像灰度成不连续状，会发生突变。因此，熔池图像边缘存在于熔池边界处，熔池图像边缘检测的目的为提取熔池目标，为分析熔池图像特征，进而分析熔池稳定状况做准备。根据不同图像特点，利用微分算子法的一些边缘检测算子可有效提取图像边缘。常用的边缘检测算子包括：Roberts 边缘检测算子、Prewitt 边缘检测算子、Sobel 边缘检测算子、Krisch 边缘检测算子、Gauss-Laplace 边缘检测算子等。

1）Roberts 边缘检测算子：利用局部差分算子寻找边缘的算子。

2）Prewitt 边缘检测算子：使用两个模板做卷积，抑制噪声的原理是通过像素平均，但像素平均相当于滤波，所以 Prewitt 算子对边缘的定位不如 Roberts 算子。

3）Sobel 边缘检测算子：同样也是对两个模板做卷积，取最大值作为输出，不同之处在于两个模板中一个模板对垂直边缘响应最大，而另一个模版对水平边缘响应最大。

4）Krisch 边缘检测算子：使用八个模板卷积来确定边缘梯度和梯度的方向，因此具有较好的边缘定位能力，并且对噪声也有一定的抑制作用。

5）Gauss-Laplace 边缘检测算子：拉普拉斯算子是一个二阶导数，它将在边缘处产生一个陡峭的零交叉，把高斯平滑滤波器和拉普拉斯锐化滤波器结合起来，先平滑掉噪声，再进行边缘检测，所以效果更好。

在实际的图像边缘检测中，因为一些实际因素，如日照、随机噪声等影响，使得边缘检测遇到很多难题，如因噪声使图像模糊或者出现孤立的边缘点，不能精确地检测出真正的边缘。前面几种边缘检测算子在不同程度上仅能处理某一类图像，在边缘处具有很多的边缘线或断点，不利于熔池特征信息的提取。Canny 边缘检测算子并不只是简单地进行梯度运算来决定像素是否为边缘点，需要考虑其他像素影响，也不是简单地边界跟踪，在寻找边缘点时，需要根据当前像素及前面处理过的像素来进行判断。Canny 边缘检测算子利用高斯函数的一阶微分，它能在噪声抑制和边缘检测之间取得较好的平衡。其具体实现主要包括 5 个部分：图像滤波、计算图像梯度、抑制梯度非最大点、搜索边界起点、跟踪边界。

（3）种子填充。种子填充算法首先假定封闭轮廓线内某点是已知的，然后算法开始搜索与种子点相邻且位于轮廓线内的点。如果相邻点不在轮廓线内，那么就达到轮廓线的边界；如果相邻点位于轮廓线内，那么这一点就成为新的种子点，然后继续搜索下去。种子填充的目的是找出封闭轮廓内所有的点。在得到熔池图像边缘后，可以看出，熔池边缘是封闭的，种子填充正好可以将熔池目标区域分割出来。利用种子填充算法可以查找出封闭熔池边缘轮廓内的所有点，这样就可以去除轮廓外的所有噪声点。

（4）轮廓提取与轮廓跟踪。轮廓提取与轮廓跟踪的目的都是获得图像的外部轮廓特征。二值图像轮廓提取算法非常简单，只要将内部点掏空就可以得到图形的轮廓，即如果原图中有某个像素点是黑色像素，且当它的 8 个邻域都是黑色像素时，则该点是内部点，应将该点删除。

（5）阈值分割。熔池具有高温高亮度的热辐射特性，实际成像时熔池与背景的灰度对比十分强烈，熔池的形状类似于水滴状。高能激光束在快速熔化粉末过程中，存在若干的粉末飞溅和熔融液滴等干扰，而飞溅的粉末和基体的表面会反射激光，导致实际采集的熔池图像周围存在若干小亮斑，这些亮斑的灰度值往往介于熔池与背景的灰度值之间，从而对熔池特征的提取具有一定的干扰。考虑熔池区域与背景区域灰度对比度较明显，选择采用固定阈值进行初步的分割。

2. 信息提取

（1）熔池形貌。经过熔池视觉传感系统的图像预处理，根据式（7-2）求取熔池宽度 w：

$$w = j_r - j_l + 1 \tag{7-2}$$

式中，j_r 为熔池右侧边缘列值；j_l 为熔池左侧边缘列值。

在事先标定好图像像素与实际距离关系的情况下，将用像素值代表的熔池宽度换算成实际熔池宽度，完成熔宽信息提取。同理，熔池高度根据高度方向边缘点像素计算，熔池面积根据熔池轮廓内像素值计算。

（2）熔池温度。根据比色法测温公式［见式（7-3）］，计算熔池区域内所有像素点的温度，获得完整的熔池表面温度分布，再将测得的温度信息记录于对应的温度矩阵中，从而实现温度信息的存储，为后续温度伪彩色处理奠定基础。

$$T = \frac{C_2\left(\dfrac{1}{\lambda_2} - \dfrac{1}{\lambda_1}\right)}{\ln \dfrac{M_1}{M_2} + 5\ln \dfrac{\lambda_1}{\lambda_2}} \tag{7-3}$$

式中，T 为熔池温度；M_1 和 M_2 分别为 λ_1 和 λ_2 两个波长对应的光谱辐射；C_2 为第二辐射常数。

伪彩色处理是将灰度图像按照某个映射原则转化为彩色图像的过程，主要目的是增强目标的区分能力。最常用的颜色映射算法是 Colormap-Jet，它具有高对比度，可以有效突出图像中的细节。在实际应用伪彩色处理的过程中，以灰度级-彩色变换法最为常用。该方法采用伪彩色编码表的方式，实现灰度值与彩色值的转换。首先，通过查询伪彩色编码表，即可知道当前像素的灰度值对应的彩色值。其次，将测温范围细分为 256 个色阶，使得测量范围内的每个温度值都有对应的灰度值；最后，采用灰度级-彩色变换法，将灰度图像转化为伪彩色，从而实现熔池温度与伪彩的对应关系。图 7-10 所示为熔池图像经 Canny 算子边缘检测、种子填充、轮廓提取、伪彩色处理后获得的熔池温度伪彩色图。

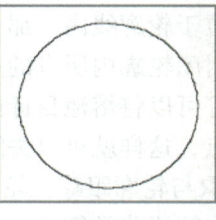

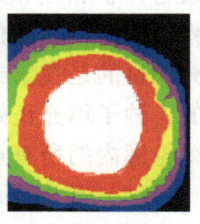

a) 原始图像　　b) Canny算子边缘检测　　c) 种子填充　　d) 轮廓提取　　e) 伪彩色处理

图 7-10　熔池图像处理

7.1.5　反馈控制系统

反馈控制是在线测量系统中的重要步骤，主要作用是根据采集到的实时数据对激光定向能量沉积过程进行控制和调整，以实现沉积成形过程状态的稳定和生产过程的优化。其目标是根据测量数据的处理分析结果，动态调整工艺参数，使系统能够自动适应变化的工况和需求，实现高效、稳定的生产过程。

首先，经过数据处理与分析，得到熔池信息。根据设定的标准和规则，对系统状态进行判断和评估。根据系统状态的判断结果，选择合适的控制策略。通常采用 PID 控制、模糊 PID 控制、神经网络 PID 控制等控制方法。控制策略的选择应基于数据分析和工程经验，以确保控制效果稳定可靠。在选择了合适的控制策略后，在线测量系统将根据系统状态和工艺参数的变化，执行相应的控制动作。这些控制动作可通过控制器直接调整工艺参数。一旦控制动作执行，在线测量系统会实时测量熔池信息的变化。通过实时测量，可以及时了解控制效果，判断是否达到预期的稳定状态。如果控制效果不理想，可以对控制策略进行调整，进一步优化控制过程。关于反馈控制的内容详见第 7.3 节。

7.2　激光定向能量沉积过程的动态辨识

实现激光定向能量沉积过程控制，首先要有一个合适的动态特性数学模型，只有从数学模型出发，才能综合得出适当的控制算法，设计出合理的控制器，进行控制系统优化。由于激光成形过程的非线性以及不确定性，基于模型控制的技术一直未能得到实现。进行激光成形过程动态辨识，建立熔高、熔宽随工艺参数变化的数学模型，可以充分掌握激光成形效果与输入参数之间的内在规律，对于合理调整激光参数，实现加工过程自动控制，保持稳定的加工环境，提高成形零件质量具有重要意义。

7.2.1　系统辨识定义及分类

1962 年，Zadeh 首次提出了系统辨识（System Identification）的概念。"系统辨识就是在输入和输出数据基础上，从一组给定的模型类中，确定一个与所测系统等价的模型"。系统辨识的三要素包括输入和输出数据、模型类以及等价准则。按照 Zadeh 定义，系统辨识需要寻找所测系统的等价模型，这在实际应用当中很难实现，在实际系统辨识过程中实现的目的往往是按照某种准则对实际系统进行近似。

系统辨识能够充分全面了解被控对象的特性，掌握其内在规律及特点，据此才能设计出适于被控对象特性的最优控制方案，才能选择合适的测量变送仪表、控制器、控制阀及合适的控制器参数，特别是在设计新型复杂和高质量控制方案时，更要深入研究被控对象的特性，建立描述被控对象特性的数学模型。从最广泛的意义上说，数学模型是事物行为规律的数学描述，是描述事物在稳态下的行为规律。被控过程的数学模型，是反映被控过程的输出量与输入量之间关系的数学描述，即描述被控过程因输入作用导致输出量变化的数学表达式。因为系统的动态特性被认为必然表现在变化着的输入/输出数据之中，辨识就是利用数学方法从数据序列中提炼出系统的数学模型。模型建立方法分为机理建模方法和试验建模方法。

1. 机理建模

通过对系统内在机理的分析，写出各种有关的平衡方程，如物质平衡方程、能量平衡方程、动量平衡方程，相平衡方程，反映流体流动、传热、传质、化学反应等基本规律的运动方程、物质参数方程和某些设备的特性方程等，从中推导出所需的数学模型。这种建模方法也称为解析法，这类模型展示了系统的内在结构与联系，所以被称为"白箱"建模方法。

2. 试验建模

试验建模是对现有工业过程进行试验，利用试验采集到的输入输出数据或系统的正常运行数据构造数学模型的方法，所得到的模型严格来说是一个与实际系统近似的经验模型。这类建模可以对任意结构工艺过程建模。这种建模的主要特点是把被研究过程视为一个黑匣子，完全从外特性上描述它的动态特性，所以被称为"黑箱"建模方法。

试验建模又分为两类：经典辨识法和系统辨识法。其中经典辨识法不考虑测试数据中的偶然误差，只需对少量的测试数据进行比较简单的数学处理，计算工作量比较小，数学处理方法简单，事先不需要确定模型的具体结构，因而该类方法适用范围广，工程上获得了广泛应用；系统辨识法可以消除测试数据中的偶然性误差，即噪声的影响，因此需要处理大量的测试数据，计算量较大，涉及的内容非常丰富，目前已经形成一个专门的学科分支。

7.2.2 辨识算法

激光定向能量沉积过程是一个多参数耦合的非线性、时变系统，成形过程存在着强光、烟尘和电磁辐射等干扰因素。根据成形过程的内在机理，通过理论分析推演过程动态模型的机理建模方法很难实现。因此，利用系统运行和试验中得到的包含系统特性的输入输出数据，辨识出成形过程动态模型的结构和参数具有可行性。

1. 阶跃响应试验法

利用试验数据采用系统辨识方法求取激光成形过程动态数学模型，主要研究系统在一定输入信号作用下的时域响应，通过辨识确定动态过程的模型结构和参数，典型的输入信号主要有阶跃函数、脉冲函数、正弦波函数或随机函数。考虑激光成形过程的实际情况，采用阶跃函数作为实际的输入，进行激光成形过程的阶跃响应系统辨识。阶跃响应试验法是通过试验获取系统的阶跃响应，并根据阶跃响应建模的方法，其基本步骤是：首先通过手动操作使过程工作在所需测试的稳态条件下，稳定运行一段时间后，快速改变过程的输入量，并用记录仪或数据采集系统记录过程输入和输出的变化曲线，经过一段时间后，过程进入新的稳态，本次试验结束得到的记录曲线就是过程的阶跃响应。

为了得到可靠数据，应注意以下几个方面：

1）合理选择阶跃扰动信号的幅度，过小的阶跃扰动幅度不能保证测试结果的可靠性，而且可能受干扰信号的影响而失去作用；过大的扰动幅度则会使正常生产受到严重干扰甚至危及生产安全，因此要根据实际情况确定合理的扰动幅度。

2）试验开始前确保被控对象处于某一选定的稳定工况，试验期间应设法避免发生偶然性的其他扰动。

3）考虑到实际被控对象的非线性，应选择不同负荷，在被控量的不同设定值下，进行多次测试，至少要获得两次基本相同的响应曲线，以排除偶然性干扰的影响。

4）即使在同一负荷和被控量的同一设定值下，也要在正向和反向扰动下重复测试，分别测出正、反方向的响应曲线，以检查对象的非线性。显然，正反方向变化的响应曲线应是相同的。

5）试验结束获得测试数据后，应进行数据处理，剔除明显不合理部分。

6）要特别注意记录下响应曲线的起始部分，如果这部分未测出或者欠准确，则难以获得对象的动态特性参数。

2. 阶跃响应求传递函数

在激光定向能量沉积过程中，当激光功率、扫描速率、送粉速率阶跃变化时，沉积层高度和宽度将会从一个稳态无振荡过渡到新的稳态，因此可以确定阶跃响应模型为自衡非振荡模型，对于这类过程，常用下列传递函数 $G(s)$ 描述这类过程的数学模型：

$$G(s) = \frac{K}{Ts+1}e^{-\tau s} \tag{7-4}$$

式中，K 为过程增益或放大系数；T 为时间常数；τ 为延迟时间；s 为复变量。

对成形过程动态辨识的主要任务就是对辨识模型式（7-4）进行参数估计，即确定过程增益 K、时间常数 T 以及延迟时间 τ。常用两种处理方法：切线法和计算法。切线法比较简单，但是精度不高，所以通常采用计算法，计算法实现过程如下：

（1）过程增益 K 的求法。

$$K = \frac{y(\infty) - y(0)}{A} \tag{7-5}$$

式中，$y(\infty)$ 为输出信号的新稳态值；$y(0)$ 为输出信号的原稳态值；A 为阶跃信号幅值。

（2）时间常数 T 和延迟时间 τ 求法。将被控量 $y(t)$ 转化为无量纲的相对值 $y^*(t)$ 表示，即

$$y^*(t) = \frac{y(t)}{y(\infty)} \tag{7-6}$$

则阶跃响应无量纲形式如下：

$$y^*(t) = \begin{cases} 0 & t < \tau \\ 1 - e^{-\frac{t-\tau}{T}} & t \geq \tau \end{cases} \tag{7-7}$$

为了确定 T、τ，选择两个时刻 t_1、t_2 的 $y^*(t)$ 值，再利用 t_1、t_2 求 T、τ。$y^*(t)$ 通常所取的配对点值和 T、τ 的计算公式见表 7-1。

表 7-1 具有时滞一阶环节常用的配对点和计算公式

$y^*(t_1)$	$y^*(t_2)$	T	τ
0.284	0.632	$1.5(t_2-t_1)$	$(3t_1-t_2)/2$
0.393	0.632	$2(t_2-t_1)$	$2t_1-t_2$
0.55	0.865	$(t_2-t_1)/1.2$	$(2.5t_1-t_2)/1.5$

7.2.3 动态辨识及传递函数

为了充分认识激光成形过程中熔高与熔宽随各工艺参数的动态变化特征，以便合理选择控制算法，设计性能优良的控制器，必须建立激光成形过程中熔高、熔宽动态过程的数学模型。利用模型，可以定量分析熔高、熔宽在给定输入规范参数作用下的变化规律，从而明确熔高、熔宽自动控制系统中激光参数的调节依据。因此依据控制理论，考察激光成形过程动态特性，利用试验数据采用系统辨识的方法求取其沉积特征动态性能的数学描述，获得激光成形过程中分别以激光功率、扫描速率、送粉速率等为输入参数，以熔高、熔宽为输出的单输入单输出过程的传递函数模型，是实际控制系统设计中的一个关键问题。

图 7-11 所示为激光功率、扫描速率、送粉速率发生阶跃变化时熔高的动态响应曲线。

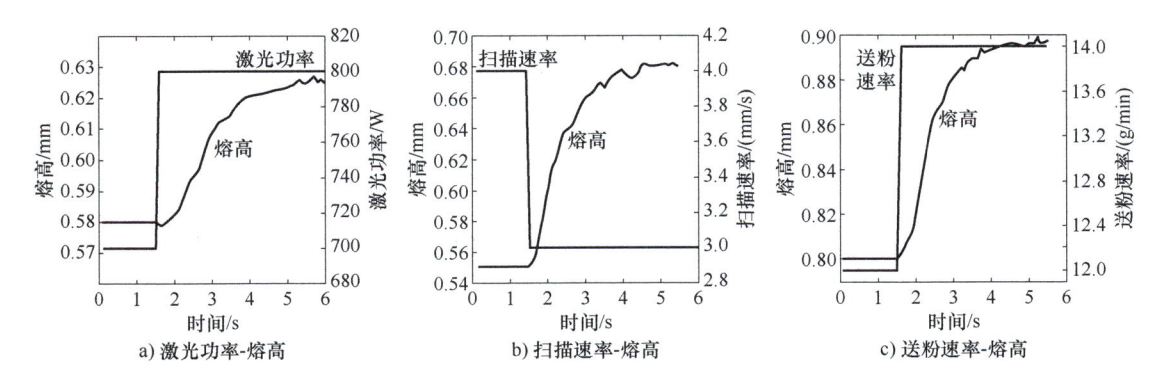

图 7-11 阶跃变化时熔高的动态响应曲线
a) 激光功率-熔高　b) 扫描速率-熔高　c) 送粉速率-熔高

根据熔高 H 随激光功率 P、扫描速率 v、送粉速率 F 阶跃响应试验数据，利用阶跃响应辨识计算法，分别对激光功率与熔高、扫描速率与熔高、送粉速率与熔高进行辨识，辨识所得传递函数分别如下：

$$G_{h\text{-}p}(s) = \frac{H(s)}{P(s)} = \frac{K}{Ts+1}e^{-\tau s} = \frac{0.046}{0.98s+1}e^{-0.56s} \tag{7-8}$$

$$G_{h\text{-}v}(s) = \frac{H(s)}{v(s)} = \frac{K}{Ts+1}e^{-\tau s} = \frac{0.13}{0.75s+1}e^{-0.15s} \tag{7-9}$$

$$G_{h\text{-}f}(s) = \frac{H(s)}{F(s)} = \frac{K}{Ts+1}e^{-\tau s} = \frac{0.048}{0.65s+1}e^{-0.32s} \tag{7-10}$$

图 7-12 所示为激光功率、扫描速率、送粉速率发生阶跃变化时熔宽的动态响应曲线。

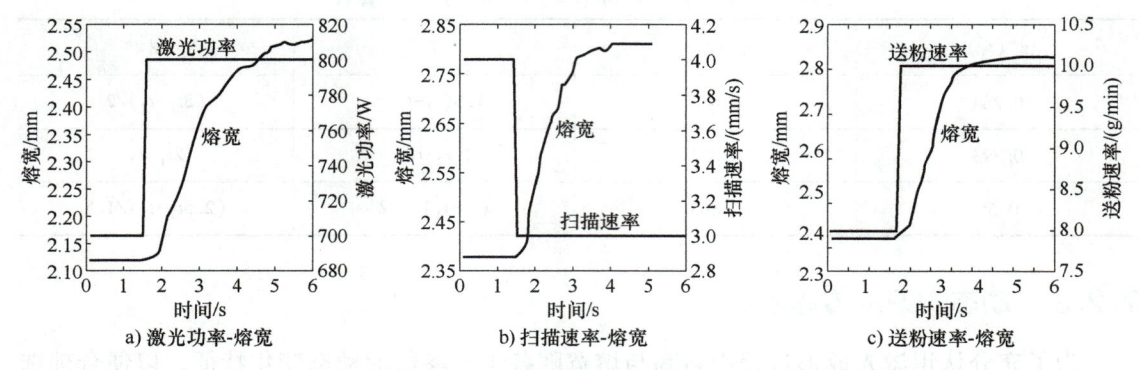

a) 激光功率-熔宽　　b) 扫描速率-熔宽　　c) 送粉速率-熔宽

图 7-12　阶跃变化时熔宽的动态响应曲线

根据熔宽 W 随激光功率 P、扫描速率 v、送粉速率 F 阶跃响应试验数据，利用阶跃响应辨识计算法，分别对激光功率与熔宽、扫描速率与熔宽、送粉速率与熔宽进行辨识，辨识所得传递函数分别如下：

$$G_{w-p}^{(s)} = \frac{W(s)}{P(s)} = \frac{K}{Ts+1}e^{-\tau s} = \frac{0.4}{1.05s+1}e^{-0.5s} \tag{7-11}$$

$$G_{w-v}^{(s)} = \frac{W(s)}{v(s)} = \frac{K}{Ts+1}e^{-\tau s} = \frac{0.43}{0.64s+1}e^{-0.2s} \tag{7-12}$$

$$G_{w-f}^{(s)} = \frac{W(s)}{F(s)} = \frac{K}{Ts+1}e^{-\tau s} = \frac{0.22}{0.54s+1}e^{-0.35s} \tag{7-13}$$

分析辨识所得传递函数，观察传递函数中的过程增益 K、时间常数 T 和延迟时间 τ，对于控制系统设计具有指导作用。过程增益 K 是设计控制系统中控制量大小调节的主要依据，对控制器的参数选择具有指导作用。由传递函数时间常数 T 可知，当激光功率变化时，系统的熔覆高度、熔覆宽度响应比较缓慢；当送粉速率和扫描速率变化时，系统的熔覆高度、熔覆宽度响应较快；当激光功率、送粉速率变化时，熔覆高度、熔覆宽度响应时滞较大；而当扫描速率变化时，熔覆高度、熔覆宽度响应时滞比较小，可以直接作为控制量；而当时滞较大的激光功率和送粉速率单独作为控制量时，控制系统中要加入预估环节，否则会影响控制效果。激光成形过程是一个多参数影响的过程，各参数之间存在较强的耦合作用，所以当对控制系统中的单一参数进行调节时，必须保证参数调节范围在各参数合理匹配范围内。

7.3　激光定向能量沉积过程的 PID 控制

由于激光快速成型过程中影响因素很多，相互关系复杂，同时工作现场还存在大量的随机不确定干扰，给自动控制过程带来了极大难度，尤其在成形过程中由于各参数存在耦合作用，很难克服传统控制理论基于线性系统的假设，从而难以完全满足多变量、非线性的实际加工过程控制要求，最终导致成形过程极易失稳。智能控制理论的发展为解决复杂的激光成形过程自动控制提供了新的途径。

熔池在线测量及反馈控制原理图如图 7-13 所示。通过传感器（高温计、红外热像仪、相机、激光扫描仪等）在线测量熔池信息。高温计用于测量熔池中心温度及冷却速率，红外热像仪用于测量熔池温度分布，相机用于测量熔池温度及熔池尺寸（熔宽、熔高、熔池面积），激光扫描仪用于测量熔池高度及零件尺寸。根据测量结果进行反馈控制，以调控激光功率、扫描速率、送粉速率等工艺参数，以保证激光沉积成形零件的质量和精度。

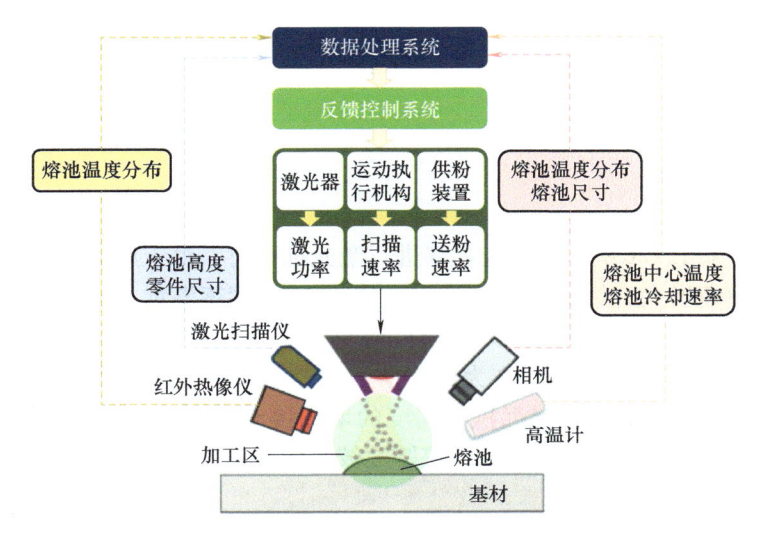

图 7-13　熔池在线测量及反馈控制原理图

7.3.1　PID 控制方法

PID 控制是以偏差的比例（Proportional）、积分（Integral）和微分（Derivative）进行控制，是最早发展起来的控制策略之一，具有算法简单、鲁棒性强和可靠性高等特点，被广泛应用于工业过程控制。PID 控制通常是以设定的控制目标值与反馈值的差值做比例、微分、积分后用来控制受控对象的，其控制原理框图如图 7-14 所示。

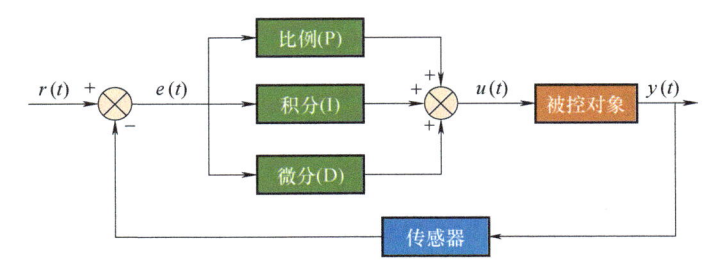

图 7-14　PID 控制原理框图

比例调节作用是按比例反应系统的偏差，系统一旦出现了偏差，比例调节立即产生调节作用用以减少偏差。积分调节是使系统消除稳态误差，提高无差度，因为有误差，积分调节就进行，直至无误差，积分调节停止，积分调节输出一常值。加入积分调节可使系统稳定性下降，动态响应变慢，改善系统的静态特性。微分调节的作用是反映系统偏差信号的变化率，具有预见性，能预见偏差变化的趋势，因此能产生超前的控制作用，可以改善系统的动态性能。

PID 控制系统包括控制器、传感器、变送器、执行机构、输入输出接口。控制器的输出经过输出接口、执行机构，加到被控系统上；控制系统的被控量经过传感器、变送器，再通过输入接口送到控制器。

7.3.2　PID 控制应用实例

1. 单道多层薄壁（H13 工具钢）

传感器：CCD 相机。

反馈信号：熔池面积。

被控对象：激光功率。

试验结果：当采用 420W 恒定激光功率进行激光沉积时，由于热量的累计，壁厚随着沉积层高度的增加逐渐增大，熔池面积从第一层的 4000 像素逐渐增加到 10000 像素左右。可见，如果对沉积过程不进行控制，则无法获得均匀壁厚，如图 7-15a 所示。而采用 PID 闭环控制，以 CCD 相机采集的熔池面积作为反馈信号来控制激光功率，为了达到熔池面积的恒定值（5000 像素），激光功率随着沉积层高度的增加逐渐减小，从恒定功率的 80% 降低至 60% 左右。采用 PID 闭环控制后成形的薄壁厚度较为均匀，如图 7-15b 所示。

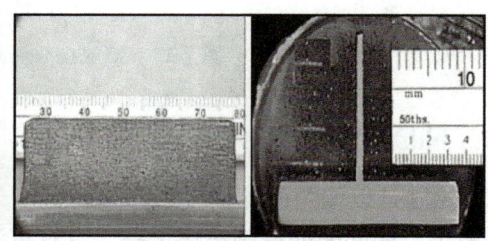

a) 无控制　　　　　　　　　　b) PID 闭环控制

图 7-15　薄壁成形质量对比（H13 工具钢）

2. 单道多层薄壁（316L 不锈钢）

传感器：锗光电二极管。

反馈信号：熔池温度。

被控对象：激光功率（电压）。

试验结果：采用恒定激光功率（电压：0.5V）时，运动执行机构在薄壁两端先减速后加速，使得这两个位置提供的能量和粉末更多，同时边缘比中间冷却时间短，因此熔池温度更高，形成更大的熔池，并且随着沉积层高度的增加，该现象更加严重，导致薄壁向内收缩，边缘变厚、变高，如图 7-16a 所示。为了提高边缘的尺寸精度，首先设定电压值在前 2mm 长度内线性增加，而接下来的 56mm 保持不变，最后 2mm 线性下降，以保证两端功率相对较小，同时以锗光电二极管测量的熔池温度作为反馈信号来控制分层电压。可见，采用 PID 闭环控制后，薄壁边缘处具有更好的尺寸精度，几乎无过度堆积，沿高度方向厚度均匀，如图 7-16b 所示。

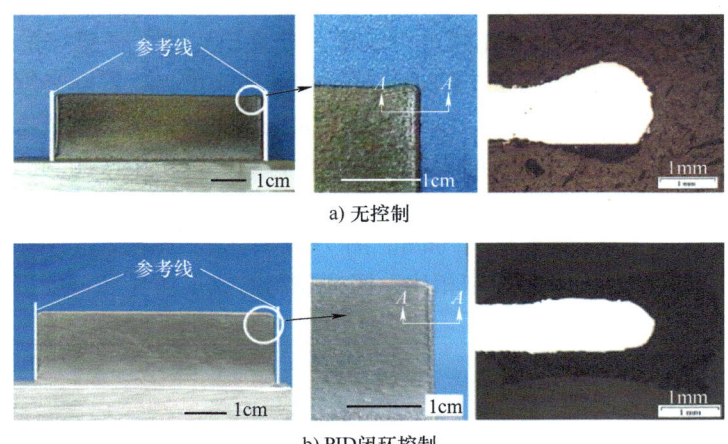

a) 无控制

b) PID闭环控制

图 7-16 薄壁成形质量对比（316L 不锈钢）

3. 多道单层沉积层（镍合金）

传感器：双色高温计。

反馈信号：熔池温度。

被控对象：激光功率（电压）。

试验结果：当采用 1900W（8V）恒定激光功率进行激光定向能量沉积时，熔池温度波动较大，且热影响区较宽，如图 7-17a 所示。而采用 PID 闭环控制，基于双色高温计测量的熔池温度作为反馈信号来控制激光电压，熔池温度参考值为 1800℃，系统电压变化范围为 7~8.5V，熔池温度较为稳定，同时形成了更均匀和更窄的热影响区，且降低了稀释率，提高了沉积层的成形质量，如图 7-17b 所示。可见，采用 PID 闭环控制的沉积层成形质量更好。

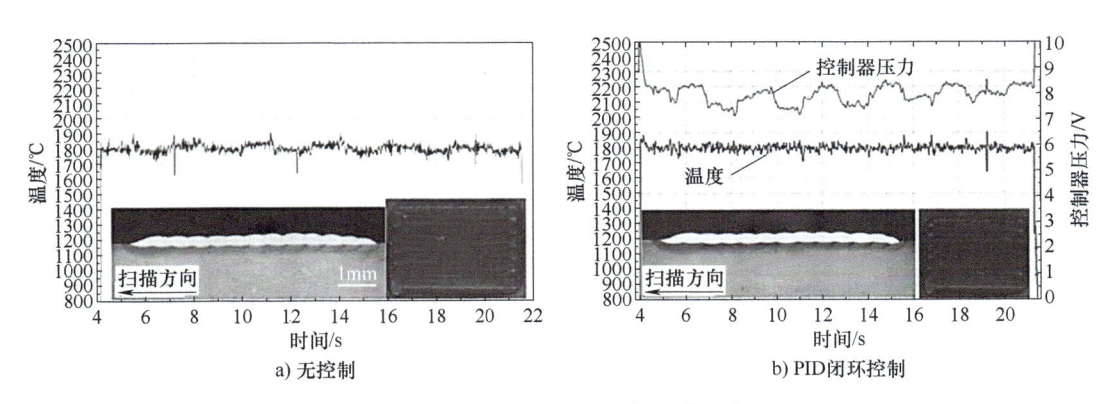

a) 无控制

b) PID闭环控制

图 7-17 多道单层沉积层成形质量对比

4. 圆筒壁（镍合金）

传感器：CCD 相机+线结构光源。

反馈信号：熔池高度。

被控对象：送粉速率。

实验结果：采用 CCD 相机和线结构光源构建的三维测量系统对沉积层高度进行了测试。基于 CCD 相机对线结构光源形成的光线进行成像，计算出光线上任意点的三维坐标。通过匹配两层对应点坐标即可计算出两层之间的高度，即熔池高度。将实际高度与预定高度进行比较，得到成形件高度的不均匀信息，以该信息作为反馈控制系统的参数。当测量系统检测到凹面区域时，控制系统通过延迟时间来增加粉末量；当测量系统检测到凸起区域时，控制系统通过加快扫描速率来减少粉末量。以镍合金为试验材料，试验初始参数为激光功率 1200W、扫描速率 3mm/s、送粉速率 5g/min。图 7-18 所示为开环控制与闭环控制成形的两个试样的对比。可以看出，与开环控制相比，闭环控制的成形质量和精度更好。

a) 开环控制　　　　　　　　　b) 闭环控制

图 7-18　多层圆筒壁成形质量对比

5. 涡轮叶片（316L 不锈钢）

传感器：CCD 相机（3 台）+双色高温计。
反馈信号：熔池温度、熔池高度。
被控对象：扫描速率、送粉速率。

试验结果：熔池高度由三台相机在三角测量装置中监测，熔池温度由双色高温计监测。采用双输入单输出混合控制系统，包括一个主高度控制器和一个从温度控制器来控制每一沉积层的高度增长和熔池温度，如图 7-19a 所示。当熔池高度超过规定层厚时，主高度控制器将阻止温度控制器的控制动作，并降低激光功率以避免过度堆积。当熔池高度低于规定的层厚时，温度控制器绕过高度控制器，动态调节激光功率以控制熔池温度。这种混合控制器能够通过热输入控制来避免过度堆积或堆积不足，从而实现稳定的层生长。采用混合控制系统成形的涡轮叶片如图 7-19b 所示。可以看出，与未加控制器的熔覆结果相比，采用混合控制器的熔覆精度有了很大提高。

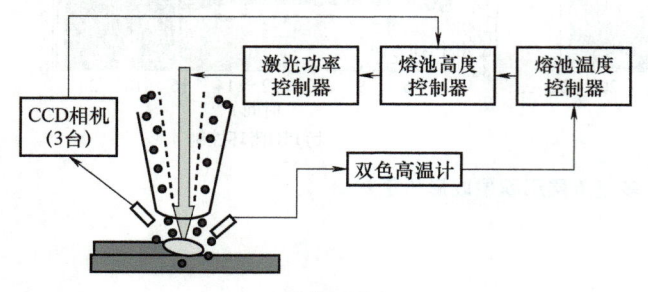

a) 系统示意图　　　　　　　　　b) 实物图

图 7-19　激光定向能量沉积涡轮叶片的混合控制

6. L形薄壁

传感器：CCD相机。

反馈信号：熔池面积。

被控对象：激光功率。

试验结果：在无控制情况下，采用400W恒定激光功率，不同位置熔池大小差异很大，从6000~17000像素（0.77~2.18mm^2）不等，末端位置和拐角处熔池相对较大，导致更高的堆积，如图7-20a所示。而采用PID闭环控制，以CCD相机采集的熔池面积作为反馈信号来控制激光功率，熔池面积设置为12000像素（1.54mm^2），在PID闭环控制系统的作用下，熔池大小更为均匀，在垂直和水平截面上实现了均匀的几何形状，且末端位置和拐角处都没有堆积，获得了均匀几何形状的良好效果，如图7-20b所示。

a) 无控制　　　　　　　　b) PID闭环控制

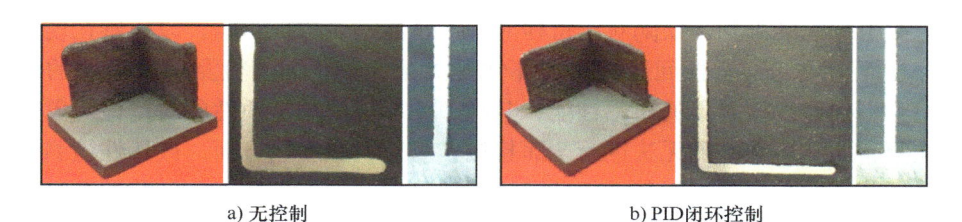

图7-20　L形薄壁成形质量对比

7.4　激光定向能量沉积缺陷超声无损检测

在激光定向能量沉积过程中，由于工艺参数不当、外部环境影响、熔池熔体状态的波动、扫描轨迹不连续等因素使得制件中不可避免地产生内部冶金缺陷。典型的缺陷类型包括未熔合孔、气孔、匙孔和裂纹，如图7-21所示。未熔合孔多呈现出不规则形状，其尺寸一般较大，内部多包含未熔化的金属粉末颗粒，通常出现在沉积层之间的搭接处。因搭接率过小导致搭接区不能充分熔合。此外，激光能量输入不足造成熔池温度较低也会导致熔合不良现象。气孔的形成是由于粉末自身含有的气体元素，在熔化及凝固过程中，这些气体元素会析出形成气孔。此外，附着在粉末上的气体或者成形环境中的气体随粉末进入熔池，由于熔池凝固速率较快，这些被带入熔池的气体来不及逸出，就会被封入制件内部形成气孔。气孔尺寸通常较小，为激光定向能量沉积过程不可避免的冶金孔。当激光能量输入较高时，足以引起金属汽化，由于金属蒸气的反冲压力大于熔融金属的表面张力和静压力，则会形成较深的熔池，深熔池内壁吸收能量温度升高，流动性增强，同时熔融态金属在静压力和表面张力的作用下，扫描路径后方的熔融态金属逐渐累积、坍塌，使底部气体困于熔池内而形成尺寸较大的圆形匙孔缺陷。裂纹缺陷的产生与材料热物性及残余应力有关。裂纹是激光定向能量沉积中最为危险的缺陷，当制件受力时，裂纹会延伸、扩展，很容易形成应力集中，进而造成制件断裂。

无损检测可有效评估零件的成形质量，进而为激光沉积零件质量的提升以及产品的安全使用提供有力的保障。无损检测就是利用材料自身的声、磁、电和光的特性，在不破坏或者

a) 未熔合孔　　　　　　　　b) 匙孔　　　　　　　　c) 裂纹

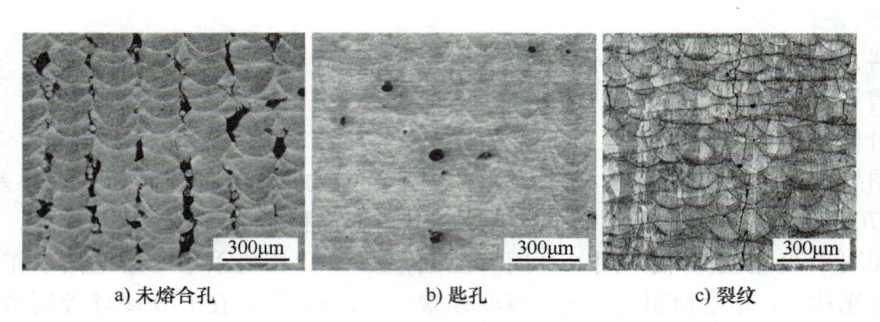

图 7-21　金属增材试样的典型缺陷

不影响待检对象使用性能的前提下，检测其是否存在缺陷，并判定缺陷存在的位置及大小、数量等，进而根据标准来判断缺陷对于待检对象的性能是否构成影响，以规避在使用过程中由于缺陷存在而出现的安全性问题。与破坏性检测相比较，无损检测有着显著的优点：首先，无损检测不损害待检对象的使用性能；其次，无损检测是全面性的对待检对象进行表面及内部的检测，而破坏性检测无法进行全面检测；另外，在应用方面，破坏性检测一般仅应用在原材料环节，而无损检测因其无损的特性能做到对试件在各个工艺环节的在线检测，甚至对在服役期的零件进行检测；最后，无损检测能够降低生产成本，零件的加工制造的过程中，通过无损检测可以检测出缺陷工件，并及时去除以避免对缺陷件继续加工导致经济成本的增高。无损检测可以实现制件非破坏检测，并可在制造过程中实时进行，有助于实现加工过程的在线反馈调节，从而减少废品率、提高制件品质。常用的无损检测包括 X 射线检测、超声检测、渗透检测、涡流检测及磁粉检测等。其中，超声无损检测技术应用最为广泛。

7.4.1　超声无损检测技术

超声无损检测技术的工作原理是超声波在待检测介质中传输时，通过遇到缺陷会发生折射、反射的传播特性来进行缺陷的检测。超声检测信号通常以 A 扫描、B 扫描和 C 扫描的方式呈现，如图 7-22 所示。A 扫描提取回波信息，B 扫描和 C 扫描进行成像检测，更为直观地看出试件内部缺陷图像。超声波的特点是指向性较好、穿透能力强，能够定向发射。超声检测技术的优点为检测对象较广，无太多的限制因素；成本较低，超声检测仪器的费用相较 X 射线设备要低很多；缺陷检测速率较快、灵敏度高；使用方便，手持式超声检测设备更是方便了外场作业；对人体无危害。常用的超声检测技术分为常规超声检测技术、相控阵超声检测技术和激光超声检测技术。

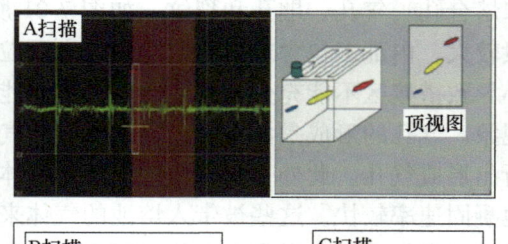

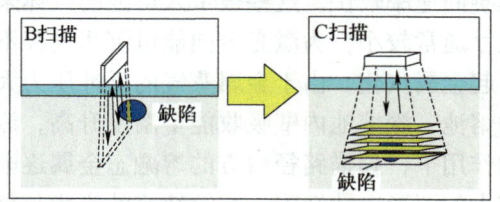

图 7-22　超声检测中的扫描方式

1. 常规超声检测技术

常规超声检测系统主要由超声探伤仪和超声探头组成，如图 7-23 所示。将高频电脉冲输入超声探伤仪中，通过超声探头将电脉冲转换成超声波，超声波在材料中传播，当遇到材料中的缺陷时，部分超声波会被反射，这部分反射的声波返回探头就形成了缺陷的超声回波信号，探头接收到回波后，将其转换为电信号，再经过放大、处理等，就能确定缺陷的位置及尺寸并进行显示。超声探头负责发射、接收超声波，是整个超声检测系统的重要部件，也称为超声发射器、超声换能器，其实质是一种能量转换装置。最为常见的超声波激励和接收方式是使用压电超声换能器，利用材料的压电效应将电能转换为机械振动。一般情况下，当换能器用作发射器时，通过压电材料将电能转化为机械振动能量发射超声波；当换能器用作接收器时，接收超声波引起的机械振动，通过压电材料产生电压并转换为电信号。其他超声波的激励方式还包括电磁超声换能器、电容式微加工超声换能器和磁致伸缩换能器等。

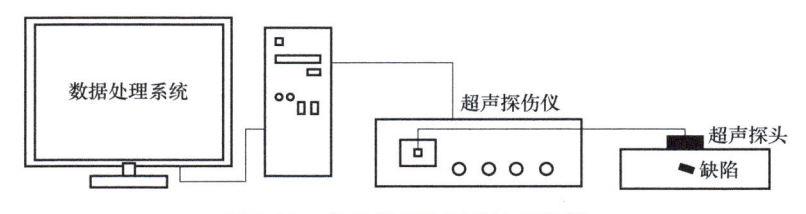

图 7-23 常规超声检测系统示意图

由于空气的声阻抗远小于液体和固体，当超声检测中超声探头和待测工件间如果有空气存在就会因为介质声阻抗的剧烈变化使超声波能量损失严重，因此必须进行耦合。常用的耦合方式有两种：直接接触法和水浸法。

1）直接接触法操作灵活、设备简单、声能损失小，但对待测工件表面质量要求较高。常规超声探头和相控阵超声探头使用直接接触法，该方法需要使用耦合剂。耦合剂要求透声性能好且不损伤工件检测表面。

2）水浸法又称为液浸法，使用水作为耦合剂。在超声检测时，将待测工件放入水槽中，超声探头不直接与待测工件表面接触，因此检测适应性更好，适合自动化检测。

2. 相控阵超声检测技术

相控阵超声检测技术采用相控阵超声探头进行超声检测。与采用单个压电晶片激励和接收超声波的压电探头不同，如图 7-24 所示，相控阵超声探头一般包括几个排列成特定图案（线形、正方形、环形或圆形）且可以单独控制的压电晶片，通过控制器激发每一个压电晶片产生聚焦的超声波，采用相位延时的方法对超声波的传播进行控制，然后通过计算机对采集到的回波信号进行处理，实现缺陷定位并生成二维和三维视图。常规超声检测的单个探头，由于声束扩散且单向、移动范围有限和声束角度有限，对裂纹走向和声束方向夹角较小的裂纹或远离声束轴线位置的裂纹漏检率较高，而相控阵的多晶探头，由于声束聚焦且可偏转，有更高的检测可靠性和检测效率。相控阵超声检测对于大厚度及内部有微裂纹的制件具有较好的检测效果。

针对增材制造的 TC18 钛合金试样，在打印面及两个沉积面的不同位置分别预制了直径为 0.8mm、深度为 5mm 的缺陷。采用线阵换能器（频率 10MHz，阵元个数 64，阵元间距 0.3mm）和环阵换能器（频率 10MHz，阵元个数 16，阵元间距 1.3mm）对试样进行了超声水浸 C 扫描，如图 7-25 所示。研究结果表明，采用环阵换能器结合全聚焦算法的 C 扫结果

a) 波束聚焦　　　　　　　　　　　b) 波束转向

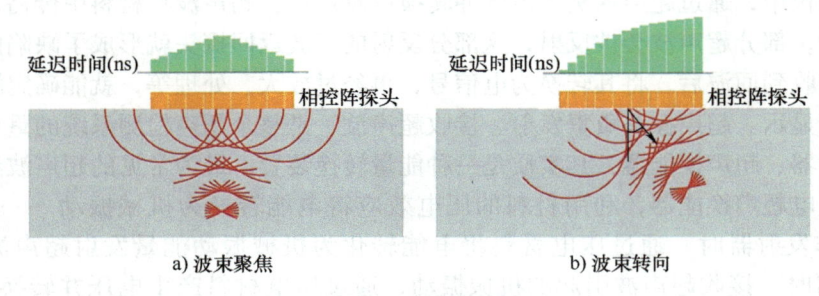

图 7-24　相控阵超声检测示意图

能更精确地检测到试样内部不同位置预制的缺陷，C 扫描检测更适合于增材制造钛合金构件等高衰减材料，在增材制造钛合金构件无损检测中有较好的应用前景。此外，增材制造钛合金构件的各向异性与它内部晶粒生长方向有密切关系。采用同样的环阵换能器参数和聚焦算法，研究了打印面和不同沉积面入射对检测结果的影响，不同方向的 C 扫描结果如图 7-26 所示。结果表明，当声波垂直于晶粒生长方向（打印方向）入射时，经过的晶粒界面增加而加重声束的散射和扭曲，其声束的衰减要大于声波沿着晶粒方向（沉积方向）传播时的衰减，因此，沉积方向检测结果的信噪比低于打印方向的检测结果。可见，在采用超声方法检测增材制造材料时有必要考虑其成形方向，尽可能沿着其沉积方向进行入射检测。

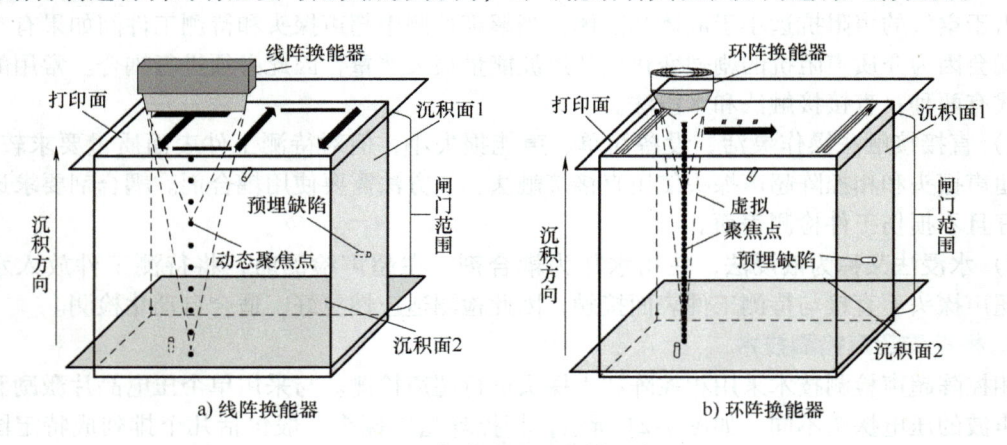

a) 线阵换能器　　　　　　　　　　　b) 环阵换能器

图 7-25　超声水浸 C 扫描示意图

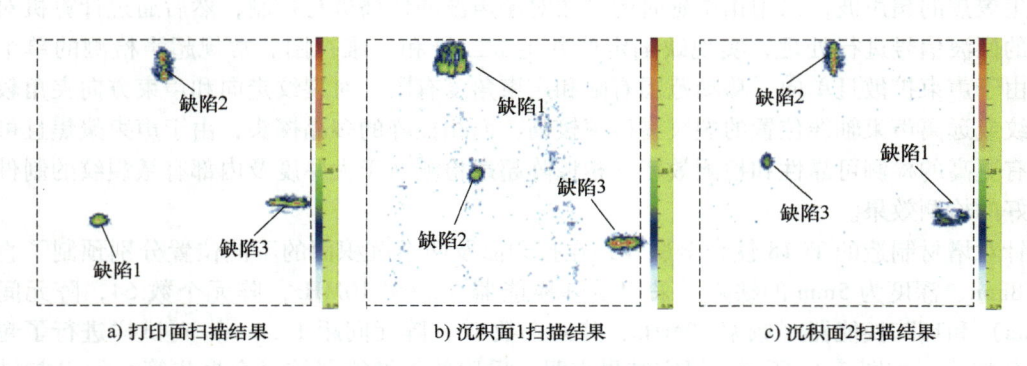

a) 打印面扫描结果　　　　b) 沉积面1扫描结果　　　　c) 沉积面2扫描结果

图 7-26　环阵换能器 C 扫描结果

3. 激光超声检测技术

激光超声技术是通过激光超声发射器将脉冲激光加载在待测试件表面，引起试件表面的局部快速膨胀，从而产生超声波，超声波脉冲遇缺陷后相互作用反射回表面，然后利用激光超声探测器进行超声波的接收。目前，脉冲激光发射器普遍使用的是 Nd：YAG 脉冲激光器。为了实现非接触检测，对激光超声的接收多采用光学法。超声的光检测技术分为非干涉技术和干涉技术。非干涉技术主要是刀边技术，即当入射到表面的探测光点尺寸小于超声波长时，超声波纹引起反射光偏转（偏转量可以由刀边切割的光通量测定），通过检测表波和体波的传播情况来表征试样的内部缺陷。干涉技术是基于两束及两束以上的相干波在空间相遇时振动此消彼长的现象建立的光检测技术，主要分为光外差干涉技术、差分干涉技术和速度干涉技术。在光外差干涉技术中，聚焦的激光束入射到样品表面产生反射光束，反射光束与另一束从激光源分离出的参考光发生干涉来有效测量样品表面的振动位移。差分干涉技术通过使同一光源的两分离激光束照射到样品上的同一点来实现差分干涉探测。速度干涉技术考虑了表面运动产生的多普勒频移，因此能够敏感地响应表面的振动速度。图 7-27 所示为激光超声检测示意图。

激光超声检测技术按激光能量密度的高低可分为两种机制：热弹机制和热蚀机制。在基于热弹机制的激光超声无损检测技术中，入射激光脉冲的功率密度小于 $10^6 W/cm^2$，此时热扩散很少，温度仅在几微米厚表层区域瞬间上升几十到几百摄氏度，相当于非常薄的表层有一个瞬态热源使材料膨胀，从而产生瞬态热应力和热应变。在基于热蚀机制的激光超声无损检测技术中，入射激光脉冲的功率密度大于 $10^7 W/cm^2$，此时由于固体表面温度急剧升高，超过了材料熔点，约几微米厚范围的表层材料发生烧蚀，导致金属表面及其上方形成等离子体，产生垂直于表面的反冲力。由于基于热蚀机制的激光超声检测技术可能会使材料表面产生点蚀，并在增材制造过程中应用该技术时可能会使熔池中的夹带气体、未熔粉末增加，进而使沉积层中产生缺陷，因此该技术通常不被视为真正的无损检测。而基于热弹机制的激光超声无损检测技术不会对样品表面造成破坏，更适合用于增材制造构件的在线无损检测。

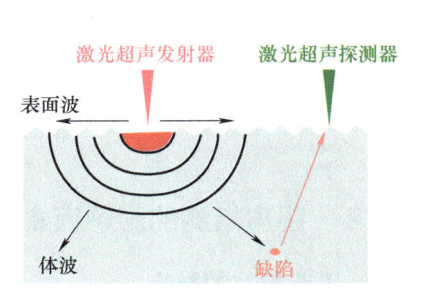

图 7-27 激光超声检测示意图

激光超声技术摆脱了传统超声换能器尺寸的限制，不需要液态耦合剂即可实现对恶劣环境下（高温、高压、粉尘、易腐蚀等）材料的快速自动化扫描检测，可以用于检测复杂的表面及结构，并能检测非常小的缺陷。此外，激光超声检测具有长距离非接触、频带宽、分辨率高、灵敏度高等优点，可实现现场快速检测。这些优势使得激光超声检测技术在增材制造构件的无损检测中得到了越来越多的关注和研究。

图 7-28a 和图 7-28b 所示分别为增材制造的 AlSi12 合金块体试样模型图和实物图，尺寸为 60mm×20mm×10mm。试样被预制成 5 个等间距的半径为 1mm 的孔缺陷，孔的长度分别为 2mm、5mm、10mm、15mm 和 20mm，所有孔在试样厚度方向居中。图 7-28c 所示为沿着长度方向的 B 扫描结果。可以看出，纵波在接近孔洞时需要更长的时间才能传播，并在孔洞中心完全被阻断。当波接近孔洞时，在孔洞边缘绕行，与直接波相比，需要更长的时间才能被探测到。半圆形图案表明，波必须绕孔传播，从而增加了传播时间。图 7-28d 所示为 C

扫描图像。由图中可见，采用激光超声检测技术可以清晰地探测到试样中的孔缺陷。

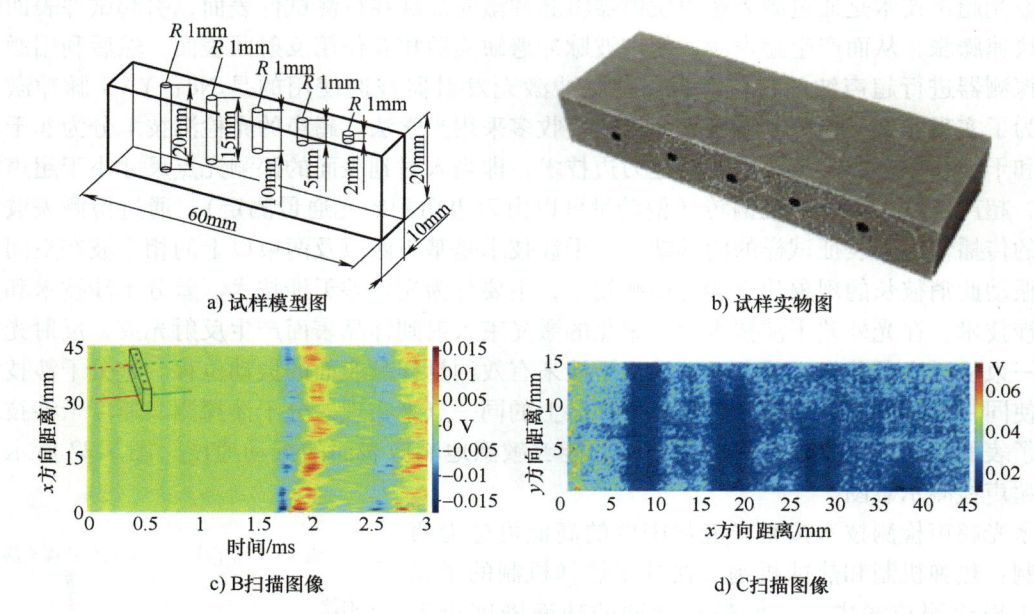

a) 试样模型图　　　　　　　　　b) 试样实物图

c) B扫描图像　　　　　　　　　d) C扫描图像

图 7-28　增材制造块体的激光超声检测

7.4.2　超声检测的影响因素

1. 工艺参数的影响

为了验证激光功率 P 和扫描间距 H 的影响，制备了六组 TA15 钛合金试验样块。具体工艺参数及成形试样如图 7-29 所示。从图中可见，当激光功率下降到 900W 时，样块表面开始出现小缺陷，但还满足超声检测条件；当激光功率下降到 600W 时，样块表面遍布缺陷，样块内部材质十分不均匀、缺陷严重，因超声波无法传播到样块底面导致检测无法进行。另外，样块表面质量也随扫描间距增大略有下降。

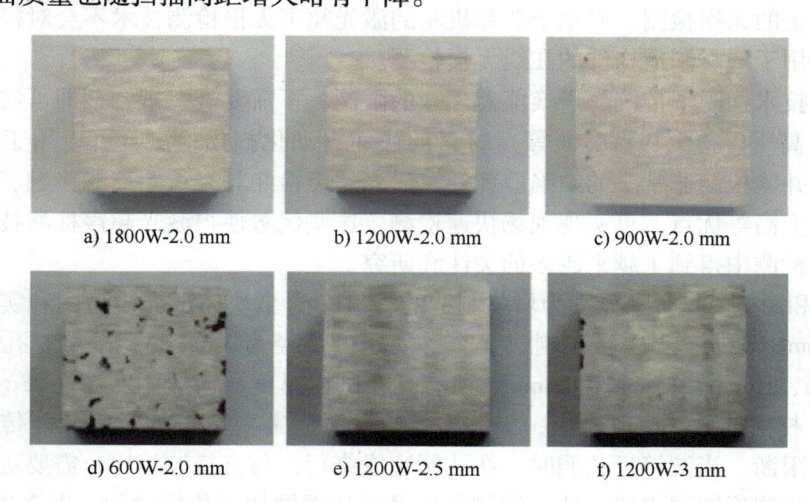

a) 1800W-2.0 mm　　b) 1200W-2.0 mm　　c) 900W-2.0 mm

d) 600W-2.0 mm　　e) 1200W-2.5 mm　　f) 1200W-3 mm

图 7-29　TA15 钛合金样块实物图（激光功率-扫描间距）

图 7-30 所示为工艺参数对一次底面波强度的影响。纵坐标为样块在 x 方向的一次底面反射波强度相对于上表面回波强度的百分比。可以看出，激光功率对超声检测灵敏度的影响较大，激光功率和材料超声灵敏度之间存在一定的线性关系。而扫描间距对灵敏度影响较小，不同扫描间距样块的灵敏度基本处在同一水平线上。因灵敏度对潜在缺陷的判定影响较大，在超声检测对比试块材料时应选择与待检产品具有相同激光功率的材料。

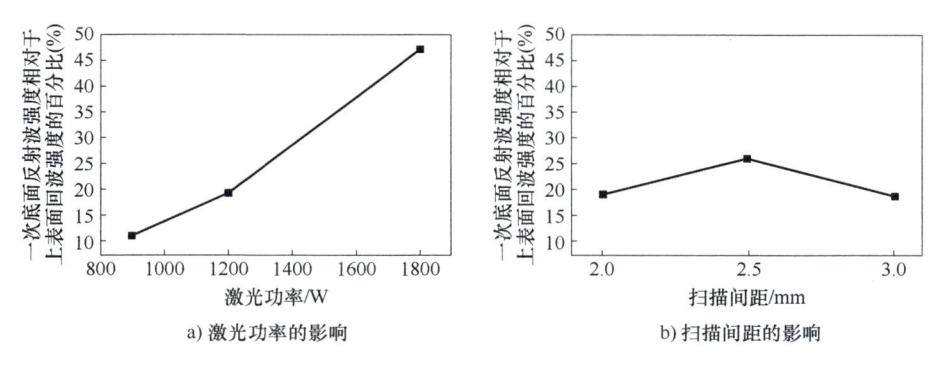

a) 激光功率的影响
b) 扫描间距的影响

图 7-30 工艺参数对超声检测灵敏度的影响

图 7-31 所示为工艺参数对超声声速的影响。在同一工艺参数下，z 方向（沉积方向）声速最高，y 方向最低，但相差仅为 2%。同时激光功率和扫描间距对超声声速的影响也较小。超声声速主要影响潜在缺陷深度的测量精度，因超声声速差异相对较小，一般情况可忽略。

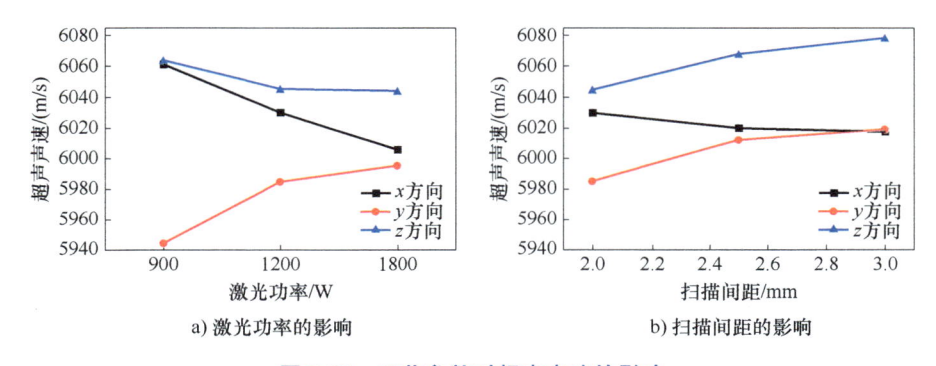

a) 激光功率的影响
b) 扫描间距的影响

图 7-31 工艺参数对超声声速的影响

2. 检测方向的影响

由于增材制造工艺的特殊性，在材料成形过程中受沉积方向、冷却速率和温度梯度的影响，材料在沉积方向易形成柱状晶粒结构，这种组织特征使沉积材料表现出力学性能的各向异性，使得不同检测方向超声波的衰减程度不同。为了在激光沉积制件内部缺陷的超声检测中达到更高的准确率，也为了完善激光沉积制件超声检测标准，有必要研究检测方向对激光沉积试件超声检测的影响，为实际的激光沉积制件内部缺陷的超声检测工艺提供指导。

利用超声检测方法对激光沉积 TA15 试块进行超声检测，选择两个方向进行超声检测，分别为垂直于沉积方向和平行于沉积方向。图 7-32 所示为不同检测方向横通孔超声检测结果。从图中可以看出，沿着平行于沉积方向进行超声检测所测得的横通孔的图像要比沿着垂直于沉积方向的横通孔图像明显更高亮，这说明了沿着平行于沉积方向进行超声检测，超声探头接收到横通孔的回波强度更高，即沿着这个方向进行超声检测，在相同检测参数、相同超声波传播距离下，此方向超声衰减更小；此外，沿着平行于沉积方向得到的图像灰度值明显更高，同一个检测方向上横通孔的不同峰值处其灰度值分布不均匀，排除电火花打孔粗糙度不同对其造成的微小影响，主要反映了材料组织的不均匀性对超声灵敏度的影响；通过横通孔的灰度峰值，可以从数值上比较两个检测方向上超声衰减的差异。沿着垂直于沉积方向进行的超声检测，其横通孔灰度值为 205，而沿着平行于沉积方向进行的超声检测，其横通孔的灰度值达到了 252，这表明沿着平行于沉积方向进行超声检测，超声波衰减更小。

a) 检测方向垂直于沉积方向

b) 检测方向平行于沉积方向

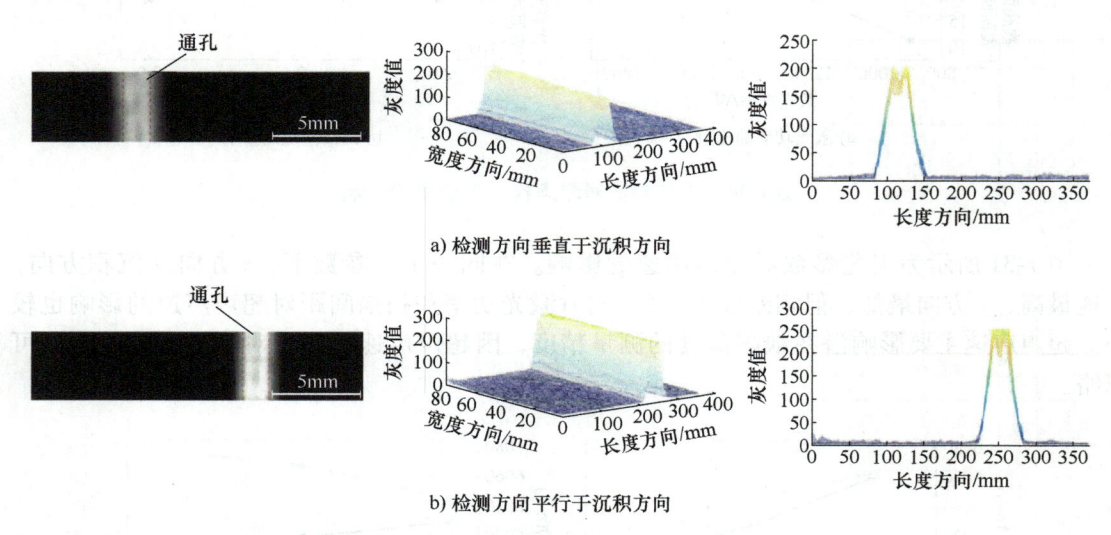

图 7-32　不同检测方向横通孔超声检测结果

7.4.3　微小缺陷识别方法

激光沉积形成的定向生长的粗大柱状晶及晶界处聚集的片层引起的散射衰减是造成超声检测缺陷时能量衰减的主要原因，加之晶界处的反射衰减及气孔缺陷的球面散射作用，共同导致了超声检测时部分微小缺陷的对比度不足。针对激光定向能量沉积制件微小缺陷难以识别的问题，提出了一种基于离散小波变换的算法，通过对高频系数的 Penalized 软阈值去噪，有效抑制了高频噪声；通过对低频系数的 Gamma 变换，显著提高了成形过程微小、低对比度缺陷的细节特征信息识别能力。

通过超声检测 C 扫描所得图像如图 7-33 所示。可以看出，部分微小缺陷与正常区域的对比度很低，如标示的缺陷 1 和缺陷 2，识别及定位困难，微小缺陷的超声回波信号较弱，灰度水平很低，甚至被周围背景淹没。而基于离散小波变换的重构图像如图 7-34 所示。可以看出，缺陷 1 和缺陷 2 等微小缺陷的对比度明显增强，缺陷中心高亮，由于声散射作用，中心周围稍弱的特征信息也得以保留，微小缺陷（如缺陷 3）经过处理后也得以凸显。

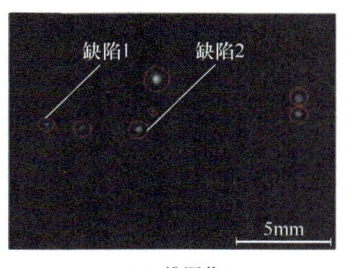

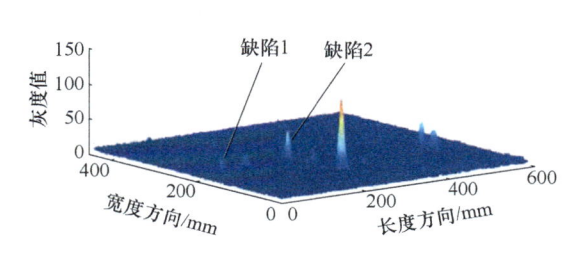

a) 二维图像　　　　　　　　　　b) 三维灰度图

图 7-33　超声检测 C 扫描图像

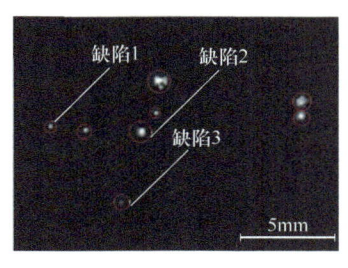

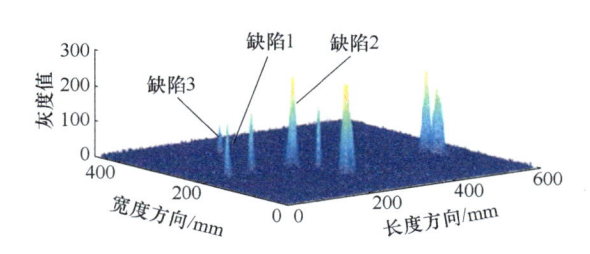

a) 二维图像　　　　　　　　　　b) 三维灰度图

图 7-34　基于离散小波变换的重构图像

7.5　激光定向能量沉积零件残余应力检测

激光定向能量沉积过程独特的快速加热-冷却过程会导致制件产生残余应力，对其力学性能、尺寸精度、使用寿命等均有显著影响。残余应力的存在易引起材料的开裂及变形，如图 7-35 所示，使得制件在使用过程中存在安全隐患。因此，在使用前对制件进行残余应力检测尤为重要。

a) 开裂

b) 变形

图 7-35　残余应力导致成形制件的开裂及变形

7.5.1 残余应力产生机制

激光定向能量沉积制件残余应力的产生可以由温度梯度机制模型和冷却阶段模型解释。温度梯度机制模型表明，激光束加热材料导致其受热膨胀，热膨胀（ε_{th}）被周围较冷的材料抑制，在受热区产生压缩应力-应变。如压缩应力超过材料屈服应力（σ_{yield}），应变将呈现部分弹性（ε_{el}）和部分塑性（ε_{pl}），如图 7-36a 所示。当激光束离开后，由于加热过程产生的塑性变形，使得冷却收缩受到抑制，产生残余拉伸应力（σ_{tens}），因此收缩部分受到抑制。根据力和动量的平衡，辐照区将被压应力区（σ_{comp}）包围，如图 7-36b 所示。冷却阶段模型表明，残余应力出现在先熔化的材料中，当重新凝固和收缩时，收缩部分被底层材料抑制，从而在顶层材料引入拉应力。

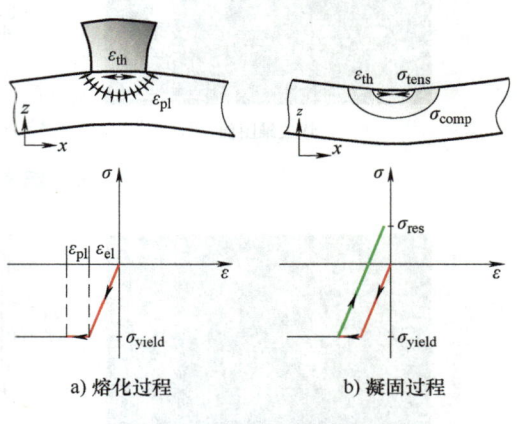

a) 熔化过程   b) 凝固过程

图 7-36 残余应力产生机制

7.5.2 残余应力检测方法

残余应力的检测方法主要分为两大类，有损检测和无损检测。有损检测法又称为机械检测法，其原理是通过破坏部分试样以破坏其内应力平衡状态，引起残余应力重新分布，测量过程中的应变，然后根据广义胡克定律计算残余应力。有损检测法的测量误差是由应变测量精度决定的，其优点是检测精度较高，但对构件的损伤较大。常用的有损检测法包括钻孔法、压痕法、曲率法、轮廓法、切条法、剥层法等。无损检测法又称为物理检测法，其原理是利用物理信号的变化计算残余应力。无损检测法对构件无损害，但对检测技术要求较高。常用的无损检测法包括 X 射线衍射法、中子衍射法、超声波法、涡流法、磁测法等。相对于有损检测法，无损检测法能够在不破坏试样的前提下测量残余应力大小，可在同一位置进行多次测量，降低误差。

1. 钻孔法

钻孔法是由 Mathar 在 1934 年提出，由 Soete 等发展完善起来的一种残余应力测量技术。钻孔法的原理是在被测试件表面贴上应变片，然后钻孔，则小孔周围的局部应力平衡就会受到破坏，小孔周围应力须重新调整，用应变仪测出应变大小，根据小孔附近的应变值利用弹性力学理论推算出小孔处的应力。钻孔法的优点在于操作简单，测量成本低，应用范围广，但其测量精度的影响因素较多，如孔深、孔径和应变片的粘贴质量等，而且钻孔法是把孔周围释放的残余应力当成均匀的应力场来计算，对于非均匀的应力场的测量精度较差。目前钻孔法检测机理最为成熟，设备也更为完善，检测流程也很规范。但其缺点为钻孔过程中，如处理不当，不仅影响测量精度，而且在测量过程中会对试件造成结构破坏，影响其力学性能。

采用钻孔法对激光定向能量沉积 TA15 钛合金样件进行残余应力影响因素的研究。应变片贴放位置及钻孔位置如图 7-37 所示，β 为 x 方向与主应力之间的夹角，l_1、l_2 分别为应变片两端到小孔中心的距离，D 为所钻小孔直径，R 为半径。为了保证应变片和测试样件表面紧密结合，在应变片粘贴前对样件表面进行去毛刺、打磨处理。应变片的贴放位置与水平位置呈 0°、45°、90°角度，小孔中心到应变片敏感栅中心距离为 3mm，可减小孔边塑性应变的影响，保证小孔法测量精度。小孔直径取 2mm、深度取 1mm。为了避免孔与孔之间的影响，同一试样上孔与孔之间距离间距为 16mm，将应变仪调零后即可钻孔，待读数稳定后开始记录。考虑到钻削热对应变读数的影响，采用平均值法求得释放应变，即在钻孔间隔 0.5h 后每隔 5min 读取一次应变值，再取应变平均值。

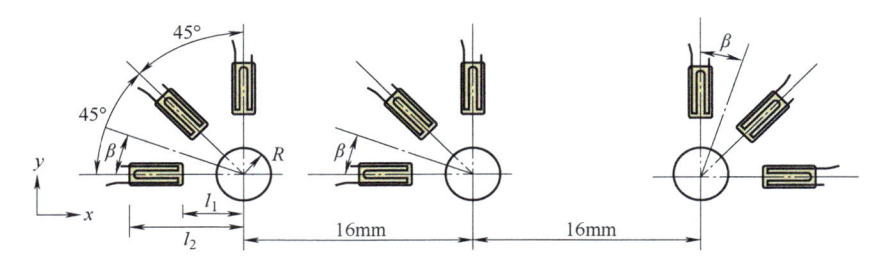

图 7-37　应变片贴放位置及钻孔位置

残余应力计算主要公式如下：

$$\sigma_1 = \frac{\varepsilon_1 + \varepsilon_3}{4A} + \frac{\varepsilon_1 - \varepsilon_3}{4B\cos 2\beta} \tag{7-14}$$

$$\sigma_2 = \frac{\varepsilon_1 + \varepsilon_3}{4A} + \frac{\varepsilon_1 - \varepsilon_3}{4B\cos 2\beta} \tag{7-15}$$

$$\beta = \frac{1}{2}\arctan \frac{\varepsilon_1 - 2\varepsilon_2 + \varepsilon_3}{\varepsilon_3 - \varepsilon_1} \tag{7-16}$$

$$\sigma_x = \frac{\sigma_1 + \sigma_2}{2} + \frac{\sigma_1 - \sigma_2}{2}\cos 2\beta \tag{7-17}$$

$$\sigma_y = \frac{\sigma_1 + \sigma_2}{2} + \frac{\sigma_1 - \sigma_2}{2}\cos 2\beta \tag{7-18}$$

式中，ε_1、ε_2 和 ε_3 分别为 1、2 和 3 应变计读数；σ_1 和 σ_2 为主应力；σ_x 和 σ_y 分别为 x 方向和 y 方向应力；β 为应变片 1（x 方向）与主应力 σ_1 之间的夹角；A、B 为应力释放系数，可由下式计算：

$$A = -\frac{1+\nu}{2E} \cdot \frac{R^2}{l_1 l_2} \tag{7-19}$$

$$B = -\frac{1}{E} \cdot \frac{2R^2}{l_1 l_2}\left[1 - \frac{1+\nu}{4} \cdot \frac{R^2(l_1^2 + l_1 l_2 + l_2^2)}{l_1 l_2}\right] \tag{7-20}$$

式中，E 为弹性模量；ν 为泊松比。

研究结果表明，激光功率、扫描速率、送粉速率、扫描方式等工艺参数对残余应力均有显著影响。激光功率越大，残余应力越大；随着扫描速率的增大，残余应力则不断减小；随着送粉速率的增大，残余应力有增加的趋势；不同扫描方式中交错扫描是残余应力最小的成形扫描方式。通过对成形样件不同位置的残余应力测定分析发现，成形件中间位置是残余应力的峰值点。

2. 压痕法

压痕法测量残余应力的原理为：在平面应力场中，由压入球形压痕产生的材料流变会引起受力材料的松弛变形，与此同时，由压痕自身产生的弹塑性区及其周围的应力应变场在残余应力的作用下也要产生相应变化，这两种变形行为的叠加所产生的应变变化量为应变增量。压痕法就是利用球形压痕诱导产生的应变增量求残余应力的方法。压痕法对试样的损伤较小，且测量方便准确。压痕法采用电阻应变花作为测量用的敏感元件，在应变栅轴线中心通过机械加载制造一定尺寸的压痕，如图 7-38 所示，通过应变仪记录应变增量数值，利用事先对所测材料标定得到的弹性应变与应变增量的关系得到残余应变大小，再利用胡克定律求出残余应力。

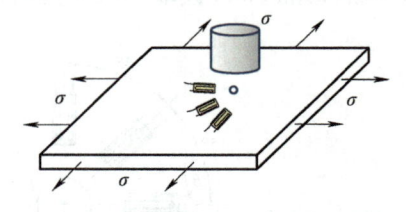

图 7-38 压痕法测量残余应力示意图

为了考察激光定向能量沉积的多道多层块体成形层数及单道多层薄壁扫描转角对基板残余应力的影响，采用压痕法测量了残余应力。在粘贴应变片之前需要对布片方案进行设计。如图 7-39 所示，对于多道多层块体，在试样四周中间位置选取 4 个测点粘贴应变片。对于单道多层薄壁，在成形试件外侧始末两端、转角及中间位置处选取 5 个测点粘贴应变片。各压痕点距成形件边缘位置均为 5mm。值得注意的是，为了确保贴片质量，贴片前需要对测量试件进行打磨、划线和清洗工作。贴片后放置 3h 以上使黏结剂自然固化后再通过残余应力测试系统进行测量。

a) 多道多层块体

b) 单道多层薄壁

图 7-39 压痕法测量残余应力试样及贴片位置

研究结果表明，激光功率增大，基板残余应力数值随之增大，当功率高于 1700W 时，基板残余应力开始减小；基板残余应力在送粉速率 0.5~1g/min 和 1.5~2g/min 区间内，表现出随着送粉速率的增大残余应力减小的情况，而基板残余应力在送粉速率在 1~1.5g/min 区间内表现出相反的情况；基板残余应力随着扫描速率的增大呈现出先增大后减小的趋势；

基板残余应力随成形层数的增加而递减；对于不同扫描转角的测试件，在扫描转角为60°的情况下，基板残余应力值最小，而在30°扫描转角的情况下，基板残余应力值最大。

3. 切条法

切条法的基本原理为在存在残余应力的试样上面切下一个细长的矩形试样，通过矩形试样残余应力释放前后的变化就可以测得此处的残余应力大小。相对于钻孔法与压痕法，切条法对试样的损害更大，只适用于特定试样的残余应力测量。

切条法由于将结构件破坏，残余应力释放完全，测量精度高。可利用电阻应变计测量释放应力，间接得到样品内的初始残余应力。

4. 剥层法

剥层法测量残余应力是一种发展时间较早的方法，剥层法可以得到构件深度方向的残余应力分布，因此可以用来测量三维残余应力。

剥层法的基本原理是通过逐层去除材料，使残余应力释放，残余应力的释放引起材料应变，利用应变片测量应变即可得到剩余部分的残余应力值。剥层法一般使用机械切削或电化学腐蚀等方法将材料逐层去除，当使用机械切削的方法剥层时，会引进应力，不同的机械切削方法引入的应力类型和大小不同。

剥层法可以用于各向异性材料残余应力的测量，主要用于测量材料厚度方向的残余应力，但随着测量厚度的增大，对构件的损伤会越来越大。

5. X 射线衍射法

X 射线衍射法是残余应力无损检测方法中发展最成熟的方法，其检测应力的流程已十分规范。X 射线衍射法的原理是当材料存在残余应力时，不同晶粒的晶面间距随应力大小发生改变，并产生衍射峰的偏移，通过偏移大小即可计算残余应力。基本原理为在无应力的情况下，理想的多晶体同一族的晶面间距是相等的，当其受到残余应力的作用下就会产生应变，晶粒中各晶面的间距也随之发生变化，分布在各个方向上的晶粒中不同晶面指数的晶面应变各不相同，而应变又与 2θ 衍射角的变化率 $\Delta\theta$ 有关，如图 7-40 所示。

实际测量中，只要测得 2θ 衍射角的变化率，就可以求出应变，从而得到试样残余应力的大小，计算公式为

$$\sigma = -\frac{E}{2(1+\nu)}\frac{\pi}{180}\cot\theta_0\frac{\partial(2\theta)}{\partial\sin^2\varphi} \quad (7\text{-}21)$$

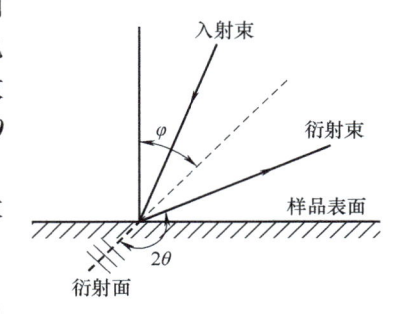

图 7-40　X 射线衍射法测量残余应力示意图

式中，E 为弹性模量；ν 为泊松比；θ_0 为所选晶面在无应力情况下的衍射角，φ 为试样表面法线与所选晶面法线的夹角；2θ 为试样表面法线与衍射晶面法线为 φ 时的衍射角。

X 射线衍射法的主要特点如下：

1）测量精度高，结果准确可靠，检测速度快，与其他方法相比，X 射线衍射法在应力测量的定性定量方面可信度较高。

2）通过 X 射线积分法、剥层法和多波长法可测量材料的三维残余应力。

3）穿透能力有限，测量深度只有 10~30μm，对于铝合金、不锈钢、钛合金等存在大晶粒或织构组织的材料检测方法还不成熟。

4）对试样尺寸和几何形状有严格的要求，且测试设备较为复杂。

6. 中子衍射法

中子衍射测量残余应力的基本原理与 X 射线衍射法相同，都是基于布拉格衍射方程，即因为内应力的存在，导致晶格间距的改变，使衍射角发生偏移，通过测量衍射角的变化进而可以计算残余应力的大小。中子衍射法相比于 X 射线衍射法，具有更高的穿透深度，可以测量材料更深处的残余应力。图 7-41 所示是中子衍射法测量残余应力的原理示意图，主要的测试装置包括单色装置和飞行时间装置。在残余应力的测量过程中，被测试样的测量体积由入射狭缝和衍射狭缝相交的空间区域决定，通过移动和转动待测试样，使中子束中心与试样待测位置重合，可得到对应位置的正应变，根据相应公式计算获得该位置的三向（环向、径向、轴向）应力。

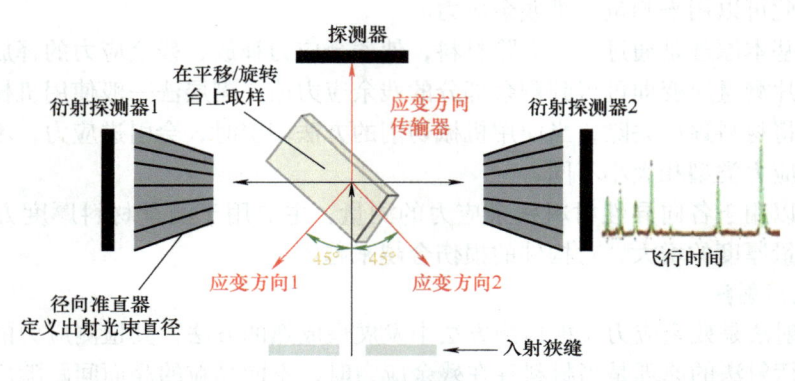

图 7-41 中子衍射法测量残余应力原理示意图

当波长为 λ 的中子束通过样品时，晶面间距 d 会在满足布拉格关系（$2d\sin\theta = n\lambda$）的位置发生衍射而形成衍射峰，应力的作用会导致晶面间距发生变化。通过测量晶面间距的变化可计算出晶格应变 ε：

$$\varepsilon = (d - d_0)/d_0 = -\cot\theta_0 (\theta - \theta_0) \tag{7-22}$$

式中，d 为被测试样的晶面间距；d_0 为无应力参考试样的晶面间距；θ 为被测试样衍射峰角度；θ_0 为无应力参考试样衍射峰角度。

通过弹性应变的测量，利用广义胡克定律进行应力计算：

$$\sigma_{xx} = \frac{E_{hkl}}{(1+\nu_{hkl})(1-2\nu_{hkl})} [(1-\nu_{hkl})\varepsilon_{xx} + \nu_{hkl}(\varepsilon_{yy}+\varepsilon_{zz})] \tag{7-23}$$

$$\sigma_{yy} = \frac{E_{hkl}}{(1+\nu_{hkl})(1-2\nu_{hkl})} [(1-\nu_{hkl})\varepsilon_{yy} + \nu_{hkl}(\varepsilon_{xx}+\varepsilon_{zz})] \tag{7-24}$$

$$\sigma_{zz} = \frac{E_{hkl}}{(1+\nu_{hkl})(1-2\nu_{hkl})} [(1-\nu_{hkl})\varepsilon_{zz} + \nu_{hkl}(\varepsilon_{xx}+\varepsilon_{yy})] \tag{7-25}$$

式中，σ_{xx}、σ_{yy}、σ_{zz} 分别为 x、y、z 方向上的残余应力；ε_{xx}、ε_{yy}、ε_{zz} 分别为 x、y、z 方向上的晶格应变；E_{hkl} 为与（hkl）衍射晶面相关的弹性模量；ν_{hkl} 为与（hkl）衍射晶面相关的泊松比常数。

中子衍射技术相对于 X 射线和其他应力测试方法的主要特点如下：

（1）穿透力强。中子由原子核散射，中子在金属中的穿透深度较 X 射线大得多，穿透能力可达 3~4cm 以上，可测量构件内部的应力及其分布。

（2）非破坏性。可监视试件环境或加载条件下的应力变化状态，可多次重复测量试验样品。

（3）空间分辨可调。空间分辨可与有限元模式的空间网格相匹配，在检验有限元计算方面具有很大优势。

（4）针对不同的情况。中子衍射法可解决材料中特定相的平均应力和晶间应力问题。

（5）设备复杂、昂贵。中子衍射法对设备和试样有严格要求，需要一个高强度的反应堆或脉冲中子源，设备复杂、昂贵，试样则要求足够小以适应衍射仪。中子源不像 X 射线那样普及，只能固定在实验室测试。

An 等采用中子衍射技术研究了激光粉末床融合技术制备的 Inconel 625 合金叶片不同位置的残余应力分布规律，如图 7-42 所示，揭示了 Inconel 625 合金叶片沿叶身的残余应力特征，为后续优化叶片制备工艺和完善计算模型奠定了坚实的基础。

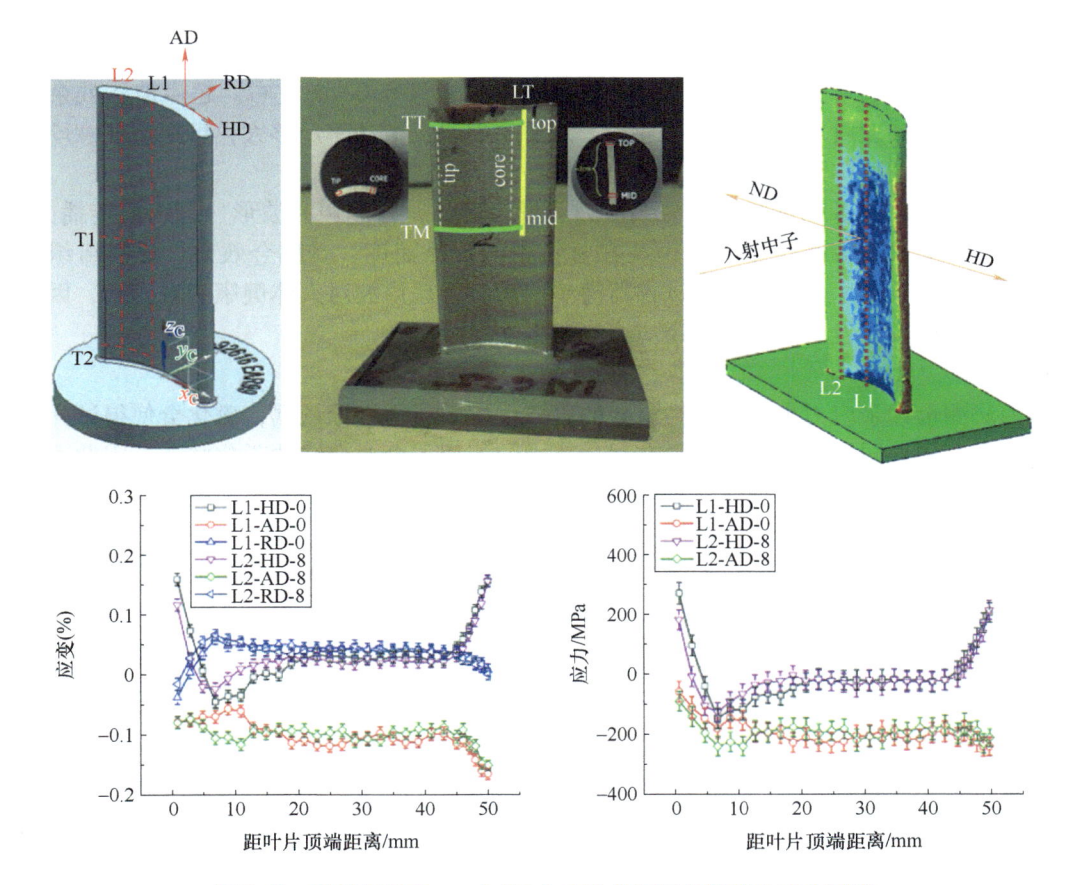

图 7-42　增材制造 Inconel 625 合金叶片不同位置残余应力测试

7. 超声波法

超声波法是一种基于声弹性理论的测试方法，是目前最具发展前景的无损检测方法之一。弹性波在介质中传播时，当应力发生变化时，会引起弹性波的波速变化，这种弹性波波速与应力相关的特征称为声弹性效应，利用超声波波速的改变量就可以根据相关公式计算得到应力的大小。

超声波法的具体实施方案主要有两种：方案一是采用超声横波作为探测手段，由于应力的影响束正交偏振横波的传播速度不同，产生双折射，分别测量两束超声横波的回波到达时间来评价材料中的应力状态，该方案只适用于材料的内部应力；方案二是采用表面波或者纵波，直接测量声波在材料表面或内部传播的时间，再依据声弹性理论中应力和声速的关系来测量应力，该方案可测量材料表面或内部的应力，因此逐渐成为研究的主流。

超声波波速会受到弹性介质内部应力的影响而发生变化，并且波速的变化和应力之间呈线性关系，因此，在固定超声波入射探头和接收探头的距离 L_0 的前提下，根据试样应力的变化 $\Delta\sigma$ 与临界折射纵波传播的声时差 Δt 的线性关系，即可得到测试材料的应力大小，公式如下。

$$\Delta\sigma = k(t-t_0) = k\Delta t \tag{7-26}$$

式中，k 为应力系数；t 和 t_0 分别为残余应力存在条件下和无应力状态下超声波的声时。

当超声波通过处于应力状态下的固体传播时，应力对其速度有两种影响。弹性模量和密度随应变而改变，通常这两者的变化都比较小，最多也只有 0.1% 左右。超声波法残余应力测量深度与超声波发射功率有关，在理论上只要超声波发生功率足够大，可穿透任意厚度的构件，因此，在大型构件三维应力测试中应用广泛。

超声波法相较于 X 射线衍射法残余应力测量精度低，且超声波波形、超声波传播方向、材料组织和应力状态等都会影响超声波在材料中的传播速度，受耦合效果、材料组织均匀性、温度等影响较大，但该方法测试仪器简单便携，且超声波对人体健康相对安全，因此超声波法是一种比较有发展潜力的残余应力测试方法。

8. 磁测法

磁测法测量残余应力主要以磁性材料的磁致伸缩效应为理论依据，磁化会使得试样的尺寸大小发生变化，同样，铁磁性材料在残余应力的作用下会改变它的磁化状态，因此可以通过测量磁感应强度和磁导率的变化量就可以得到试样中残余应力的大小。磁测法主要包括金属磁记忆法、磁噪声法、磁应变法和磁声发射法等。

磁记忆法基于金属材料的自发磁化现象、磁机械效应、磁致伸缩和磁弹性效应进行残余应力的测试。铁磁材料在载荷的作用下，发生上述物理现象，引起磁畴位移，导致金属磁特性不连续。在外部载荷去除后，金属磁特性仍会存在。金属在应力集中区域的表面会出现漏磁场，通过测量该磁场强度，便可以检测出应力集中的部位。磁噪声法即巴克豪森磁噪声法，铁磁材料在磁化过程中产生的磁畴转动和磁畴壁位移使材料内部产生非连续性的电磁脉冲，通过测量磁感应强度变化来获得材料内部电磁脉冲信号，即可测量出材料的残余应力。磁应变法通过铁磁材料磁化现象的改变，计算材料应力状态。当材料内有残余应力时，会使材料磁畴移动和转向受阻，因此降低磁化率。通过应力与铁磁材料磁导率之间的关系，可以计算出材料的残余应力值。磁声发射法利用铁磁材料在磁致伸缩效应下其体积变化产生的应变使材料产生弹性波，通过声发射仪器，测量弹性波的数值，进而计算出材料的残余应力值。磁声发射可以实现动态无损检测，且检测深度大，灵敏度高。

磁测法的优点在于测量速度快，可以实现非接触式，设备便于携带，适合现场测量，但该方法仅适用于铁磁性材料，检测结果受表面粗糙度和材料显微结构等因素的影响较大。

综上所述，不同残余应力检测方法都具有一定的局限性，测试时需要根据测试条件来选择检测方法。图 7-43 所示给出了几种残余应力检测方法的检测深度和检测空间分辨率范围，其特点、检测标准以及检测指标见表 7-2。

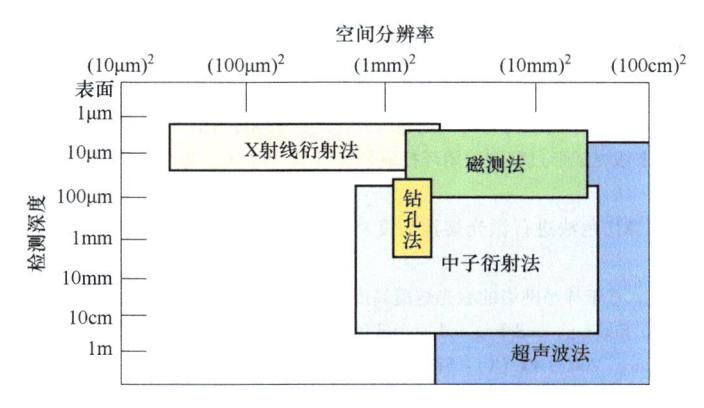

图 7-43 不同检测方法的检测深度与检测空间分辨率

表 7-2 残余应力检测方法比较

方法	测量原理	空间分辨率及检测深度	优点	缺点
钻孔法	应力释放后的应变	空间分辨率：2~3mm^2 检测深度：50μm~3mm	测量精度高，操作简单，测量成本低，应用范围广	有损检测，操作复杂，检测速率慢，应变分辨率有限
X射线衍射法	布拉格定律	空间分辨率：25μm^2~25mm^2 检测深度：表面5~20μm	检测精度高，测量结果准确，定量化效果好	仪器复杂，检测速率慢，检测局限于材料表面
中子衍射法	同X射线衍射法	空间分辨率：0.5~50cm^2 检测深度：70μm~30cm	测量精度高，穿透能力强，定量化效果好	仪器复杂，设备昂贵，检测速率慢
磁测法	磁致伸缩效应	空间分辨率：10~50cm^2 检测深度：5~100μm	检测速率快	精度差，可靠性低，仅适用铁磁材料
超声波法	声弹性理论	空间分辨率：20mm^2~100cm^2 检测深度：10μm~1m	既能测试表面残余应力也能测量深度方向残余应力，测试速率快	理论不完善，表面处理要求高，需要标定和耦合

参考文献

[1] NAIR A M, MUVVALA G, SARKAR S, et al. Real-time detection of cooling rate using pyrometers in tandem in laser material processing and directed energy deposition [J]. Materials Letters, 2020, 277：128330.

[2] SHRIVASTAVA A, MUKHERJEE S, CHAKRABORTY S S. Addressing the challenges in remanufacturing by laser-based material deposition techniques [J]. Optics & Laser Technology, 2021, 144：107404.

[3] LIU S, FARAHMAND P, KOVACEVIC R. Optical monitoring of high power direct diode laser cladding [J]. Optics & Laser

Technology, 2014, 64: 363-376.

[4] 张超. 激光熔覆熔池温度控制系统研究 [D]. 沈阳: 沈阳工业大学, 2021.

[5] 雷剑波. 基于CCD的激光再制造熔池温度场检测研究 [D]. 天津: 天津工业大学, 2007.

[6] HAO C, LIU Z W, XIE H M, et al. Real-time measurement method of melt pool temperature in the directed energy deposition process [J]. Applied Thermal Engineering, 2020, 177: 115475.

[7] DONADELLO S, MOTTA M, DEMIR A G, et al. Monitoring of laser metal deposition height by means of coaxial laser triangulation [J]. Optics and Lasers in Engineering, 2019, 112: 136-144.

[8] 姜淑娟. 金属粉末激光成形过程中的检测与闭环控制研究 [D]. 沈阳: 中国科学院沈阳自动化研究所, 2009.

[9] 姜淑娟, 刘伟军. 金属粉末激光成形过程中的闭环控制研究 [C]. 中国仪器仪表与测控技术交流大会, 成都, 2007: 403-406.

[10] 姜淑娟, 刘伟军. 利用图像比色法进行激光熔池温度场实时检测的研究 [J]. 信息与控制, 2008, 37 (6): 747-750, 756.

[11] 姜淑娟, 刘伟军, 南亮亮. 基于神经网络的激光熔覆高度预测 [J]. 机械工程学报, 2009, 45 (3): 269-274, 281.

[12] HU D M, KOVACEVIC R. Sensing, modeling and control for laser-based additive manufacturing [J]. International Journal of Machine Tools & Manufacture, 2003, 43 (1): 51-60.

[13] BI G J, GASSER A, WISSENBACH K, et al. Characterization of the process control for the direct laser metallic powder deposition [J]. Surface and Coatings Technology, 2006, 201 (6): 2676-2683.

[14] SALEHI D, BRANDT M. Melt pool temperature control using LabVIEW in Nd: YAG laser blown powder cladding process [J]. International Journal of Advanced Manufacturing Technology, 2006, 29 (3-4): 273-278.

[15] 刘伟军, 董再励, 郝颖明, 等. 基于立体视觉的移动机器人自主导航定位系统 [J]. 高技术通讯, 2001, 10: 91-94.

[16] 刘伟军, 刘鹏, 齐越. 一种基于视觉的自由曲面三维测量系统 [J]. 小型微型计算机系统, 2003, 24 (12): 2170-2173.

[17] XING F, LIU W J, WANG T R. Real-time sensing and control of metal powder laser forming [C]. Proceedings of the 6th World Congress on Intelligent Control and Automation, Dalian, China, 2006: 6661-6665.

[18] JIANG S J, LIU W J, XING F. Closed-loop control system for metal powder laser shaping process [C]. Proceedings of the 7th International Conference on Frontiers of Design and Manufacturing, Guangzhou, China, 2006: 519-524.

[19] JIANG S J, LIU W J, XING F. Research on measuring and control system of metal powder laser shaping [C]. 2006 IEEE International Conference on Mechatronics and Automation, Luoyang, China, 2006: 1717-1721.

[20] SONG L J, BAGAVATH-SINGH V, DUTTA B, et al. Control of melt pool temperature and deposition height during direct metal deposition process [J]. International Journal of Advanced Manufacturing Technology, 2012, 58 (1-4): 247-256.

[21] DING Y Y, WARTON J, KOVACEVIC R. Development of sensing and control system for robotized laser-based direct metal addition system [J]. Additive Manufacturing, 2016, 10: 24-35.

[22] QIN L Y, XU L L, YANG G, et al. Analysis and prediction of process parameters during laser deposition manufacturing based on melt pool monitoring [J]. Rare Metal Materials and Engineering, 2019, 48 (2): 419-425.

[23] 钦兰云, 徐丽丽, 杨光, 等. 激光沉积成形熔池尺寸分析与预测 [J]. 红外与激光工程, 2018, 47 (11): 1106009.

[24] 孙长进, 赵吉宾, 赵宇辉, 等. TA15钛合金激光熔化沉积工艺参数对超声检测精度的影响 [J]. 光学学报, 2019, 39 (10): 1014002.

[25] 杨光, 吴怀远, 任宇航, 等. 成形方式与方向对TA15钛合金显微组织及超声参量的影响 [J]. 稀有金属材料与工程, 2021, 50 (5): 1760-1766.

[26] 李文涛, 周正干. 激光增材制造钛合金构件的阵列超声检测方法研究 [J]. 机械工程学报, 2020, 56 (8): 141-147.

[27] 周正干, 李文涛, 李洋, 等. 相控阵超声水浸C扫描自动检测系统的研制 [J]. 机械工程学报, 2017, 53 (12): 28-34.

[28] 胡平, 艾琳, 邱梓妍, 等. 金属增材制造构件的激光超声无损检测研究进展 [J]. 中国激光, 2022, 49 (14): 1402803.

[29] MILLIN C, VANHOYE A, OBATON A F, et al. Development of laser ultrasonics inspection for online monitoring of additive manufacturing [J]. Welding in the World, 2018, 62 (3): 653-661.

[30] DAVIS G, NAGARAJAH R, PALANISAMY S, et al. Laser ultrasonic inspection of additive manufactured components [J]. International Journal of Advanced Manufacturing Technology, 2019, 102 (5-8): 2571-2579.

[31] 李一波, 韩毅, 杨光, 等. 超声检测激光沉积制造 TA15 合金弱小缺陷的增强 [J]. 中国激光, 2018, 45 (11), 1102006

[32] PARRY L, ASHCROFT I A, WILDMAN R D. Understanding the effect of laser scan strategy on residual stress in selective laser melting through thermo-mechanical simulation [J]. Additive Manufacturing, 2016, 12: 1-15.

[33] LAI Y B, LIU W J, ZHAO J B, et al. Experimental study on residual stress in titanium alloy laser additive manufacturing [J]. Applied Mechanics and Materials, 2013, 431: 20-26.

[34] CHENG L, LIANG X, BAI J X, et al. On utilizing topology optimization to design support structure to prevent residual stress induced build failure in laser powder bed metal additive manufacturing [J]. Additive Manufacturing, 2019, 27: 290-304.

[35] KRUTH J P, DECKERS J, YASA E, et al. Assessing and comparing influencing factors of residual stresses in selective laser melting using a novel analysis method [J]. Proceedings of the Institution of Mechanical Engineers, Part B: Journal of Engineering Manufacture, 2012, 226 (6): 980-991.

[36] CHEN S G, GAO H J, ZHANG Y D, et al. Review on residual stresses in metal additive manufacturing: formation mechanisms, parameter dependencies, prediction and control approaches [J]. Journal of Materials Research and Technology, 2022, 17: 2950-2974.

[37] 来佑彬, 刘伟军, 孔源, 等. 激光快速成形 TA15 残余应力影响因素的研究 [J]. 稀有金属材料与工程, 2013, 42 (7): 1526-1530.

[38] 来佑彬, 刘伟军, 赵宇辉, 等. TA15 粉末激光成形基板应力影响因素的试验研究 [J]. 稀有金属材料与工程, 2014, 43 (7): 1605-1609.

[39] LAI Y B, LIU W J, ZHAO J B, et al. Experimental study on residual stress in titanium alloy laser additive manufacturing [J]. Applied Mechanics and Materials, 2013, 431: 20-26.

[40] 李晨, 楼瑞祥, 王志刚, 等. 残余应力测试方法的研究进展 [J]. 材料导报, 2014, 28 (S2): 153-158.

[41] 王辰辰. 残余应力测试与校准方法研究现状与展望 [J]. 计测技术, 2021, 41 (2): 56-63.

[42] 张书彦, 高建波, 温树文, 等. 中子衍射在残余应力分析中的应用 [J]. 失效分析与预防, 2021, 16 (1): 60-69.

[43] 罗军, 李楠, 王曦, 等. 中子衍射在航空发动机材料残余应力分析中的应用 [J]. 材料导报, 2023, 37 (S2): 505-516.

[44] AN K, YUAN L, DIAL L, et al. Neutron residual stress measurement and numerical modeling in a curved thin-walled structure by laser powder bed fusion additive manufacturing [J]. Materials & design, 2017, 135: 122-132.

第8章

激光定向能量沉积再制造技术

激光定向能量沉积再制造技术通过精确地将材料层层叠加，利用激光等能量源融化粉末或丝状材料，实现对损坏部件的高效再制造。这不仅大幅度提高了材料利用率，而且显著提升了再制造过程的精确度和可靠性。特别在航空航天、汽车制造和精密工具等领域，此技术展现了巨大的应用潜力。通过定向能量沉积技术，不仅可以恢复零部件的原始性能，甚至还能在某些情况下提升其性能。

8.1 激光定向能量沉积再制造技术概述

8.1.1 再制造工程

再制造工程是一个统筹考虑产品零部件全生命周期管理的系统工程，是利用原有零部件并采用再制造成形技术（包括先进表面工程技术及其他加工技术），使零部件恢复尺寸、形状和性能，形成再制造产品。主要包括在新产品上重新使用经过再制造的旧部件，以及在产品的长期使用过程中对部件的性能、可靠性和寿命等通过再制造加以恢复和提高，从而使产品或设备在对环境污染最小、资源利用率最高、投入费用最小的情况下重新达到最佳的性能要求。再制造工程被认为是先进制造技术的补充和发展，是21世纪极具潜力的新型产业。

废旧零件再制造流程如图8-1所示。

1. 目标对象拆卸

按照装配时的原则进行拆卸，掌握装备的技术资料、零部件结构特点、装配关系、退出方向等，如对过盈装配的部件需要大力拆卸、对热装配的零件需要加热拆卸等。对于核心部件，为防止再装配时降低加工精度，应在拆卸前对其安装位置进行标记。在拆卸过程中，不允许采用破坏性拆卸，尽量避免对零件的碰伤、拉毛甚至损坏。

2. 产品清洗

产品清洗是再制造工程的重要一步。清洗的清洁度对于产品性能的检测、再制造目标对象的准确确定等非常重要。其目的是清除产品外部尘土、油污、泥沙等脏物。外部清洗一般采用1~10MPa压力的冷水进行冲洗。对于密度较大的厚层污物，可以加入适量的化学清洗剂，并提高喷射压力和温度。常用的清洗设备包括：单枪射流清洗机、多喷嘴射流清洗机等。

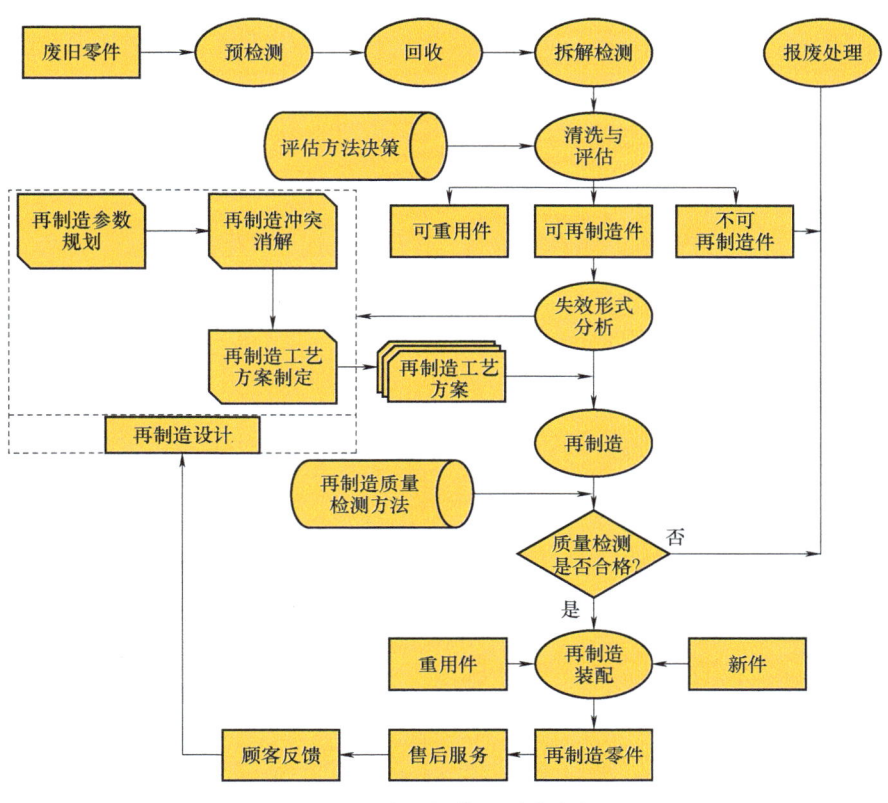

图 8-1　废旧零件再制造流程

3. 目标对象清洗

目标对象的清洗就是根据目标对象的材质、精密程度、污染物性质不同，以及零件清洁度的要求，选择适宜的设备、工具、工艺和清洗介质，对目标对象进行清洗。目标对象清洗有助于发现目标对象的问题和缺陷，在零件再制造过程中具有重要的意义。

4. 目标对象检测

目标对象检测不仅影响再制造的质量，也影响再制造的成本。零件从机器上拆下后，需要通过检测确定技术状态。常用的检测内容和方法有：

（1）零件几何形状精度。检测项目有圆度、圆柱度、平面度、直线度、线轮廓度和面轮廓度等；检测一般采用通用量具，如游标量具、螺旋测微器、量规、千分表、百分表等。

（2）零件表面位置精度。检测项目有：同轴度、对称度、位置度、平行度、垂直度、倾斜度以及跳动等；检测一般采用心轴、量规和百分表等通用量具相互配合进行测量。

（3）零件表面质量。检测项目有：疲劳剥落、腐蚀麻点、裂纹与刮痕等；裂纹可采用渗透探伤、磁粉探伤、涡流探伤以及超声波探伤等方法检测。

（4）零件内部缺陷。内部缺陷包括裂纹、气孔、疏松、夹杂等；主要用射线及超声波探伤加以检测，对于近表面的缺陷，也可用磁粉探伤和涡流探伤等方法检测。

（5）零件机械物理性能。零件的硬度可用电磁感应、超声和剩磁等方法进行无损检测；硬化层深度、磁导率等可用电磁感应法进行无损检测；表面应力状态可采用 X 射线、光弹、磁性和超声波等方法检测。

（6）零件重量与平衡。有些零件如活塞、活塞连杆组的重量差需要检测，有些高速零件如曲轴飞轮组、汽车传动轴等需要进行动平衡检查。高速零件不平衡将引起振动，并对其他零部件形成附加动载荷，加速零件磨损或其他损伤。动平衡需要在专门的动平衡机上进行。

5. 废旧零部件再制造性评估

废旧零部件再制造性根据其尺寸精度现状、可修复程度等因素，分为可直接重用、可再制造和报废处理三类属性。

（1）可直接重用。指废旧零件各项指标要求与新零件相同，经过清洗之后直接储存，等待装配使用。

（2）可再制造。指废旧零件性能指标某方面或某几方面存在不足，运用再制造修复工艺对其进行再制造比生产同类新零件具有更好的经济性，修复之后的零部件质量满足质量要求，而且可靠性和使用寿命能够达到新零件的水平。

（3）报废处理。指废旧零件存在明显缺陷，性能指标达不到要求或者再制造过程耗费资源、人力超过新产品，对于这一类零件一般进行降阶使用、原材料回收或者环保处理。

6. 再制造工艺决策

与传统工艺相比，再制造工艺决策需要综合考虑废旧零部件服役性能要求、失效形式与程度、再制造性评估结果与剩余寿命评估、加工后表面与原装备母体的配合质量以及再制造相关的工艺特征属性。由于废旧装备原始服役工况等一系列不确定因素，造成再制造工艺决策存在巨大的不确定性。因此，科学合理的再制造工艺决策是保证废旧零部件加工质量以及再制造装备整机质量与性能的基础和前提。

7. 再制造

再制造是运用先进的表面修复技术，使零部件结构尺寸、表面强度、性能要求等指标恢复或超过新零部件质量要求的修复过程。目前常用的再制造表面修复技术主要包括电刷镀、冷焊、激光沉积与表面喷涂等。每一种表面处理方式都有其适用范围，合理的再制造工艺参数将有效提高再制造过程的效率以及再制造零部件的性能，还能在一定程度上降低再制造成本。

8. 检验

对再制造后目标零件进行检验，看是否达到技术要求。其具体内容和方法同目标对象检测。

8.1.2 传统再制造技术

当今世界，随着环境保护意识的增强和对资源节约需求的日益迫切，再制造技术作为一种节能减排、循环利用资源的关键手段，正逐渐成为制造业的一个重要领域。主要再制造技术，如电刷镀修复技术、热喷涂修复技术以及表面粘接与粘涂修复技术，不仅有助于提高产品的使用寿命和性能，还在优化资源利用、降低生产成本方面发挥着重要作用。这些技术通过修复和改善旧零件或废弃材料的功能性和结构性，使其重新获得价值，从而避免了对新材料的需求和废物的产生。在实现经济效益的同时，再制造技术也对环境保护做出了重要贡献，与可持续发展目标相一致。

1. 电刷镀修复技术

电刷镀修复技术的操作简单便捷，是机械零部件再制造过程中常用的修复技术之一，如图 8-2 所示。其基本工作原理是在电源的不断供能下，将与阳极连接的带有包套的刷镀笔在废旧零部件表面进行刷镀，依据镀笔与零件金属的化学性质不同，在修复表面发生元素置换反应，从而在零件修复表面上获得置换电镀层。电刷镀修复技术采用的设备、工艺等已不断趋于完善，使其可靠性和实用性不断提高，总体来说，电刷镀修复技术主要有以下特点：

1）修复工艺简单，设备操作简单容易，修复工艺的机动灵活性好。

图 8-2 电刷镀修复技术

2）能够涂刷的金属元素涵盖范围较广，可实现多种元素的同时刷镀。
3）刷镀层与基体的结合力较为牢固，镀层厚度的控制较为精确，可达±10%。
4）修复过程的温度变化较小，不会产生工件变形、金相组织变化等问题。
5）适应范围较广，对工件的尺寸限制较小，可实现各种复杂曲面上的修复。
6）电刷镀修复技术也有一定的缺点，如自动化程度低，必须由人工操作等。

2. 热喷涂修复技术

热喷涂修复技术是采用一种专用设备，利用火焰、电弧、等离子等热源将某种固体材料熔化后加速喷射到机件表面，从而形成耐蚀、耐高温等有着众多良好特性的特制层的再制造技术，如图 8-3 所示，热喷涂修复技术材料涵盖较为广泛，修复更为便捷高效，同为零件再制造的主要修复技术之一，其技术特点主要有：

1）喷涂材料涵盖范围广，可喷涂绝大多数金属材料及部分非金属材料。
2）修复的工件基体种类涵盖范围较广，可对绝大多数固体进行修复。
3）修复的工作温度跨度较小，不会使基体因受热过高发生变形及弱化等。
4）修复耗时较短，修复更加便捷高效，而且修复的成本较低，经济合算。

图 8-3 热喷涂修复技术

5）修复的涂层尺寸可精确控制，可获得误差较小的喷涂沉积层。
6）适应范围较广且不受工件尺寸的限制，可赋予普通工件表面以特殊的性能。
7）该技术也存在许多缺陷、不足，如易产生孔洞、裂纹，结合度欠佳等。

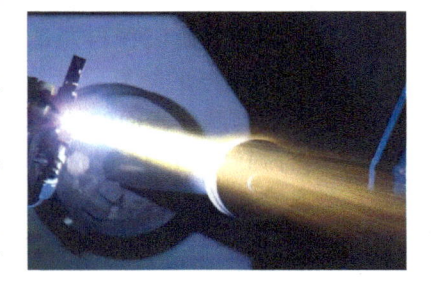

3. 表面粘接与粘涂修复技术

表面粘接与粘涂修复技术的修复精度较高，适用范围广泛，操作方法简单便捷，可实现多种复杂情况下的零件再制造，其主要工作原理是使用粘接力极强的黏结剂将废旧零部件的表面损伤填平，并利用自身性质在黏结剂凝固后形成较为光滑的粘接涂层，从而实现零件的粘接修复，表面粘接与粘涂修复技术的主要技术特点如下：

1）粘接材料范围涵盖较为广泛，可对传统堆焊无法修复的零件进行再制造修复。
2）修复的精度较高，粘接力较大，结合强度较高，粘接涂层更为牢固，不易脱落。
3）修复过程无须加热，再制造零件不会产生热变形现象，适合厚度较大的零件修复。
4）可修复的零件种类较多，适用于孔类零件和某些拆卸困难的大型零件的修复。
5）修复过程耗时较短，修复效率较高，黏结剂价格较低，修复技术的性价比较高。
6）表面粘接与粘涂修复技术也存在一些缺陷，如粘接涂层易老化、黏结剂的耐高温性能较差、粘接修复的零件使用寿命较短等。

8.1.3 激光定向能量沉积再制造技术

1. 激光定向能量沉积再制造技术原理与特点

激光定向能量沉积再制造技术是实现表面修复再制造的重要技术之一，如图8-4所示，该技术在采用高能激光束辐照基材表面的同时，将与基体具有不同成分的粉末材料加热熔化并快速凝固，形成与基体冶金结合良好的复合涂层，可获得比基体材料性能更优的沉积层，赋予零部件耐磨损、耐蚀、抗疲劳、耐高温等重要性能，特别适合金属零部件的绿色再制造及工程应用，因此激光定向能量沉积再制造技术在再制造领域势必会有广阔的发展和应用前景。

图8-4 激光定向能量沉积再制造技术

激光定向能量沉积再制造技术是目前最具发展前景的一种先进再制造技术，与前述三种再制造技术相比，优点更为突出，不仅具备一般再制造技术的优点，而且能克服前述再制造技术结合强度欠佳、修复效率较低等问题，其主要特点如下：

1）激光定向能量沉积再制造基体一般不会因热影响产生变形现象，稀释率一般小于30%，更易获得良好的修复质量。
2）沉积层与基体表面的结合带为冶金结合，与传统机械结合相比，结合强度较高，多数情况下结合强度不低于基材的90%。
3）激光定向能量沉积再制造过程中冷却速率可高达106℃/s，从凝固学角度来说，这样更容易使沉积组织细化，甚至会产生新的组织结构。
4）沉积层及其界面组织较为致密，晶体分布较为均匀，粗大铸造组织较少，一般不会产生孔隙、气泡、裂纹等缺陷。
5）经济性较高，可实现小区域的激光定向能量沉积，沉积材料消耗较少，并可回收利用，且加工污染较小，实现绿色制造的可能性较大。
6）沉积层性能更加优异，可赋予修复零件抗氧化、抗冲击、耐磨损和耐蚀等特性，能使再制造零件使用性能比原有材料更加优秀。

2. 激光定向能量沉积再制造工艺流程

激光定向能量沉积再制造技术是装备零部件再制造的技术途径方法及其工艺方案和工艺实施过程，如图8-5所示。以工业应用最广泛的激光定向能量沉积再制造局部损伤零部件为例，首先要对损伤零部件进行清洗、失效分析，根据失效原因和失效状态制定合适的激光再制造方案，并对损伤零部件进行预处理，然后通过激光工艺试验获得最佳激光再制造工艺参数和实施方法，在完成局部缺损部位激光定向能量沉积再制造成形后，应当对沉积成形沉积层进行质量评价，最终对再制造零部件进行可靠性评估和经济性评估等。

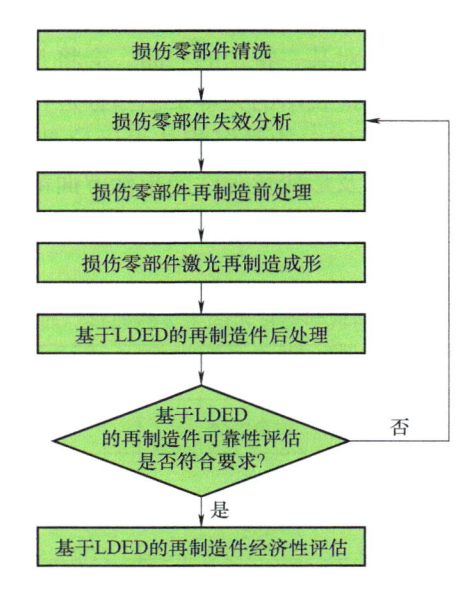

图 8-5　激光定向能量沉积再制造工艺流程

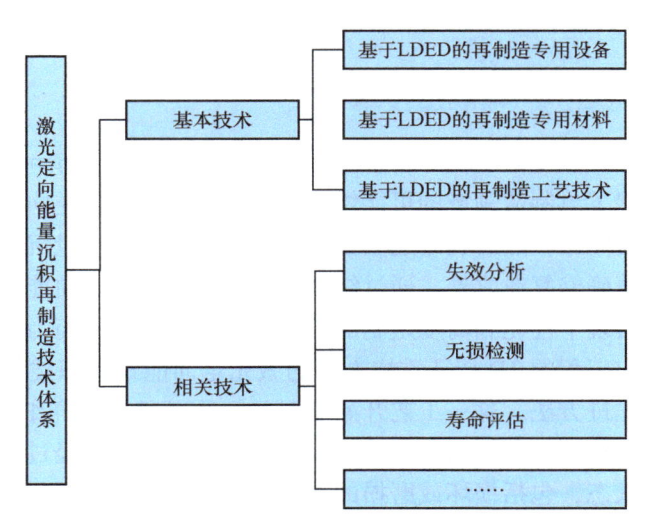

广义而言，激光定向能量沉积再制造技术体系包括对零部件从旧件入厂到再制造、重新服役应用的全流程各工序所需的相关技术，是装备制造技术、材料科学技术、激光加工工艺技术、数控技术、检测与控制技术等多种技术相结合而形成的有效的科学技术体系，其具体构成如图 8-6 所示。其中，针对具体零部件的激光定向能量沉积再制造而言，人们一般重点关注激光定向能量沉积再制造工艺技术及其专用材料。

图 8-6　激光定向能量沉积再制造技术体系

8.1.4 激光定向能量沉积再制造技术优势

在实际的导轨表面修复再制造中，各种表面修复技术各有优势，具体修复时应结合设备条件、零部件失效形式以及综合考虑各方面因素来选择再制造技术，针对不同的情况应选用不同的再制造技术进行修复，有时针对某一特定的产品，会将几种表面修复技术进行联合应用来提升修复质量。通过对几种再制造技术的关键工艺指标进行汇总，发现各种再制造技术各有优势，通过对比可以看出，激光定向能量沉积技术无论是在结合强度、工艺灵活性方面，还是在成形零部件的控制精度以及形变量等性能指标方面都优于其他三种再制造修复技术，因此选取激光定向能量沉积技术作为导轨再制造的修复技术。不同再制造技术的主要性能指标对比见表 8-1。

表 8-1 不同再制造技术的主要性能指标对比

性能	电刷镀	热喷涂	粘接与粘涂	激光定向能量沉积
与基体结合方式	金属键结合	冶金结合	化学键结合	冶金结合
结合强度	低	高	低	高
工艺灵活性	好	较好	好	好
涂层质量	致密	致密	致密	致密
涂层厚度	0.1~100μm	0.1~0.5mm	0.1至几十毫米	0.1~10mm
涂层硬度	可选择	可选择	可选择	可设计
涂层耐磨性	一般	一般	一般	好
涂层耐蚀性	好	好	较好	好
工件变形量	很小	大	很小	很小

8.1.5 激光定向能量沉积再制造技术框架

在激光定向能量沉积技术的基础上，基于逆向工程（Reverse Engineering，RE）的3D特征重构方法进一步扩展了再制造领域的可能性。这种方法首先通过逆向工程技术获取损坏或磨损零部件的精确三维数据，然后利用这些数据来指导激光定向能量沉积过程，实现对原始零部件形状和功能的精确修复或改善。通过结合逆向工程和激光定向能量沉积技术，可以在更广泛的应用场景中实现个性化和高度定制的再制造解决方案，从而为制造业带来更大的灵活性和效率。基于逆向工程的3D特征重构方法的激光定向能量沉积技术，代表了制造业中零部件修复和制造的先进方法。这一工艺开始于对目标零部件进行详细的3D扫描，使用高精度的逆向工程技术捕捉其外部和内部的精确几何特征。这些数据经过处理和分析，不仅用于理解零部件的当前状态，包括损坏或磨损的区域，也用于指导激光定向能量沉积过程中的材料沉积。

在获得这些详尽的三维信息后，这些数据被用来精确地指导激光定向能量沉积过程。激

第 8 章　激光定向能量沉积再制造技术

光定向能量沉积技术通过精确控制激光熔化材料并沉积在特定区域，能够精准地修复损坏部分甚至增加新的功能。这种方法提供了高度的自由度和定制能力，可以根据原始设计或改进的设计来重建零部件，特别适用于处理复杂的几何形状和高价值的零部件，如在航空航天、汽车或机床制造中常见。如图 8-7 所示为激光定向能量沉积再制造技术框架，它不仅提高了修复和制造的精度，也减少了材料浪费，符合可持续发展的理念。总体而言，基于逆向工程的 3D 特征重构方法与激光定向能量沉积技术的结合，为现代制造业提供了一种灵活、高效且环境友好的解决方案，使个性化和定制化的再制造成为可能，从而大大提升了制造和修复过程的质量和效率。

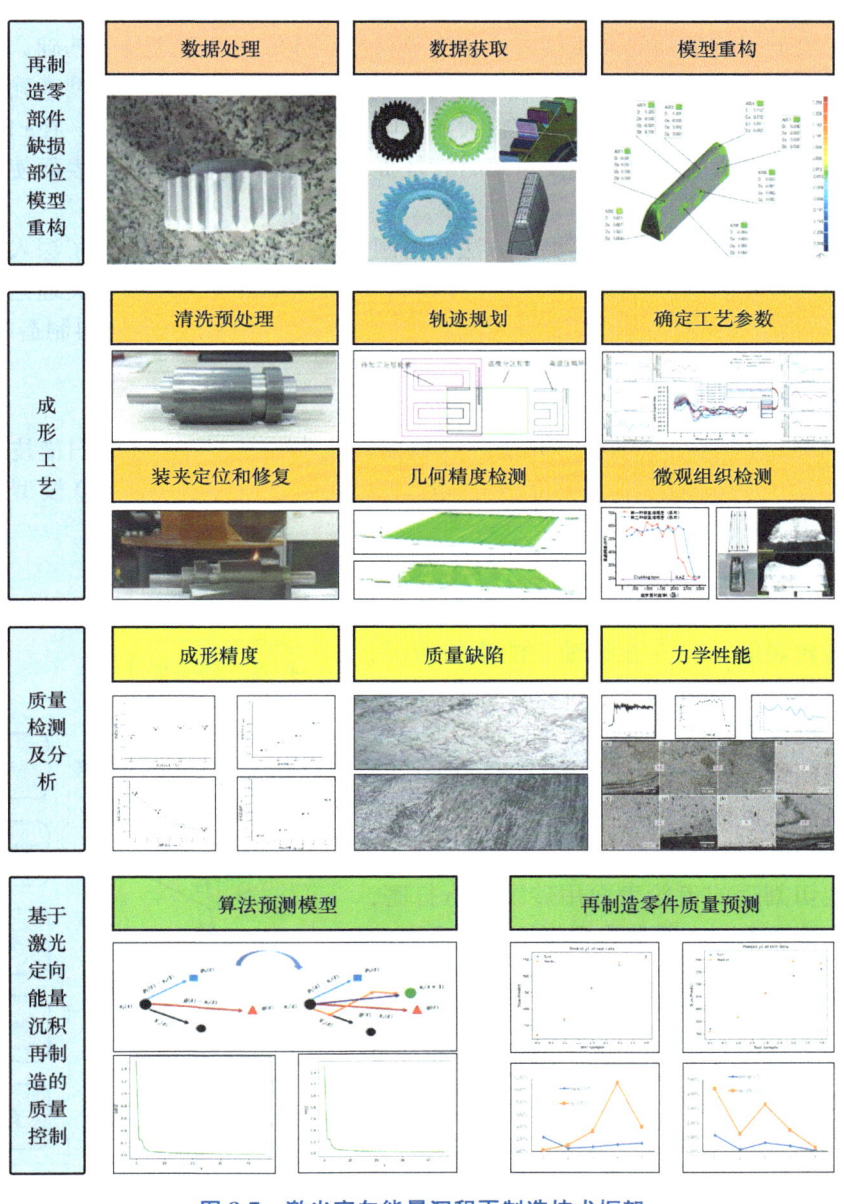

图 8-7　激光定向能量沉积再制造技术框架

8.2 面向激光定向能量沉积再制造的 3D 特征重构方法

应用三维测量技术能够快速地将实物三维空间形态转换为计算机直接识别的图形数字信号，为产品数字化设计提供了方便快捷的手段。利用三坐标测量仪或激光扫描仪对零部件表面进行点云数据采集，之后将获得的点云数据进行处理，去除飞溅点、杂点和非连接点，进行点云的过滤。

废旧装备核心零部件在工业中的应用非常广泛，具有极高的再制造修复价值。对废旧装备核心零部件表面形貌数据的高质量采集是失效核心零部件再制造成功的基础，后续零部件激光定向能量沉积的工艺选择及修复路径规划需要依据缺损部位的重构模型来确定，因此重构模型的精度对零部件再制造的质量有很大的影响。零部件表面形状复杂，在扫描时需要多次扫描进行拼接，增大了扫描误差及拼接时特征提取的误差，同时其复杂表面使曲面拟合拼接变得更加困难。

以往对再制造所需的模型特征提取方法及再制造的工艺路径确定展开了深入研究，但是对缺损部位模型重构精度的研究并不充分。因此，项目使用逆向工程的相关理论对齿轮缺损部位进行 3D 特征重构，并对其精度进行检测分析，从而确保废旧零部件再制造的质量。

8.2.1 失效部位的预处理

以齿轮为例，齿轮缺损部位的 3D 模型重构需要借助逆向工程的三维扫描技术，对待修复齿轮进行扫描，来确定待修复齿轮的损伤量及修复量。齿轮缺损部位 3D 模型重构流程图如图 8-8 所示。

1. 待修复齿轮前处理

失效齿轮待修复部位常存在不规则的缺口、毛刺等，废旧齿轮表面还会存在锈蚀、油渍的情况，这些都会对采集到的点云数据精度产生较大影响，因此必须对其进行前处理。同时适当的前处理可以去除齿轮失效部位的残余应力层，为后续的齿轮激光定向能量沉积质量提供保障。

对失效齿轮进行线切割处理，去除其残余应力层。然后对线切割后的齿轮表面用砂纸进行打磨，去除表面的锈蚀及毛刺。通常需要将不规则型面的失效表面处理为规则的形面，降低后续齿轮再制造的修复难度，提高修复速度及修复精度。同时手动增加失效区域数据量，这样可以避免因数据量过少导致的修复精度低。

2. 表面着色处理

在待测件表面进行着色处理可以使光学三维扫描仪生成的光栅条纹亮暗差异程度增大，进而提高

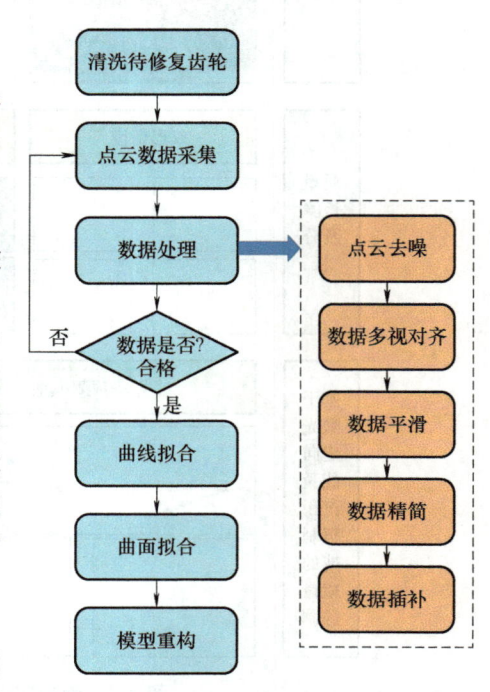

图 8-8 齿轮缺损部位 3D 模型重构流程图

点云数据采集的效率与准确性。

不同颜色的表面着色会使光学三维扫描仪生成的光栅条纹产生不同的亮暗差异。因为白色会产生较好的漫散射情况，可以使采集到的点云数据更加准确详细，因此选择在待修复齿轮表面喷涂一层白色的显影剂。同时必须保证所喷涂的显影剂厚度较薄且均匀，防止对采集到的点云精度产生影响，表面着色处理后的待修复齿轮如图 8-9 所示。

光学三维扫描仪的扫描数据将多次扫描得到的点云数据进行拼接，最终得到完整的待修复齿轮点云数据，因此为方便拼接需要在待修复齿轮表面粘贴标记点。粘贴标记点选择在较规则的平面，因为标记点为黑色不反光，在规则平面上粘贴可以方便后续在逆向软件中拟合为完整平面。粘贴的标记点要保证在一定范围内最少有 3 个标记点，对于复杂零件表面则需要粘贴多个标记点密集扫描。

图 8-9 着色处理后的待修复齿轮

8.2.2 基于再制造的 3D 特征重构方法

1. 零部件点云数据采集

随着图像处理技术的不断发展，使用光学扫描设备采集到的点云数据精度得到不断提高，已经能够满足多数的测量精度要求，光学扫描成为了一种高效率、高精度、全方位的失效件表面特征采集方法。综合考虑待修复齿轮的表面数据要求及各扫描设备的优缺点，采用 GOM 光学扫描仪如图 8-10 所示。

经过前处理、着色、粘贴标记点后，对待修复齿轮使用 GOM 光学扫描仪进行多次扫描。每次扫描时要保证扫描面上最少存在 3 个标记点，且每次新扫描所扫描到的标记点须存至已经扫描过的标记点，有利于后期的点云数据拼接得到完整的待修复齿轮表面信息。扫描得到的待修复齿轮初始点云图如图 8-11 所示。

图 8-10 GOM 光学扫描仪　　　　图 8-11 扫描得到的待修复齿轮初始点云图

2. 失效点云数据处理

采用 Geomagic Studio 软件对初始点云进行预处理，主要步骤包括：

（1）去除点云数据异常点。图 8-12 所示为初始点云着色效果图。由图可以观察到齿轮的周边有许多无关的点云数据，这些点与齿轮并没有任何连接，是扫描时的操作失误造成的异常点，因此需要对其进行去除。为更有效直观地对扫描得到的点云数据进行观察与处理，在去除异常点之前需要先对点云进行着色处理。

首先手动选择离齿轮主体较远面积较大的点云并去除，对于距离齿轮较近的异常点为防止有效的点云数据被删除，选择软件中的体外孤点选项进行删除，选项参数设置中敏感度越大，所选择的点离齿轮主体点云数据越近，即选中的孤点越多，但过大的敏感度值可能导致有效点被删除。经过多次试验，敏感度值取 85 时点云数据的体外孤点去除效果较好，异常点去除后待修复齿轮点云图如图 8-13 所示。扫描得到的点云数据经去除异常点操作后由 331419 个点减少到 326333 个点，共去除 5086 个异常点。

图 8-12 初始点云着色效果图

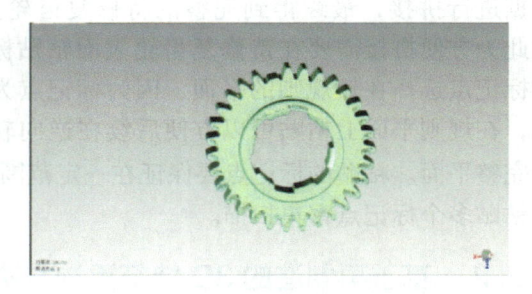

图 8-13 异常点去除后待修复齿轮的点云图

（2）去除噪声点。由于扫描时的待修复齿轮结构外形、色彩的单一性、光栅条纹的亮暗、外界光线的影响以及光学扫描仪的测量误差，使扫描得到的点云数据中不可避免地存在一些采集偏差较大的点，这些采集偏差较大的点称为噪声点。当采集偏差超过了标准范围，这些点便成了扫描偏差，因此需要对这些偏差较大的噪声点进行去除。降噪后点云误差色谱图如图 8-14 所示。

对待修复齿轮的点云数据进行降噪处理，标准偏差倍数取 3，平均距离为 0.016847mm，标准偏差为 0.014919mm。图 8-14 中的红色区域（偏差值大于 0.08mm 的点云）经降噪处理后明显减少。在待修复齿轮点云数据中既较好地去除了大尺度噪声点，又保留了边缘处细节。

（3）点云数据封装、简化并填充孔洞。由于被扫描件本身的几何拓扑结构或破损等原因，扫描得到的点云数据并不完整，因此需要对待修复

图 8-14 降噪后点云误差色谱图

齿轮的表面特征进行修补。首先需要对点云数据进行封装处理。封装的实质是将扫描得到的点云数据在空间中生成许多三角面片，用三角面片的形式来表现出被扫描物体的三维模型。

将点云数据封装处理后会生成大量的三角形面片，由于三角形面片的数量过于庞大会降低模型修补的效率，因此在模型修补前需要对封装操作后得到的模型进行简化。

在图 8-15a 所示齿轮模型中，齿轮表面有黄色区域，这是扫描过程中由于齿轮的结构特征、贴标记点、光线的原因造成的点云数据缺失，表现为孔洞。因此需要根据原件的特征对孔洞进行填充。孔洞的填充分为三种：基于曲率填充、基于切线填充和基于平面填充。对齿轮等复杂曲面选择基于曲率的方式来填充效果较好。齿轮模型的孔洞如图 8-15b 所示，基于

曲率填充后的待修复齿轮模型如图 8-15c 所示。

a) 封装并简化　　b) 未填充前含孔洞的待修复齿轮模型　c) 基于曲率填充后的待修复齿轮模型

图 8-15　齿轮孔洞填充

3. 基于 Geomagic Design X 的齿轮缺损部位 3D 特征重构

采用 Geomagic Design X 对齿轮缺损部位进行 3D 特征重构，主要步骤包括：

（1）分割领域组。在模型重建时需要提取待修复齿轮的特征面，由于当前模型是一体的，因此需要对模型进行分割。领域组由单元面组成，通过使用 Geomagic Design X 中的领域组分割功能，将待修复齿轮的不同表面特征使用不同颜色进行区分，或将具有相似特征但曲率不同的表面区域分割开来，方便对待修复齿轮的表面结构拟合及不规则特征的模型构建，从而提高整体齿轮失效部位 3D 特征重建的精度。数据分割后要保证每个领域组点云具有相同的凹凸特性。

（2）拟合面片。在完成领域分割后，须对划分出的子区域进行曲面片拟合，即将目标曲面逐片映射到对应的单元领域上。虽然增加领域划分数量（缩小单个子区域面积）有利于提升建模精度，但过度细分会导致相邻曲面片间的拼接连续性难以保证。因此，在实际建模中须平衡精度与连续性需求，在满足曲面精度要求的前提下，应尽可能控制领域划分的数量。拟合过程中每个面的建模精度都会对整体建模精度产生影响，可以使用偏差色谱图对曲面拟合的精度进行分析。对缺损区域邻齿齿面进行曲面拟合，拟合结果如图 8-16 所示。

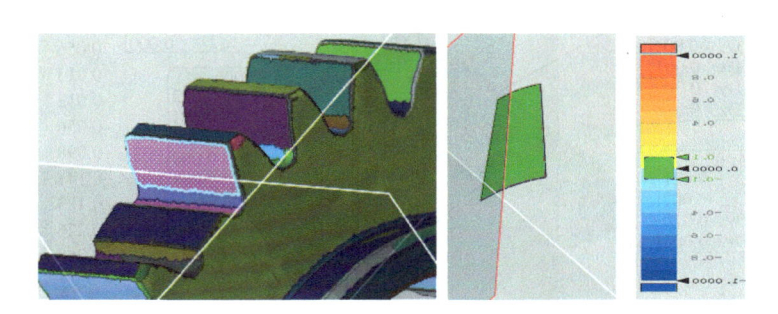

图 8-16　曲面拟合及偏差

重复上述操作，对所分割的各个领域组进行曲面拟合并分析其偏差，满足精度要求后对各领域组拟合所得曲面进行拼接。在拼接完成后可以对待修复齿轮模型继续进行倒圆角、抽壳等操作，继续对待修复齿轮模型进行细节优化。处理后的待修复齿轮模型如图 8-17 所示。

（3）受损部位模型建立。在确定待修复齿轮的损伤量即待修复量方面，常用的方法是将待修复齿轮进行扫描得到的损伤模型与标准齿轮模型进行对准分析，将损伤模型与标准模型在三维软件中对齐后进行布尔求差处理,从而快速准确地得到缺损部位的损伤量及形貌,这种方法称为实体求差法。但在实际再制造过程中,待修复齿轮在服役过程中不可避免地会出现磨损或变形的情况,若以传统实体求差法获取待修复齿轮缺损部位的模型,再制造后所得新齿将与再制造齿轮上的其他齿难以匹配。因此应将损伤齿的邻齿作为标准模型,将扫描所得的损伤齿模型与损伤齿的邻齿进行配准,运用实体求差法获得缺损部位模型。获取的待修复齿轮缺损部位模型如图 8-18 所示。

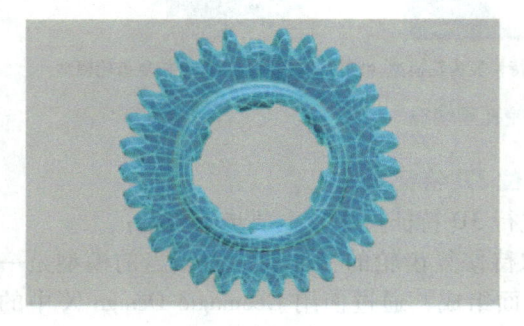

图 8-17 处理后的待修复齿轮模型 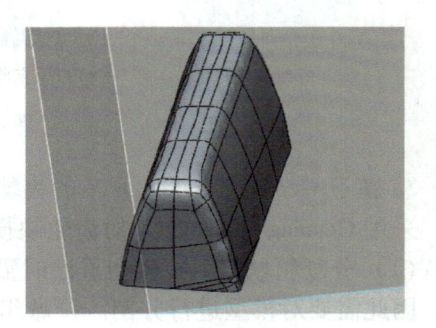　　　　图 8-18 待修复齿轮缺损部位模型

8.2.3　缺损部位 3D 特征精度分析

以测量点到模型曲面的距离为主要评价指标,使用 Geomagic Qualify 软件对齿轮缺损部位重构模型精度进行分析。将构建好的齿轮缺损部位模型和齿轮上其他未损伤的轮齿模型导入 Geomagic Qualify 软件中,完成对齐操作后进行 3D 误差检测。3D 误差图如图 8-19 所示。

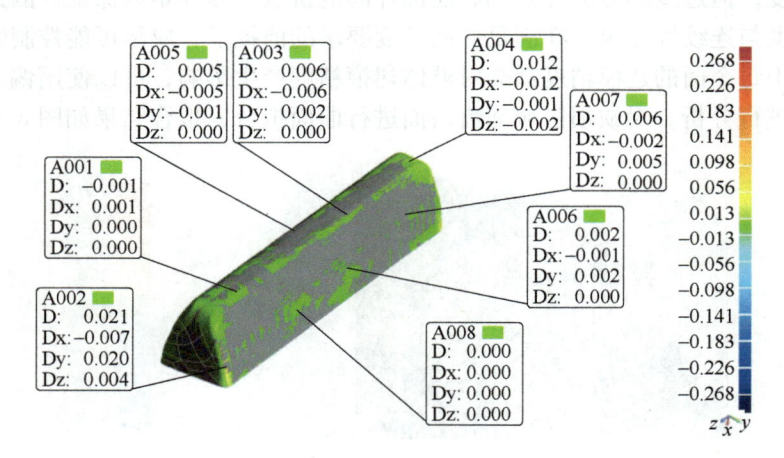

图 8-19　3D 误差图

1. 整体误差分析

对齿轮缺损部位重构模型进行整体误差分析,整体误差分布表见表 8-2,整体误差分布柱状图如图 8-20 所示。由表 8-2 及图 8-20 可知,齿轮缺损部位重构模型共有 6257 个点,其中误差在 -0.1013mm ~ 0.1013mm 的点有 5099 个,约占总点数的 81.49%。平均偏差为 0.1014mm。缺损部位重构模型整体偏差较小。

第 8 章 激光定向能量沉积再制造技术

表 8-2 整体误差分布表

最小值/mm	最大值/mm	点数/个	占总点数的百分比（%）
−0.1268	−0.1226	0	0.1000
−0.1226	−0.1183	0	0.1000
−0.1183	−0.1141	0	0.1000
−0.1141	−0.1098	0	0.1000
−0.1098	−0.1056	0	0.1000
−0.1056	−0.1013	6	0.1096
−0.1013	0.1013	5099	81.493
0.1013	0.1056	985	15.742
0.1056	0.1098	99	1.582
0.1098	0.1141	24	0.1384
0.1141	0.1183	7	0.1112
0.1183	0.1226	9	0.1144
0.1226	0.1268	28	0.1447

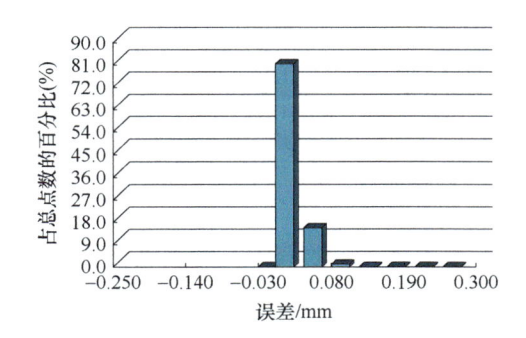

图 8-20 整体误差分布柱状图

2. 标准偏差分析

齿轮缺损部位模型重构标准偏差表见表 8-3，平均标准偏差柱状图如图 8-21 所示。由表 8-3 及图 8-21 可知，误差主体分布在标准偏差正负 1 倍范围内的数据约占 94.98%，在标准偏差正负 2 倍范围内的数据约占 97.37%。齿轮缺损部位 3D 特征重构特征总体精度较高，能够满足再制造的精度要求。

表 8-3 齿轮缺损部位模型重构标准偏差表

标准差倍数	点数/个	百分比（%）
−6	0	0.1000
−5	0	0.1000

(续)

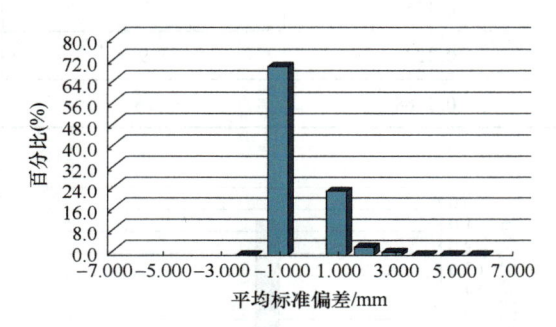

标准差倍数	点数/个	百分比（%）
-4	0	0.1000
-3	0	0.1000
-2	5	0.1080
-1	4448	71.088
1	1495	23.893
2	143	2.285
3	72	1.151
4	32	0.1511
5	15	0.1240
6	47	0.1751

图 8-21 平均标准偏差柱状图

重构模型的误差主要在模型边缘处，取其中关键点进行分析，2 号点误差为 0.1021mm，超过平均偏差 0.1014mm。该模型的误差主要来源于多次扫描时产生的扫描误差，以及数据处理时拼接产生的拼接误差、数据基准变换误差、数据转换误差等，因此测量前应规划好测量路线，减少测量次数从而减少测量误差及拼接误差。同时提高数据处理的精度，减少数据变换的次数，减少数据处理的误差。

8.3 激光定向能量沉积再制造工艺开发

关键零部件再制造是利用机械加工技术、先进表面工程（激光定向能量沉积）等技术，按照再制造质量要求，对废旧装备零部件磨损、划伤、碰伤等失效进行加工处理，并利用三坐标测量仪等精密检测仪器设备对再加工后的关键零部件进行精度检测，满足服役性能。以修复材质为 45 钢的阶梯轴为例，根据阶梯轴的表面破损形式，针对待修复部分的环形凹槽和平面进行再制造，再制造工艺流程如下：

（1）清洗和预处理。如图 8-22 所示，采用丙酮和酒精对阶梯轴进行清洗；分别采用车削、铣削对破损区域进行预处理；处理后的表面用砂纸打磨后再用丙酮和酒精进行清洗。

a) 修复区域为环形凹槽　　　　　　　　b) 修复区域为平面

图 8-22　修复区域图

（2）轨迹规划。利用 RobotArt 软件、RC-CAM，结合修复区域的三维形貌进行轨迹规划、优化、仿真。程序后置之后，根据设备做相应的修改，导入设备备用。

（3）确定工艺参数。所采用的工艺参数为激光功率 370W、送粉速率 0.16r/min、扫描速率 5.5mm/s、保护气流量 12~15L/h、送粉气流量 6~8L/h、搭接率 25%、z 轴提升量 0.1312mm。

（4）装夹定位和修复如图 8-23 所示。将待修复零件采用夹具定位，激光沉积头定位，打开送粉器，打开保护气、送粉气、水冷机等；程序检查无误后进行激光定向能量沉积修复；修复后的阶梯轴采用外圆磨床后处理加工，并对表面质量进行测试；对修复区域的性能进行测试。

a) 阶梯轴修复过程　　　　　　　　b) 采用激光定向能量沉积修复后的阶梯轴

图 8-23　阶梯轴修复

（5）几何精度检测。如图 8-24 所示，对修复区域的表面形貌质量、圆度、与阶梯轴基体的冶金结合质量进行测试。用百分表测得的修复表面的径向圆跳动值在两个位置分别为 0.122mm 和 0.118mm。轴类零件表面光滑平整，满足轴类零件使用要求，用触针法测得表面粗糙度为 0.19μm。

（6）显微组织及性能检测。采用激光共聚焦显微镜、显微硬度仪、摩擦磨损试验机测试修复区域的金相组织、沉积层显微硬度、耐磨性等性能，结果如

图 8-24　修复后的阶梯轴

图 8-25 所示。综合检测结果，摩擦系数在 0.147~0.158，修复后的阶梯轴沉积层的显微硬度为 52~55.2 HRC。轴类零件沉积层沉积形貌良好，搭接致密。沉积层从上至下依次可观察到等轴晶、树枝晶以及胞晶组织，且组织排列均匀、致密，层与层之间有明显的组织分层。因此，再制造后阶梯轴符合实际工况需求。

激光定向能量沉积增材制造技术及应用

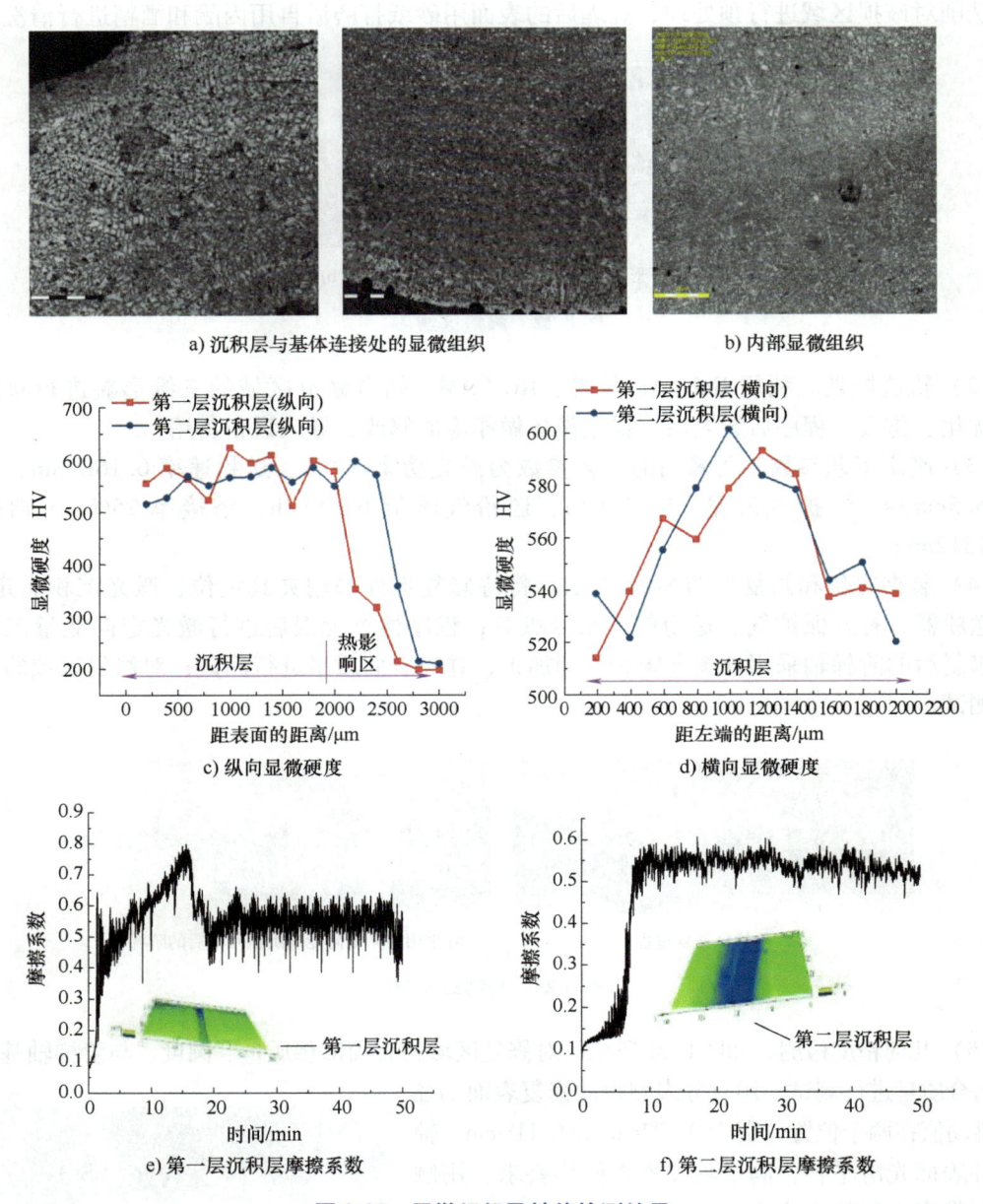

a) 沉积层与基体连接处的显微组织　　b) 内部显微组织

c) 纵向显微硬度　　d) 横向显微硬度

e) 第一层沉积层摩擦系数　　f) 第二层沉积层摩擦系数

图 8-25　显微组织及性能检测结果

8.4　激光定向能量沉积再制造质量控制

　　沉积形貌是评判沉积层质量的重要条件之一。沉积层可以用多种方式来进行考察，如稀释率可以检查沉积层与基体的结合强度；沉积表面硬度可以表明熔覆层硬度情况。但在实际沉积过程中，通过测量稀释率来检查熔覆层的质量时间长，而针对不同的样件硬度有不同的要求，宽高比值的大小可直接证明沉积层形貌是否理想，从而证明沉积质量。沉积过程中的工艺参数（包括激光功率、扫描速率、送粉速率、粉层厚度、光斑直径）是影响沉积层质量的主要因素，不同的工艺参数在对沉积层质量产生影响的同时又存在相互作用，因此探究关键工艺参数对沉积质量的影响尤为重要，可实现对沉积层形貌的控制。在此基础上构建基于 PSO-BP 神经网络的沉积层质量预测模型对沉积层高度及宽度进行预测，从而实现激光定向能量沉积再制造质量控制。

8.4.1 激光定向能量沉积过程质量影响因素分析

影响沉积层质量的因素众多，包括基体材料特性、熔覆粉末特性、工艺参数、激光与材料的交互作用等。而实际沉积中，再制造零部件的材料成分无法改变，只能通过调节再制造过程中的工艺参数对沉积层质量进行控制。因此选择试验与理论相结合的研究方式，研究再制造过程中的各工艺参数对沉积层质量的影响规律，最终确定零部件再制造的最优工艺参数。沉积层质量的影响因素如图 8-26 所示。

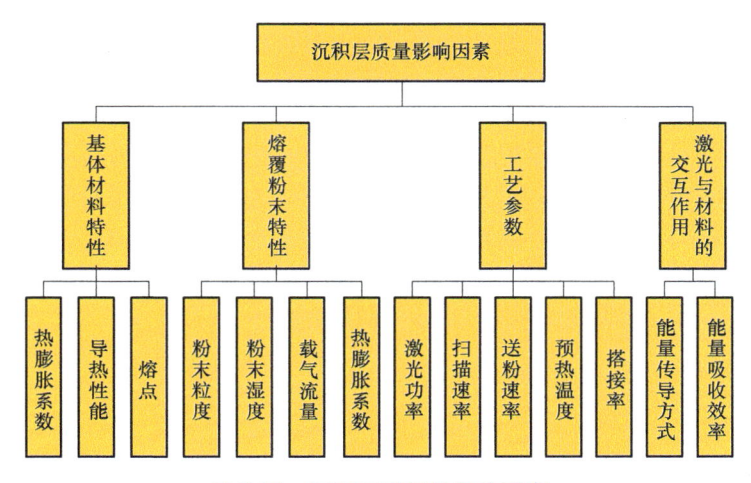

图 8-26 沉积层质量的影响因素

1. 沉积层质量要因分析

（1）激光功率对沉积层质量的影响。根据单道试验所得的沉积层高度、宽度，绘制出沉积层高度、宽度与激光功率的关系，分别如图 8-27 和图 8-28 所示。试验结果显示，沉积层高度在一定范围内随激光功率的增大而增加。因为激光功率越大，激光定向能量沉积时的熔池尺寸及熔池宽度越大，沉积粉末的熔化时间缩短，有更多的粉末进入熔池，有利于沉积层高度的增加。但当激光功率过大时，熔池短时间内吸收过多的热量，熔池内的温度梯度发生变化，导致熔池内液态金属自身重力与其表面张力的平衡被打破，熔池内的液态金属在自身重力作用下向下流动，导致沉积层高度反而降低。向下流动的液态金属使得熔池的宽度变大，其表面张力得到增强，直至与重力达到平衡状态，液态金属停止向下流动，冷却后形成沉积层。沉积层宽度随激光功率的增大而增宽，较大的激光功率使得更多的基体材料熔化，形成较大宽度的熔池，冷却后形成的沉积层宽度也随之变宽。

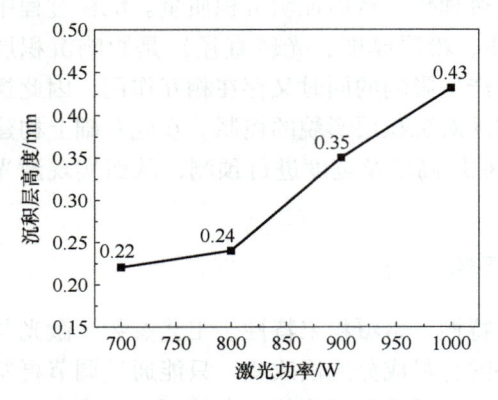

图 8-27 沉积层高度与激光功率的关系 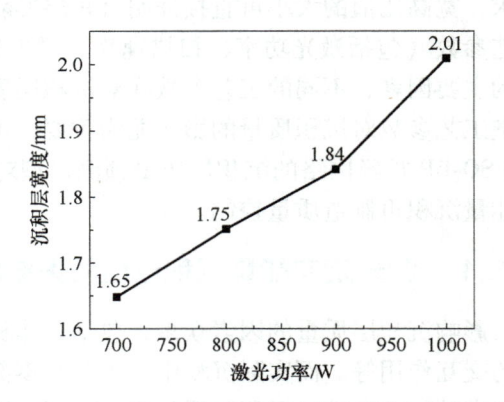　　图 8-28 沉积层宽度与激光功率的关系

（2）扫描速率对沉积层质量的影响。根据单道试验所得的沉积层高度、宽度，绘制出沉积层高度、宽度与扫描速率的关系，分别如图 8-29 和图 8-30 所示。试验结果显示，扫描速率越快，沉积层高度越低。这是因为激光定向能量沉积时的扫描速率不但决定了激光在基体表面的停留时间，而且由于是同轴送粉的粉末输送方式，扫描速率也决定了单位时间的粉末输送量。扫描速率越快，单位时间内进入熔池的粉末数量就越少，光束与粉末、基材的交互作用时间就越短，粉末、基材吸收的能量就越少，熔化的粉末数量也就越少，使得沉积层高度下降。扫描速率过大时，激光在基体表面的停留时间过短，基体与沉积粉末吸收的能量有限，导致结合性能较差。沉积层宽度同样随扫描速率的增加而下降。除了扫描速率增加，单位时间内熔化粉末减少这一原因，过快的扫描速率使得激光在基体表面停留时间过短，基体所吸收激光能量较少，熔化量较少，导致熔池宽度降低。

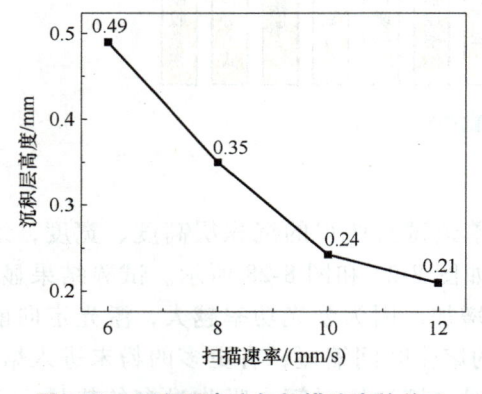

图 8-29 沉积层高度与扫描速率的关系 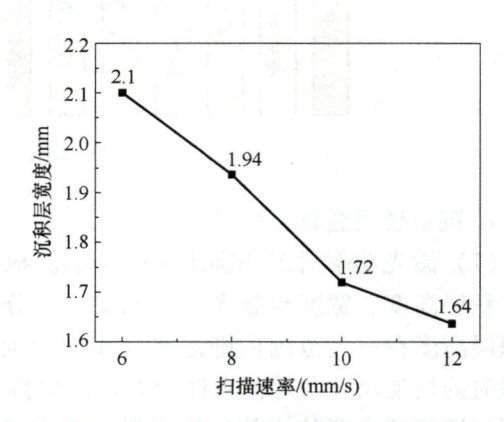　　图 8-30 沉积层宽度与扫描速率的关系

（3）送粉速率对沉积层质量的影响。沉积层高度及宽度与送粉速率的关系分别如图 8-31 和图 8-32 所示。可以看出，沉积层高度及宽度均随送粉速率的增大而增大。当其余工艺参数不变，而送粉速率增加时，增大了单位时间内粉末的熔化量，使得熔池冷却后形成的沉积层高度及宽度都得到了增加。但如果送粉速率过大，超过了单位时间内能融化的粉末极限，则会出现粉末没有完全熔化的现象，使得沉积层表面平整性较差，结合性能较差。

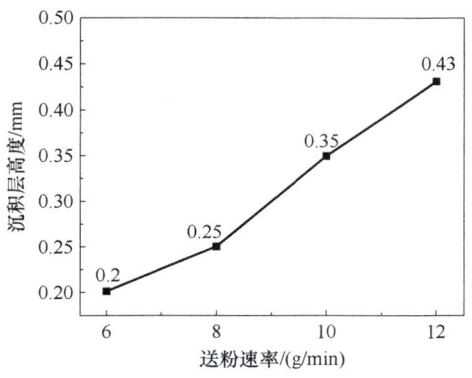

图 8-31　沉积层高度与送粉速率的关系 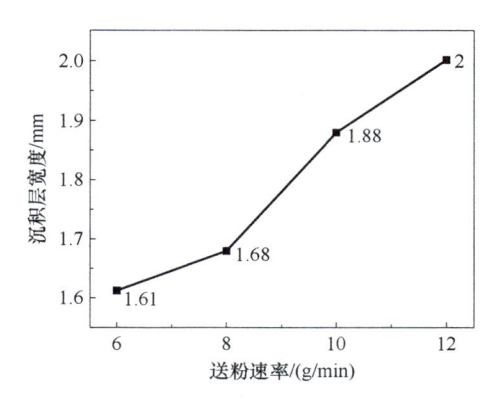　　　图 8-32　沉积层宽度与送粉速率的关系

（4）预热温度对沉积层质量的影响。分析单道试验数据，沉积层高度及宽度与预热温度的关系分别如图 8-33 和图 8-34 所示。试验结果显示，预热温度的变化对沉积层的表面形貌即沉积层高度、宽度造成的影响较小，沉积层高度及宽度随预热温度的增加而略微增加。通过观察沉积层内的裂纹情况，发现适当的预热温度能够对沉积层内的裂纹进行有效控制。预热温度的增大使得熔池内的温度梯度降低，且冷却凝固的时间变长，可有效减少凝固过程中产生的内部应力。经试验发现，预热温度在 400℃ 以上时能有效降低裂纹发生的概率。图 8-35 所示为沉积层内的裂纹。

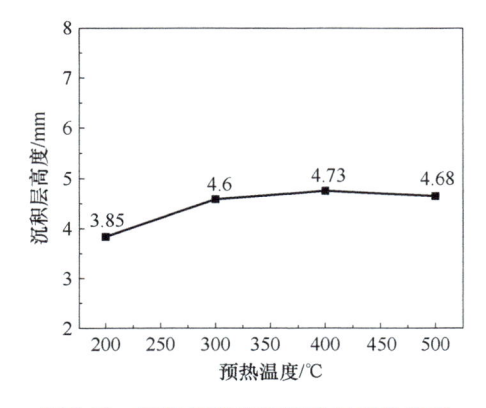

图 8-33　沉积层高度与预热温度的关系 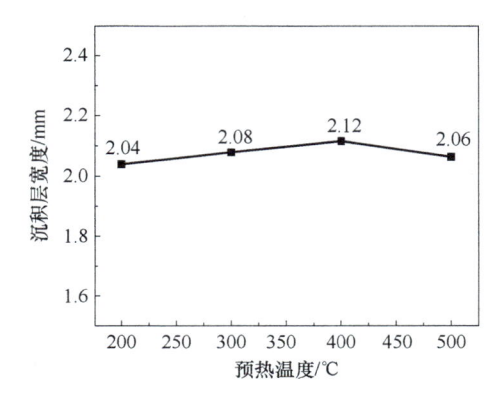　　　图 8-34　沉积层宽度与预热温度的关系

图 8-35　沉积层内的裂纹

2. 沉积层金相组织分析

将试验得到沉积层与基材一起进行线切割，制备成方便打磨的试样，然后用 100~1500 粒度的砂纸依次对其打磨，待表面较光滑无明显划痕后，将沉积试样使用抛光机进行抛光处理，最终达到镜面效果。对抛光后的沉积层试样使用硝酸与盐酸按照 1∶3 比例制成的腐蚀剂进行腐蚀，腐蚀后使用酒精冲洗，电吹风吹干，随后在光学显微镜下进行金相组织分析，观察到沉积层与基体结合区域的金相组织如图 8-36 所示。图中左侧为沉积层组织，右侧为基体，可以观察到结合处为一条明显的白亮带，这是沉积层与基体的结合性能较好、稀释率小的表现。结合部分的组织成分较为复杂，因为在这一部分基体与沉积粉末熔融在一起。熔池内的热传递方向为由熔池表面流向熔池底部，结合区域的晶体生长方向与此相反，表现为垂直于结合处的白亮带的生长方向。

沉积层内部的金相组织如图 8-37 所示。从中可以看出，由于熔池中的液态金属在极短的时间内冷却凝固形成沉积层，增加了其过冷度，从而提高了晶核生长速率，因此形成的组织均匀且致密，具有较好的力学性能。同时在沉积层内并没有发现气孔裂纹等质量缺陷。

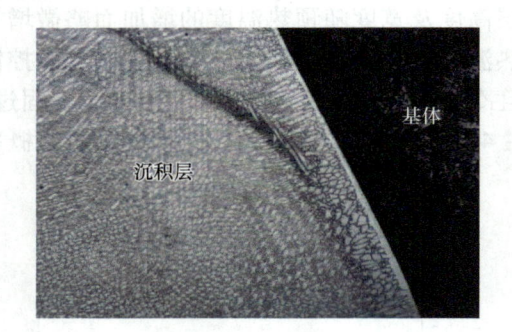

图 8-36 沉积层与基体结合区域的金相组织

图 8-37 沉积层内部的金相组织

8.4.2 基于 PSO-BP 神经网络的沉积层质量预测方法

沉积层高度及宽度直接决定了沉积层的成形精度，对沉积层高度和宽度进行控制在实际应用中具有重要意义。通过对再制造过程中沉积层高度及宽度进行预测，并根据预测结果及时修改再制造过程的工艺参数有利于获得质量更高的沉积层。由于再制造过程中的工艺参数不但分别对沉积层质量产生着影响，且其之间也存在相互作用，因此增大了成形质量预测数学模型构建的难度。

虽然以往研究表明通过使用数学模型或神经网络的方法可实现对沉积层质量的预测，但数学模型的建立需要以大量的工艺试验为依据，积累加工经验工作量大，成本高，对沉积层质量的预测精度并不理想。使用神经网络进行沉积层质量的预测容易陷入局部最优解，且收敛速度较慢。开展沉积层质量关键影响因素研究，构建利用激光功率、送粉速率、扫描速率预测沉积层高度及宽度的神经网络模型，并使用粒子群算法对网络的权值、阈值进行优化，可避免陷入局部最优解，提高模型的预测精度及收敛速度。

1. LDED 质量预测控制问题分析与建模内涵

由于激光定向能量沉积的工艺复杂，沉积层表面常产生高度不均匀、表面不平整甚至出现裂纹气孔的现象，因此对再制造质量的控制一直是激光定向能量沉积领域的关键问题。为保证再制造沉积层的质量及精度,需要实现加工过程的在线监测与闭环控制。通过监测沉积层形貌的变化及时修改再制造过程中的工艺参数,实现对沉积层质量的控制。

由于激光定向能量沉积的试验现场为高温、强光的恶劣环境,因此对沉积层形貌的实时监测变得十分困难。对沉积层形貌的监测常采用高精度的传感器直接测量,但这种方法的操作难度高,对测量元件的精度要求高,受环境影响大,很难保证沉积层形貌的测量精度。

通过再制造过程中的工艺参数信息对沉积层形貌进行预测是一种简单有效的沉积层形貌控制方法。但影响沉积层质量的因素众多,包括激光功率、送粉速率、扫描速率等。这些工艺参数之间既相互独立又相互影响,增大了成形质量预测数学模型构建的难度。以往对沉积层质量的控制大多依据经验来进行控制,预测精度难以保证。

2. LDED 再制造质量预测建模方法

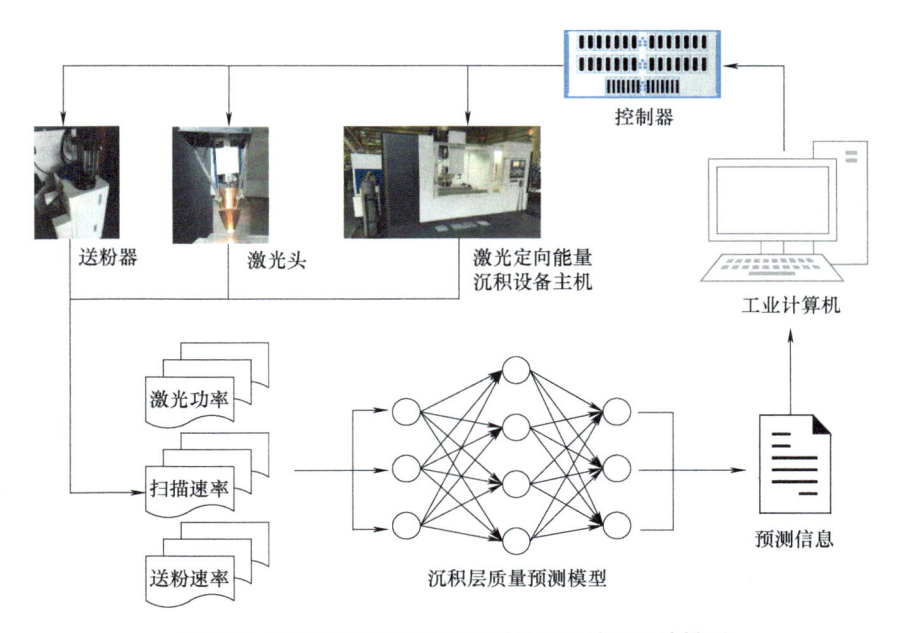

激光定向能量沉积层质量闭环控制系统模型如图 8-38 所示,该闭环控制系统由主机、激光头、送粉器等激光定向能量沉积设备以及沉积层质量预测模型、工业计算机构成。预测模型接收激光定向能量沉积过程中的工艺参数信息,对沉积层的质量进行预测,工业计算机接收预测信息后通过控制器调节激光定向能量沉积设备的工艺参数,完成激光定向能量沉积层质量的闭环控制。通过不断调整激光定向能量沉积的工艺参数来获得较高质量的沉积层。

图 8-38 激光定向能量沉积层质量闭环控制系统模型

(1) BP 神经网络。BP 神经网络是一种多层的前馈神经网络,输入层与输出层之间通过若干层的神经元相连接,这些中间层称为隐含层。使用 BP 神经网络进行模型的求解时,并不需要确定输入与输出之间的定量函数关系,仅凭自身网络训练则可以使输出值逐步接近实际值,适应于对复杂非线性关系的求解。输入值经隐含层一层一层向前传递,得到网络的输出值,计算其与实际值的误差,再经隐含层向输入层反向逐层传递,由梯度下降的方式不断缩小网络的训练误差,最终得到最为接近实际值的网络输出值。

(2) 粒子群算法。粒子群(Particle Swarm Optimization)算法是一种基于鸟类觅食现象提出的群体协助搜索算法。鸟类在捕食过程中，每只鸟的初始位置和方向都是随机的，一段时间后这些鸟会开始聚集并向实物方向靠近，最终落在食物上。粒子群算法将全局寻优的过程比作鸟类觅食过程，寻优过程中粒子根据自身及群体信息不断调整自身的运动方向与速率，最终得到全局的最优解。寻优过程中每个粒子所处的极值为个体最优解（Pbest），全部粒子的最佳位置为全局最优解。

迭代过程中粒子的速率及方向更新方式如下：

$$v_i(t+1) = \omega v_i(t) + c_1 r_1 [P_i^L - X_i(t)] + c_2 r_2 [P_g - X_i(t)] \tag{8-1}$$

$$X_i(t+1) = X_i(t) + v_i(t+1) \tag{8-2}$$

式中，ω 为粒子的惯性权重，即粒子保持原速率的系数；c_1 和 c_2 为加速常数，一般取值为 2；r_1 和 r_2 为 [0, 1] 区间内的随机数值；P_i^L 为单个粒子的历史最优位置；P_g 为整个群体的历史最优位置；$X_i(t)$ 为粒子当前的位置，随迭代而更新。

粒子群算法具有如下特点：

1）由于粒子群算法的初始速率与方向都是随机选定的，因此需要较多的迭代次数从而避免其偶然性。

2）在进行迭代前需要将数据处理为实数编码数据，这样才能进行迭代。

3）寻优过程中粒子群会将当前的最优位置记录并将最优的位置信息传给其他粒子。

4）粒子群算法在寻优的过程中没有交叉、变异运算，减少了群体搜索的时间。

3. 齿轮再制造质量波动及度量

沉积层的评价指标分为沉积层的宏观质量及其微观质量。沉积层的宏观质量指的是沉积层的表面平整性、沉积层高度及宽度。沉积层的微观质量则是其内部的显微组织情况、沉积层与基体的结合强度、力学性能等。

沉积层形貌一般如图 8-39 所示，其中 H 为沉积层高度；W 为沉积层宽度；h 为沉积层深度。

在激光定向能量沉积过程中，基体与沉积粉末在高能量激光作用下熔化并结合形成沉积层，这就导致了基体材料会对沉积层产生稀释作用。稀释率就是对这种稀释作用的定量描述，用来表示沉积层中基体成分所占比例。

稀释率是激光工艺参数控制的一个重要标准，与涂层的性能有着密切相关的联系。较小的稀释率代表沉积层内基体成分较少，沉积层与基体的结合性能较差，再制造零部件在使用过程中易发生沉积层脱落现象；稀释率较大则沉积层内的基体成分过多，降低了沉积层的性能。

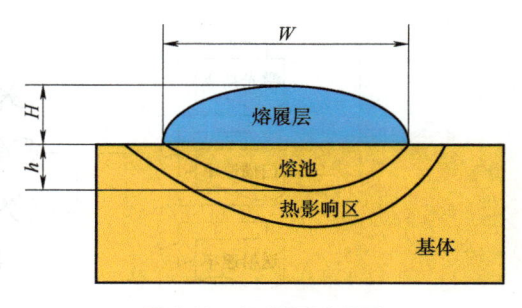

图 8-39 沉积层形貌图

稀释率的计算方法有对沉积层元素的定量分析计算法和几何法。实际应用中，几何法的操作更简便，该种方法下稀释率 η 计算公式如下：

$$\eta = \frac{h}{h+H} \tag{8-3}$$

式中，h 为熔池深度；H 为沉积层高度。为保证再制造后沉积层与基体间的结合性能，激光定向能量沉积的稀释率应小于 0.11。

4. 基于 PSO-BP 的齿轮再制造质量预测模型

由于激光定向能量沉积过程中各工艺参数与沉积层之间是复杂的非线性关系，BP 神经网络的非线性逼近能力强，其自适应学习方法可以较高精度地预测沉积层质量。而网络的收敛速度较慢，易于陷入局部最优解，对网络的权值、阈值的初始值进行优化能有效提高沉积层高度及宽度的预测精度。

沉积层高度及宽度预测模型流程图如图 8-40 所示。

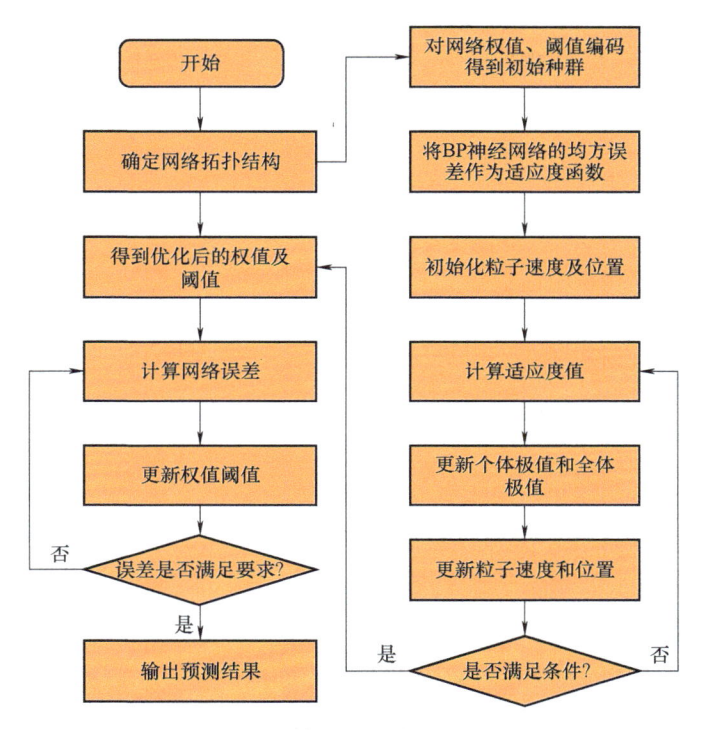

图 8-40 沉积层高度、宽度预测模型流程图

影响沉积层质量的因素众多，选取对沉积层质量影响较大的激光功率、扫描速率、送粉速率三个工艺参数作为输入层变量，因此输入层节点数为 3。输出层变量为决定沉积层质量的关键指标沉积层高度及沉积层宽度，从而确定 BP 神经网络的输出层节点数为 2。

（1）确定 BP 神经网络的结构及粒子维度。BP 神经网络的隐含层数量对整个网络的预测精度及效率产生影响，隐含层数量的增多可以使网络具有更强的非线性映射能力，但隐含层数量的增多会增加网络的训练时间，增大网络的求解难度，同时过多的隐含层提高了网络陷入局部最优解的概率。在确定 BP 神经网络隐含层数量时对于已有的大多数问题通常都采用 1 个隐含层。在网络训练过程中，通过增加训练样本的数量，优化网络的权值、阈值，增加单个隐含层内的节点数等方法来提高网络的预测精度。如果网络的预测效果仍不理想才考虑增加隐含层的数量。

因此 BP 神经网络采用 1 个隐含层。在隐含层数量确定情况下，隐含层内的节点数量则成为网络预测精度的关键，当节点数过多时，增加了网络的训练时间，甚至导致"过拟合"；当节点数过少时，则对复杂问题的预测精度较低。隐含层内节点数 n 的选择由下面公式进行确定。

$$n = \sqrt{I+O} + a \tag{8-4}$$

$$n = 2I+1 \tag{8-5}$$

式中，n 为隐含层的节点数量；I 为输入层的节点数量，此处输入为工艺参数，具体值为 3；O 为输出层的节点数量，此处输出为熔高和熔宽，具体值为 2；a 为调节常数，根据经验或实验调整，用于微调节点数量，通常取值范围为 1~10。

输入变量为再制造的工艺参数，输入层节点数为 3，输出变量为沉积层高度及沉积层宽度，输出层节点数为 2，计算后隐含层节点取值范围为 7~12，经实际验证，当隐含层节点数为 10 时，网络预测结果精度最高。BP 神经网络结构如图 8-41 所示。

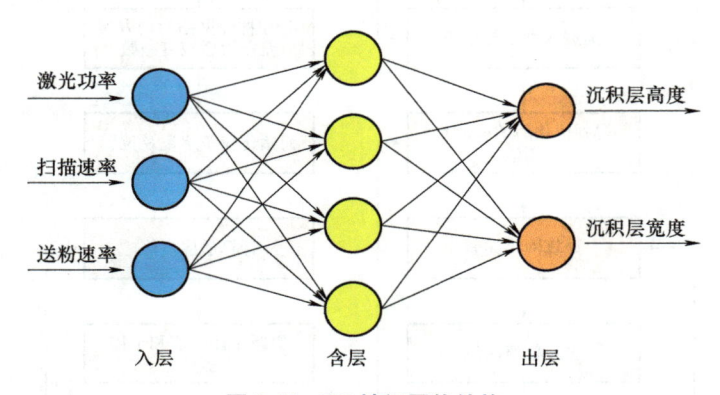

图 8-41 BP 神经网络结构

由 BP 神经网络的结构确定该网络的权值个数为 $3 \times 10 + 10 \times 2 = 50$；阈值个数为 $10+2=12$。因此粒子群算法的维度为 $50+12=62$。

（2）初始粒子群算法的参数。将粒子群算法的初始速率及位置设置为 -1~1 的随机值。加速常数 c_1、c_2 均取值为 2，最大迭代次数为 100 次。

（3）粒子群算法的确定适应度函数。为使 BP 神经网络的输出值逼近实际值，应尽量减小网络的训练误差，因此将网络的均方误差函数作为粒子群算法的适应度函数，如下：

$$E = \frac{1}{n} \sum_{k=1}^{n} (Y_k - O_k)^2 \tag{8-6}$$

式中，Y_k 为神经网络第 k 个输出节点的预测值；O_k 为 k 个输出节点的实际值（目标值）；n 为样本数量。

（4）进行粒子的更新迭代。

（5）记录当前每个粒子的个体最优值与全体粒子的最优值，并进行步骤（4）直至达到设定的最大迭代次数。

（6）将上一步产生的全局最优值作为网络的初始权值及阈值。

（7）进行网络的训练。通过网络的误差反向传播对权值及阈值进行更新。输出层与隐含层间的权值更新公式如下：

$$w_{jk} = w_{jk} + \Delta w_{jk} \tag{8-7}$$

$$\Delta w_{jk} = \eta y_k(1-y_k)(O_k-y_k)H_j \quad (8-8)$$

式中，w_{jk}为隐含层第j个节点到输出层第k个节点的权值；Δw_{jk}为权值调整量；y_k为输出层第k个节点的实际输出值（激活后）；O_k为输出层第k个节点的期望输出值（目标值）；H_j为隐含层第j个节点的输出值（激活后）；η为学习率（Learning Rate）。

输入层与隐含层间的权值更新公式如下：

$$w_{ij} = w_{ij} + \Delta w_{ij} \quad (8-9)$$

$$\Delta w_{ij} = \eta H_j(1-H_j)x_i \sum_{k=1}^{m} w_{jk}(y_k - O_k) \quad (8-10)$$

式中，w_{ij}为隐含层第i个节点到输出层第j个节点的权值；Δw_{ij}为权值调整量；x_i为输入层第i个节点的输入值（原始特征值）；m为输出层节点数量。

阈值更新，同理，权值更新。

(8) 运用测试样本检测网络预测的准确性。

8.4.3 BP神经网络模型的训练及测试

1. 试验样本采集

数量较多、代表性好的训练样本可有效提高BP神经网络的预测精度。为保证预测模型的预测精度进行了大量相关试验，试验后将所得沉积层高度及宽度进行测量作为样本。选择对沉积层质量影响较大的激光功率、送粉速率、扫描速率作为正交试验的3个因素，并根据现有试验设备工作区间选择5个常用的试验水平进行正交试验。试验的工艺参数见表8-4。沉积长度为50mm，试验全程在氩气保护下进行，其载气流量为5L/min。

表8-4 试验的工艺参数

名称	参数
激光功率/W	600、700、800、900、1000
扫描速率/(mm/min)	240、360、480、600、720
送粉速率/(g/min)	6、8、10、12、14
保护气体	氩气
粉末材料	Fe304

因为样本数据中各项的单位和量纲都不同，为提高模型预测精度，训练前须对样本数据进行归一化处理，使数据的取值范围变为[-1，1]。数据归一化处理为

$$X' = 2\frac{X_i - X_{\min}}{X_{\max} - X_{\min}} - 1 \quad (8-11)$$

式中，X_i为样本数；$X_{\min}$为样本最小值；$X_{\max}$为样本最大值。同理需要对沉积层高度及宽度的预测结果进行反归一化处理。

2. 网络预测效果分析

通过试验共得到25组样本数据，为保证质量预测模型的预测精度，取其中20组为训练样本，将数据导入模型进行训练得到网络的均方误差随迭代次数变化曲线如图8-42所示。

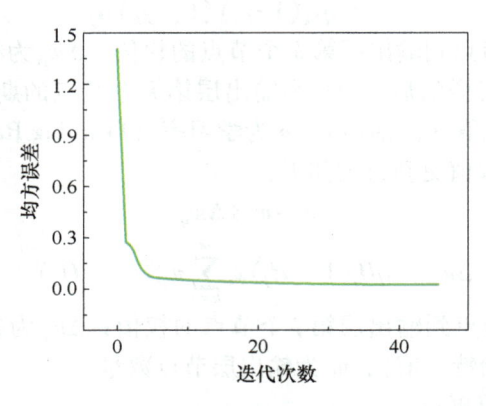

图 8-42 均方误差随迭代次数的变化曲线

图 8-43 和图 8-44 分别为样本沉积层高度及宽度的训练结果，图中蓝色点为实际值，黄色点为预测值。训练结果见表 8-5。

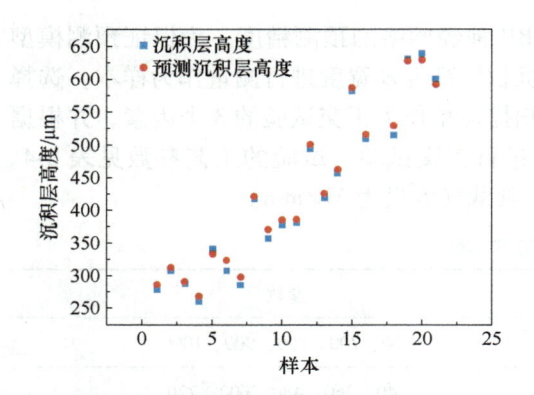

图 8-43 样本沉积层高度的训练结果

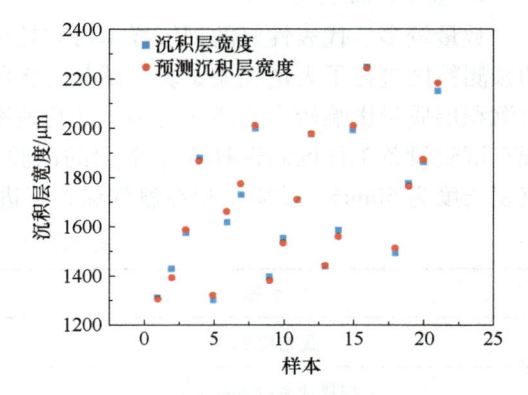

图 8-44 样本沉积层宽度的训练结果

表 8-5 样本训练结果

序号	激光功率 /W	扫描速率 /(mm/min)	送粉速率 /(g/min)	实际沉积层高度 /μm	预测沉积层高度 /μm	实际沉积层宽度 /μm	预测沉积层宽度 /μm
1	600	240	6	276.43	283.86	1304.15	1299.43
2	700	360	6	306.24	310.01	1426.35	1390.05
3	800	480	6	286.42	288.85	1573.30	1582.26
4	1000	720	6	257.64	266.04	1874.25	1863.27
5	600	360	8	337.61	330.56	1296.88	1315.41
6	800	600	8	305.32	320.88	1612.05	1654.79
7	900	720	8	283.24	294.95	1725.84	1770.73

（续）

序号	激光功率/W	扫描速率/(mm/min)	送粉速率/(g/min)	实际沉积层高度/μm	预测沉积层高度/μm	实际沉积层宽度/μm	预测沉积层宽度/μm
8	1000	240	8	415.60	418.27	1997.95	2004.70
9	600	480	10	354.64	367.74	1394.27	1379.18
10	700	600	10	374.24	382.53	1550.76	1530.33
11	800	720	10	380.22	383.15	1704.85	1704.43
12	900	240	10	491.63	497.95	1972.45	1971.31
13	600	600	12	415.46	422.75	1436.02	1439.04
14	700	720	12	455.15	459.86	1580.40	1556.06
15	900	360	12	580.65	584.38	1990.52	2004.85
16	1000	480	12	507.35	513.20	2241.38	2237.21
17	600	720	14	512.45	526.01	1488.65	1508.11
18	700	240	14	627.79	624.78	1770.54	1758.85
19	800	360	14	636.32	626.47	1862.25	1871.65
20	1000	600	14	597.52	589.18	2144.64	2176.36

为验证模型的预测准确性，将剩余的 5 组工艺参数信息及沉积层高度及宽度数据作为测试样本输入模型中进行验证，所得的沉积层高度及沉积层宽度的预测值如图 8-45 和图 8-46 所示。

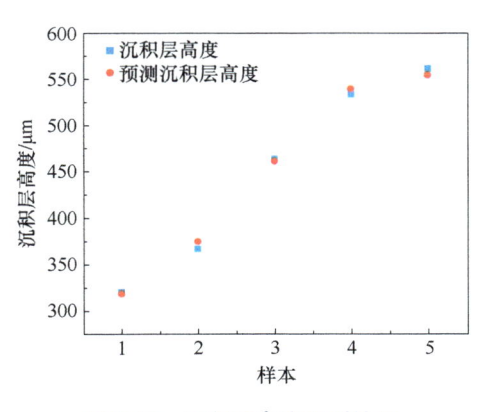

图 8-45　沉积层高度预测结果

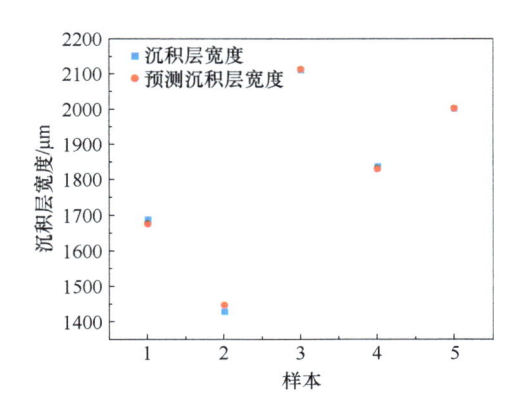

图 8-46　沉积层宽度预测结果

为验证粒子群算法的优化效果，将同样的训练样本和测试样本导入未经优化的 BP 神经网络对沉积层高度及宽度进行预测，其预测结果分别如图 8-47 和图 8-48 所示。

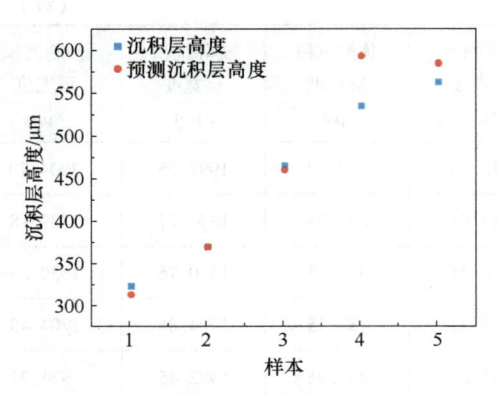

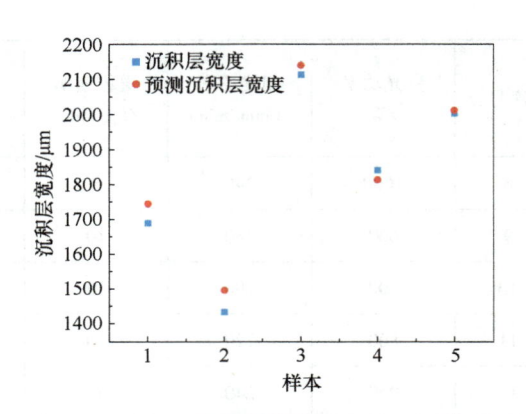

图 8-47 BP 神经网络沉积层高度预测结果   图 8-48 BP 神经网络沉积层宽度预测结果

使用 PSO-BP 神经网络对沉积层高度及宽度的预测结果见表 8-6，表 8-7 为未优化过的 BP 神经网络对沉积层高度及沉积层宽度的预测结果。

表 8-6 使用 PSO-BP 神经网络对沉积层高度及沉积层宽度的预测结果

序号	实际沉积层高度/μm	预测沉积层高度/μm	误差 Δ1	实际沉积层宽度/μm	预测沉积层宽度/μm	误差 Δ2
1	320.07	317.83	0.699%	1688.96	1678.54	0.617%
2	365.74	374.16	2.302%	1431.73	1448.26	1.154%
3	462.51	460.29	0.480%	2114.29	2117.09	0.132%
4	533.24	539.13	1.103%	1840.57	1833.31	0.394%
5	560.98	553.69	1.301%	2006.61	2005.02	0.079%

表 8-7 未优化过的 BP 神经网络对沉积层高度及沉积层宽度的预测结果

序号	实际沉积层高度/μm	预测沉积层高度/μm	误差 Δ1	实际沉积层宽度/μm	预测沉积层宽度/μm	误差 Δ2
1	320.07	309.58	3.277%	1688.96	1744.30	3.276%
2	365.74	366.35	0.167%	1431.73	1494.09	4.356%
3	462.51	457.96	0.984%	2114.29	2140.01	1.216%
4	533.24	592.44	11.10%	1840.57	1812.95	1.501%
5	560.98	583.48	4.011%	2006.61	2011.68	0.253%

测试样本中实际值与预测值的对比如图 8-49 和图 8-50 所示。可见，使用粒子群算法优化后的模型对沉积层高度的预测最大相对误差为 2.302%，最小相对误差为 0.1480%，平均相对误差为 1.177%；对沉积层宽度的预测最大相对误差为 1.154%，最小相对误差为 0.1079%，平均相对误差为 0.1475%。未优化的模型对沉积层高度的预测最大相对误差为 11.10%，最小相对误差为 0.1167%，平均相对误差为 3.908%；对沉积层宽度的预测最大相

对误差为4.356%,最小相对误差为0.1253%,平均相对误差为2.120%。

图8-49 沉积层高度预测误差对比图

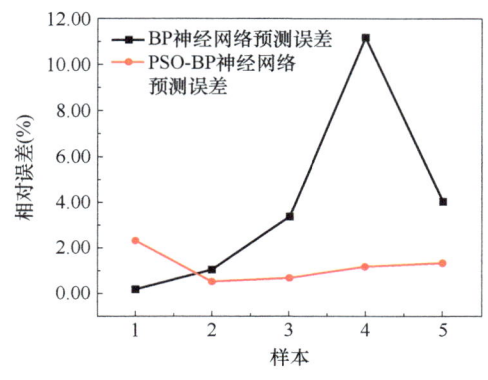

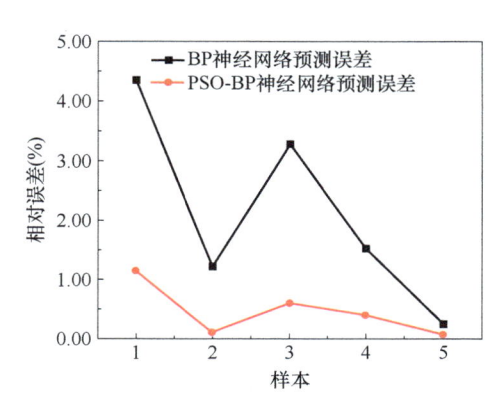

图8-50 沉积层宽度预测误差对比图

对比两个模型的预测结果发现,粒子群算法对模型的优化效果较明显,经过粒子群优化后的BP神经网络沉积层高度预测误差下降了2.731%,沉积层宽度预测误差下降了1.645%。模型性能较好,预测值能以较高的精度逼近实际值,验证了沉积层形貌预测的可用性与有效性。

构建了粒子群优化神经网络的沉积层质量预测模型,通过再制造过程中的激光功率、扫描速率、送粉速率对沉积层高度及宽度进行预测,高度预测偏差为1.177%,宽度预测偏差为0.475%,预测精度较高。

激光定向能量沉积再制造技术以激光或电子束为能源,逐层沉积材料,为制造和修复提供了高效解决方案。深入解析了其技术原理,强调了精确控制和高效能量利用的优势。探讨了该技术在航空航天、医疗和汽车制造等领域的广泛应用,特别强调了在零部件修复、定制产品制造和原型开发方面的潜力。对各种材料的适应性和性能进行了详细论述,突显了技术的多材料适应性。此外,该技术的高精度和分辨率使其能够处理微小结构和高精度要求,为微纳米尺度制造提供可能。总体而言,本章全面介绍了激光定向能量沉积再制造技术的原理、应用、材料特性以及其未来发展趋势,为读者提供了深入洞察,可帮助其更好地应用于实际制造和修复场景。

参考文献

[1] WANG Z S, JIANG X Y, SONG B X, et al. PSO-BP-based morphology prediction method for DED remanufactured deposited layers [J]. Sustainability, 2023, 15 (8): 6437.

[2] JIANG X Y, SONG B X, LI L, et al. The customer satisfaction-oriented planning method for redesign parameters of used machine tools. International Journal of Production Research, 2019, 57 (4): 1146-1160.

[3] HAND D P, FOX M D T, HARAN F M, et al. Optical focus control system for laser welding and direct casting [J]. Optics & Lasers in Engineering, 2000, 34 (4-6): 415-427.

[4] KATHURIA Y P. Some aspects of laser surface cladding in the turbine industry [J]. Surface & Coatings Technology, 2000, 132 (2-3): 262-269.

[5] GÄUMANN M, BEZENÇON C, CANALIS P, et al. Single-crystal laser deposition of super alloys: processing-micro structure maps [J]. Acta Materialia, 2013, 49 (6): 1051-1062.

[6] 高明, 熊征, 曾晓雁, 等. 激光-电弧复合焊接临界速度规律研究 [J]. 中国激光, 2009, 36 (9): 2438-2442.

[7] 刘云雷, 赵剑峰, 潘浒, 等. 基于激光熔覆的镍基高温合金激光修复的数值模拟 [J]. 应用激光, 2013, 33 (2): 125-130.

[8] 董世运, 闫世兴, 徐滨士, 等. 激光熔覆再制造灰铸铁缸盖技术方法及其质量评价 [J]. 装甲兵工程学院学报, 2013, 27 (1): 90-93.

[9] 薛雷, 黄卫东, 陈静, 等. 激光成形修复技术在航空铸件修复中的应用 [J]. 铸造技术, 2008, 3 (29): 391-394.

[10] 董世运, 徐滨士. 激光定向能量沉积齿类零件的关键问题研究 [J]. 中国激光, 2009, 36 (1): 134-138.

[11] 熊征, 曾晓雁. 在 GH4133 锻造高温合金叶片上激光熔覆 Stellite X-40 合金的工艺研究 [J]. 热加工工艺, 2006, 35 (23): 62-64.

[12] 田美玲, 石世宏, 傅戈雁, 等. 中空激光光内送粉熔覆技术的熔池流场与温度场模拟 [J]. 电加工与模具, 2013, (6): 62-66.

[13] 魏青松, 王黎, 张升, 等. 粉末特性对选择性激光熔化成形不锈钢零件性能的影响研究 [J]. 电加工与模具, 2011, (4): 52-56, 69.

[14] 李涛, 刘冲, 李经民. 动物头骨的三维实体模型重构 [J]. 机械设计与制造, 2015, 19 (1): 94-96.

[15] 冯超超, 成思源, 杨雪荣, 等. 基于 Geomagic Design X 的正逆向混合建模 [J]. 机床与液压, 2017, 45 (17): 157-160.

[16] 陈泽群. 基于 Geomaigic Desgin X 的自行车挡泥板逆向三维建模 [J]. 南方农机, 2016, 2 (4): 72-73.

[17] 刘同明. 考虑热效应的增材制造零件拓扑优化设计 [D]. 沈阳: 沈阳工业大学, 2023.

[18] 张超. 激光熔覆熔池温度控制系统研究 [D]. 沈阳: 沈阳工业大学, 2021.

[19] 杨世奇. 某机床导轨再制造质量控制方法研究 [D]. 沈阳: 沈阳工业大学, 2020.

[20] 石敏煊. 某机床齿轮再制造质量控制方法研究 [D]. 沈阳: 沈阳工业大学, 2020.

[21] 王子生. 基于激光再制造技术的机床主轴再制造质量控制方法研究 [D]. 沈阳: 沈阳工业大学, 2020.

[22] 李宇飞. 废旧机床再制造逆向物流网络优化研究 [D]. 沈阳: 沈阳工业大学, 2019.

[23] 代明明. 废旧机床再制造过程质量控制方法研究 [D]. 沈阳: 沈阳工业大学, 2017.

[24] 宋博学. 废旧机床再制造质量设计方法研究 [D]. 沈阳: 沈阳工业大学, 2017.

[25] 胡东波. 废旧机床可再制造质量评估与决策研究 [D]. 沈阳: 沈阳工业大学, 2016.

[26] 王子生, 姜兴宇, 刘伟军, 等. 再制造机床装配过程误差传递模型与精度预测 [J]. 计算机集成制造系统, 2021, 27 (5): 1300-1308.

[27] 马硕, 姜兴宇, 杨国哲, 等. 废旧机床主轴剩余寿命评估模型 [J]. 机械工程学报, 2021, 57 (4): 219-226.

[28] 姜兴宇, 王蔚, 张皓垠, 等. 考虑质量、成本与资源利用率的再制造机床优化选配方法 [J]. 机械工程学报, 2019, 55 (1): 180-188.

[29] 姜兴宇, 宋博学, 代明明, 等. 废旧机床再设计质量参数决策方法 [J]. 机械设计与制造, 2018 (6): 13-16.

[30] 李丽, 金嘉琦, 姜兴宇, 等. 废旧机床再设计关键质量特性的识别方法 [J]. 机械设计与制造, 2018 (5): 151-154.

[31] 李丽, 金嘉琦, 姜兴宇, 等. 废旧零部件可再制造质量评价与分类研究 [J]. 组合机床与自动化加工技术, 2017 (9): 45-49.

[32] 姜兴宇, 李丽, 乔赫廷, 等. 废旧机电产品再制造质量控制理论与方法 [M]. 北京: 机械工业出版社, 2018.

[33] 姜兴宇, 宋博学, 李丽, 等. 面向顾客满意度的废旧机床再制造设计参数规划方法 [J]. 中国表面工程, 2017, 30 (4): 150-159.

[34] 姜兴宇, 代明明, 李丽, 等. 基于动态、非正态 EWMA 控制图的废旧产品再制造质量控制方法 [J]. 计算机集成制造系统, 2018, 24 (5): 1171-1178.

[35] 李丽. 废旧机床再制造设计质量控制方法研究 [D]. 沈阳: 沈阳工业大学, 2019.

第9章

激光定向能量沉积绿色低碳制造

作为"世界工厂",我国的制造业是二氧化碳排放的主要领域,占全国二氧化碳总排放量的80%左右。"十四五"规划明确提出行业碳排放标杆引领、标准约束,发展低碳技术,降低制造业碳排放迫在眉睫。激光定向能量沉积技术作为一种新兴技术在制造业引起了广泛重视,其工作原理是高能密度激光束与基体相对运动形成熔池,沉积粉末通过送粉装置传至熔池经熔化在基体表面形成沉积层。由于其沉积过程时间久、电能不完全转化为激光束,从而产生大量碳排放,成为我国高端装备制造过程的主要碳排放源之一,制约着激光定向能量沉积技术在制造业的实际应用。

因此,以降低激光金属沉积过程碳排放为主要目标,在满足质量与成本的要求下,科学分析激光定向能量沉积工艺与碳排放之间的相关关系,准确评估沉积过程的碳排放,确定碳排放的影响因素,分析沉积过程碳排放规律,减少激光设备工作过程中的碳排放,从而达到更少地利用资源、更大程度地降低碳排放的目标。这符合我国制造业未来发展趋势,对社会资源利用、降低制造业碳排放有重要意义,有利于实现我国绿色制造业高质量发展。

9.1 激光定向能量沉积过程碳排放特性分析

9.1.1 激光定向能量沉积过程碳排放特性

激光定向能量沉积过程通常划分为系统待机状态、冷却系统待机状态与其他子系统工作状态、冷却工作待机与其他子系统工作状态三种阶段,由于各阶段的子系统功率消耗相对固定,因此对应各阶段的功率跃变较稳定。以某一激光定向能量沉积制造设备沉积单道为例,通过碳排放监控平台实时获取设备从开机起动到沉积结束完成这一过程的实时功率曲线,如图9-1所示。激光定向能量沉积过程碳排放分为总系统待机状态、冷水机待机状态与其他子系统工作状态、冷水机工作状态与其他子系统工作状态。

9.1.2 激光定向能量沉积过程碳排放边界分析

产品碳排放核算边界分为摇篮到坟墓,即开采原材料、制造、使用、报废加工处理全部。由于激光定向能量沉积过程具有复杂性、时变性,涉及多个子系统协同工作,其子系统主要包括激光发生器子系统、冷却器子系统、进给子系统、送粉器子系统、辅助系统,各个

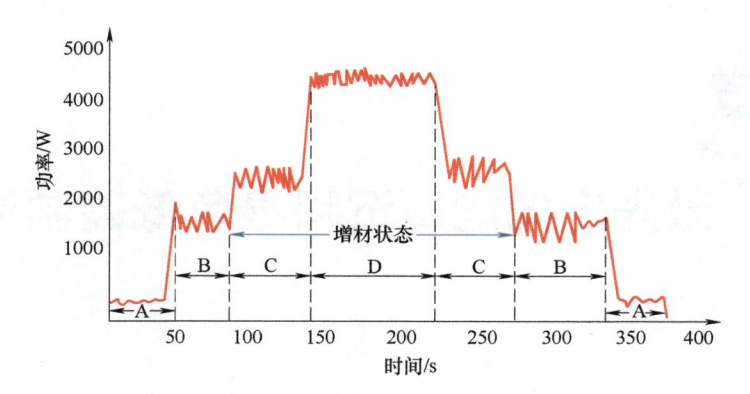

图 9-1　激光定向能量沉积过程功率特性曲线

子系统功率变化复杂，造成整个激光系统功率变化复杂，从而导致其激光总系统碳排放多变，基于此，激光定向能量沉积过程碳排放边界图如图 9-2 所示。生命周期阶段；从摇篮到大门，即原材料开采、基础零部件制造阶段；大门到大门，即基础零部件、半成品、成品的加工制造阶段；大门到坟墓，即使用阶段、废弃处理阶段，碳排放核算边界选取为大门到大门阶段。

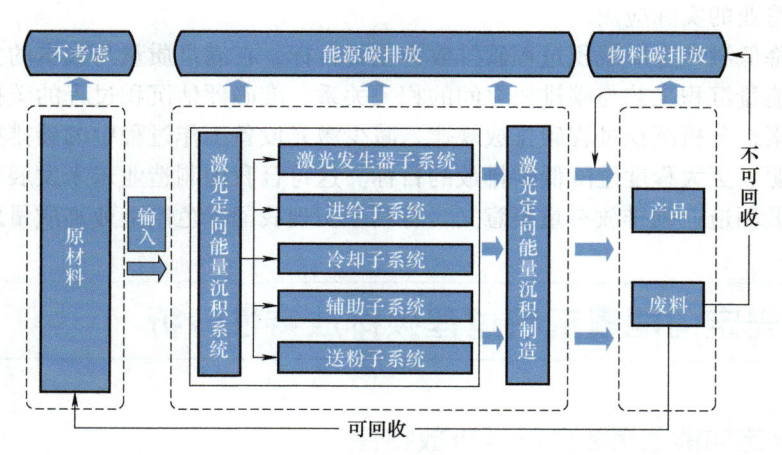

图 9-2　激光定向能量沉积过程碳排放边界图

根据其工作原理与碳排放边界分析可知，激光定向能量沉积过程碳排放量计算需要对各个子系统的碳排量进行核算。电能碳排放因子 C_e 见表 9-1，考虑试验环境的地理位置，以东北地区的电能碳排放因子作为电能碳排放因子。

表 9-1　各地区电网对应的电能碳排放因子

电网名称	电能碳排放因子 $C_e/[\mathrm{kgCO_2/(kW \cdot h)}]$
华北电网	0.14578
东北电网	0.13310
华东电网	0.14923
华中电网	0.13112
西北电网	0.13232

9.2 激光定向能量沉积过程碳排放模型

计算激光定向能量沉积过程碳排放，要基于碳排放边界分析，确定碳排放核算方法。目前进行碳排放计算的方法比较多，主要分为实测法、投入产出分析法、计算器法、生命周期法、混合生命周期法。沉积过程碳排放主要选取生命周期法进行计算。

9.2.1 时间模型

对激光定向能量沉积过程子系统电能碳排放进行分析需要建立时间函数。沉积过程总时间包括沉积（工作）时间与待机时间，而待机时间包括激光器间隔时间、前期准备时间、送粉器延迟时间。设沉积过程总时间为 T_{total}，则有

$$T_{\text{total}} = T_s + T_m \tag{9-1}$$

式中，T_s 为激光系统待机时间；T_m 为沉积时间。

其中，激光系统待机时间 T_s 为

$$T_s = T_i + T_p + T_g \tag{9-2}$$

式中，T_i 为激光器间隔时间；T_p 为前期准备时间；T_g 为送粉器延迟时间。

沉积时间 T_m 的数学函数为

$$T_m = \frac{60l}{v_s} \left[1 + \frac{s-d}{d(1-\alpha)} \right] N \tag{9-3}$$

式中，l 为沉积长度；d 为光斑直径；s 为基体需要的沉积宽度；α 为搭接率；N 为沉积层数；v_s 为扫描速率。

由于冷却子系统作为独立子系统不受 CNC 控制柜控制，同时由碳排放特性分析可知，冷却子系统工作状态与沉积状态不是相辅相成的，因此对冷却子系统需要单独建立工作时间函数从而分析冷却子系统的碳排放。冷却子系统的工作符合热力学相关规律，因此假设激光定向能量沉积过程未转化的剩余热量全部由冷却水转化，基于此，冷却子系统的工作时间 T_c 的数学函数为

$$T_c = \frac{(P_{lm} - P_{lin})T_m}{\rho c v_k \Delta T} \tag{9-4}$$

式中，v_k 为冷却水流速；c 为冷却水比热容；ρ 为冷却水密度；ΔT 为冷却水温差；P_{lm} 为激光发生器子系统工作功率；P_{lin} 为激光输入功率。

9.2.2 激光发生器子系统碳排放分析

在激光定向能量沉积过程中，激光发生器子系统根据实际工作的需要，其功率状态会发生变化，分为开关机状态、待机状态、间隔状态、沉积状态。在不同状态下，不仅功率不同，而且暂用时间也不同，因此所消耗的电能不同。开机起动状态的功率变化由于变化时间微小而且速度快，同时由于激光器开启以后处于待机状态，而不是处于立即工作状态，因此计算激光发生器子系统碳排放时忽略其开机起动因功率变化而产生的碳排放。

待机状态功率基于激光器内部消耗的电能，与沉积基体和沉积环境无关，因此可以看作

是一个定值，而消耗的电能则根据实际待机时间 T_s 确定；沉积间隔状态指的是激光定向能量沉积过程中激光器从此次沉积结束到下次沉积开始时之间的状态，因此也可以将其视为定值，而消耗的电能则根据实际沉积间隔时间 T_i 确定；沉积状态消耗的电能则与实际沉积激光输入功率和实际沉积有关。基于此，激光发生器子系统碳排放 C_l 描述为待机状态碳排放、沉积状态碳排放、间隔状态碳排放，即

$$C_l = [P_{ls}(T_s - T_i) + P_{lm}T_m + P_{li}T_i]C_e \tag{9-5}$$

式中，P_{ls} 为激光发生器子系统待机状态功率；P_{li} 为激光发生器子系统间隔功率；C_e 为电能碳排放因子。

9.2.3 送粉子系统碳排放分析

由送粉子系统工作原理可知，当从待机状态转变为送粉状态时，惰性气体进入气路管运输粉末至沉积头，因此此状态会引起功率变化，消耗电能，从而产生碳排放，但是此变化时间短，而且数值难以计算，在确保准确性的前提下，降低模型复杂度，将此状态碳排放视为待机状态碳排放。由于其送粉器集成于激光 CNC 控制柜内，因此当开启控制柜时，送粉器直接进入待机状态，其功率值被视为定值，因此，待机状态碳排放与自身消耗的电能和待机时间相关；而工作状态碳排放不仅与工作时间有关，还与消耗的电能有关。基于此，送粉子系统碳排放 C_p 描述为待机状态碳排放与工作状态碳排放，即

$$C_p = (P_{ps}T_s + P_{pm}T_m)C_e \tag{9-6}$$

式中，P_{ps} 为送粉子系统待机状态功率；P_{pm} 为送粉子系统工作状态功率。

9.2.4 进给子系统碳排放分析

进给子系统作为激光定向能量制造的重要子系统，其进给速率的变化直接决定着进给子系统的电能变化，从而影响进给子系统的碳排放变化。由工作原理可知，激光子系统功率包括待机状态功率、工作状态功率、回程状态功率，其消耗的电能分为待机状态消耗的电能、工作状态消耗的电能、回程状态消耗电能，鉴于实际沉积过程回程次数少、回程速率快，导致其消耗的电能难以计算，因此，不考虑回程状态碳排放。故对进给子系统的碳排放 C_m，仅分析其待机状态碳排放、工作状态碳排放，即

$$C_m = (P_{ms}T_s + P_{mm}T_m)C_e \tag{9-7}$$

式中，P_{ms} 为机床待机状态功率；P_{mm} 为机床工作状态功率。

9.2.5 冷却子系统碳排放分析

激光定向能量作为高能耗设备，沉积过程会产生大量热量，部分热量会被熔池消耗，但剩余热量依然可能对激光内部元件与沉积头造成破坏，因此，当剩余热量积累到系统设定最高温度时，冷却子系统开始保护激光内部元件与沉积头。根据其工作原理可知，冷却子系统仅包括待机状态的功率变化与工作状态的功率变化，电能消耗仅包括待机状态的电能消耗与工作状态的电能消耗。基于此，冷却子系统碳排放 C_c 描述为待机状态碳排放与工作状态碳排放，即

$$C_c = [P_{cs}(T_{total} - T_c) + P_{cm}T_c]C_e \tag{9-8}$$

式中，P_{cs} 为冷却子系统待机状态功率；P_{cm} 为冷却子系统工作状态功率。

9.2.6 辅助子系统碳排放分析

激光定向能量沉积的辅助子系统由净化系统、照明系统、除尘系统等组成，根据需求决定其是否工作，且在工作时其功率基本保持一定。基于此，只分析辅助子系统工作状态碳排放 C_a，即

$$C_a = \sum_{i=1}^{n} N_i P_i T_m C_e \tag{9-9}$$

式中，n 为辅助子系统的个数；P_i 为辅助系统工作功率；N_i 为辅助子系统开关函数，当 $N_i=0$ 时，辅助子系统关闭，当 $N_i=1$ 时，辅助子系统开启。

基于上述分析可知，尽管激光定向能量过程具有复杂性、时变性，需要众多子系统同时参与工作，但是在沉积过程的各个阶段基本保持稳定，对应的碳排放也相对稳定，同时考虑到各子系统启动时间短、速度快，进给子系统回程速度快，并且实际沉积过程不需要多次回程，可忽略以上部分消耗的电能。因此，仅对各子系统工作状态、待机状态、间隔状态碳排放进行分析，由此，激光定向能量沉积过程总碳排放 C_E 可以描述为

$$C_E = C_1 + C_p + C_m + C_c + C_a \tag{9-10}$$

将各个子系统碳排放函数与时间函数代入式（9-10），则有

$$C_E = \left\{ P_{ls}(T_s-T_i) + P_{lm}\frac{60l}{v_s}\left[1+\frac{s-d}{d(1-\alpha)}\right]N + P_{li}T_i \right\} + \left\{ P_{ps}T_s + P_{pm}\frac{60l}{v_s}\left[1+\frac{s-d}{d(1-\alpha)}\right]N \right\} + \\ \left\{ P_{ms}T_s + P_{mm}\frac{60l}{v_s}\left[1+\frac{s-d}{d(1-\alpha)}\right]N \right\} + \\ \left\{ P_{cs}\left[T_{total} - \frac{60l}{v_s}\frac{(P_{lm}-P_{lin})\left[1+\frac{s-d}{d(1-\alpha)}\right]N}{\rho v_k \Delta T c}\right] + P_{cm}\frac{60l}{v_s}\frac{(P_{lm}-P_{lin})\left[1+\frac{s-d}{d(1-\alpha)}\right]N}{\rho v_k \Delta T c} \right\} + \\ \sum_{i=1}^{n} N_i P_i \frac{60l}{v_s}\left[1+\frac{s-d}{d(1-\alpha)}\right]N \tag{9-11}$$

9.3 激光定向能量沉积过程碳排放模型参数试验获取

9.3.1 试验设备

选用 LDM4030 光纤激光定向能量沉积设备，控制系统为 NC300，所有沉积试验都使用本设备完成。沉积设备参数及精度见表 9-2，功能特性见表 9-3。

表 9-2 沉积设备参数及精度

项目	LDM4030
成形尺寸	400mm×300mm×400mm
$x/y/z$ 轴定位精度	0.105mm

(续)

项目	LDM4030
$x/y/z$ 轴重复定位精度	0.103mm
$x/y/z$ 轴最大定位速度	5m/min
净化系统	洗气+循环净化
氧含量	≤50/10^6
保护气体	Ar
激光器功率	1kW
激光器类型	光纤激光器
控制系统	NC300
工作电压	AC 380V±10%/3P+N+PE
工作压力	3~5mbar
主机尺寸	2200mm×1700mm×2600mm
主机质量	2~5t
适用材料	钛合金、铝合金、铁基合金、不锈钢、模具钢

表 9-3 功能特性

电源	直流+8V~+12V（端子）
功耗	<110mA
通道数	2路三相四线制
电流互感器	2500∶1
取样间隔	1s/通道
电压测量范围	AC 10~480V
电压测量精度	RMS 测量，准确度等级为 0.15 级
电流测量范围	≥0.103A，电流互感器变比可调（默认 2500∶1）
电流测量精度	RMS 测量，准确度等级为 0.15 级
功率测量	有功、无功、视在功率，准确度等级为 1 级，无功为 2 级

9.3.2 沉积材料

本书研究的导轨材料为 45 钢，45 钢具有良好的工艺和使用性能，材料来源方便，因此本试验研究中的基体材料也选择 45 钢基板。45 钢基板的尺寸为 150mm×150mm×10mm，原始硬度为 260~300HV，化学成分见表 9-4。

表 9-4 45 钢基板的化学成分

化学元素	C	Si	Mn	P	S	Cr	Ni	Cu	Fe
质量分数（%）	0.42~0.150	0.117~0.137	0.150~0.180	≤0.135	≤0.135	≤0.125	≤0.125	≤0.125	其他

激光定向能量沉积材料的选择至关重要，既要考虑沉积粉末成本，又要满足沉积层与基体熔点相近、沉积层与基体线性膨胀系数相近以及满足使用要求。基于以上因素，选取沉积材料为 Fe_3O_4 铁基合金粉末，其化学成分见表9-5。

表9-5 Fe_3O_4 铁基合金粉末的化学成分

化学元素	C	Mn	Si	P	S	Cr	Ni	Fe
质量分数（%）	≤0.107	≤0.120	≤0.110	≤0.1035	≤0.103	0.117-0.119	0.108~0.111	其他

9.3.3 试验平台

为了获得碳排放模型参数，验证其量化的准确性，与此同时分析工艺参数对碳排放的影响规律，搭建典型激光定向能量沉积设备能耗测试平台，获取所需的试验数据。该平台包含沉积子系统、多通道电量检测器TP1606、交直流电流传感器、数据转接线、LCD显示器及计算机等器件组成，能耗实时监控平台如图9-3所示。

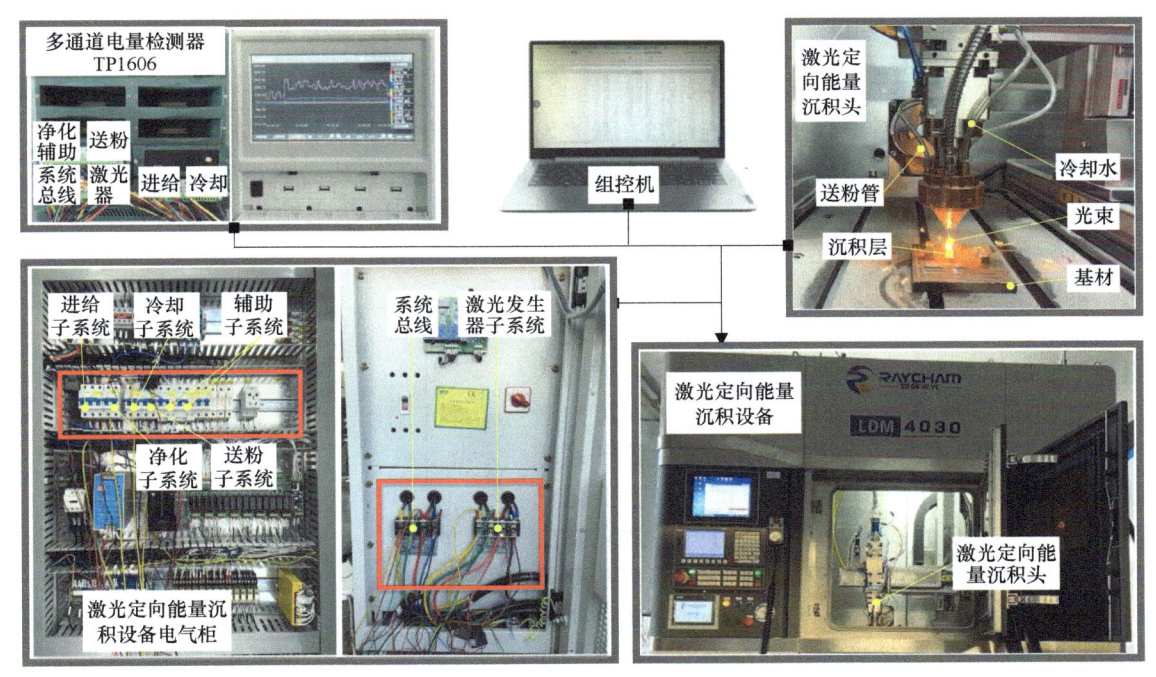

图9-3 能耗实时监控平台

多通道电量检测器TP1606检测两路三相四线制电压和电流、有功功率、视在功率和功率因素、工作频率、有功电能等，实时检测每相用电设备的运行情况和用电情况，保证用电设备安全，可以实现无人监控、过压过流自动切断电源。

能耗实时监控平台工作原理如图9-4所示，该平台采用TP1606系列多路数据记录仪，三相四线模式，使用互感器和端子与激光定向能量沉积设备各子系统电路相连接，分别对各子系统的电流、电压采样，经TP1606系列多路数据记录仪数字运算处理后，通过WiFi模块与装有数据记录仪监控系统的计算机相连，显示输出各系统的功率测量数据。通过对各子系统的功率数据进行一系列处理，得到各子系统的功率试验数据。沉积过程中，人为操作、环境等不可控因素会影响试验结果,因此为减小以上因素对试验结果的影响,采用多次测量求平均值方式获取各子系统功率参数值。

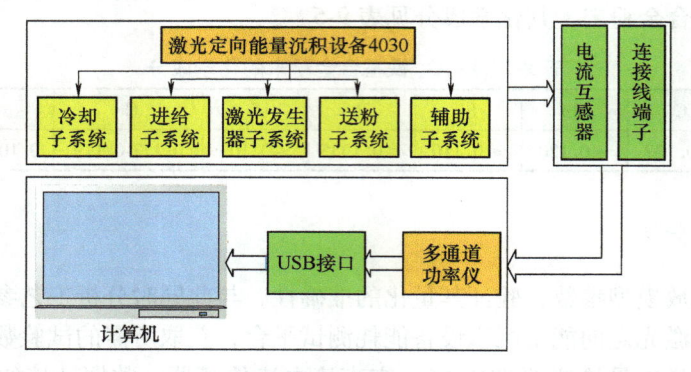

图 9-4 能耗实时监控平台工作原理

9.3.4 试验参数获取

1. 激光发生器子系统试验参数获取

由激光发生器子系统碳排放分析可知,激光发生器子系统分为待机状态碳排放、工作状态碳排放与间隔状态碳排放,求该三种状态碳排放的前提是需求其功率。沉积过程采用 0~1000W 光纤激光,为确定待机状态功率、工作状态功率与间隔状态功率,根据工作经验,试验分析在 450~850W 激光功率下上述三种状态的功率消耗情况。

试验过程中激光功率为 450~850W,以 50W 间隔递增,其他沉积工艺参数保持固定,采用功率测量平台得到激光发生器子系统输出功率,其输入功率由 CNC 控制柜端直接输入。由表 9-6 可知激光发生器子系统输出功率 P_{lm} 随激光发生器子系统输入功率 P_{in} 的变化而发生变化,部分功率变化见表 9-6。由表 9-6 的试验数据分析可知,激光发生器子系统输入功率与激光发生器子系统输出功率基本为线性映射函数关系。借助 Minitab 统计分析软件对激光发生器子系统输入功率与输出功率进行回归拟合,拟合后得到的图形如图 9-5 所示,得到的二者的数学关系式为

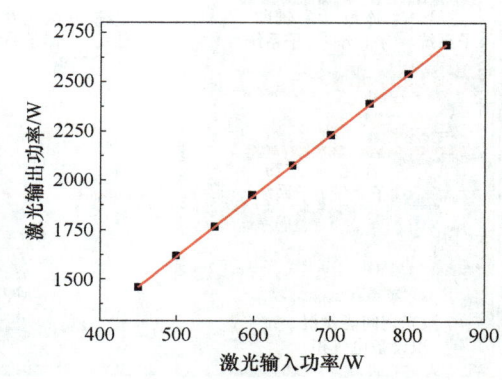

图 9-5 激光输入功率与输出功率残差图

$$P_{lm} = 3.189 P_{lin} + 22.86 \tag{9-12}$$

表 9-6 激光发生器子系统功率变化表

序号	1	2	3	4	5	6	7	8	9
P_{lin}/W	450	500	550	600	650	700	750	800	850
P_{lm}/W	1465	1620	1771	1925	2076	2233	2387	2540	2691

根据 Minitab 统计分析软件可知,回归模型误差占总误差(R-sq)99.4%,调整回归模

型误差占总误差（R-sq）99.3%，说明功率线性拟合模型具有极佳的拟合度，可以很好地表现出不同激光发生器子系统输入功率与输出功率之间的关系。

激光发生器子系统在待机状态下，其激光器未工作时激光器内部元件消耗电能产生的碳排放值仅与激光器自身型号有关，由图9-6可知，其待机功率基本保持固定，经过多次测量其待机功率维持在49W。由于激光定向能量沉积是逐层累积的制造技术，因此需要考虑层间所产生的碳排放。以激光输入功率700W进行单道多层沉积，沉积长度20mm，沉积30层，沉积宽度2mm，成形的实物图如图9-7所示。

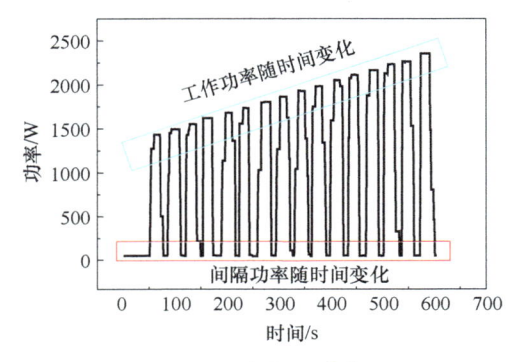

图9-6 层间间隔功率图　　　　图9-7 单道多层实物图

2. 冷却子系统试验参数获取

由碳排放与冷却子系统的工作原理可知，冷却子系统作为独立子系统仅分为待机状态碳排放与工作状态碳排放，因此为分析两种碳排放，需要对其两种状态功率进行探讨，下面分别探讨激光输入功率为400W、500W、600W、700W时冷却子系统工作状态与待机状态功率。当激光输入功率为400W时，冷却子系统待机状态功率主要分布在900~1200W，而工作状态功率稳定保持在1700~2300W；当激光输入功率为500W时，冷却子系统待机状态功率主要分布在900~1200W，而工作状态功率稳定保持在1700~2300W；而当激光输入功率为600W、700W时，其待机状态功率和工作状态功率与激光输入功率为400W、500W时的基本相同。由此分析冷却子系统的功率变化与激光输入功率无关，仅与工作时间有关。因此在计算其功率平均值时，可通过部分冷却子系统功率表9-7可知。

表9-7 冷却子系统功率表

序号	激光输入功率/W							
	400		500		600		700	
	待机状态	工作状态	待机状态	工作状态	待机状态	工作状态	待机状态	工作状态
1	1098	2246	1281	2152	1038	2036	1301	2007
2	1061	2111	1080	2152	1238	2559	1130	2558
3	1047	1972	1053	2285	1218	2547	1744	2036
4	1098	2188	948	2098	1371	2137	1374	2540
5	1198	2307	1332	2126	1058	2053	1302	2685
6	1166	2324	1278	2207	1195	2070	1161	2074
7	942	2377	1095	2011	1099	1955	1077	2110

(续)

序号	激光输入功率/W							
	400		500		600		700	
	待机状态	工作状态	待机状态	工作状态	待机状态	工作状态	待机状态	工作状态
8	1157	2254	1362	2028	1038	2066	1096	2357
9	1166	2146	1244	2096	1214	2059	1093	2298
10	942	2063	1074	2354	1000	2470	1259	2252
11	1050	2322	1002	2085	1099	2271	1389	2119
12	1081	2596	1161	2154	1038	2592	1294	2511
13	1076	2490	1183	2060	1313	2137	1065	2130
14	1370	2345	924	2420	1514	1887	1314	2130
15	1052	2534	1200	2175	1516	2538	834	2106
16	1087	2210	1053	2302	1073	2154	1226	1886
17	1120	2122	1478	2433	1494	2400	1374	1894
18	1087	2164	1096	2589	1340	2985	1368	2175
19	1058	2377	1063	2654	1718	3033	1098	1913

3. 进给子系统试验参数获取

为确定扫描速率与进给子系统功率之间的关系，基于搭建的试验平台测量工作状态与待机状态功率。基于基础试验数据得到图9-8，从中可以看出，进给子系统待机功率由于内部器件自身消耗原因基本保持不变，回程状态功率由于其每次回程速率快，时间短，并且在实际设计沉积过程中其回程状态比较少，为降低模型复杂度，将回程状态功率视为工作状态功率，而工作状态功率随着扫描速率的变化也在发生变化，因此在测量进给子系统工作状态功率时，扫描速率的范围取320~420mm/s，分三次，等间隔地测量11组数据，取其平均值，进给子系统工作状态功率试验结果见表9-8。

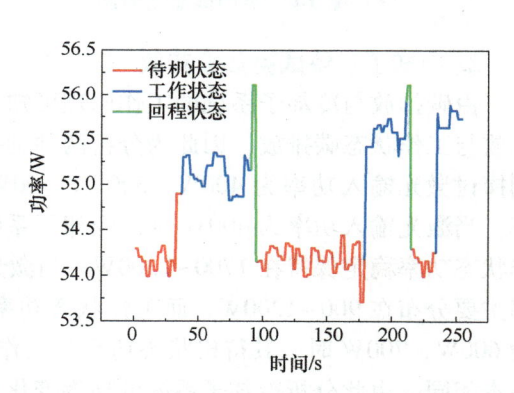

图9-8 进给子系统不同状态下功率变化曲线图

表9-8 进给子系统工作状态功率试验结果

序号	1	2	3	4	5	6	7	8	9	10	11
扫描速率 v_s/(mm/s)	320	330	340	350	360	370	380	390	400	410	420
工作状态功率 P_{mm}/W	55.1	55.3	55.6	55.7	55.9	56	56	56	56.6	56.9	57

基于表9-8中的数据，借助 Minitab 统计分析软件，对激光定向能量沉积设备在不同扫描速率下的工作状态功率进行线性回归，得到拟合后的图形如图9-9所示，拟合得到二者的数学关系式为

$$P_{mm} = 0.01855 \text{kN} \cdot v_s + 49.19 \text{W} \tag{9-13}$$

根据 Minitab 统计分析软件可知，R-sq = 98.9%，调整 R-sq = 98.7%，说明功率线性拟合模型具有极佳的拟合度，可以很好表现扫描速率与工作状态功率之间的关系。

4. 送粉子系统试验参数获取

由送粉子系统工作原理可知，粉末进入送粉管至激光头，实际是粉盘转动从而带动粉末进入送粉管，然后经气体带入激光头，由此可知粉盘转速直接决定了送粉量的大小，因此不同的粉末转速其送粉子系统会消耗不同的功率。由图 9-10 可知，送粉子系统功率主要分为待机状态功率、工作状态功率、起停状态功率。由于 CNC 控制柜开启之后送粉器直接进入待机状态，其内部零件发生的功率消耗基本保持稳定，因此其待机状态功率基本保持不变；起停状态功率是在送粉器从待机状态进入工作状态或从工作状态进入待机状态的一瞬间发生变化，其功率变化时间短，并且对送粉子系统碳排放影响较小，因此不做考虑；而工作状态功率随着送粉速率的变化也在发生变化，因此在测量送粉子系统工作状态功率时，送粉速率的范围取 0.2~1.2r/min，分三次，等间隔地测量 11 组数据，取其平均值，送粉子系统工作状态功率试验结果见表 9-9。

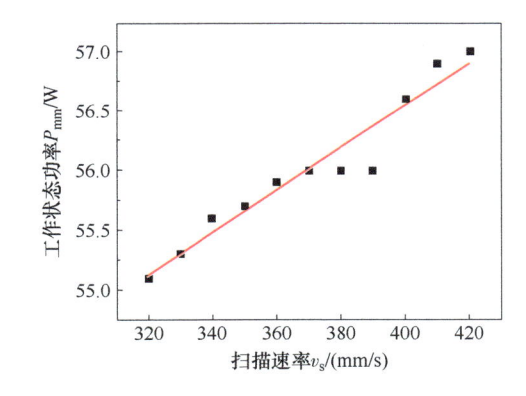

图 9-9 进给子系统工作状态功率残差图　　图 9-10 送粉子系统不同状态下功率变化曲线图

表 9-9 送粉子系统工作状态功率试验结果

序号	1	2	3	4	5	6	7	8	9	10	11
送粉速率 v_f/(r/min)	0.2	0.3	0.4	0.5	0.6	0.7	0.8	0.9	1.0	1.1	1.2
工作状态功率 P_{pm}/W	51	51	52	52	53	53	53	54	54	55	56

基于表 9-9 中的数据，借助 Minitab 统计分析软件，对激光定向能量沉积设备在不同送粉速率下的工作状态功率进行线性回归，拟合后得到二者的数学关系式为

$$P_{pm} = 4.987 \text{J} \cdot \text{min}/(\text{s} \cdot \text{r}) \cdot v_f + 49.96 \text{W} \tag{9-14}$$

拟合后得到的图形如图 9-11 所示。根据 Minitab 统计分析软件可知，R-sq = 98.1%，调整 R-sq = 97.9%，说明线性拟合模型具有极佳的拟合度，可以很好地表现不同送粉速率与工作状态功率之间的关系。

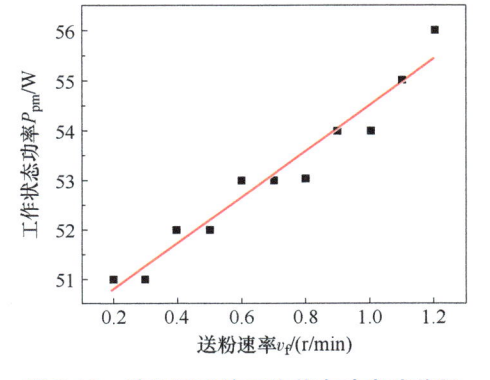

图 9-11 送粉子系统工作状态功率残差图

5. 辅助子系统试验参数获取

基于碳排放分析可知，辅助子系统工作需要视实际情况而定，由于其工作状态功率趋于稳定，经过多次测量，其照明系统功率值为 18W、净化系统功率值为 25W，并且辅助子系统从关闭状态直接进入起动状态，因此不考虑待机状态功率，而起停状态功率变化速度快，时间短，对碳排放影响比较小，因此不做考虑。

由上述试验数据分析可知，激光定向能量沉积在工作状态时激光发生器子系统、进给子系统、送粉子系统功率变化为映射函数，冷却子系统工作状态功率与辅助子系统工作状态功率为经过多次测量的平均值，而各子系统待机状态功率基本保持不变，其功率值见表 9-10。

表 9-10 功率参数

激光设备子系统	待机状态功率/W	工作状态功率/W
激光发生器子系统	$P_{ls} = 47$	$P_{lm} = 3.189 P_{lin} + 22.86$
送粉子系统	$P_{ps} = 41$	$P_{pm} = 4.987 v_f + 49.96$
进给子系统	$P_{ms} = 50$	$P_{mm} = 0.01855 v_s + 49.19$
冷却子系统	$P_{cs} = 1103$	$P_{cm} = 2371$
照明系统	0	18
净化系统	0	25

前期试验只进行单道多层试验，但后期在试验验证部分，须考虑搭接率对质量的影响，因此本章将探讨搭接率对沉积质量的影响。通过对搭接率的试验分析，可以得出不同搭接率 α 下沉积层的表现状态，如图 9-12 所示。

图 9-12 搭接率 α 对沉积层形貌的影响

当搭接率 α 偏小时，相邻沉积层之间的高度基本保持一致，但相邻沉积层之间出现了明显的塌陷，从而影响沉积质量；当搭接率 α 适中时，沉积层之间的高度基本保持一致，且相邻沉积道之间没有明显塌陷或凸起，质量相对保持较好；当搭接率 α 偏大时，可看出相邻沉积层搭接区明显凸起，此时沉积层质量与精度完全无法保证，甚至导致沉积失败。高搭接率通常会导致颗粒之间出现更多的重叠，使得沉积层更加致密和均匀，这可以防止孔隙的形成，提高沉积层的密实度。

表面平整度：高搭接率有助于形成更平整、更光滑的沉积层表面。颗粒之间的重叠可以填充表面的微小凹凸，减小表面粗糙度值，提高沉积层的表面质量。

孔隙率和渗透性：低搭接率可能导致颗粒之间的空隙增加，形成较多孔隙，这会影响沉积层的渗透性，使得流体在沉积层中的运动受到阻碍。

通过试验分析，观察沉积层表面形貌状态，当相邻沉积道之间的搭接率为 45% 时，沉积层表面平整，且无明显塌陷与凸起现象，因此在进行多道多层试验时，搭接率取 45% 认为沉积可以达到理想状态。

9.2 节分析了激光发生器子系统、送粉子系统、进给子系统、冷却子系统等的沉积过程碳排放，并建立了目标函数，本节分析确定了各子系统待机状态、工作状态功率值，因此只需把试验数据（见表 9-10 和表 9-11）代入前述相应碳排放目标函数，即可得激光定向能量沉积过程总碳排放函数 C_E。

表 9-11 LDM 4030 设备其他参数

沉积参数	参数值	沉积参数	参数值
激光输入功率 P_{lin}/W	300~1000	激光发生器子系统间隔功率 P_{li}/W	45
送粉速率 v_f/(r/min)	0.12~1.2	冷却水流速 v_k/(L/s)	0.17
扫描速率 v_s/(mm/min)	300~450	冷却水密度 ρ/(kg·m^{-3})	1×10^3
光斑直径 d/mm	2	冷却水比热容 c/(J/kg·℃)	4.2×10^3
激光器间隔时间 T_i/s	3	冷却水温差 ΔT/℃	1
送粉延迟时间 T_g/s	4	前期准备时间 T_p/s	30

$$
\begin{aligned}
C_E = & \left\{ \left\{ 47(T_s - T_i) + (3.189 P_{lin} + 22.86\text{W}) \frac{60l}{v_s} \left[1 + \frac{s-d}{d(1-\alpha)} \right] N + 45 T_i \right\} + \right. \\
& \left\{ 41 T_s + [4.987\text{J} \cdot \min/(\text{s} \cdot \text{r})] v_f + 49.96\text{W}] \frac{60l}{v_s} \left[1 + \frac{s-d}{d(1-\alpha)} \right] N \right\} + \\
& \left\{ 50 T_s + (0.01855\text{kN } v_s + 49.19\text{W}) \frac{60l}{v_s} \left[1 + \frac{s-d}{d(1-\alpha)} \right] N \right\} + \\
& \left\{ 1103 \times \left\{ T_E - \frac{(3.189 P_{lin} + 22.86\text{W} - P_{lin})}{0.7 \times 1000 \times 4200} \frac{60l}{v_s} \left[1 + \frac{s-d}{d(1-\alpha)} \right] N \right\} + \right. \\
& 2371 \times \frac{(3.189 P_{lin} + 22.86\text{W} - P_{lin})}{0.7 \times 1000 \times 4200} \frac{60l}{v_s} \left[1 + \frac{s-d}{d(1-\alpha)} \right] N \right\} + \\
& \left. \sum_{i=1}^{n} N_i P_i \frac{60l}{v_s} \left[1 + \frac{s-d}{d(1-\alpha)} \right] N \right\} \times 0.7242/3600
\end{aligned}
\tag{9-15}
$$

9.4 面向碳排放激光定向能量沉积工艺参数优化方法

激光定向能量沉积过程的优化问题不是简单的线性规划问题，沉积工艺参数的选择目前更依赖于经验。而对激光定向能量沉积技术的研究，目前大部分都停留在以提高质量或者粉末利用率等为目标，对沉积过程碳排放的研究少之又少。目前的文献对激光定向能量沉积技术的研究还仅仅考虑单目标，很少有同时考虑碳排放、粉末利用率、沉积质量的多目标优化，而对以上三种目标同时进行优化可以满足企业的实际需求，在达到减少碳排放目标的同时保证质量和降低成本。

9.4.1 激光定向能量沉积过程多目标优化问题描述

在激光定向能量沉积过程中，多目标优化问题可描述为有沉积零件 l 待沉积，要求沉积过程碳排放最低，与此同时保证其质量与成本最低，而沉积层形貌是评判沉积质量的重要条件之一，影响沉积成本的首要因素是粉末利用率。因此，在确定以降低碳排放为优化目标的基础上，再将沉积层质量与粉末利用率作为优化目标。根据现有文献和试验研究，激光输入功率 P_{lin}、送粉速率 v_f、扫描速率 v_s 是影响激光沉积过程中碳排放、粉末利用率、沉积质量的主要工艺参数。基于此，将激光功率、送粉速率、扫描速率等工艺参数作为可优化变量，使沉积过程碳排放最低、粉末利用率最高、沉积质量最佳。

基于前期试验分析可知，激光定向能量沉积过程中的一些因素，如冷却水流速时刻都在发生轻微的变化，沉积高度、宽度不同的位置可能会有轻微的差异，光斑的大小随激光头的移动发生轻微的变化等，这些因素影响多目标函数模型的建立，因此，为有效建立沉积过程碳排放模型、粉末利用率模型、沉积质量模型，需要做出以下假设：

1）激光沉积过程中需要冷却水循环流动以进行冷却，而温度等外部原因可能影响冷却流速，但由于冷却流速变化较小，因此假设冷却水流速不变。

2）沉积过程中可能不同位置的沉积层高度和宽度有所不同，然而不同位置差异不明显，因此忽略熔宽、熔高的误差。

3）激光定向能量沉积过程中，当首次调节激光头与基体之间高度确定光斑直径大小时，可能会导致光斑直径出现细微误差，因此假设沉积过程中光斑直径不变。

4）激光沉积过程中，除冷却子系统外，其他子系统工作功率波动较小，因此假设沉积过程中子系统功率保持不变。

5）由于子系统依次开启，导致了其子系统待机时间不同，但由于开启子系统间隔时间短，可忽略，因此假设最后开启所有子系统后为待机状态。

6）未熔化的粉末收集过程可能会有少量损失，但由于其误差比较小，因此假设未利用粉末可全部收集计量。

7）沉积温度导致其基体温度升高，影响沉积后的质量，而实际沉积过程是在冷却后再测量质量的，其温度对基体影响较小，因此忽略沉积温度对基体的影响。

9.4.2 多目标工艺参数优化模型

1. 目标函数

在确定电能碳排放函数与物料碳排放函数基础上，激光定向能量沉积过程总碳排放目标函数见式（9-15），即

$$
\begin{aligned}
C_E = & \left\{ \left\{ 47(T_s - T_i) + (3.189 P_{lin} + 22.86W) \frac{60l}{v_s} \left[1 + \frac{s-d}{d(1-\alpha)}\right] N + 45T_i \right\} + \right. \\
& \left\{ 41T_s + [4.987 \text{J} \cdot \text{min}/(\text{s} \cdot \text{r}) v_f + 49.96W] \frac{60l}{v_s} \left[1 + \frac{s-d}{d(1-\alpha)}\right] N \right\} + \\
& \left\{ 50T_s + (0.01855 \text{k} N v_s + 49.19W) \frac{60l}{v_s} \left[1 + \frac{s-d}{d(1-\alpha)}\right] N \right\} + \\
& \left\{ 1103 \left\{ T_E - \frac{(3.189 P_{lin} + 22.86W - P_{lin})}{0.7 \times 1000 \times 4200} \frac{60l}{v_s} \left[1 + \frac{s-d}{d(1-\alpha)}\right] N \right\} + \right. \\
& \left. 2371 \frac{(3.189 P_{lin} + 22.86W - P_{lin})}{0.7 \times 1000 \times 4200} \frac{60l}{v_s} \left[1 + \frac{s-d}{d(1-\alpha)}\right] N \right\} + \\
& \left. \sum_{i=1}^{n} N_i P_i T_m \right\} \times 0.7242/3600
\end{aligned}
$$

2. 粉末利用率目标函数

考虑到激光定向能量沉积过程成本直接与粉末利用率有关，因此为减少沉积过程成本尽可能提高粉末利用率，基于此粉末利用率目标函数为

$$\eta = 1.53 - 0.000981 P_{\text{lin}} + 0.652 v_{\text{f}} - 0.00748 v_{\text{s}} + 0.029 v_{\text{f}}^2 + \\ 0.00001 v_{\text{s}}^2 + 0.0017 P_{\text{lin}} v_{\text{f}} + 0.000004 P_{\text{lin}} v_{\text{s}} - 0.005167 v_{\text{f}} v_{\text{s}} \tag{9-16}$$

3. 质量目标函数

沉积质量的效果可由表面形貌观察，而宽高比值可以直接表明沉积形貌是否理想，基于此，沉积质量目标函数 ϕ 为

$$\phi = 0.9 - 0.0101 P_{\text{lin}} - 6.16 v_{\text{f}} + 0.0114 v_{\text{s}} + 0.000006 P_{\text{lin}}^2 - 0.27 v_{\text{f}}^2 + \\ 0.000012 v_{\text{s}}^2 + 0.00125 P_{\text{lin}} v_{\text{f}} + 0.000008 P_{\text{lin}} v_{\text{s}} - 0.0042 v_{\text{f}} v_{\text{s}} \tag{9-17}$$

9.4.3 约束条件

激光定向能量沉积过程中沉积工艺参数的取值通常要受到所选沉积设备激光输入功率、送粉速率、扫描速率等实际条件的限制。因此，为提高沉积质量、粉末利用率，减少碳排放，并且使最终的优化结果更符合实际，具体的约束条件设置如下：

1. 激光功率约束

激光实际输入功率 P_{lin} 受到试验设备的约束，既不能小于设备限定值，也不能高于设备限定值：

$$P_{\text{minlin}} \leq P_{\text{lin}} \leq P_{\text{maxlin}} \tag{9-18}$$

式中，P_{minlin} 为激光设备输入最小功率；P_{maxlin} 为激光设备输入最大功率。

2. 扫描速率约束

扫描速率的输入受到试验设备的约束，扫描速率既不能小于设备的限定值，也不能高于设备的限定值：

$$v_{\text{smin}} \leq v_{\text{s}} \leq v_{\text{smax}} \tag{9-19}$$

式中，v_{smin} 为激光器最低许用扫描速率；v_{smax} 为激光器最高扫描速率。

3. 送粉速率约束

考虑送粉器转速等原因，实际送粉速率既不能低于送粉器最低转速，也不能高于最高转速：

$$v_{\text{fmin}} \leq v_{\text{f}} \leq v_{\text{fmax}} \tag{9-20}$$

式中，v_{fmin} 为送粉器最低许用转速，v_{fmax} 为送粉器最高转速。

4. 宽高比约束

本试验沉积设备激光器在光斑直径2mm情况下已设定其宽高比 φ 的最小值与最大值，同时规定宽高比接近4~5时沉积质量效果最佳。

$$1 < \varphi < 6 \tag{9-21}$$

式中，1代表本试验2mm光斑直径最小宽高比；6代表本试验2mm光斑直径最大宽高比。

5. 面向碳排放的激光定向能量沉积过程多目标优化模型

基于上述分析，根据以建立的优化目标和已确定的约束条件，面向碳排放的激光定向能量沉积过程多目标工艺参数优化数学模型如下所示：

$$F(P_{\text{lin}},v_{\text{s}},v_{\text{f}}) = \{(\min\{C_{\text{E}}\},\max\{\eta\},\{\varphi\})\}$$

$$\text{s. t.} \begin{cases} P_{\text{minlin}} \leq P_{\text{lin}} \leq P_{\text{maxlin}} \\ v_{\text{smin}} \leq v_{\text{s}} \leq v_{\text{smax}} \\ v_{\text{fmin}} \leq v_{\text{f}} \leq v_{\text{fmax}} \\ 1 < \varphi < 6 \end{cases} \tag{9-22}$$

9.4.4 基于改进人工鱼群模型求解

1. 算法设计

面向碳排放的激光沉积工艺参数多目标优化问题属于 NP-hard 问题，相对于传统的多目标优化问题，具有目标函数更为复杂、约束多、求解难度高等特点。而目前粒子群算法尽管有较快的求解速度，但是具有易早熟、提前收敛、局部寻优能力差等缺点；遗传算法具有鲁棒性高、不易陷入局部最优等优点，但是具有参数敏感性能受初始值影响较大等缺点。

与之相比，人工鱼群算法具有寻优能力强、初始值影响小、不易陷入局部最优等特点，然而基础人工鱼群算法应用于激光定向能量沉积过程求解时具有其后期寻找参数组合盲目性大、目标函数解集均匀性差导致难以获得最优方案的问题。因此，提出一种结合改进非支配排序与人工鱼步长的人工鱼群算法用于模型求解。

在改进人工鱼群算法中人工鱼前进步长，提高后期收敛速度；在此基础上将人工鱼觅食、聚群、追尾行为判断条件改为支配行为，满足多目标求解基本需求；引入循环非支配排序策略，解决 Pareto 前沿点分布不均衡的问题，保持解集的分布性和多样性。

2. 改进人工鱼群行为

人工鱼群算法（artificial fish swarm algorithm，AFSA）是在 2002 年提出的一种基于动物自治体优化算法，是根据水域中鱼类数量最多的地方就是水域中营养物质最多的地方这一原则而提出的人工鱼群优化求解方法。该算法主要有觅食、聚群、追尾三种行为，并基于三种行为进行寻优求解。假设随机产生 N 条人工鱼；n_{f} 表示探索当前领域人工鱼数量；$Step$ 表示人工鱼可移动的最大步长参数；δ 表示临近人工鱼之间的拥挤程度；$Visual$ 表示人工鱼的视野感知半径；X_i 表示当前人工鱼位置；Y_i 表示当前沉积目标函数位置；X_j 表示感知范围内人工鱼位置；Y_j 表示感知范围内沉积目标函数位置；X_{c} 表示中心范围内人工鱼位置；Y_{c} 表示中心范围沉积目标函数位置；$X_{\max}$ 表示局部最优位置人工鱼位置；$Y_{\max}$ 表示局部最优沉积目标函数位置。

（1）觅食行为。当前人工鱼位置为 X_i，在视野感知范围内，随机生成位置 X_j，如果 X_j 处的目标函数值 Y_j 大于 X_i 处的目标函数值 Y_i，则向该方向移动一步，即 X_j，否则，再次生成 X_j，进行多次试探之后，若仍然不满足 $Y_j > Y_i$，则随机移动一步。觅食行为的数学表达式如下：

$$prey(X_i) = \begin{cases} X_i + Rand(\,)Step \dfrac{X_j - X_i}{\|X_j - X_i\|} & \text{if}(Y_i < Y_j) \\ X_i + Rand(\,)Step & \text{else} \end{cases} \tag{9-23}$$

（2）聚群行为。人工鱼搜索当前领域内中心位置并判断人工鱼数量是否拥挤，将中位置的目标函数值与当前位置的目标函数值相比较，如果中心位置的目标函数值优于当前位置的目标函数值并且不是很拥挤，则当前位置向中心位置移动一步，否则执行觅食行为。

假设当前人工鱼状态为 X_i，在视野感知范围内搜索人工鱼的数目为 n_f 以及 X_c 中心位置，人工鱼群中心位置为 X_c 如果（$Y_c>Y_i \cap n_f/N<\delta$），则说明中心位置人工鱼数量较少且目标函数值较大，人工鱼向 X_c 位置移动一步长，否则执行觅食行为，数学表达式如下：

$$Swarm(X_i) = X_i + Rand(\ )Step\frac{X_c-X_i}{\|X_c-X_i\|} \tag{9-24}$$

（3）追尾行为。人工鱼探索周围邻近区域的最优位置，当最优位置目标函数值大于当前位置的目标函数值并且人工鱼不是很拥挤，则当前位置人工鱼向目标函数值最优位置移动，否则执行追尾行为。假设人工鱼位置为 X_i，目标函数值为 Y_i，在其感知范围内最大目标函数值为 $Y_{\max}$，如果（$Y_{\max}>Y_i \cap n_f Y_{\max}>\delta Y_{\max}$），则执行追尾行为，否则不执行追尾行为。追尾行为函数如下：

$$Follow(X_i) = X_i + Rand(\ )Step\frac{X_{\max}-X_i}{\|X_{\max}-X_i\|} \tag{9-25}$$

将觅食行为中判断沉积目标函数值的条件由 if $Y_i<Y_j$ 改为 if $Y_i<Y_j$（Y_j 支配 Y_i），默认行为为随机行为。

将聚群行为中判断沉积目标函数值的条件由 if($Y_c>Y_i$)∩((Y_c/n_f)<δY_i) 改为 if($Y_i<Y_c$)∩((Y_c/n_f)<δY_i)（Y_c 支配 Y_i，同时 Y_c 处中心位置较优不是很拥挤）；默认行为为觅食行为。

将追尾行为中判断沉积目标函数值的条件由 if($Y_i<Y_{\max}$)∩(($Y_i<Y_{\max}$)<δY_i) 改为 if($Y_i<Y_{\max}$)∩(($Y_{\max}/n_f$)<δY_i)（$Y_{\max}$ 支配 Y_i 同时 $Y_{\max}$ 处中心位置较优不是很拥挤）；默认行为为觅食行为。

（4）移动步长改进。为降低震荡效果对收敛速度的影响，将原始人工鱼的移动步长受当前人工鱼位置与搜索人工鱼位置影响改为移动步长不仅受当前人工鱼位置与搜索人工鱼位置影响，而且还受食物浓度（函数目标值）影响。

（5）非支配排序策略改进。原始人工鱼群算法中非支配排序策略是指在迭代后，对执行鱼群三种行为中帕累托前沿解基于拥挤距离进行非支配排序，删除其拥挤距离最短的解，从而降低时间复杂度。如果忽略了淘汰某个解对邻域解拥挤距离的影响，会导致算法收敛速度与解集多样性受到一定影响。因此，采用循环拥挤排序策略，通过帕累托解进行循环拥挤距离排序，保持解集的多样性。具体实施步骤如下：

1）将执行觅食、聚群、追尾三种行为中的一组沉积目标函数帕累托解整合为一组新种群。

2）计算新种群中沉积目标函数帕累托解个体拥挤距离并删除最短拥挤距离的解。

3）重新计算剩余沉积目标函数个体拥挤距离。

4）判断剩余沉积目标函数个体数是否满足需求。是，执行下一步骤；否则，执行步骤2）。

5）输出最优解集。

改进人工鱼群算法流程图如图9-13所示。

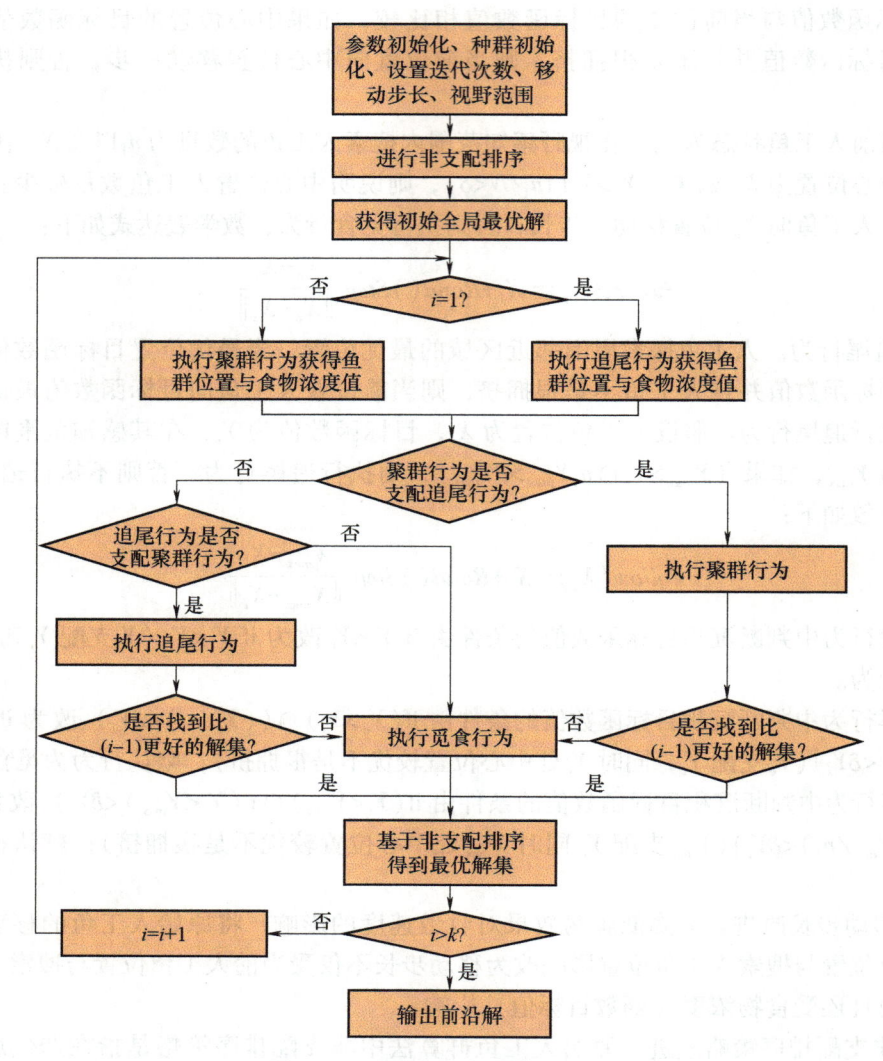

图 9-13 改进人工鱼群算法流程图

9.4.5 算法求解步骤与流程

（1）对参数初始化操作。设置人工鱼可移动最大步长 Step，人工鱼拥挤程度因子 δ，人工鱼的视野感知半径 Visual。

（2）对鱼群进行初始化操作。假设每条人工鱼位置为 X，计算每条人工鱼所处位置对应沉积目标函数值 Y。

（3）对初始人工鱼食物浓度值（目标函数）进行非支配排序，获得初始目标函数及对应的解集，进行非支配排序。

（4）判断 n 是否满足迭代终止条件 $i>k$；若不满足，重复后续步骤（5）；反之，执行后续步骤（6）。

（5）移动步长 Step 值，第 i 代人工鱼执行追尾行为与聚群行为之后，比较沉积目标函数值，选择新的解及目标函数值，进行迭代。获得新的目标函数值解集。

（6）进行非支配排序选取目标解集。

9.4.6 算法性能分析

以沉积长度80mm、沉积层数20（激光功率、送粉速率、扫描速率等参数详见表9-9和表9-10）为例。基于MATLAB对改进鱼群算法编程，设置种群个体最优尝试次数50，感知距离为1.5，拥挤度因子为0.1618，移动步长0.14，种群规模100，最大迭代次数200。以碳排放最低、粉末利用率最高、宽高比最优为目标，分别使用改进前后的人工鱼群算法对其求解，获得其两种算法的帕累托解集，算法改进前后帕累托前沿点对比如图9-14所示，相同参数下两种算法部分解值见表9-12。

表9-12 相同参数下两种算法部分解值

序号	参数 (P_{lin}, v_f, v_s)	沉积过程碳排放 C_E/gCO_2		粉末利用率 η		宽高比 φ	
1	383，414，0.15	79.30	88.60	26%	24%	3.60	3.60
2	554，420，0.13	89.70	97.55	33%	30%	4.96	4.95
3	615，420，0.14	93.83	109.14	38%	34%	4.18	4.10
4	703，420，0.13	99.70	115.18	44%	42%	4.61	4.05
5	900，367，0.12	128.81	145.02	74%	71%	5.22	5.04
6	900，360，0.12	131.42	143.62	74%	72%	5.11	4.95
7	900，390，0.12	121.31	138.98	72%	70%	5.62	5.40
8	575，417，0.14	91.60	106.15	35%	33%	4.13	4.05
9	722，420，0.13	100.198	111.81	50%	42%	4.74	4.67
10	506，420，0.14	86.47	90.17	30%	28%	5.15	5.12

由图9-14可知，改进人工鱼群算法的前沿点优于原始算法的前沿点，其收敛速度比较高，解集多样性高，平衡探索与开发的能力较强，全局性能力搜索较优，解集分布均匀性明显好于改进前的基础算法，未陷入局部极值且无早熟现象。

改进后觅食行为跳出邻域局部极值能力更强；聚群行为具有更好的收敛稳定性和全局性，可以更好地跳出极值，进行全局寻优；追尾行为增强了算法收敛的速度，更好地保证了全局性；改进后非配支排序保证了解集的均匀性，使解集分布更优。

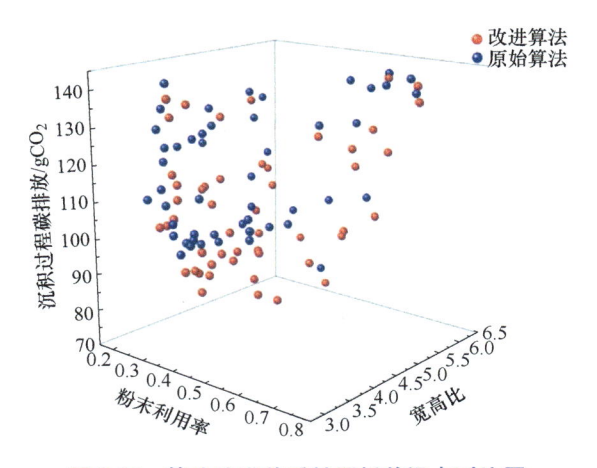

图9-14 算法改进前后帕累托前沿点对比图

由表9-12可以看出，在参数相同的情况下，改进算法再求解三种目标时精度更准确、算法性能更优；改进算法求解时间76s，原始算法求解时间88s 改进算法求解时间较原始算法提高了14%。

综上所述，所提出的改进人工鱼群算法在解决激光定向能量沉积多目标参数优化问题上，具有较高的算法性能，收敛性与解集分布均匀性均优于原始人工鱼群算法，对于激光定向能量沉积过程多目标优化问题求解有较大优势，文中所提改进策略较好避免了后期寻优盲目性大、精度不准确等缺点，提高了算法的求解性能。

9.4.7 优化结果分析

基于改进人工鱼群算法进行求解，可以得到面向碳排放的激光定向能量沉积过程多目标优化的帕累托解集，而激光定向能量沉积过程多目标决策就是在所得到的帕累托解集中选取一个最佳的沉积方案，尽可能满足碳排放最低、粉末利用率最高、沉积质量最佳。而常见的多目标决策方法有 AHP 法、TOPSIS 法、决策树法、灰色关联分析法、熵权法等。但以上方法在进行多目标决策时都有一定的不足之处。AHP 法判断矩阵的一致性需要多次进行探讨，并且没有充分考虑矩阵的合理性；在现有定量信息的基础上需要同时满足定性指标与定量指标的信息探讨得不够充分，导致决策时间比较长。TOPSIS 法由于事先确定权重，具有一定的主观性，导致最后结果具有随意性。决策树法则有一定的局限性，仅仅适用于一些可以用数量表示的决策，并且判断方案的出现概率具有一定的主观性。灰色关联分析法作为一种多目标评价方法，具有数据量要求低、评价结果客观等特点。熵权法可以有效地反映出指标信息熵值效用价值，从而确定权重。因此，拟采用熵权法和灰色关联分析法相结合的方法对所求最优解集合方案进行评价，具体步骤如下：

1. 基于 w 个优化方案 z 个决策变量建立多目标决策矩阵

$$X = \begin{bmatrix} X_{11} & X_{12} & \cdots & X_{1z} \\ X_{21} & X_{22} & \cdots & X_{2z} \\ \vdots & \vdots & \ddots & \vdots \\ X_{w1} & X_{w2} & \cdots & X_{wz} \end{bmatrix} \quad (9\text{-}26)$$

式中，X_{ij} 为求解过程中目标函数的解集；w 为评价指标的个数；z 为评价对象的个数。

（1）规范化处理。考虑到不同的评价指标的量纲可能有所不同，因此不能直接进行分析比较，通常先对不同指标进行无量纲化处理。评价指标通常存在正向指标（即值越大越好）和负向指标（即值越小越好）两类，具体的处理方式：

正向指标：

$$X_{ij} = \frac{X_{ij} - X_{\min}}{X_{\max} - X_{ij}} \quad (9\text{-}27)$$

负向指标：

$$X_{ij} = \frac{X_{ij} - X_{\min}}{X_{\max} - X_{ij}} \quad (9\text{-}28)$$

式中，X_{ij} 为规划后的数值；$X_{\max}$ 为指标的最大值；$X_{\min}$ 为指标的最小值。

（2）计算信息熵。

$$H_i = -\frac{1}{\ln Z} \sum_{j=1}^{z} \frac{X_{ij}}{\sum_{j=1}^{z} X_{ij}} \ln \frac{X_{ij}}{\sum_{j=1}^{z} X_{ij}} \quad (9\text{-}29)$$

式中，H_i 为第 i 个指标的信息熵，衡量该指标的离散程度（熵越大，数据越分散）；Z 为样本总数或分类数（求和上限）；X_{ij} 为第 i 个指标在第 j 个样本的标准化值；$\ln Z$ 为归一化因子，确保熵值在 $[0,1]$ 之间。

(3) 计算权重。

$$\varpi_i = \frac{1 - H_i}{w - \sum_{i=1}^{w} H_i} \tag{9-30}$$

式中，ϖ_i 为第 i 个指标的权重，熵越小（数据越集中），权重越大；w 为指总数（共有 w 个指标）；H_i 为第 i 个指标的信息熵。

(4) 选定参考数列（各子目标最优值或最劣值或其他评价指标）。

$$X_0 = [X_{11} \quad X_{12} \quad \cdots \quad X_{1z}] \tag{9-31}$$

(5) 对决策矩阵进行初值化处理。

$$X' = \begin{bmatrix} 1 & \dfrac{X_{12}}{X_{11}} & \cdots & \dfrac{X_{1z}}{X_{11}} \\ 1 & \dfrac{X_{22}}{X_{21}} & \cdots & \dfrac{X_{2z}}{X_{21}} \\ \vdots & \vdots & \vdots & \vdots \\ 1 & \dfrac{X_{w2}}{X_{w1}} & \cdots & \dfrac{X_{wz}}{X_{w1}} \end{bmatrix} \tag{9-32}$$

(6) 在此基础上获得差值矩阵 Δoi。

$$\Delta oi = \begin{bmatrix} 0 & \cdots & 0 \\ \left|\dfrac{X_{12}}{X_{11}} - \dfrac{X_{22}}{X_{21}}\right| & \cdots & \left|\dfrac{X_{12}}{X_{11}} - \dfrac{X_{w2}}{X_{w1}}\right| \\ \vdots & & \vdots \\ \left|\dfrac{X_{1z}}{X_{11}} - \dfrac{X_{2z}}{X_{21}}\right| & \cdots & \left|\dfrac{X_{1z}}{X_{11}} - \dfrac{X_{wz}}{X_{w1}}\right| \end{bmatrix} \tag{9-33}$$

(7) 求解关联系数值。计算第 i 个比较数列与参考数列之间的关联数值：

$$m = \text{MinMin} |X_0(k) - X_i(k)| \tag{9-34}$$

$$M = \text{MaxMax} |X_0(k) - X_i(k)| \tag{9-35}$$

$$\zeta i(k) = \frac{m + \varphi M}{\Delta oi + \varphi M} \tag{9-36}$$

式中，分辨系数 $\varphi \in [0,1]$，通常取 0.15。

(8) 获得关联矩阵 E_{wz}。

$$E_{wz} = [\zeta_i(k)] \tag{9-37}$$

(9) 计算关联度 r_i

$$r_i = E_{wz} \varpi_i \tag{9-38}$$

2. 选择 r_i 关联度值

关联度 r_i 最大的则是最佳的沉积方案。

基于熵权-灰度关联分析法分析改进人工鱼群算法所求的帕累托解集，部分分析结果见表 9-13，可以看出解集中灰色关联度最大值为 2.63，沉积参数为 $(P_{\text{lin}}, V_f, V_s) = (594, 0.14, 420)$，选择该组参数组合进行激光定向能量沉积可达到比较满意的优化效果。

表 9-13 改进算法部分解及其灰色关联度

P_{lin}, v_s, v_f	C_E, η, φ	r_i
395,420,5.4	56,22%,5.5	1.92
795,419,3.5	105.9,58%,5.9	2.32
777,420,3.8	104.8,56%,5.6	2.55
615,420,5.7	93.8,45%,4.2	2.32
594,420,6.4	70,43%,4.5	2.63
658,412,5.2	98.4,48%,4.4	2.51
632,418,7.1	95.3,47%,3.0	2.47
604,420,5.5	93.1,43%,3.9	2.48

在选取最优帕累托解的基础上分别面向激光定向能量沉积过程的碳排放最低、粉末利用率最高、沉积质量最好进行优化。

单独优化总碳排放 C_E 时，优化后的沉积参数产生的碳排放低于表 9-14 中的方案 2、方案 3、方案 4、方案 5（常用经验参数组合）。较小的激光输入功率、较高的扫描速率、送粉速率使得沉积过程消耗较少的电能，从而在沉积状态中产生更少的碳排放，与此同时由于其子系统输入参数更小，各子系统自身剩余热量比较小，剩余热量积累到系统设定最高温度时间久，从而减少冷却系统的工作时间，进一步减少激光沉积过程的碳排放，与同时优化三目标相比，虽然送粉速率较低，但是由前期分析可知，送粉速率对电能碳排放 C_E 影响最小，因此由于激光功率减小，激光定向能量沉积过程的总碳排放会减少。

表 9-14 优化结果对比表

方案	优化目标	P_{lin}/W	$v_s/(\text{mm/min})$	$v_f/(\text{r/min})$	C_E/gCO_2	η	φ
1	C_E	300	420	0.12	43	5%	1
2	η	900	384	0.13	124	73%	5.4
3	φ	578	447	0.14	64	31%	4.1
4	C_E, η, φ	594	420	0.14	68	44%	3.8
5	经验值	650	450	0.12	77	37%	4.2

单独优化粉末利用率 η 时，由表 9-14 可知优化后的激光输入功率比较大，而扫描速率与送粉速率比较低，输入较大的激光功率产生的高能密度激光束使更多金属粉末熔化在基体表面形成沉积层；较低的扫描速率降低了沉积速率，从而减少粉末飞溅；尽管较低的送粉速率送出的金属粉末较少，但是整体依然提高了粉末利用率。同时由于优化后激光输入功率较大扫描速率较小，造成沉积过程消耗大量电能，从而增加了碳排放。

单独优化沉积质量 φ 时，可见其碳排放与粉末利用率低于方案 4，由于其激光输入功率小于方案4，同时扫描速率提高，减少了沉积时间，进一步减少了激光沉积过碳排放；然而由于其扫描速率比较高，造成粉末飞溅比较多，因此粉末利用率比较低。

优化 C_E，η，φ 时，则综合考虑了激光沉积过程碳排放、粉末利用率和沉积质量。与方案1相比，碳排放约增加了58%，但粉末利用率提高了39%，且沉积质量明显优于方案1；与方案2相比，碳排放约减少了45%，粉末利用率降低了29%，且沉积质量优于方案2；与方案3相比，碳排放约增加了6%，粉末利用率提高了13%，且沉积质量接近理想状态；与方案5相比，碳排放约减少了12%，粉末利用率提高了7%，沉积质量效果基本满足使用要求。

9.5 激光定向能量沉积过程碳排放对比试验

9.5.1 试验条件

以激光定向能量沉积设备LDM4030为试验平台，通过CNC系统编程分别进行单道多层、多道单层、多道多层试验验证。其中，单道多层试验沉积长度为80mm、沉积层数为20；多道单层试验沉积长度为20mm，沉积宽度同为20mm；多道多层试验沉积尺寸为20mm×15mm×10mm。由于沉积过程采用CNC系统编程，因此三次沉积试验验证均不考虑沉积间隔功率，其参数组合见表9-15。

表9-15 参数组合表

序号	参数组合	P_{lin}	v_s	v_f
1	优化参数组合	594	420	0.13
2	经验参数组合	650	450	0.15

9.5.2 试验验证

由图9-15a可知，当宽高比过低时，沉积粉末与基体并没有完全形成沉积层，此时沉积层以基体之间紧密性差、易脱落，不能满足使用需求；由图9-15d可知，当宽高比过高时沉积层之间易发生塌陷现象、成型效果差无法满足达到质量要求；由图9-15b可知，优化后的宽高比与优化前的相比形貌上更好。为了证明优化后的宽高比与优化前的相比能达到更好的沉积质量，分别通过单道多层、多道单层和多道多层试验进行验证。

1. 单道多层试验验证

由表9-16可知，优化后的参数组合在沉积过程中其碳排放值约低于经验值9%、粉末使用量约高于经验值14%，宽高比值接近经验值，相差仅为5%，硬度值基本保持一致。满足使用要求。由图9-16可以看出，在进行单道多层沉积试验时，优化后的成形件（见图9-16b）与优化前的成形件（见图9-16a）相比，优化后的形貌质量比较好，无明显过烧现象，表面平整，无明显塌陷现象，并通过高倍数显微镜观察其金相组织，没有发现气孔、裂纹等质量问题。基于上述分析，再次验证了所建模型的准确性及所优化的工艺参数可以有效减少沉积过程的碳排放，提高粉末利用率，提高沉积质量，图9-17所示为相关对比结果。

激光定向能量沉积增材制造技术及应用

a) 宽高比过低　　b) 优化后的宽高比　　c) 宽高比过高　　d) 宽高比过高

图 9-15　优化前后的宽高比

表 9-16　单道多层沉积试验优化后与经验值的对比表

目标	优化后	经验值（优化前）	优化效果
沉积过程碳排放/gCO_2	67	74	约 9%
粉末使用量/g	50	44	约 14%
宽高比	4.2	4.0	5%
硬度值 HV	235	230	约 2%

a) 优化前

b) 优化后

图 9-16　单道多层沉积试样实物图

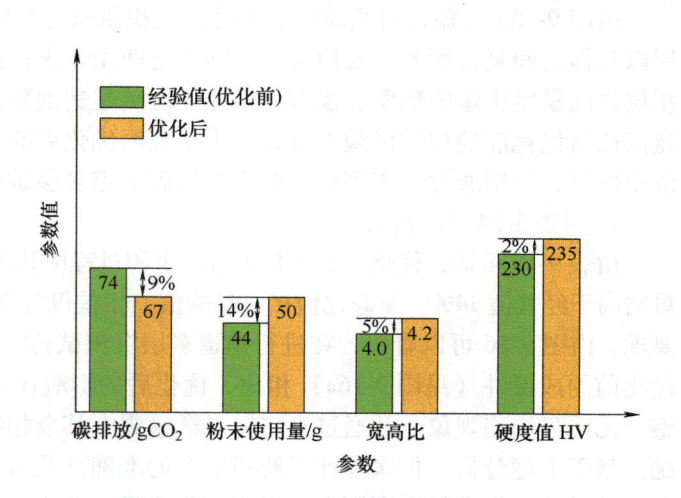

图 9-17　单道多层优化前后结果对比图

274

2. 多道单层试验验证

根据前述分析可知，搭接率在45%时沉积层表面形貌最好，因此在进行多道多层沉积试验时不再探讨搭接率对沉积质量的影响。由表9-17可知，在沉积30mm×30mm单层多道试验过程中，优化后的值相比于经验值，碳排放值低于经验值约6%；粉末利用情况高于经验值约11%；宽高比值接近经验值，相差仅约2%；硬度值与经验值相差约2%，满足使用要求。由图9-18可以看出，在进行单道多层沉积试验时，优化后的沉积质量与优化前的沉积质量相比，形貌比较好，未出现明显的烧焦现象，通过高倍数显微镜观察其金相组织没有发现气孔、裂纹等质量问题。基于上述分析，再次验证了所建模型的准确性及所优化的工艺参数可以有效减少沉积过程中的碳排放，提高粉末利用率，提高沉积质量。图9-19所示为多道单层优化前后结果对比。

表9-17 多道单层沉积试验优化后与经验值的对比表

目标	优化后	经验值（优化前）	优化效果
沉积过程碳排放/gCO_2	73	78	约6%
粉末使用量/g	60	54	约11%
宽高比	4.5	4.4	约2%
硬度值 HV	240	245	约2%

图9-18 多道单层沉积试样实物图
a) 优化前
b) 优化后

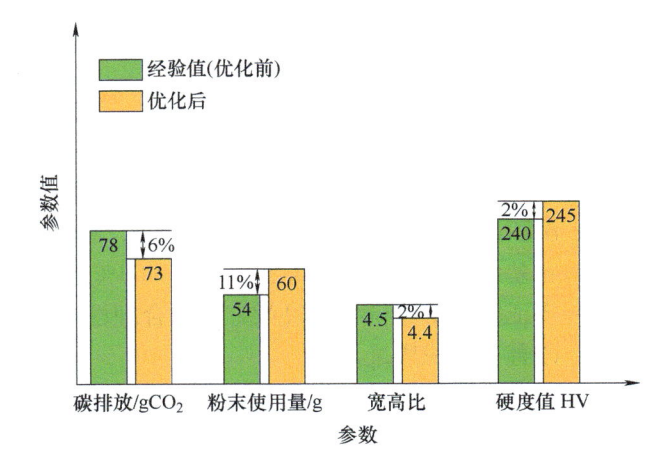

图9-19 多道单层优化前后结果对比图

3. 多道多层试验验证

基于前期分析可知，搭接率在45%时沉积层表面形貌最好，因此在进行多道多层沉积试验时不再探讨搭接率问题。由表9-18可知，优化后碳排放值低于经验值约16%、粉末利用率高于经验值约为12%，宽高比值约为6%，硬度值高于经验值，满足使用要求。由图9-20可看出，优化后的成形件（见图9-20b）与优化前的成形件（见图9-20a）相比，无明显过烧现象，表面平整无明显塌陷现象，通过高倍数显微镜观察其金相组织，没有发现气孔、裂纹等质量问题。基于上述分析，再次验证了所建模型的准确性及优化的工艺参数可有效减少沉积过程的碳排放，提高粉末利用率，改善沉积质量。图 9-21 所示为优化前后结果对比。

表 9-18 多道多层沉积试验优化后与经验值的对比表

目标	优化后	经验值（优化前）	优化效果
沉积过程碳排放/gCO_2	118	141	约 16%
粉末使用量/g	67	60	约 12%
宽高比	4.5	4.8	约 6%
硬度值 HV	237	229	约 3%

a) 优化前　　b) 优化后

图 9-20 多道多层沉积试样实物图　　图 9-21 多道多层优化前后结果对比图

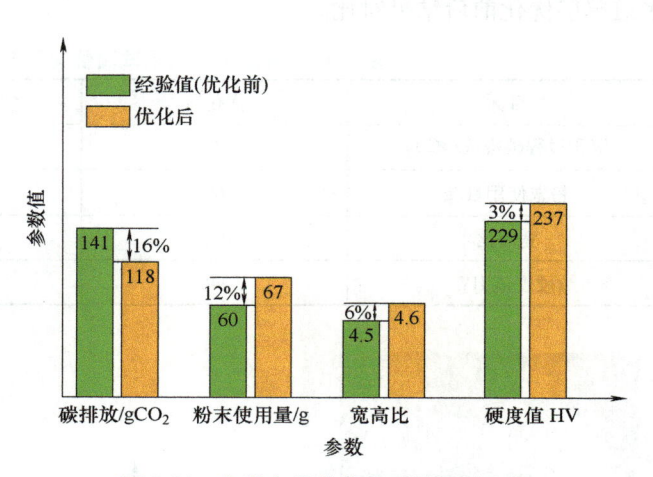

通过单道多层、多道单层沉积试验可知，相比于经验值，组合优化后沉积过程的碳排放分别低于经验值约 9%、6%；粉末使用量高于经验值约 14%、11%；宽高比值接近经验值，相差仅为 5%、2%；硬度值相差约为 2%、2%。最后通过多道多层沉积 20mm×15mm×10mm 成形件，沉积试验碳排放低于经验值约 16%，粉末利用率高于经验值约 12%；宽高比接近经验值，相差约 6%；硬度值高于经验值约 3%。证明了优化参数组合的合理性与有效性，同时进一步证明了所建模型与决策方案的合理性与准确性，有效减少了碳排放，提高了粉末利用率，改善了沉积质量。

本章我们深入研究了激光定向能量技术在绿色低碳制造领域的应用，探索了其在推动现代制造业可持续发展中的潜力。通过详细的方案和报告，展示了激光定向能量技术如何以其高效、精准的特性，为制造过程注入新的动力，从而在实现环保目标的同时提高生产率。

参考文献

[1] 姜兴宇，刘傲，杨国哲，等. 激光沉积制造过程低碳建模与工艺参数优化 [J]. 机械工程学报，2022，58（5）：223-238.

[2] 刘伟军，索英祁，姜兴宇，等. 激光清洗过程低碳建模与工艺参数优化 [J]. 机械工程学报，2023，59（7）：276-294.

第 9 章　激光定向能量沉积绿色低碳制造

［3］索英祁. 面向低碳的激光清洗过程工艺参数多目标优化方法［D］. 沈阳：沈阳工业大学，2022.
［4］刘傲. 激光熔覆过程低碳建模与工艺参数优化［D］. 沈阳：沈阳工业大学，2021.
［5］高云. 激光再制造过程能耗分析与工艺参数优化［D］. 沈阳：沈阳工业大学，2021.
［6］王弘玥. 激光清洗过程能耗建模与工艺参数优化［D］. 沈阳：沈阳工业大学，2022.
［7］JIANG X，TIAN Z，LIU W，et al. An energy-efficient method of laser remanufacturing process［J］. Sustainable Energy Technologies and Assessments，2022，52：102201.
［8］李晓磊，邵之江，钱积新. 一种基于动物自治体的寻优模式鱼群算法［J］. 系统工程理论与实践，2002（11）：32-38.
［9］GHOSAL S，CHAKI S. Estimation and optimization of depth of penetration in hybrid CO_2 LASER-MIG welding using ANN-optimization hybrid model［J］. International Journal of Advanced Manufacturing Technology，2010，47（9-12）：1149-1157.
［10］HUANG R，RIDDLE M，GRAZIANO D，et al. Energy and emissions saving potential of additive manufacturing：the case of lightweight aircraft components［J］. Journal of Cleaner Production，2015，135：1559-1570.
［11］詹欣隆，张超勇，孟磊磊，等. 基于改进引力搜索算法的铣削加工参数低碳建模及优化［J］. 中国机械工程，2020，31（12）：1481-1491.
［12］刘琼，田有全，JOHN W SUTHERLAND，等. 产品制造过程碳排放核算及其优化问题［J］. 中国机械工程，2015，26（17）：2336-2343.
［13］鲍宏，刘光复，王吉凯. 面向低碳设计的产品多层次碳排放分析方法［J］. 计算机集成制造系统，2013，19（1）：21-28.
［14］钟军，刘志峰，李新宇，等. 基于动作元的组焊件制造工艺碳排放解算方法［J］. 中国机械工程，2015，26（10）：1294-130.
［15］郭成恒，丁雪峰. 考虑碳排放差异的闭环供应链奖惩机制与减排策略［J］. 统计与决策，2014（13）：54-57.
［16］杨世奇. 某机床导轨再制造质量控制方法研究［D］. 沈阳：沈阳工业大学，2020.
［17］石敏煊. 某机床齿轮再制造质量控制方法研究［D］. 沈阳：沈阳工业大学，2020.
［18］王子生. 基于激光再制造技术的机床主轴再制造质量控制方法研究［D］. 沈阳：沈阳工业大学，2020.
［19］吴超杰. 基于 LCA 的五轴加工中心碳排放分析与碳排放预警［D］. 沈阳：沈阳工业大学，2022.
［20］韩清冰. 激光冲击强化装备的碳排放分析与工艺优化［D］. 沈阳：沈阳工业大学，2022.
［21］马明宇. 激光增材制造装备的工效学分析与优化设计［D］. 沈阳：沈阳工业大学，2021.
［22］李惠泽. 基于 LCA 的汽车动力电池碳排放分析与评估［D］. 沈阳：沈阳工业大学，2021.
［23］李家振. 数字孪生驱动的增材制造过程质量控制方法［D］. 沈阳：沈阳工业大学，2022.
［24］宋真安. 基于 LCA 的子午线轮胎碳排放分析与碳效益评估［D］. 沈阳：沈阳工业大学，2023.

第10章

激光定向能量沉积的应用实例

飞机、舰船、高档数控机床等高端装备正向高性能、高可靠性、长寿命服役方向快速发展，对采用钛合金、高温合金等材料的发动机机匣、整体叶盘、壁板、框梁、盘轴等关键零部件的复杂结构、整体化、性能的要求日益提高，对制造技术及装备的要求也越来越高。采用铸、锻造成形-焊接连接-数控加工等传统制造技术生产上述复杂结构、高性能金属构件，需要万吨级以上的重型锻造装备和大型锻造模具，受装备保障条件制约，排产等待和生产周期长，且大型复杂结构铸锻技术难度大，废品率高，切削量大、加工周期长，材料利用率低、成本高。

激光定向能量沉积制造技术具有的高精度、高效率、高质量、可定制化等优点使其可以制造出复杂的内部通道、多孔材料、异形等金属结构，在航空航天、汽车工业、冶金工业等领域呈现出广泛的应用前景和市场价值。

10.1 航空航天领域中的应用

航空航天制造业属于高精尖技术密集型产业，代表着世界各国先进制造业的发展方向，是一个国家制造业实力和国防工业现代化水平的综合体现。航空航天高性能构件多服役于极端严苛环境中，具有超强承载、极端耐热、超轻量化和高可靠性等特性，对构件材料、结构、工艺和性能等提出了严峻挑战。增材制造技术为航空航天高性能构件的设计与制造提供了新的机遇，已发展成为提升航空航天设计与制造能力的一项关键核心技术，其应用范围已从零部件级（发动机叶片、机匣、燃烧室、大型结构件等）发展至整机级（发动机、无人机、微/纳卫星、飞机、火箭等）。

10.1.1 航空领域

当前对飞机发动机性能要求的不断提高使得对其高温强度、抗氧化耐蚀、抗疲劳和抗蠕变性能的要求越来越高，零件结构也趋于复杂化，从而导致工序变多，造成产量和生产率低。传统的铸造、锻造等方法由于存在无法制造复杂结构零件、生产周期过长等缺点难以满足当今对飞机发动机的性能要求，而增材制造则成为飞机发动机叶片等零部件制造的新工艺。西安交通大学卢秉恒院士团队开展了利用激光定向能量沉积技术制造空心涡轮叶片的研究，并成功制备出了具有复杂结构的镍合金空心涡轮叶片，如图10-1a所示。该叶片具有定向晶组织结构，最薄处可达0.8mm。北京航空航天大学王华明院士团队实现了具有梯度组织和梯度性能的先进航空发动机钛合金整体叶盘的激光增材制造,如图 10-1b 所示,其叶片为定向生长的全柱状晶组织,具有优异的高温持久蠕变性能,轮盘为等轴晶凝固组织,具有优异的各向同性力学性能。

a) 具有复杂结构的镍合金空心涡轮叶片　　b) 钛合金整体叶盘

图 10-1　激光定向能量沉积的航空发动机涡轮零部件

GE 公司依托西北工业大学采用激光定向能量沉积技术制造的 GE 90 发动机复合材料宽弦风扇叶片钛合金进气边和高温合金机匣如图 10-2 所示。其中,钛合金进气边长 1000mm,壁厚 0.8~1.2mm,最终加工变形 0.12mm,通过了 GE 公司的测试。

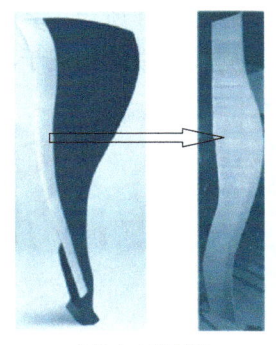

a) 钛合金进气边　　b) 高温合金机匣

图 10-2　西北工业大学为 GE 公司生产的发动机零部件

英国焊接研究所（TWI）使用五轴 LDED 机床成功生产了 Inconel 718 直升机发动机燃烧室,如图 10-3 所示。其腔室尺寸为直径 300mm、高度 90mm。成形组件相比模型的平均误差约为 0.25mm。此外,所生产的薄壁尺寸精度约 0.09mm,生产时间从传统制造工艺的 2 个月缩短至 7.2h。

图 10-3　Inconel 718 直升机发动机燃烧室

航空工业高端装备正向大型化方向快速发展，高强钢、钛合金、镍合金等关键金属构件尺寸越来越大、结构日益复杂、性能要求日益提高，对制造技术的要求越来越高、挑战日益严峻。采用铸锭冶金和塑性成形等传统制造技术生产大型、整体、高性能金属构件，不仅需要万吨级以上的重型锻造装备及大型锻造模具，技术难度大，而且材料切削量大、材料利用率低、周期长、成本高。高性能难加工金属大型关键构件制造技术被公认为是航空、航天等高端装备制造业的基础和核心关键技术，被誉为是一种"变革性"的低成本、短周期、高性能、控形控性一体化、绿色、数字制造技术，在高端装备大型构件制造中具有巨大的发展潜力和广阔的发展前景。

北京航空航天大学王华明院士团队率先突破了飞机大型整体钛合金结构件激光定向能量沉积制造"变形开裂"预防和"内部质量"控制等关键技术，研制出了飞机钛合金大型结构件激光增材制造工程化成套装备，其成形室尺寸4000mm×3000mm×2000mm，实现了多型飞机大型钛合金结构件的研制及应用，此外，还实现了大型复杂整体结构飞机钛合金主承力件及加强框等关键构件的激光定向能量沉积制造，实现了装机应用，如图10-4a～d所示。该种方法与锻造相比，极大地提高了材料利用率、缩短了制造周期、降低了制造成本。Kittel等采用激光定向能量沉积技术成功地制造了长度超过500mm的Inconel 718航空发动机安装组件，如图10-4e所示。西北工业大学的林鑫、黄卫东团队采用激光定向能量沉积技术成形了长3100mm的C919首架验证机钛合金中央翼缘条，如图10-4f所示，其性能符合中国商飞的设计要求，抗拉强度和屈服强度的批次稳定性以及高周疲劳性能均优于测试锻件。

a) 钛合金大型飞机接头　　b) 钛合金大型关键主承力件　　c) C919关键主承力构件

d) C919主承力构件加强框　　e) Inconel 718航空发动机安装组件　　f) C919首架验证机钛合金中央翼缘条

图10-4　激光定向能量沉积成形的大型结构件

沈阳工业大学、沈阳航空航天大学、中国科学院沈阳自动化研究所、中科煜宸激光技术有限公司等机构为中国航空工业集团公司沈阳飞机设计研究所、中国航发沈阳黎明航空发动机有限责任公司、沈阳精新再制造有限公司等单位提供了钛合金、高温合金等多材料大型结构件的激光增材制造工艺解决方案。图10-5所示为复杂结构大型金属零部件激光增材制造工艺的研究成果，成功应用于飞机关键结构件，制件性能与锻件相当，满足飞机钛合金结构制造的技术要求。

a) 支架整体结构

b) 支架截面形状

c) 钛合金航空吊挂框

d) 钛合金结构件

图 10-5 激光定向能量沉积成形的大型钛合金结构件

在高温、高压、高速等严苛工况下，高温合金零部件不可避免地会发生损伤失效情况，如高压涡轮叶片经常在垂直于叶片主应力方向产生裂纹、烧蚀等损伤，特别是经受高温摩擦的叶尖常产生磨损和尖端裂纹，急需高效率、高精度、高质量的修复再制造技术。由于制造困难和几何形状复杂，这些部件非常昂贵。通过维修受损部件而不是更换部件来大幅降低成本的可能性是该领域维修应用的驱动力。高温合金零部件的修复再制造水平已成为衡量航空发动机与燃气轮机等装备技术先进性的重要标志之一。我国已将"突破航空发动机与燃气轮机压气机转子叶片、大型薄壁机匣等关键件高效修复再制造技术"列入《航空发动机与燃气轮机国家重大科技专项》的重要任务之一。

激光定向能量沉积修复技术已经成为解决航空航天高端装备关键零部件修复再制造的关键技术之一。美国普渡大学 Wilson 等使用了一种 PCS 算法对缺损部位建模，并成功修复了空心涡轮叶片的型面，如图 10-6a 所示。西北工业大学凝固加工重点实验室利用增材制造技术修复了 17-4PH 叶轮，如图 10-6b 所示。与原始材料相比，激光修复区不仅具有相似的显微硬度值，并且没有微孔和微裂纹，而且该部件能通过转速为 20000r/min 的旋转测试，并再次在使用中运行良好。中航工业北京航空制造工程研究所对某型号航空发动机钛合金整体叶轮损伤部位进行了修复，如图 10-6c 所示，目前已顺利通过试车考核。

10.1.2 航天领域

航天运载器发展速度不断加快，对性能要求也不断提升，运载器结构系统呈现新的发展趋势，运载能力与可靠性持续增强。增材制造技术具有快速制造复杂结构产品、可高度优化产品结构和适应个性化、小批量生产等优点，非常契合航天装备日益整体化、复杂化、轻量化、结构功能一体化的制造需求，为传统航天制造业的转型升级提供了巨大契机。目前，激光定向能量沉积技术已在航天运载火箭及载人飞船主承力构件、集成复杂流道的整体化火箭喷管、火箭发动机铜合金/高温合金燃烧室等航天领域实现了成功应用。

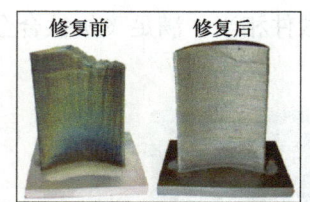

a) 采用PCS算法修复的空心涡轮叶片

b) 17-4PH叶轮修复

c) 钛合金整体叶轮修复

图 10-6　激光定向能量沉积修复的叶片

在过去 10 年间，美国 NASA 联合 RPM Innovations 公司等开发了高精度送粉喷嘴及激光定向能量沉积工艺，系统研究了 HR-1 耐氢高温合金高精度基础工艺、缺陷组织及性能控制、流道结构成形精度控制及后处理等工艺技术，兼具高的成形精度与沉积效率，采用该技术制造了集成复杂流道结构的整体喷管，如图 10-7a 所示。截至 2022 年 9 月，NASA 已经对制造的 6 个 HR-1 耐氢高温合金发动机喷管进行了热火测试，累计起动次数达 290 次，总持续时间达 9164s。最近，NASA 联合 Elementum 3D 公司研发了一种新型铝基复合材料 6061-RAM2。在此基础上，他们联合 RPM Innovations 公司采用高精度激光定向能量沉积工艺在 18 天内制备了尺寸达 $\phi 914mm \times 762mm$ 的 5400lbf（1lbf≈4.448N）推力级 6061-RAM2 合金再生冷却喷管，如图 10-7b 所示，该喷管通过了 5400lbf（1lbf≈4.448N）推力下液氢/液氧、液氧/甲烷等不同使用环境下的热火测试考核，累计测试 22 次、总持续时间 557s。通过一系列热火测试表明，该喷管能够承受月球着陆器规模发动机的热、结构和压力载荷。

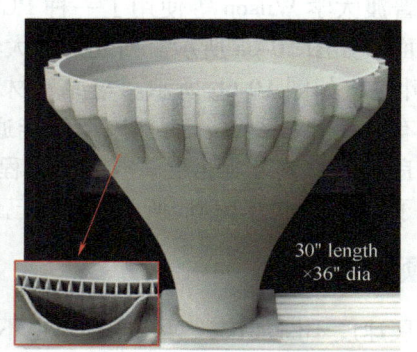

a) HR-1合金7000lbf推力喷管　　b) 6061-RAM2合金5400lbf推力喷管

图 10-7　激光定向能量沉积的火箭喷管

首都航天机械有限公司采用激光定向能量沉积技术实现了多型航天装备集中承载主承力大型钛合金构件的低应力高可靠性制造，解决了激光定向能量沉积钛合金固有的性能各向异性问题及不同结构特征的热历程差异导致的大型构件性能差异性问题，并已实现 10 余型航天装备大型钛合金构件的激光定向能量沉积制造及应用。以"长征五号"系列火箭捆绑接头最具代表性，如图 10-8 所示，该产品是目前国际宇航领域通过飞行考核并稳定服役的承载载荷最大的主承力构件，依托性能提升关键技术突破，单发火箭减重 200kg，提升了火箭的运载能力。

图 10-8 采用激光定向能量沉积制备的"长征五号"系列火箭捆绑接头

首都航天机械有限公司、西安航天发动机有限公司等国内液体火箭发动机主要研制单位开展了铜合金/高强钢、铜合金/高温合金等异质合金整体化增材制造技术研发，并推进其在液体火箭发动机中的应用。西安航天发动机有限公司采用在铜合金（QCr0.8）与高强钢（S06）之间添加高温镍合金（Inconel 718）过渡层的方法解决了 QCr0.8/S06 异质合金互溶及界面缺陷等问题，如图 10-9 所示，制备的含 Inconel 718 高温镍合金过渡层的 QCr0.8/S06 异质合金纵向室温抗拉强度达到了采用 LPBF 技术制备的 QCr0.8 铜合金基体抗拉强度的近 80%。

北京航空航天大学王华明院士团队采用激光定向能量沉积技术成功制造了新一代载人飞船返回舱防热大底框架，如图 10-10 所示，并于 2020 年随长征五号 B 遥一火箭首飞及新一代载人飞船试验船返回舱返回，通过飞行试验考核。防热大底框架结构用于飞船返回过程中保护返回舱底部，在进入大气层后起到隔热和承力的作用，其直径较大，使用传统锻造工艺造价极高。采用激光定向能量沉积技术实现"好、快、廉"的设计目标，一方面加速了设计方案的优化和迭代，另一方面同步开展了对激光定向能量沉积工艺的力学性能试验。结果表明，激光定向能量沉积技术可以胜任防热大底框架的制造，并可以在提高经济性和周期性前提下，高效配合设计迭代。

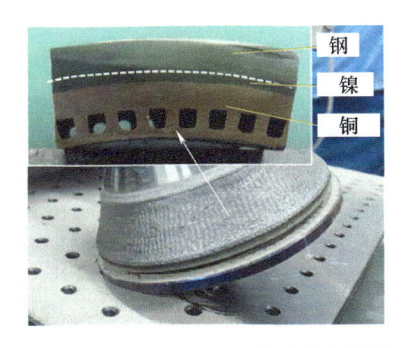

图 10-9 QCr0.8/S06 异质合金构件 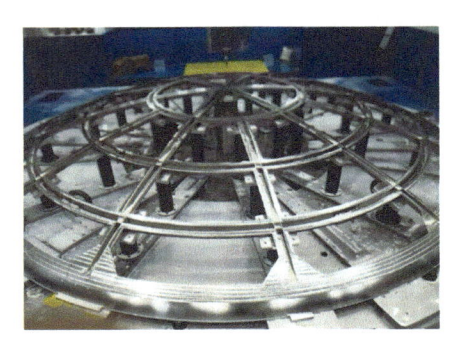　　　　图 10-10 载人飞船返回舱防热大底框架

激光定向能量沉积增材制造技术及应用

10.2 汽车领域中的应用

在汽车制造领域，激光定向能量沉积常用于汽车零部件的制造及修复再制造，减少能源损耗，实现绿色制造。20 世纪 80 年代，英国劳斯莱斯公司率先采用定向能量沉积技术修复了汽车发动机的叶片，形成一层钴铬合金包覆层，提高了零件的使用性能。这一应用开创了激光定向能量沉积技术在汽车领域的先例。目前，激光定向能量沉积技术在汽车领域中的主要应用如下：

1. 制动盘

制动盘是决定汽车的行驶速度和紧急制动能力的部件，是确保汽车能够安全运行的关键制动部件。为确保高速汽车的运行安全，制动盘须具备足够的机械强度，最重要的应具有高的耐磨性能，其很大程度决定了制动盘的使用寿命。制动盘的增材制造核心技术主要体现在两个方面：一是发展新型快速制备技术，二是发展新型表面修复再制造技术。而激光定向能量沉积技术是一种能够快速制造与修复再制造铁基高耐磨零件的新技术，可以通过成分设计新型颗粒增强合金粉末，在金属零件表面制备出超高硬度的高厚度耐磨涂层，从而提高摩擦零件的耐磨性能，以满足制动盘等摩擦零件的要求。

德国巨浪集团（CHIRON Group）是世界领先的加工中心，有一种制动盘涂层金属定向能量沉积系统，采用激光定向能量沉积技术将 Fe/Ni/Co 材料用激光束熔化，并通过冶金结合熔合到基材（钢/镍合金）上，实现制动盘表面处理过程。该工艺的好处之一是降低了热负荷，非常适合修复损坏、在选定点加固部件以及通过材料沉积恢复部件的原始几何形状，再搭配 5 轴的机械臂控制系统和西门子组件，能够沉积和修复的尺寸最大为 500mm 的部件、长达 1m 的圆柱形部件以及半成品的近净形生产。为防止氧化，沉积过程在密封系统中使用保护气体进行。图 10-11 所示为采用激光定向能量沉积技术制造的制动盘。

2. 涡轮叶片

汽车涡轮叶片是涡轮增压系统的核心组成部分。通过在高速旋转的涡轮上产生高速气流，将空气压缩并送入发动机。这提高了气缸内的气压和氧气供应，从而增加燃烧效率，提高动力输出。涡轮叶片通常由高温合金制成，以承受高温和高速的运行环境。这些合金具有卓越的抗热性和耐磨性，以满足叶片在高温和高速气流中的要求。涡轮叶片在高温高速运行中会受到磨损，因此需要定期维护和检查。涡轮叶片的激光沉积过程如图 10-12 所示。美国新墨西哥州的 Optomec 公司采用金属增材制造技术成功翻新或维修了超过 1000 万个涡轮叶片。

图 10-11　采用激光定向能量沉积技术制造的制动盘　　图 10-12　涡轮叶片的激光沉积过程

3. 曲轴

曲轴是发动机中最重要的部件，它承受连杆传来的力，将其转变为转矩，输出后驱动发动机上其他附件工作。曲轴受旋转质量的离心力、周期变化的气体惯性力和往复惯性力的共同作用，使曲轴承受弯曲、扭转载荷的作用，因此要求曲轴有足够的强度和刚度，轴颈表面须耐磨、工作均匀、平衡性好。曲轴在长期的运转过程中轴颈会出现磨损和裂纹，若采用喷涂技术修复，存在界面结合强度弱、涂层内有孔隙等问题，而激光定向能量沉积技术由于能量密度高等特点可以消除涂层内的缺陷，且界面结合强度高。

山东大学的封慧等采用激光沉积修复技术在 45 钢曲轴表面制备铁基沉积层，如图 10-13 所示，沉积层与基体结合良好，其硬度达基体的 2～3 倍，实现了发动机曲轴的激光沉积修复再制造。

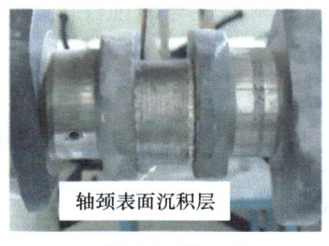

a) 激光沉积修复试验　　b) 轴颈表面沉积层　　c) 磨削加工后的轴颈表面

图 10-13　激光沉积修复曲轴轴颈

4. 其他零部件

Optomec 公司采用激光定向能量沉积技术成功生产了红牛赛车的 Ti64 悬挂支架和 Inconel 718 齿轮箱支架，如图 10-14 所示，显著减少了约 50%的时间和成本，且废料减少了 90%以上。

激光定向能量沉积技术在汽车工业中具有广泛的应用前景。通过修复再制造、制造复杂结构部件、定制化生产以及材料研究与开发等领域的应用，可以提高生产率、降低成本，并满足个性化生产的需求。然而，激光定向能量沉积技术仍面临一些挑战，需要进一步研究和解决。未来的研究方向主要集中在精度控制、材料选择、工艺优化及成本控制等方面，以推动激光定向能量沉积技术在汽车工业中的广泛应用。

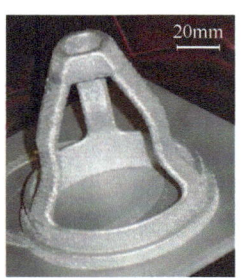

a) Ti64 悬挂支架　　b) Inconel 718 齿轮箱支架

图 10-14　激光定向能量沉积的赛车构件

10.3　能源领域中的应用

现代化的发展使人们对能源的需求不断扩大，随着石油、煤炭、天然气等不可再生能源的日益减少，人类为寻求发展，开始更加关注对风能、核能、太阳能等能源的利用。

10.3.1 风力发电机

风能是一种取之不尽、用之不竭的绿色环保型可再生能源，对于减少温室气体排放和保护环境具有重要的作用。风力发电是除水能资源外技术最成熟、最具有大规模开发和商业利用价值的发电方式。

风能作为一种可再生、清洁的新能源具有满足世界能源需求的巨大潜力。风力发电机一般工作在海上、戈壁等恶劣环境中，这对风电设备尤其是风电轴承及其滚道表面的耐磨性、耐蚀性提出了高要求。风电轴承滚道是风电设备的核心部件之一，恶劣的工作环境对其表面耐磨性、耐蚀性提出了严苛的要求。为了改善轴承滚道表面性能，采用激光定向能量沉积技术在大型风电轴承滚道模拟件表面制备了厚度大于 3mm 的高硬度无裂纹的马氏体不锈钢涂层，极大地提高了轴承滚道表面的耐磨性与耐蚀性能。图 10-15 所示为风电轴承滚道模拟件的激光定向能量沉积流程图。

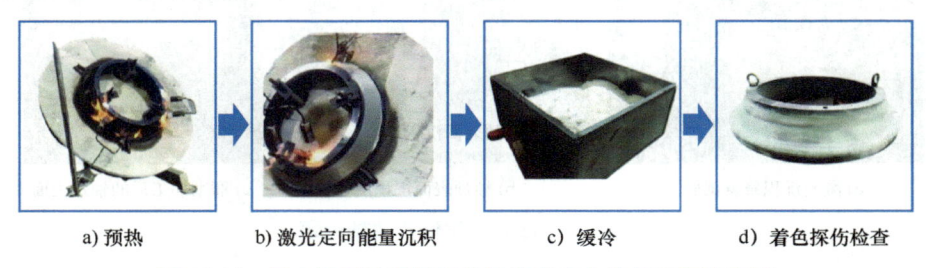

a) 预热　　b) 激光定向能量沉积　　c) 缓冷　　d) 着色探伤检查

图 10-15　风电轴承滚道模拟件的激光定向能量沉积流程图

10.3.2 核电站

核能在能源生产中也发挥着重要的作用，通过核裂变反应，核能可以转化为热能，用于发电。核能发电的优势在于其能量密度高，且碳排放极低。与传统的化石燃料发电相比，核能发电对环境问题的影响更小。核能发电站可以提供稳定的电力供应，不受天气等自然因素的影响。尤其是在能源需求大的城市和工业区域，核能发电可以满足大规模的电力需求。

用于核反应堆的材料有严格的性能要求，必须能够耐受极端环境，包括高温、辐照和在受到机械应力时与腐蚀性介质接触。增材制造已被证明可以制备许多类型的核材料零部件。这些零部件可用于国际热核试验反应堆的冷却系统。如图 10-16 所示为采用激光定向能量沉积制造的核电压水堆堆芯围筒。

可用于定制化、小规模生产的增材制造技术正在兴起，通过替换现成的、大规模生产的零部件，将有可能有效、快速地维护核电站的工业设施。3in（1in = 0.025m）核安全 1 级阀门是压水堆中典型的安全级部件。阀体部件质量为 30kg，长度为 300mm，流道形状在内部，采用激光定向能量沉积方法加工和数控加工，在尺寸精度、装配、连接等方面均取得了满意的性能效果。图 10-17 所示显示出使用激光定向能量沉积方法制造后的试件和阀门的力学

图 10-16　激光定向能量沉积制造的核电压水堆堆芯围筒

性能评估。

a) 试样在垂直于激光扫描方向的扫描法线方向高叠　　b) 阀体　　c) 阀盖　　d) 采用激光定向能量沉积方法制造的保持架

图 10-17　对采用激光定向能量沉积方法制造后的试件和阀门进行力学性能评价

10.4　冶金领域中的应用

在冶金工业中，激光定向能量沉积技术在轧机修复中的应用具有显著的优势。轧机是冶金工业中重要的设备之一，用于支撑和固定轧辊，承受高负荷的工作压力。由于长期使用和磨损，轧机可能会出现损坏或变形，影响生产率和产品质量。激光定向能量沉积可以用于修复轧机，恢复其精度和性能，延长使用寿命。图 10-18 所示为采用激光定向能量沉积对厚板轧机万向联轴器叉头进行的修复。

a) 轧机万向联轴器叉头修复　　b) 增材制造

图 10-18　激光定向能量沉积修复的轧机

轧机扁头套激光定向能量沉积修复再制造如图 10-19 所示，修复后轧机扁头套屈服强度为 309MPa，抗拉强度为 636MPa，伸长率为 50%，综合力学性能达到了新件的 90% 以上，满足高温、重载极限服役性能要求。

沈阳大陆激光集团有限公司于 2019 年 1 月至 2021 年 12 月应用东北大学与沈阳工业大学联合主导开发的面向特征-材料-性能一体化的再制造关键成套技术，开展短应力线轧机及五大核心关键零部件修复再制造，制备了面向工艺-性能的系列化颗粒增强铁基、镍基、钴基等多相材料，开发了五大核心关键零部件再制造工艺，建立了集回收-拆解-清洗-材料制备-再制造于一体的短应力线轧机再制造生产线，如图 10-20 所示，对废旧轧机的材料利用率超过 60%，五类核心部件的精度保持能力达到原制造新机部件 5 倍以上，再制造整机精度稳定性能指标提高 5 倍，使用成本降低二分之一。经沈阳产品质量监督检验院检测，修复再制造后的零件综合力学性能达到了新件的90%以上，达到了节能、降耗、环保的目的。

a) 扁头套损伤状态

b) 激光定向能量沉积修复再制造后的扁头套

图 10-19　轧机扁头套激光定向能量沉积修复再制造

图 10-20　沈阳大陆激光集团有限公司短应力线轧机关键零部件再制造生产线

10.5　机械行业中的应用

10.5.1　机床

机床装备通常在重载、冲击等苛刻条件下服役，扭力轴、平衡肘、齿轮轴等关键零件出现磨损、划伤、裂纹的概率非常高，部分零件损伤率高达85%，且出现局部损伤的装备零件附加值高、可修复性强、重复利用效益大，但因缺乏行之有效的修复技术手段，只能报废处理，造成了巨大的资源浪费。激光定向能量沉积是进行机械零件局部损伤修复最理想的方法，使许多老化的部件得到再制造或升级，满足改善质量、提升效益、节约资源的要求，因此在装备智能制造与维修领域具有十分广阔的应用前景。

我国废旧机床的保有量目前已经成为世界上最大的国家，在役年限10年以上的传统旧机床超过220万台，且80%正超期服役。机床关键零部件（主轴、齿轮、导轨和箱体）为易损件，在复杂工况、超负荷载荷或保养不当的情况下会加快零部件的失效。机床导轨作为机床的基准部件，为机床各类功能的顺利实现提供了牢靠的基础。在机床加工中，切削负荷所产生的往复叠加力往往会对导轨表面造成磨损、划伤等缺陷，进而影响零部件加工的精度和尺寸，但更换导轨会产生较高的成本，因此这就需要进行机床导轨表面修复再制造。在机床导轨表面修复的实际运用中，喷焊、电刷镀修复、电弧焊是常用技术，但其对铸铁导轨表面有一定的局限性，容易产生咬边、裂纹、变形等问题。而基于激光定向能量沉积原理的激光沉积修复技术则可以成功地避免这些问题，使沉积层与基体结合更牢固，而且在修复后的耐磨性、耐蚀性、抗氧化性、抗高温性能等方面都具有优化提升的效果，进而使其使用寿命得以延长。

沈阳工业大学参与的工业与信息化部绿色制造系统集成项目应用面向特征-材料-性能一体化的再制造关键成套技术项目研究成果，开展了废旧机床及其关键零部件再制造，建立了集机床回收、再制造评估与剩余寿命预测为一体的机床再制造评估体系，开发了主轴、导轨、齿轮等关键零部件再制造工艺及其协同调控系统，研制了集回收与再制造评估、拆解与清洗、再制造、再装配于一体的机床再制造生产线，使废旧机床箱体、主轴、导轨、齿轮等核心零部件的利用率达到75%，综合力学性能达到了新件的90%以上。

图 10-21 所示为齿轮的激光定向能量沉积再制造过程。再制造后的齿轮锥齿平均硬度为 51.4HRC，与 GCr15 小球的摩擦系数为 0.563，修复直齿平均显微硬度为 59 HRC，齿截面无气孔裂纹、边缘平整、顶部无塌陷，组织细密均匀，且与齿轮基体冶金结合良好，如图 10-22 所示。

图 10-21 齿轮的激光定向能量沉积再制造过程

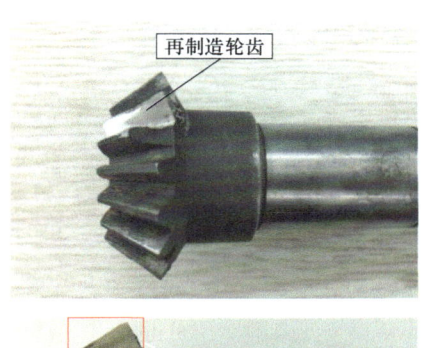

图 10-22 再制造的机床齿轮

图 10-23 所示为激光定向能量沉积修复的机床直线导轨。

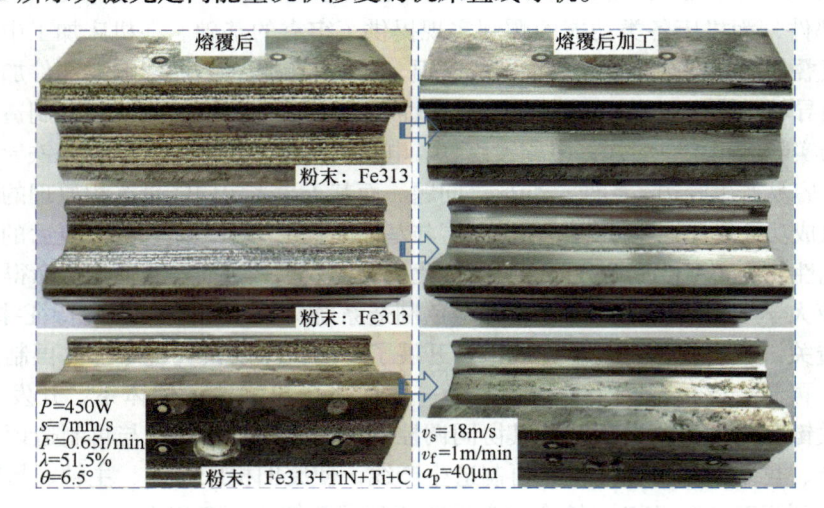

图 10-23　激光定向能量沉积修复的机床直线导轨

项目组研发的高效能激光定向能量沉积再制造关键技术已成功应用在沈阳金研激光再制造技术开发有限公司、沈阳大陆激光集团有限公司（见图 10-20）、沈阳精新再制造有限公司（见图 10-24）、三一重型装备有限公司（见图 10-25）、沈鼓集团等企业，实现了装备零部件再制造产业化、规模化应用，为航空、冶金、化工、数控机床与工程机械等装备构建了"资源-产品-报废-再制造产品"的循环型产业链条，构筑了可持续的工业绿色发展模式。

图 10-24　沈阳精新数控机床再制造生产线

a) 沈阳　　　b) 山西

图 10-25　三一重型装备有限公司掘进机再制造中心总装线

10.5.2　流体机械

图 10-26 所示为面向高速高压系列压缩机转子关键零部件的修复再制造，其中激光淬火

复杂曲面叶轮叶片、激光淬火特种低碳钢空气压缩机转子口环等零件表面硬度可达 40HRC 以上，转子轴承位表面硬度为 30~35HRC，起到了显著的延寿效果，满足高速等极端服役性能要求。

a) 压缩机转子再制造性评估　　b) 损伤测定　　c) 再制造后的压缩机转子

图 10-26　面向高速高压系列压缩机转子关键零部件的修复再制造

沈阳泰科流体控制有限公司于 2019 年 1 月至 2021 年 12 月应用东北大学与沈阳工业大学联合主导开发的面向特征-材料-性能一体化的再制造关键成套技术，形成了包括拆解清洗、工艺制定与实施、再制造阀门检测于一体的流体控制阀绿色再制造生产线，具备了对不同种类流体控制阀的绿色再制造能力，实现了绿色制造系统化升级和节能技术改造，降低了公司的运营成本，提高了产品的核心竞争力，真正实现了流体控制阀再制造过程绿色化升级。客户或第三方出具的验收合格报告表明，全部技术指标验收合格。球阀修复再制造前后对比状态如图 10-27 所示。

a) 修复前　　b) 修复后

图 10-27　球阀修复再制造前后对比

10.5.3　模具

激光定向能量沉积技术在强化与修复冲压模具和热锻模具方面有着较好的应用。冲压模具在工作过程中承受着周期性载荷的冲击与磨损，工作一段时间后表面就会存在严重的凹坑、点蚀。因此，为满足冲压模具需要的高硬度、高耐磨以及耐蚀等特性，马向东等人对冲裁车用 4mm 厚、材料是 Q235 板材结构件的 Cr12 冲裁模具进行了激光沉积修复。

热锻模具在工作中需要有较强的抗热疲劳性，一般热锻模具在经过几千次使用后就会因表面产生裂纹而不能使用。为提高热锻模具的使用寿命，张春华等人在 H13 热作模具钢上采用 2kW 的 CO_2 激光器沉积 Stellite x-40 钴基合金，经生产实际考查，采用激光定向能量沉积处理后的 H13 钢模具使用寿命提高到原来的 3 倍以上。国内汽车零件使用的热锻模具在功率密度为 $4 \times 10^3 W/cm^2$ 的条件下沉积 48Cr-28Ni-2Al-6C-2Mo 合金粉末，沉积后的模具表面具有高硬度、耐高温、摩擦系数较小以及较好的耐蚀性等特点。徐冰锋等人通过激光沉积技术在 45 钢基体材料表面沉积铁基合金粉末，获得高硬度、低表面粗糙度值以及良好 PVD 处理效果的沉积层，实现了拉深模具镶件材料的降级，如图 10-28 所示。冲模零件用于实际生产，通过模具量产状态超 30 万件，验证了激光沉积技术在拉深模零件制造上具备的应用价值以及经济性。

a) 前围前延伸板压边圈　　　　　　　　　　　b) 左后大梁上模

图 10-28　前围前延伸板与左后大梁模具零件实物

斯巴达轻金属有限责任公司采用激光定向能量沉积在模具上进行修复，展示了激光沉积工艺在修复中的效果，并对修复后的产品进行了精加工，如图 10-29 所示，与原始部件和使用焊接技术修复的部件相比，激光沉积修复的部件具有较高的导热性。

a) 修复前　　　　　　　b) 修复后　　　　　　　c) 精加工后

图 10-29　斯巴达金属有限责任公司的模芯

赵洪运等人在热辊锻模具表面应用激光沉积技术，添加 WC 硬质相的 Co 基合金粉末，使模具寿命提高了 5 倍以上，为工厂带来了上千万元的经济效益。王顺兴等人在滚动轴承套圈热冲模上激光沉积含有 WC 与 CeO_2 的 Ni60 合金粉末，处理后通过装机试验发现该热冲模的寿命提高到了原来的 1 倍以上。InssTek Inc. 通过激光定向能量沉积修复热锻模具，如图 10-30 所示，修复后的模具的使用寿命达原模具的 2.5 倍。

a) 修复前　　　　　　　　　　　　　b) 修复后

图 10-30　热锻模具激光定向能量沉积修复

沈阳工业大学项目组成员通过大量系统的工艺试验和深入细致的理论分析，针对典型的具有复杂外形的破损模具，采用激光定向能量沉积技术修复了其不规则破损表面，模具修复表面没有明显的裂纹、孔洞等缺陷，为提高修复的表面精度和尺寸精度，对修复表面进行了简单的机械加工，修复后的模具分别在原工况下又服役了一段时期，使用后发现模具没有缺陷破损，恢复了原模具的功能和性能，如图 10-31 所示，证明了激光成形修复件能够满足实际使用要求。

第 10 章　激光定向能量沉积的应用实例

　　a) 模具修复前　　　　b) 模具修复中　　　　c) 模具修复后　　　　d) 模具加工后

图 10-31　造纸厂模具在激光定向能量沉积修复前后对比照片

参考文献

[1] WILSON J M, PIYA C, SHIN Y C, et al. Remanufacturing of turbine blades by laser direct deposition with its energy and environmental impact analysis [J]. Journal of Cleaner Production, 2014, 80: 170-178.

[2] KITTEL J, GASSER A, WISSENBACH K, et al. Case study on AM of an IN718 aircraft component using the LMD process [C]. International Conference on Photonic Technologies, 2020, 94: 324-329.

[3] 王华明. 高性能大型金属构件激光增材制造: 若干材料基础问题 [J]. 航空学报, 2014, 35 (10): 2690-2698.

[4] 林鑫, 黄卫东. 应用于航空领域的金属高性能增材制造技术 [J]. 中国材料进展, 2015, 34 (9): 684-688, 658.

[5] 郭永利, 梁工英, 李路. 铝合金的激光熔覆修复 [J]. 中国激光, 2008, 35 (2): 303-306.

[6] 徐国, 郑卫刚. 激光熔覆氧化锆对发动机气缸盖表面性能改善的研究 [J]. 表面工程与再制造, 2015, 15 (5): 27-28.

[7] MARIMUTHU S, CLARK D, ALLEN J, et al. Finite element modelling of substrate thermal distortion in direct laser additive manufacture of an aero-engine component [J]. Proceedings of the Institution of Mechanical Engineers, Part C: Journal of Mechanical Engineering Science, 2012, 227 (9): 1987-1999.

[8] 杨胶溪, 柯华, 崔哲, 等. 激光金属沉积技术研究现状与应用进展 [J]. 航空制造技术, 2020, 63 (10): 14-22.

[9] 李建利, 张元, 张新元. 碳纤维复合材料刹车片的发展及应用前景 [J]. 材料开发与应用, 2012, 27 (2): 107-111.

[10] 刘媛媛. 激光直接沉积铁基合金高厚度耐磨涂层研究 [D]. 沈阳: 东北大学, 2017.

[11] 黄伟波, 赵晓宇, 鲁文佳, 等. 激光金属沉积成形 304 不锈钢的疲劳断裂机理分析 [J]. 焊接学报, 2023, 44 (9): 67-73, 133.

[12] ANWAR U H, HANI M T, NUREDDIN M A. Failure of weld joints between carbon steel pipe and 304 stainless steel elbows [J]. Engineering Failure Analysis, 2005, 12 (2): 181-191.

[13] 崔鑫, 薛飞, 宋春男, 等. 激光金属沉积与冷金属过渡复合成形 316L 的组织与力学性能 [J]. 焊接, 2021 (4): 19-24, 63.

[14] MUTIU F ERINOSHO, ESTHER T AKINLABI, et al. 工艺参数对激光金属沉积铜钛合金复合材料的影响 [J]. 中国有色金属学报 (英文版), 2015 (8): 2608-2616.

[15] 万乐, 石世宏, 夏志新, 等. 激光预热/流体冷却辅助激光金属沉积 AlSi10Mg 成形 [J]. 红外与激光工程, 2021, 50 (7): 162-178.

[16] 仲崇亮, 付金宝, 丁亚林, 等. 高沉积率激光金属沉积 Inconel 718 的孔隙率控制 [J]. 光学精密工程, 2015, 23 (11): 3005-3011.

[17] 赵吉宾, 赵宇辉, 杨光. 激光沉积成形增材制造技术 [M]. 武汉: 华中科技大学出版社, 2021.

[18] 王建升. 电火花沉积技术及其水电应用 [M]. 北京: 中国水利水电出版社, 2017.

293

［19］韩国明. 现代高效焊接技术［M］. 北京：机械工业出版社，2018.
［20］冯煌. 厚板轧机主传动轴系统力学行为分析和修复技术研究［D］. 上海：上海交通大学，2011.
［21］王广春. 增材制造技术及应用实例［M］. 北京：机械工业出版社，2014.
［22］齐美娟. 以智能制造为突破口推进实施《中国制造 2025》——访中国工程院院士、清华大学教授柳百成［J］. 中国国情国力，2018（10）：6-8.
［23］周济. 智能制造——"中国制造 2025"的主攻方向［J］. 中国机械工程，2015，26（17）：12.
［24］岳晓微，王文东. 机床绿色制造的必要性及发展研究［J］. 决策与信息，2016（17）：1.
［25］谭雁清，张连洪，王凯峰，等. 基于表面磨损的机床导轨副精度保持性模型［J］. 农业机械学报，2015，46（2）：351-356.
［26］王超，胡亚辉，谭雁清，等. 边界润滑状态下机床滑动导轨磨损特性及磨损率研究［J］. 组合机床与自动化加工技术，2019（10）：24-27.
［27］刘泽人，赵孔勋，唐宇，等. 激光金属沉积 Ti-Zr-Ta 合金的制备及其冲击释能特性研究［J］. 稀有金属材料与工程，2023，52（6）：2296-2301.
［28］杨胶溪，柯华，崔哲，等. 激光金属沉积技术研究现状与应用进展［J］. 航空制造技术，2020，63（10）：14-22.
［29］卞宏友，翟泉星，韩双隆，等. 激光沉积修复金属去应力退火局部热处理工艺［J］. 材料热处理学报，2017，38（07）：126-131.
［30］LIU T S，CHEN P，QIU F，et al. Review on laser directed energy deposited aluminum alloys. International Journal of Extreme Manufacturing［J］. 2024，6（2）：022004.
［31］王华明，张述泉，王韬，等. 激光增材制造高性能大型钛合金构件凝固晶粒形态及显微组织控制研究进展［J］. 西华大学学报（自然科学版），2018，37（4）：9-14.
［32］卢秉恒. 西安交通大学先进制造技术研究进展［J］. 中国工程科学，2013，15（1）：4-8.
［33］王强，孙跃. 增材制造技术在航空发动机中的应用［J］. 航空科学技术，2014，25（9）：6-10.
［34］PISCOPO G，IULIANO L. Current research and industrial application of laser powder directed energy deposition［J］. The International Journal of Advanced Manufacturing Technology，2022，119（11）：6893-6917.
［35］王华明. 高性能大型金属构件激光增材制造：若干材料基础问题［J］. 航空学报，2014，35（10）：2690-2698.
［36］王华明，张述泉，王向明. 大型钛合金结构件激光直接制造的进展与挑战（邀请论文）［J］. 中国激光，2009，36（12）：3204-3209.
［37］陈超越，王江，王瑞鑫，等. 航空发动机及燃气轮机用关键材料的激光增材制造研究进展［J］. 科技导报，2023，41（5）：34-48.
［38］巩水利，锁红波，李怀学. 金属增材制造技术在航空领域的发展与应用［J］. 航空制造技术，2013（13）：66-71.
［39］GRADL P，WALLER D，FEDOTOWSKY T，et al. Advancing additively manufactured Al 6061 RAM2 using laser powder directed energy deposition［EB/OL］.（2023-10-18）[2023-12-21］. https://ntrs.nasa.gov/citations/20230015016.htm.
［40］GRADL P，CERVONE A，COLONNA P. Integral channel nozzles and heat exchangers using additive manufacturing directed energy deposition NASA HR-1 alloy［EB/OL］.（2022-09-01）[2023-12-21］. https://ntrs.nasa.gov/citations/20220013530.htm.
［41］PETRAT T，GRAF B，GUMENYUK A，et al. Laser metal deposition as repair technology for a gas turbine burner made of Inconel 718［J］. Physics Procedia，2016（83）：761-768.
［42］徐冰锋，李慧，关玮亮，等. 激光熔覆技术在拉深模镶件中的应用［J］. 模具工业，2023，49（8）：65-72.
［43］南极熊3D打印. 全是金属3D打印制造！我国新一代载人飞船试验船返回舱大底框架结构［EB/OL］.（2020-05-12）. https://3dprint.ofweek.com/2020-05/ART-132101-8140-30439567.html.
［44］封慧，李剑峰，孙杰. 曲轴轴颈损伤表面的激光熔覆再制造修复［J］. 中国激光，2014，41（8）：86-91.
［45］KANG S H，SUH J，LIM S Y，et al. Additive manufacture of 3 inch nuclear safety class 1 valve by laser directed energy deposition［J］. Journal of Nuclear Materials，2021（547）：7.
［46］冯育磊，张训国，叶晋，等. 大型风电轴承滚道表面激光熔覆马氏体不锈钢涂层显微组织及性能研究［J］. 中国激光，2022，49（22）：92-101.

第11章

激光定向能量沉积的研究前沿与发展趋势

作为21世纪先进制造领域的颠覆性技术，激光制造技术凭借其非接触加工、能量精准调控和环境友好等优势，正在重塑现代工业制造范式。在"中国制造2025"战略驱动下，该技术已形成涵盖激光焊接、切割、熔覆及定向能量沉积等十余种核心工艺的完整技术体系，其应用场景已深度渗透航空航天、高端装备、电子信息等国家战略领域，在推动重大装备轻量化、功能构件一体化、失效部件再制造等工程实践中发挥着不可替代的作用。特别是在增材制造技术革命浪潮中，激光定向能量沉积技术因其独特的逐层熔覆成形机制，突破了传统制造方法在复杂构件成形、梯度材料制备及功能结构修复等领域的技术瓶颈，现已成为智能装备制造技术图谱中的战略性增长极。展望未来，激光定向能量沉积技术将会在更多领域得到应用和发展。随着材料科学、信息科学和激光技术的不断进步，该技术的制造速度和精度将进一步提高，为制造业带来更多的机遇和挑战。同时，随着增材制造技术逐渐普及和成熟，以及工艺及装备、材料及结构等方面的不断创新和完善，激光定向能量沉积技术也将成为未来制造业的重要发展方向和趋势。

11.1 激光定向能量沉积复合制造

由于激光技术的高热输入特性，使得单一激光制造技术存在微观缺陷、宏观变形以及高能耗等问题，不能完全满足先进制造技术的需求。激光定向能量沉积复合制造技术通过有效调控多种能源和工艺的复合应用，其综合优势超越了各工艺单独应用时简单叠加的效果，实现了单一工艺无法达到的材料加工效果，以及比单一工艺更高效率、更高质量、更高性能的产品制造。因此，激光定向能量沉积复合制造技术是解决目前单一激光增材制造技术所面临的新挑战的必然选择。通过将激光增材制造技术与其他制造技术复合应用，有望满足高效、环保、高质量、高性价比、定制化、集成化和智能化等现代先进制造技术的要求。

11.1.1 复合多能场的激光定向能量沉积

1. 超声场辅助激光定向能量沉积

借鉴超声在焊接、铸造等领域的应用，引入超声振动至激光定向能量沉积过程中，其目的是均化沉积层组织、细化晶粒、减小残余应力，并解决制件开裂问题，国内外学者已对超声辅助激光定向能量沉积的作用机理进行了理论研究和试验探索。陈畅源等提出将超声振动引入激光定向能量沉积过程，阐述了超声的空化效应和除气效果的作用机理；李军文等提出可将超声在金属熔体中的空化效应分为亚空化效应阶段和发展-发达阶段，并且只有在发展-发达阶段才具有良好的除气效果；曹凤国研究发现超声会引起空化崩溃现象，崩溃产生的激波对周围产生强烈冲击，加强了超声的机械搅动，并指出超声的声流效应是液体获得声波的能量和动量，引起液体的非周期性流动也会增强超声的机械搅动作用；杨运猛等定量分析了不同位置处由超声的声流效应引起的等效应力，并阐述了超声振动的机械效应和热效应的概念以及二者之间的关系。超声的空化效应、声流效应和机械效应等可以显著优化沉积层性能，其作用过程示意图如图 11-1 所示。

超声波的声流效应是环流、层流和紊流的综合表现，它能够搅动熔池，使其上下翻滚，减少宏观偏析，有助于均匀化沉积层的成分。空化泡破裂产生的强烈内部冲击可以分散聚集在一起的颗粒，并促使各种合金元素更均匀地分布。由空化效应、声流效应和机械效应引起的强烈流动使熔融基体与熔化粉末更好地混合，从而在一定程度上有助于减轻自然对流引起的宏观偏析。

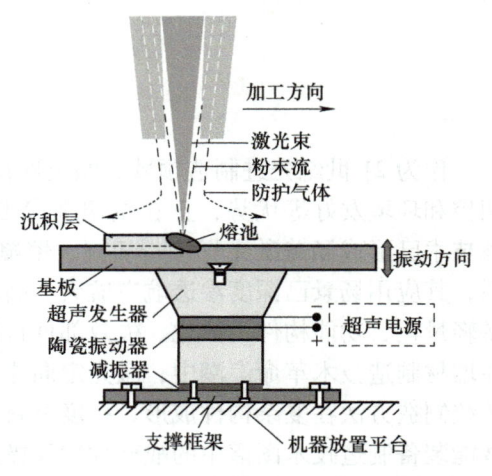

图 11-1 超声振动辅助激光定向能量沉积

激光定向能量沉积是一项对裂纹较为敏感的复杂冶金技术，其裂纹产生的主要原因包括：基体与沉积层、沉积层各部分之间存在较大的温度梯度；基体与沉积层材料之间的导热系数和热膨胀系数存在差异；由于激光定向能量沉积具有快速加热和快速冷却的特点，导致晶体组织较大且不均匀；另外，熔池冷却速度较快，使气体无法迅速上升排出，从而导致气孔缺陷的形成。通过超声辅助，可以采取三种方式来抑制裂纹的产生：减小温度梯度、改变晶体微观组织以及减少气孔数量。

超声对于改善沉积层的力学性能有两个主要原因。首先，超声辅助激光定向能量沉积使得沉积层材料的元素均匀分布，从而提高其力学性能。不同功率的超声施加会影响沉积层显微硬度的分布。对比试验表明，如果不使用超声，显微硬度呈指数函数分布，显微硬度的波动是由于元素的突变引起的。然而，通过施加超声振动辅助，随着超声功率的增加，元素分布更加均匀，显微硬度分布也更加平稳。

李杰等人研究了不同的超声引入方式对金属熔体的凝固组织产生的影响，这些方式包括上部引入、底部引入和侧部引入，它们可以细化晶粒并减少元素偏析。超声辅助激光定向能量沉积通常是通过将超声直接施加在基体下方来实现的，但在实际生产中，这往往难以实现，因为工作台或工件的尺寸可能过大，导致超声振动衰减或分布不均匀等问题。姜芙林等人提出了一种在空气中施加超声振动的创新方式，它具有更强的适应性和实用性。他们进行了关于最佳超声施加角度的试验研究，并发现当超声施加角度为 45°或 90°时，沉积层的宏观形貌最为平整均匀。因此，对于不同的激光功率和粉末材料种类，寻找最佳的超声施加方式至关重要。

超声振动对激光定向能量沉积过程的影响涵盖了空化效应、声流效应、机械效应等多个因素，这些因素相互叠加并相互影响，使得难以精确控制变量，无法量化计算单个效应对激光定向能量沉积过程的具体影响。采用超声辅助激光定向能量沉积时，需要考虑不同种类的基体材料和粉末材料，它们受到多种因素的影响，包括超声施加功率、施加距离、施振区间等。然而，在实际生产中，由于各种影响因素之间没有建立明确的相互作用规律，因此选择合适的超声参数变得相对复杂。

在实际生产中，如果能够自主开发温度闭环控制系统，并合理调整超声功率和施加区间，就能更精确地发挥超声的作用。可以尝试结合多种外部辅助手段，例如超声振动、电磁搅拌、感应预热等，以更好地改善沉积层的性能，从而使其能够被广泛应用。

2. 电磁场辅助激光定向能量沉积

在过去的研究中，国内外学者通常采用材料设计和工艺参数优化等方法来消除或减少激光定向能量沉积过程中的缺陷。通过利用电磁场产生的电磁力对熔池进行搅拌，可以引发熔池内液态金属的强烈对流，从而实现熔池温度场和溶质分布的均匀化，这有助于降低过冷度并细化凝固组织。

电磁场是一种非接触的外场辅助手段，在激光定向能量沉积过程中，电磁场与熔池中的金属熔体相互作用并引发电磁力，这个电磁力会改变熔体的对流运动、传质和传热过程，从而影响沉积层的凝固过程。因此，电磁场主要通过改变熔体的运动行为和凝固过程来影响激光定向能量沉积过程。电磁场对熔体的运动行为产生的影响主要包括电磁搅拌效应、电磁制动效应、热电磁流体效应和电迁移效应等几个方面。电磁场对熔池凝固过程的影响主要包括晶粒破碎作用、原子团起伏效应和焦耳热效应等几个方面。

目前，应用于激光定向能量沉积的磁场可以分为两类，即稳态磁场和非稳态磁场。稳态磁场是指磁场的方向和强度保持不变，通常通过永磁铁或通过在电磁铁中通入直流电来产生。非稳态磁场是指磁场的方向、大小或两者随时间发生变化，包括交变磁场、旋转磁场、脉冲磁场等。通过不同形式的电场和磁场发生装置的组合，可以实现多种电磁复合场的创建。因此，在应用于激光定向能量沉积过程中，存在多种电磁复合场的形式，如底部交变磁场、上部交变磁场和双侧稳态电磁场（见图11-2）等。

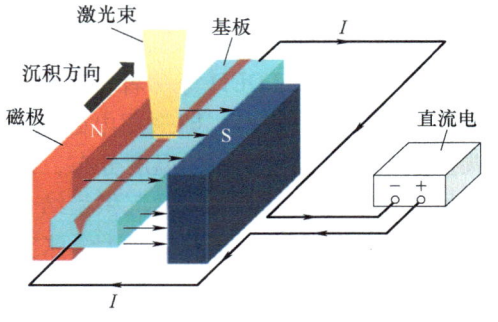

图 11-2 双侧稳态电磁场辅助激光定向能量沉积

电磁场辅助激光定向能量沉积能够调控沉积层微观组织，促进晶粒细化，降低成分偏析，使强化相分布更均匀，并抑制孔洞和裂纹等缺陷的产生。因此，采用电磁场辅助激光定向能量沉积技术能制备出性能优异的沉积层。电磁场辅助激光定向能量沉积创新了传统激光加工工艺，不仅可推动电磁理论在激光加工中的应用，还有助于高性能零部件表面基于 LDED 的激光再制造技术的发展，具备潜在的理论研究价值和广阔的工程应用前景。尽管前期研究者已在电磁场辅助激光定向能量沉积方面取得了一系列研究成果，但仍然处于研究初期阶段，未来可从多个方面展开相关研究工作。

目前，关于电磁场对激光定向能量沉积过程的影响机制主要基于电磁冶金原理和金属凝固理论展开讨论。后续工作应致力于完善电磁场辅助激光定向能量沉积技术的理论体系。目前的研究主要集中在电磁场对沉积层形貌、组织、成分、硬度及耐磨性等方面的影响，而涉及沉积层的力学性能、残余应力分布、耐蚀性等方面的研究较为有限，同时对电磁参数、激光定向能量沉积工艺参数等影响因素的系统研究也不足，未来的工作需要建立起"电磁参数-沉积工艺参数-沉积层组织-性能"之间的内在联系。目前，电磁场辅助激光定向能量沉积技术还主要用于试验研究，应用于相对较小的基体尺寸。在实际应用中，对于大型零部件的激光定向能量沉积，需要着重考虑如何通过搭建电磁场发生装置来实现其在待加工工件表面的均匀分布。

3. 热场（感应加热）辅助激光定向能量沉积

近年来，激光定向能量沉积技术在修复受损的高温合金叶片方面表现出独特的优势和潜力。其中，高能量密度的激光束在合金表面形成小体积熔池，在熔池附近会产生明显的与堆积方向平行的温度梯度，从而有助于枝晶的有序生长。不过，高温度梯度会造成熔池附近产生巨大的热应力，容易导致热裂纹的产生和扩展。在析出强化型高温合金中，热裂纹的产生倾向尤为明显，当受到的拉应力超过晶界强度时，就会产生凝固裂纹或液化裂纹。为了控制高温度梯度导致加工零件所产生的残余应力和裂纹缺陷，感应加热作为辅助工艺被应用于激光定向能量沉积技术中，如图 11-3 所示。

感应加热技术本质上是一种电加热方式，通过在导体内部产生的电磁感应作用和涡流发热来实现工件加热，使工件表面温度在极短时间内快速升至 800~1000℃，以实现迅速加热工件的目标。1993 年，GRILLOUD 等学者首次提出了激光感应加热复合沉积技术，即采用电磁感应线圈辅助调控激光定向能量沉积的温度分布，以改善沉积层的显微组织。华中科技大学张海鸥等将感应加热技术与激光定向能量沉积相结合，感应加热在改善沉积工艺中发挥显著作用，克服了气孔及裂纹的产生。西安交通大学张安峰等发现随着感应加热温度的升高，采用激光定向能量沉积制造高温合金时裂纹率降低，还可以减小沉积层与基板之间的温度梯度，增加沉积层顶部的等轴晶层厚度。西北工业大学黄卫东等提出了同步感应加热辅助激光定向能量沉积制造技术，成功制备了 TC4 合金试样，经调控后的沉积件力学性能可与经过热处理的 TC4 样品媲美。

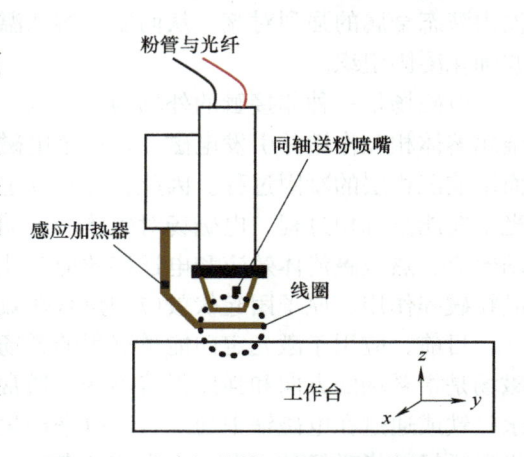

图 11-3 感应加热辅助激光定向能量沉积

关于感应加热辅助激光定向能量沉积技术，已有研究表明感应加热的辅助可以有效降低金属沉积过程中的温度梯度和冷却速率，从而减少过程中的热应力和成形后的残余应力，减少裂纹等缺陷的产生。同时，感应加热与激光定向能量沉积技术的结合能够实现更加灵活的热行为控制，从而调节凝固条件和固相转变条件。因此，感应加热辅助激光定向能量沉积技术在碳化物增强激光定向能量沉积成形复合材料方面具有广阔的研究前景。可见，引入外部热场的这一方法将有效提升激光定向能量沉积在重要设备制造领域中的推广应用和发展潜力，增强其技术及产品竞争力。

4. 电弧能场辅助激光定向能量沉积

激光-电弧复合定向能量沉积通过两种热源的相互作用，提高了电弧在高速下的燃烧和熔滴过渡的稳定性，旨在防止大电流失稳，同时提高成形精度和效率，如图 11-4 所示。

当电弧与激光在空间中相遇时，光致等离子体和电弧等离子体之间发生强烈相互作用，形成导电通道。由于激光等离子体的电阻率低于电弧等离子体，大量带电粒子从光致等离子体通过通道进入电弧等离子体中，这可以稀释并减少光致等离子体中的带电粒子密度，从而提高电弧的电离度，降低电弧电阻。根据最小电压原理，激光产生的小孔为电弧提供一个稳定的阴极斑点，将电弧等

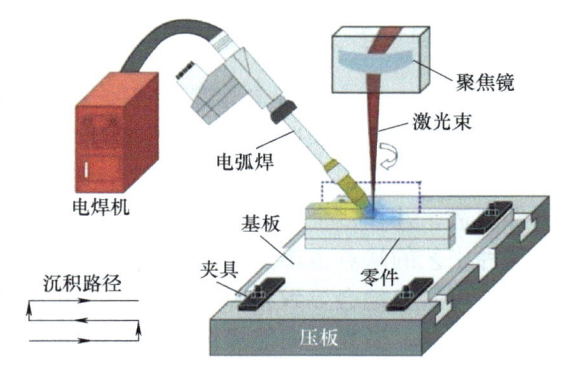

图 11-4 电弧辅助激光定向能量沉积

离子体吸引并压缩至小孔附近，从而提高电弧的高速稳定性。同时，双重热源叠加效应还可以增强熔池的流动稳定性，在改善沉积线形状、减少飞溅、消除咬边和驼峰等冶金缺陷方面具有显著优势。

在激光-电弧复合定向能量沉积碳钢的过程中，热电子发射比电弧焊接要容易得多。这是因为电弧与激光之间存在明显的交互作用，导致电弧电压更加稳定，从而将沉积速率从电弧焊的 0.5m/min 提高到 5m/min 以上。类似的现象在复合板、镁合金、铜合金和异种金属的激光-电弧复合定向能量沉积研究中也得到了证实，这表明该复合工艺在提高电弧稳定性方面具有潜力。

大连理工大学在低功率激光-电弧复合激光定向能量沉积方面对不锈钢和铝合金进行了广泛研究。张兆栋和李旭文等人研究了低功率激光（0~500W）对奥氏体不锈钢（ASS）成形试样组织和性能的影响规律，并以电弧金属沉积制造试样作为对比参考，发现 ASS 试样的力学性能从电弧金属沉积制造的 530MPa 提升至激光-电弧复合定向能量沉积制造的 596MPa。

2019 年，吕勒奥理工大学的 Näsström 等学者研究了在高功率激光（3.5kW）的作用下，引导模式（激光引导和电弧引导）对激光-等离子弧复合定向能量沉积制造不锈钢制件的宏观成形产生的影响。

目前，国内高度关注激光-等离子弧复合定向能量沉积制造工艺，并开展了一系列研究。华中科技大学的钱应平等学者使用 225W 的激光-等离子弧复合定向能量沉积技术制造 K163 高温合金，他们观察到激光对等离子弧的压缩现象，以及成形精度的提高，同时沉积效率可达 1.5kg/h。

通过分析现有金属构件激光定向能量沉积方法的研究现状，可以证明进行激光-电弧复合激光定向能量沉积相关研究，无论是从拓展激光定向能量沉积和激光复合加工基础理论创新的角度，还是从工业应用的角度来看，都具有重要意义。目前，大多数涉及组织性能的激光-电弧复合定向能量沉积技术研究使用的激光功率都小于 500W。由于激光功率受限，其主要用于稳定电弧，电弧电流或沉积速率与电弧金属沉积制造相比并没有显著改变，因此在沉积效率和成形精度方面的提升并不明显。为了充分发挥激光-电弧复合定向能量沉积在提升

产品质量、提高沉积效率方面的优势,并实现激光-电弧复合定向能量沉积成形大型金属构件的工业化应用,提高能量输入效率是实现高效率沉积的关键。

11.1.2 复合多工艺的激光定向能量沉积

1. 激光增减材复合定向能量沉积

激光定向能量沉积通过直接使用叠层堆积方式构建三维零部件,其设计源自计算机辅助设计(CAD)模型。在过去的30年中,激光定向能量沉积已广泛应用于多种材料和尺寸的零部件制造,并在多个领域得到了广泛应用。然而,随着人们对激光定向能量沉积的深入了解,这种工艺的缺点也逐渐显现。激光定向能量沉积技术利用高能束流逐点逐层熔化和凝固材料,不可避免地会导致相邻层之间出现台阶效应等负面影响,从而导致表面质量和尺寸精度较低。因此,激光定向能量沉积制造的零件表面精度达不到机械加工的水平,而在航空航天等领域,对于尺寸公差的要求非常严格,因此仅依赖激光定向能量沉积构建的零件很难满足其精度要求。激光增减材复合定向能量沉积则将金属零件增材制造与减材加工的优势融合在一起,它通过激光定向能量沉积一层或多层后,再利用铣削、磨削等减材加工方法将零件精确加工至设计尺寸和形状,其过程如图 11-5 所示。增减材制造可以交替或同步进行,从而提高零件的表面质量和成形效率。

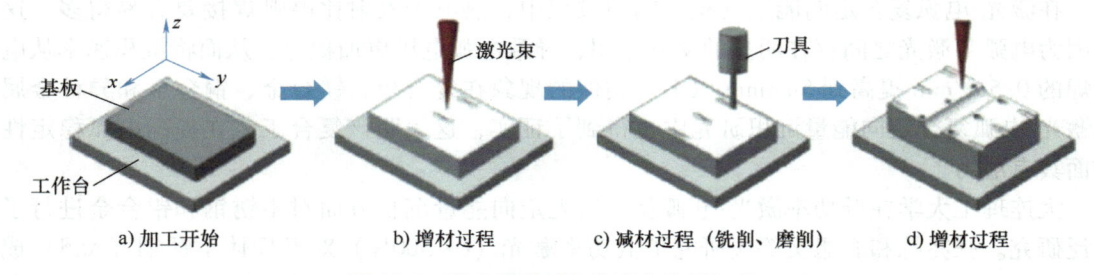

a) 加工开始　　　b) 增材过程　　　c) 减材过程(铣削、磨削)　　　d) 增材过程

图 11-5　激光增减材复合定向能量沉积

激光增减材复合定向能量沉积具有以下几点优势:

1)相对增材制造工艺,成形零部件具有更高尺寸精度和表面质量。
2)材料利用率最高可达 97% 以上。
3)加工过程中工件无须移动,降低了移动带来的定位误差和碰撞事故。
4)单一机床代替了复杂的工艺链,在节省车间空间的同时更加节能环保。
5)可协同原位加工精细复杂结构。
6)总投资较低,复合机床的价格低于整条工艺链所需的设备,且增减材工艺在复合机床中共享软硬件平台[引导系统、机床结构、数字控制(CNC)系统、用户界面]。

由于激光定向能量沉积制造过程具有灵活性较强、受工艺约束较少等优势,许多制造商将激光定向能量沉积设备有机整合到多轴数控机床中,作为新的发展方向。国外学者对复合设备进行了相关研究,他们将激光沉积头整合到数控机床中,为避免干涉通常安装在数控机床的主轴旁,从而实现复杂形状零件的精整加工。

(1)复合铣削。Kerschbaumer 等人报告了一种激光定向能量沉积和 CNC 复合加工系统,该系统将激光沉积头和送粉系统集成到商用 Röders 五轴数控机床中。五轴机床允许在多个构建方向上沉积材料，从而避免了熔融材料沿倾斜表面流动，同时显著降低了对支撑结构的需求。此外，五轴机床的灵活性还增加了刀具可加工的区域，提高了减材过程的效率。这项研究发现，由于粉末原材料对于沉积环境有严格的要求，在进行交替激光定向能量沉积和切削操作时，无法使用切削液，这导致了成形效率的大幅降低。

Jeng 和 Lin 等人采用激光定向能量沉积和铣削复合工艺制备了金属快速原型模具。他们首先利用激光直接熔化喷嘴喷出的金属粉末形成沉积层，然后对沉积层的顶部和侧面进行铣削，以达到预期的精度。最终，堆积完成的模具可用于注塑，研究结果显示该模具具有良好的几何精度和致密度。

（2）复合磨削。磨削也可以成为复合加工的一部分，如 Löber 等利用磨削将 316L 不锈钢增材制造零件的表面粗糙度由 $15\mu m$ 降低至 $0.34\mu m$。Rossi 等报道，经过磨削处理后，Ni-Fe-Cu 增材制造零件在水平表面上的表面粗糙度从 $12\mu m$ 减小到 $4\mu m$，在垂直表面从 $15\mu m$ 减小到 $13\mu m$。激光定向能量沉积增材制造零件复杂的几何形状对传统磨削提出了挑战，为了应对这种挑战，Beauchamp 等使用形状自适应磨削来对 Ti-6Al-4V 增材制造零件后处理，该工艺使用三种不同金刚石磨粒磨削零件表面，获得 $10nm$ 的表面粗糙度。

目前，基于激光的复合工艺已经成为复合制造的主流。Hermle、Mazak 等众多知名机床制造商也纷纷研发了基于激光的增减材复合机床，但激光复合制造仍然存在一些问题。例如，尽管理论上激光可以用于绝大多数金属材料的激光定向能量沉积，但高反射率的材料能量吸收效率较低。此外，在激光定向能量沉积过程中难以使用切削液，而且缺乏有效的散热手段，可能会影响加工效率。

当前，大多数五轴数控系统由德国西门子公司、日本三菱公司和 FANUC 公司开发，因此不能在它们的系统内部直接编写程序以实现增减材复合制造功能。所以需要开发三大类软件，包括零件特征识别分层软件、增减材复合制造路径生成与规划软件，以及增减材加工工艺模拟软件。此外，根据不同的成形材料和技术要求，确定最佳的制造工艺和最优的工艺参数，以最终实现形状和性能的控制，这也是未来复合制造工艺参数研究的方向之一。

2. 激光增等材复合定向能量沉积

激光定向能量沉积技术利用快速成型制造的原理，具有温度梯度大、冷却速率快等特点，从而使材料的组织结构与平衡态显著不同，包括晶粒细小、固溶度扩大和新的亚稳相出现等特点。此外，随着研究的深入，研究学者发现激光定向能量沉积金属零件存在一些固有的缺陷，如孔洞、残余拉应力、各向异性、微裂纹和表面粗糙度差等，这些缺陷显著影响了其使用性能，限制了其在关键承载零部件上的应用。因此，激光增等材复合定向能量沉积技术应运而生，它将激光定向能量沉积与传统的金属塑性加工方法有机结合，如轧制、铸造、锻造、喷丸和搅拌摩擦等，以突破单一激光定向能量沉积技术在冶金缺陷、表面粗糙度和尺寸精度等方面的局限性，从而拓宽了激光定向能量沉积技术的应用范围。

（1）复合轧制。由于轧制在焊接领域中能有效降低焊缝的残余应力，从而衍生出了复合轧制的激光定向能量沉积技术，如图 11-6 所示。该技术

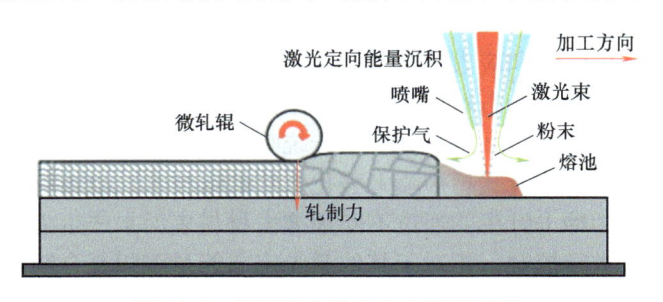

图 11-6 轧制复合激光定向能量沉积

利用轧辊对沉积层进行碾压，导致其塑性变形，以达到提高工件尺寸精度、细化显微组织并减少残余应力等目标。针对钛合金和铝合金，轧制复合激光定向能量沉积技术能够消除材料的各向异性，从而赋予其与锻件相当的力学性能。两位代表性学者分别来自克兰菲尔德大学的 Colegrove 和华中科技大学的张海鸥，这两个团队几乎同时进行了轧制复合定向能量沉积的相关研究。不同之处在于轧制温度的选择：前者采用沉积冷却后进行轧制变形，即层间冷轧；而后者则在高于再结晶温度时，通过轧辊与热源的同步移动进行热变形，即原位热轧。另外，为了确保构件的整体力学性能，可以使用侧辊或带孔型的轧辊来控制侧向变形，从而显著提高了尺寸精度和力学性能。然而，这种工艺需要使用高刚度的设备，这会导致生产成本增加，从而降低了产品的竞争力。

（2）复合喷丸。与喷丸工艺相结合的激光定向能量沉积复合制造技术是一个尚未得到广泛深入研究的领域。喷丸是一种通过在工件表面植入一定深度的残余压应力以提高材料疲劳强度的表面强化工艺，主要包括激光喷丸、超声喷丸和机械喷丸，如图 11-7 所示。将喷丸工艺与激光定向能量沉积相结合是一种具有控制材料形态和性能的激光定向能量沉积复合制造技术，在航空航天、国防工业和生物医疗等领域具有重要的应用前景。

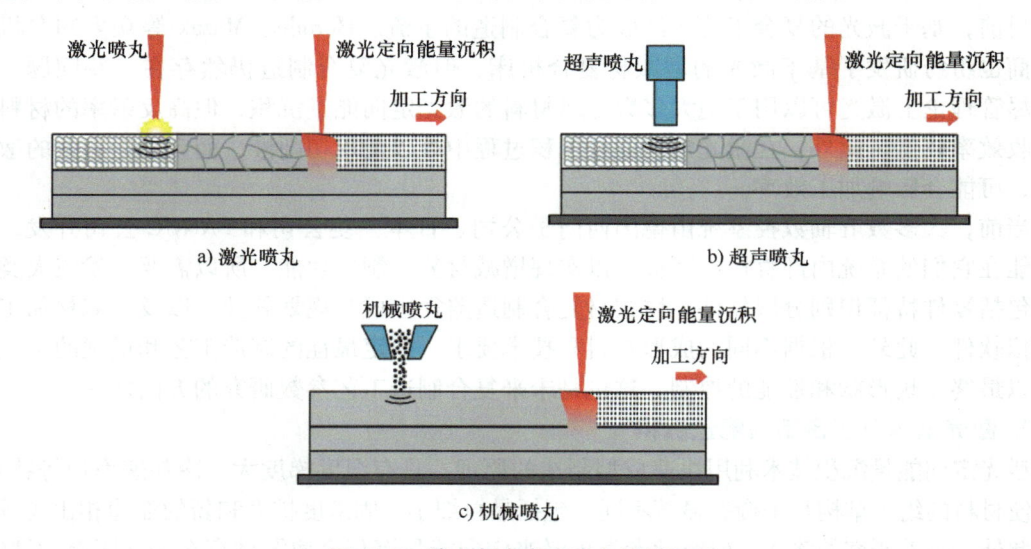

a) 激光喷丸

b) 超声喷丸

c) 机械喷丸

图 11-7 喷丸复合激光定向能量沉积

激光冲击辅助激光定向能量沉积是金属沉积后处理阶段的一项技术。它通过高功率密度和短脉冲的激光作用于零件表面的能量吸收层，诱导零件表面产生高振幅的冲击波，以实现对表层的高能冲击。这样可以在零件表层植入一定深度的塑性变形，改善其表层晶粒形态、显微组织和应力状态，从而提高零件的整体宏观力学性能，该工艺适用于工序分离式复合制造。激光冲击对沉积层的作用原理类似于喷丸，也被称为激光喷丸。

超声喷丸是一种基于传统喷丸技术的新型表面强化技术。在 20 世纪 50 年代，出现了一种称为撞针式超声喷丸强化方法的新技术，也被称为超声冲击。这种方法利用超声冲击枪前端的冲击针头，通过不断地撞击材料表面来产生强化效果。冲击针头的运动方向和速度都可以进行控制。相对于其他激光定向能量沉积复合制造技术，复合超声喷丸的激光定向能量沉积技术是一种低成本且可以快速提高零件性能的方法，采用这种耦合工艺制造的零件具有较单一激光定向能量沉积工艺更高的屈服强度和细化的微观组织。

机械喷丸是在 20 世纪 50 年代,随着飞机整体壁板的应用,基于喷丸强化工艺发展起来的一种新型工艺方法。它用于成形外形变化平缓的蒙皮类壁板件,这些零件可以是等厚度板、变厚度板和带筋整体壁板。机械喷丸的基本原理是通过高速弹流撞击金属板件的表面,使受喷表面的表层材料产生塑性变形,产生残余应力,从而逐步使板件整体达到所需的外形曲率。在机械喷丸成形过程中,每个金属弹丸以高速撞击金属板件的表面,导致受喷表面的金属材料围绕每个弹丸向四周延伸。金属的延伸超过了材料的屈服极限,产生塑性变形,形成了压抗。然而,表层材料的延伸受到内层金属的制约,因此在板件内部产生了内部应力。这些内部应力平衡的结果使板件发生双向弯曲变形,从而实现了板料的成形。尽管机械喷丸是应用最成熟和广泛的喷丸强化技术之一,但在与激光定向能量沉积工艺复合时仍然面临一些挑战。举例来说,机械喷丸的弹丸直径比激光定向能量沉积的粉末颗粒大数个数量级,因此需要额外的步骤来清除弹丸,以防止材料污染。针对这个问题,Sangid 等人提出了"细粒喷丸(Fine Particle Shot Peening,FPSP)"的概念,他们使用激光定向能量沉积材料粉末 AlSi10Mg 作为喷丸介质,以避免材料污染问题。然而,由于喷丸介质的强度和硬度不足,因此撞击产生的冲击压力较小,形成的残余压应力在后续过程中被释放。

在复合制造工艺中,由于需要在完成若干层的沉积后再进行喷丸强化,这导致了较小的塑性变形,难以消除沉积层内部的气孔、缩松、微裂纹等内部缺陷。事实上,基于喷丸的激光定向能量沉积复合制造技术仍处于早期研究阶段,其工艺机理需要进一步深入探索和研究。

(3)复合锻造。将激光定向能量沉积与锻造技术相结合,可以充分发挥两者的优势,实现高效的锻造成形和高柔性的激光定向能量沉积制造,这种复合制造方式使得成形的复杂结构和高性能零件近乎成品。目前有三种复合类型:即模锻成形整体锻造复合型、机械锤击局部锻造复合型和激光锻造复合型。

与模锻成形整体锻造相结合的激光定向能量沉积复合制造通常采用工序分离的方式,利用激光定向能量沉积和电弧增材这两种增材技术,在预成形的锻件上引入新的结构特征。这不仅提高了制造效率,还增加了制造的灵活性。与传统锻造相比,材料的利用率提高了 50%,并且制件的强度、伸长率等力学性能指标都有显著提升。

目前,与机械锤击局部锻造相结合的激光定向能量沉积复合制造的相关研究报道较少,其复合制造示意图如图 11-8 所示。锤击锤头的尺寸相对较小,与工件的接触方式为点接触或微型球面接触。与轧制工艺的线接触或柱面接触相比,这种方式具有更大的灵活性,在加工时受工件形状的限制较少。此外,锤击的作用是非连续性的多次间断冲击,其作用力是瞬间的冲击力,作用时间非常短。由于这种瞬间的接触力较大,通过多道次小的塑性变形累积,最终可以使沉积层发生显著的塑性变形。这不需要大型设备提供高达数千牛的持续静压力,而且可以与承载能力有限的工业机器人结合使用,以获得更高的加工自由度,满足复杂形状零件的加工需求。然而,目前锤击变形量难以实现精确控制,因此其成形

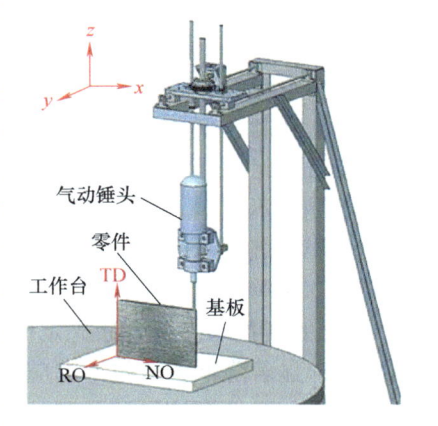

图 11-8 机械锤击局部锻造复合型激光定向能量沉积

精度较轧制复合式激光定向能量沉积要低。

激光锻造复合激光定向能量沉积技术是张永康团队在长期研究激光喷丸的基础上提出的新方法,如图 11-9 所示。它的核心是两束不同功能的激光束协同制造金属零件。其中,第一束连续激光用于金属沉积制造,第二束短脉冲激光(脉冲能量 10~20J、脉冲宽度 10~20ns)直接照射在高温金属沉积层表面。金属表层吸收激光束的能量后会气化电离,形成冲击波。通过利用脉冲激光诱导的补充冲击波(峰值压力为 GPa 量级),对易于塑性变形的中高温度区域进行"锻造"。激光定向能量沉积工艺与激光锻造工艺同时进行,直至完成零件制造。激光锻造导致沉积层发生塑性变形,消除了沉积层中的气孔和热应力,从而提高了金属零件的内部质量和力学性能,可有效控制其宏观变形和开裂问题。

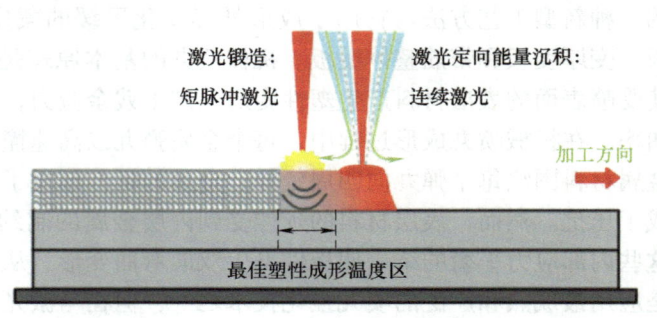

图 11-9 激光锻造复合型激光定向能量沉积

尽管辅助工艺激光锻造在这种激光定向能量沉积复合制造技术中起源于激光喷丸,但它们之间存在重要区别。首先,冲击波的激发介质不同:激光喷丸通常需要吸收保护层和约束层,其中吸收保护层表面吸收激光能量后气化电离,从而形成冲击波。但这个气化层的深度通常不足 1μm。相反,激光锻造不需要吸收保护层和约束层,它直接将激光束照射在中高温度的沉积层上,使金属吸收激光能量并气化电离,从而形成冲击波。由于激光定向能量沉积是逐层累积进行的,每一层不足 1μm 的气化层厚度不会影响零件的尺寸和形状;其次,作用对象不同:激光喷丸通常用于对常温零件进行强化处理,而激光锻造则用于对中高温度金属进行冲击锻打;最后,主要功能不同:激光喷丸的主要功能是改变残余应力状态,其次是改变微观组织,但难以改变材料原有的内部缺陷。相比之下,激光锻造的主要功能是在中高温度下消除金属沉积层内部的气孔、微裂纹等缺陷,从而提高材料的致密度和力学性能。此外,它也能够改变残余应力状态。

(4)复合搅拌摩擦。在激光定向能量沉积工艺中,由于沉积材料与基材的熔点、相容性等方面的差异,导致沉积层中气孔、裂纹等缺陷产生,进一步导致沉积层力学性能的降低,而采用传统的表面改性和热处理方法不能完全消除孔洞和裂纹,也难以实现组织均匀化和致密化。轧制、喷丸或锻造辅助的激光增等材复合定向能量沉积虽然可以在一定程度上改善沉积层冶金组织粗大、缺陷较多的问题,但这些辅助方式变形量有限,组织细化程度不足,性能提升不明显。所以,复合大变形量搅拌摩擦加工(Friction Stir Processing,FSP)的激光定向能量沉积技术开始得到应用,其原理图如图 11-10 所示。

Siyao Xie 等研究了一种利用 FSP 辅助激光定向能量沉积制备变形无裂纹的纳米结构 Ni-Cr-Fe 涂层的新技术。尽管激光定向能量沉积在表面硬化领域得到了广泛应用,但其固化裂纹的限制却显著降低了该技术的应用范围。裂纹通常在晶界处开始,这是由于激光快速熔凝过程中晶界的脆性沉淀导致了裂纹源的形成。通过 FSP 的热力学耦合作用消除了通常的冶金缺陷,以 Ni-Cr-Fe 作为代表性的涂层材料通过 FSP 辅助激光定向能量沉积,Ni-Cr-Fe 涂层的裂纹被消除,粗大的沉积层晶体被转化为分散的纳米颗粒,此外裂纹在塑性区内闭合。晶粒细化使硬度增加到超过 400HV，远高于单一激光定向能量沉积结构的 300HV。经过 FSP 后，摩擦系数从 0.6167 降至 0.5645，提高了耐磨性。

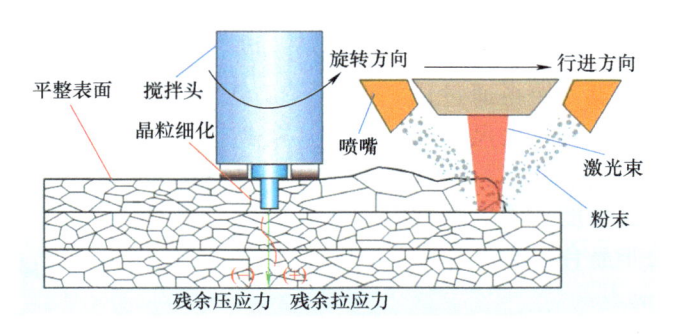

图 11-10　搅拌摩擦复合激光定向能量沉积

　　Yoshiaki Morisada 等通过激光定向能量沉积和搅拌摩擦加工相结合开发了一种制备具有各种碳化物颗粒的纳米结构工具钢层工艺。在激光定向能量沉积过程中形成的粗颗粒碳化物由于与基体之间的弱界面而导致其容易剥离，随后在搅拌摩擦加工过程中被破碎成碳化物纳米颗粒，并均匀分散在铁基体中。在优化条件下，激光定向能量沉积和搅拌摩擦加工形成的纳米结构工具钢层的显微硬度约为 900HV，高于传统工具钢的硬度。

　　Ruidi Li 等研究了经激光定向能量沉积和搅拌摩擦复合工艺制备的 Co-Cr-Fe 合金结构表层，发现 Co-Cr-Fe 合金沉积态结构在搅拌摩擦加工后转变为纳米结构，从而改善其力学性能。在 Co-Cr-Fe 合金沉积态结构中有粗大的脆性碳化物沿晶界沉淀析出，容易导致微裂纹的生成。经过搅拌摩擦加工后，得到 20~100nm 粒径和 0~6μm 厚度的纳米结构表面层，微裂纹消失。

　　姚延松研究了在 6061 铝合金表面采用激光定向能量沉积制备 KF-2-WC-CaF2 镍基自润滑涂层，并对沉积后的 KF-2 镍基涂层进行搅拌摩擦加工。发现经搅拌摩擦加工制备的镍基自润滑涂层中无气孔、裂纹等缺陷；经过三次搅拌，涂层表面分布着均匀的洋葱环纹。

　　由上述研究结论可知，基于搅拌摩擦强塑性变形理论，将搅拌摩擦作为等材制造方法引入增材制造中，通过局域/全域搅拌摩擦强塑性变形，调整搅拌头工艺参数（旋转速率、行进速率、搅拌深率和搅拌压力），可以实现组织的细晶化、均匀化、致密化和有序化，同步消减增等材制件的残余应力和局部变形。

11.2　特殊材料的激光定向能量沉积

11.2.1　非晶合金

　　非晶合金（Amorphous Alloy），又称金属玻璃（Metallic Glass），由于其原子结构既有短程有序又有长程无序（见图 11-11），因此具备金属和玻璃的双重性质。由于其出色的强度、硬度、耐蚀性以及电磁特性等物理、化学和力学性能，引起了广泛关注。在过去的 20 多年里，随着制备技术的改进，成功地利用块体非晶合金制造了高性能产品，如 USB 接口、中轴、手术刀、高尔夫球头、镜架和飞机机翼等关键部件，使其逐渐在汽车制造、生物医学、电力工程、刀具制造、航空航天等领域展现出独特的应用潜力。但制备块体非晶合金需要极高的冷却速率、高真空和高纯度原料等苛刻条件，这使得通过传统成形方法难以在大尺寸或超大尺寸非晶合金构件方面取得有效的突破。此外，块体非晶合金的高室温强度和硬度特性使得处理复杂结构的非晶合金构件非常具有挑战性。

a) 普通金属　　　　b) 非晶合金

图 11-11　非晶合金与普通金属的原子结构区别

激光定向能量沉积技术作为一种新兴的技术，为制备非晶合金提供了新的方法，也为非晶合金在工程上的应用创造了新的发展机会。利用激光定向能量沉积制造的高性能非晶合金零部件可应用于国防军工、航天航空、生物医疗等多个领域。尤其是非晶合金的高强度、高耐磨性与耐蚀性等优异特性赋予其良好的生物相容性，使其在医疗领域有广泛的发展前景。

激光定向能量沉积制造非晶合金是一项新兴途径，对其中的关键科学问题的研究还相对有限，特别是对于热影响区的晶化机制、弛豫行为、组织结构演变、缺陷形成机理以及残余应力分布等方面的了解尚不充分。在激光定向能量沉积过程中，热影响区内的非晶结构容易在热循环的影响下发生晶化。此外，制造过程中残余应力的堆积容易导致非晶合金出现裂纹，而不合理的工艺参数设置也可能导致孔洞等缺陷的产生。所有这些因素都可能导致非晶合金的成形质量下降。尽管在实践中已发现通过调整激光工艺参数和修改扫描策略等方法可以避免这些问题，但实际上，即使是相同体系的非晶合金，激光参数也没有固定的选择范围，这给高性能非晶构件的快速制造造成了严重困难。今后，各个体系的非晶合金激光定向能量沉积技术都需要结合有限元模拟和理论分析，在更深层次上探索其中的关键机理，以制定合适的工艺参数，用来防止晶化和缺陷的出现。

11.2.2　高熵合金

2004 年，Cantor 等人首次提出了 CoCrFeMnNi 等原子比例多主元固溶体合金，提供了与传统合金设计不同的思路。随着研究的深入，中国台湾新竹清华大学的叶均蔚等人将由等原子比或接近等原子比的 5 种或更多元素组成的多主元固溶体合金命名为高熵合金（High Entropy Alloy，HEA），其原子结构特征如图 11-12 所示。高熵合金具有热力学上的高熵效应、结构上的晶格畸变效应、动力学上的迟滞扩散效应以及性能上的"鸡尾酒"效应，如图 11-13 所示。这些效应使高熵合金具有高硬度、抗氧化、耐蚀、耐高温、耐磨损等优势，因此，高熵合金被誉为 21 世纪三大合金突破性理论之一，引起了相关研究领域的广泛关注。

激光定向能量沉积技术利用"离散-堆积"成形原理可以直接制造组织致密且性能卓越的高熵合金材料以及结构复杂且精度较高的零部件，从而有效减少了材料浪费。此外，激光定向能量沉积技术还有助于高熵合金晶粒的超细化。

目前，高熵合金的研究备受关注，它可以以块状、粉末状、涂层、薄膜等形式存在，并在航空航天、核反应堆、汽车工业、生物医疗和化学加工等多个领域具有广泛的应用和研究

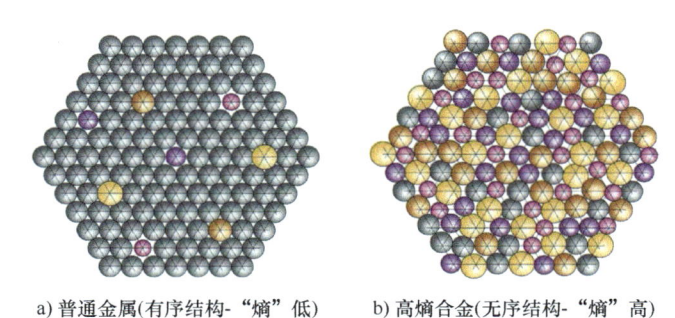

a) 普通金属(有序结构-"熵"低)　　b) 高熵合金(无序结构-"熵"高)

图 11-12　高熵合金与普通金属的原子结构

高熵效应

晶格畸变效应　　鸡尾酒效应　　迟滞扩散效应

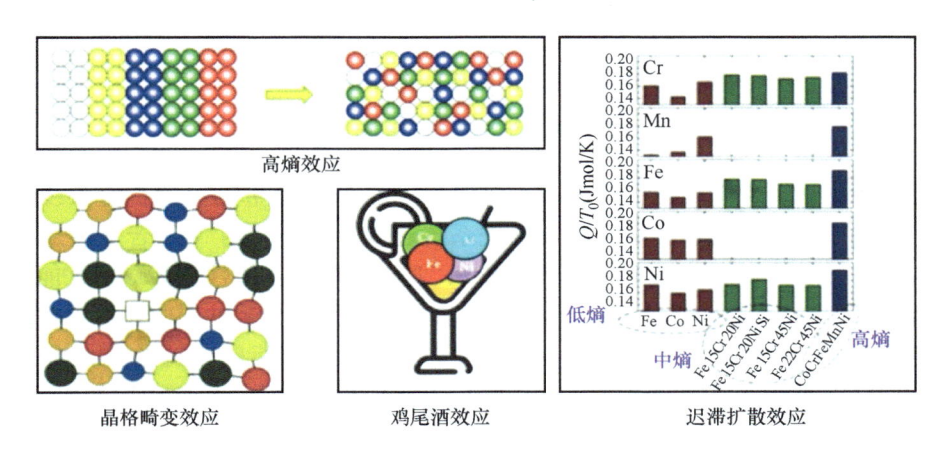

图 11-13　高熵合金四大效应

价值。当前，高熵合金的研究主要分为以下几个方向：①改变某些元素的含量，以研究高熵合金的微观变化；②添加某种元素（如 Ti 和 Cr），以研究高熵合金在不同元素影响下的力学性能和显微结构变化；③改变工艺参数或结合热处理和机械变形等方法，以研究高熵合金的性能变化。作为近年来新兴的一种工艺技术，激光定向能量沉积有望提高高熵合金的性能，改善其微观结构，并保证化学成分的均匀性。然而，目前相关研究相对较少，需要进一步完善高熵合金激光定向能量沉积的工艺及设备，并深入研究其工艺、组织和性能之间的关系。

11.2.3　形状记忆合金

形状记忆合金（Shape Memory Alloy，SMA）是指在特定温度下经适当变形后，再经过温度变化，能够恢复到原始形状的材料。由于形状记忆合金的 3D 打印成形件可随着时间和外界刺激进行形状、性能和功能变化，3D 打印成形件增加一个时间维度而形成 4D 结构。4D 打印技术使复杂智能结构的快速制造成为可能，可应用于生物医疗、航空航天、智能机器人、精密光学器件和智能结构等领域。目前，已知的形状记忆合金主要包括 NiTi 基、Cu 基、Fe 基等合金。其中，NiTi 合金不仅具备卓越的形状记忆效应和超弹性效应（见图 11-14），还表现出卓越的阻尼性、高耐蚀性、强耐磨性、较低的刚度以及良好的生物相容性，因而在形状记忆合金中应用最为广泛。

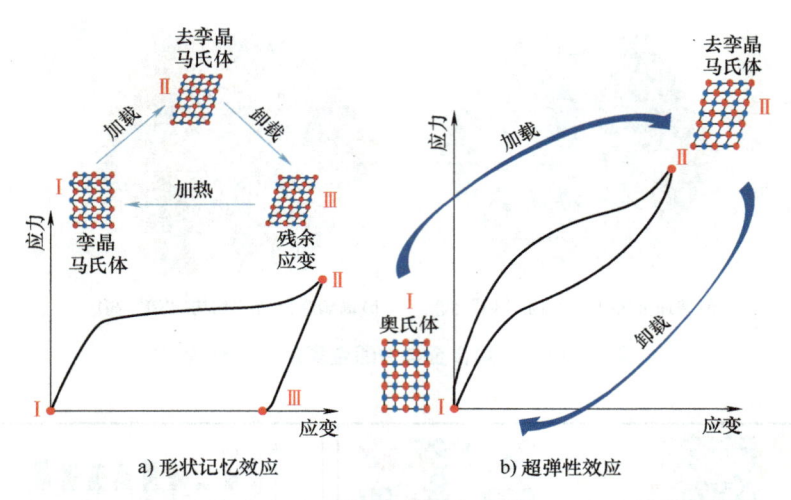

图 11-14　NiTi 合金的形状记忆效应与超弹性效应原理示意图

在航空航天方面，伴随着航空航天技术的发展，由 NiTi 合金制备的折叠天线解决了太空中接收信号的难题；伴随着航空飞行器推进系统逐步升级，使用 NiTi 合金制成的锯齿状边缘喷嘴能够有效地降低涡轮机喷气噪声的水平。这种喷嘴采用柔性锯齿形状，能够使喷气气流向内部伸展以减少混合大气的相对剪切，从而在达到降噪效果的同时还可以提升涡轮机的工作效率并降低其所受损害；NiTi 合金也可应用在火星沙石运输车轮胎上，由于 NiTi 合金的特殊性能使得车辆在特殊的道路上车轮与道路完美适应并极大提高了车辆的平稳性。

多孔 NiTi 合金因其接近人体骨骼弹性模量的特点，成为生物医疗领域中理想的材料之一。多孔 NiTi 合金能够减弱应力屏蔽效应，促进骨骼融合，使植入体与骨骼形成更加紧密的连接。因此，人工臼杯、人工耳蜗、血管支架、固定器以及矫正器等医疗器械都可以采用 NiTi 合金制造，这些器械已经在医学领域得到广泛的应用。

NiTi 合金具有形状记忆和结构轻盈的特性，在日常生活中也有广泛的应用。一些产品，如眼镜框架、手机天线、文胸等，都利用了这种合金的形状记忆特性，而另一些产品，如感温窗帘、智能衬衣、防烫服等，则利用了它的结构轻盈特点。这些产品在市场上销量很大，而且还有更多的应用潜力待挖掘。

传统制备 NiTi 合金通常采用铸造、锻造和粉末冶金等工艺，但这些传统工艺都存在着难以制造复杂形状构件、易发生成分偏析以及低加工效率等问题。在工业级别上，激光定向能量沉积 NiTi 合金的优势在于其适合制备复杂形状、个性化、一体化、定制化的零件，极大地推动和刺激了新概念以及新产品的发明与使用。目前，对于激光定向能量沉积 NiTi 合金的研究主要集中在二元合金，涉及激光工艺参数的优化，工艺参数对成形 NiTi 合金试件成形质量、相变行为和力学性能的研究。激光工艺参数的改变会引起 NiTi 合金成形质量、显微组织、物相组成及元素分布发生变化，由此合金的相变行为以及功能特性也会随之改变。

11.2.4　功能梯度材料

1987 年，日本的新野正之与平井敏雄等人首次提出了功能梯度材料（Functionally Gradient

Materials，FGM）的概念。功能梯度材料是一种先进的工程材料，它具有空间渐变的组分、孔隙或微结构，可以在严苛的工作环境下保持材料性能，从而避免零件失效。与传统复合材料相比，功能梯度材料实现了梯度层组分的连续变化，减小了层间热膨胀系数、弹性模量等材料性能的差异，从而降低了界面应力。这既提高了材料性能和可靠性，又保持了材料的复合特性。至今，功能梯度材料已经从最初用于高温隔热的材料发展到应用于生物医学工程、核工业、航空航天、半导体光电、国防军工等领域，并且越来越受到各国专家学者的关注。

传统的功能梯度材料制造方法包括气相沉积法、自蔓延高温合成法、粉末冶金法等，但这些方法存在一些问题，如不适用于大型复杂样件、难以精确控制材料成分梯度以及力学性能不理想等。随着功能梯度材料的广泛应用，传统制造技术的制备周期长、工序复杂等问题已经越来越难以满足可定制和形状复杂的功能梯度材料的快速制备需求。因此，需要一种更灵活、更高效的制造技术来推动功能梯度材料的发展。为了解决这些问题，人们提出了使用激光定向能量沉积技术来制备功能梯度材料。由于该技术是逐线、逐层堆积制造三维实体零件，因此可根据零件具体部位的性能需要，通过调整送料的速度和种类来局部变化合金成分，在零件不同部位形成不同的成分和组织，从而合理控制零件的性能，直接制造出任意复杂形状和具有材料组分变化的金属结构零件，实现零件材质和性能的最佳搭配，为具有特殊性能和形状要求的功能梯度材料零件的制造提供了有效的途径，这是传统的铸造和锻造技术所无法实现的。功能梯度材料的激光定向能量沉积过程示意图如图 11-15 所示，当两个粉末料斗中分别装有两种不同种类的粉末时，两种粉末在经过三通装置后会混合在一起；同时，混合粉末的比例可以通过调节两个粉末料斗各自驱动电动机的转速来实时控制，这样就可使同一零件具有连续变化的化学成分和材料属性，而没有明显的材料界面和性能差异，从而自由制造出功能梯度材料。

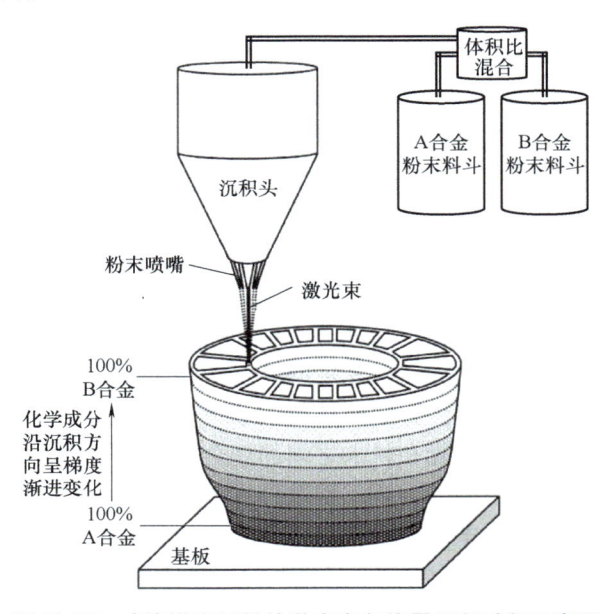

图 11-15 功能梯度材料的激光定向能量沉积过程示意图

尽管功能梯度材料激光定向能量沉积技术具有广阔的应用前景，但在成形过程中仍然存在一系列亟待解决的科学技术难题，主要包括：①材料的交叉污染：在功能梯度材料沉积制造的过程中，材料的切换是必然的。然而，在材料切换过程中，可能会出现材料的交叉污染问题。如何降低这种交叉污染变得至关重要，成为一个极为重要的研究课题；②材料的连接：由于不同材料的热膨胀系数等性能差异，导致它们在界面结合方面表现较差，从而导致界面缺陷增多；③专用材料的研究：目前，功能梯度材料主要仍然采用传统的单材料，专门为功能梯度材料开发的金属材料体系相对较少；④成形尺寸偏小：目前，功能梯度材料激光定向能量沉积技术受到传统激光增材制造技术和材料更换问题的制约，导致成形尺寸普遍偏小，这极大地限制了该技术在工程上的应用。因此，结合大数据分析、深度学习和人工智能等前沿技术，以采集在制备功能梯度材料的过程中获取的各种数据，解决功能梯度材料的组织、缺陷及性能的跨尺度关联复杂性、交互作用、形成与演化的时变复杂性，发展高效研发模式，提升原始创新能力，是突破功能梯度材料激光定向能量沉积技术瓶颈的关键。

11.3 特殊结构的激光定向能量沉积

11.3.1 薄壁结构

薄壁结构是一种常见的特征形式，如壳体、衬套、肋板等，在航空发动机叶片、机匣、燃烧室等都具有圆弧截面倾斜薄壁结构。薄壁件的传统加工方法主要有以下三种：铸造、锻造和机械加工。铸造法是将金属液浇注进入铸型，凝固后得到一定形状铸件的加工方法，具有生产成本低和适应性广等优点，可以制造任意形状、任意尺寸和重量的零件，缺点在于难以达到大型复杂薄壁件的成形精度要求，易形成缩松、缩孔缺陷，表面质量较差；锻造法通过加压使金属材料发生塑性变形来得到一定形状的锻件，成形件尺寸精度高、材料消耗少、生产率高且力学性能好，但很难锻出具有复杂形状的薄壁件；机械加工具有精确、快速等优点，但由于薄壁件壁厚较小，在加工过程中会由于受力、受热和振动导致变形，难以达到要求的形状、尺寸和精度。

随着激光定向能量沉积工艺、设备以及粉末材料的不断发展，国内外学者对于激光定向能量沉积制造金属零件的研究日益深入。将激光定向能量沉积技术应用于薄壁零件的制造，能够摆脱模具的限制，与切削加工相比较，材料利用率更高，同时激光定向能量沉积制造出的薄壁件缺陷相对铸件要少，可制造出复杂的大型薄壁结构件，而复杂薄壁件都是由基础薄壁结构组成，因此研究基础薄壁结构的激光定向能量沉积工艺具有十分重要的意义。

苏州大学石世宏教授课题组对激光定向能量沉积制造薄壁件成形工艺进行了大量研究。曹非对激光定向能量沉积工艺中激光和粉末之间的耦合性进行了研究，建立了变截面异形薄壁件激光定向能量沉积有限元模型，分析了薄壁件成形过程中的温度场和热循环，根据模拟结果控制激光定向能量沉积过程中的功率大小，从而达到控制熔池稳定性的效果，并通过试验成功沉积出变截面异形薄壁件，如图11-16a所示，薄壁件表面光滑，几乎无粘粉，几何尺寸与设计尺寸基本相同。孙后顺针对四方形薄壁件成形过程中存在的拐角凸起问题，提出采用非圆滑过渡成形方式，并阐述了此过程中的自修复效应，根据这一效应，在试验中采用

x、y联动扫描方式和粉末负离焦状态，获得的四方形薄壁件拐角处无凸起，对非圆滑过渡薄壁零件激光定向能量沉积制造起到了一定的指导作用。石拓等对悬垂薄壁件激光定向能量沉积工艺开展了研究，建立了倾斜基面熔池位移和受力模型，并通过优化工艺参数来抑制熔池的流淌和位移，实现了大倾斜角悬垂薄壁结构的无支撑成形，如图11-16b所示，成形件表面光滑平整，消除了"台阶效应"，表面粗糙度为$Ra = 6.3\mu m$。王聪等研究了空间密排多元扭曲薄壁件成形工艺，规划了沉积喷头在空间中的运动轨迹及姿态；根据单道沉积试验的结果，建立了高度工艺模型，并进行了二元扭曲薄壁成形。使用间歇沉积工艺，完成了多元扭曲密排叶片的堆积，如图11-16c所示。

a) 变截面异形薄壁结构　　b) 大倾斜角悬垂薄壁结构

c) 扭曲薄壁结构

图11-16　激光定向能量沉积制造薄壁金属构件

从现有研究结果来看，关于激光定向能量沉积薄壁件的研究较多，且均取得了较好的效果，获得的薄壁件质量较好，但仍然存在以下问题：

1）对于沉积层质量好坏的评价指标不全面，单道沉积层是薄壁件激光定向能量沉积的基础，以往的研究很多认为沉积层无气孔裂纹等缺陷、宽度和高度达到要求即可，忽略了其他因素，但实际上沉积层表面状态对薄壁件影响较大，以往研究对于表面是否粘粉或氧化等并未关注。

2）以往对于薄壁件的研究一般是针对某种特定形状的结构件，但并未对直壁件、回转体件、交叉薄壁件等基础结构的成形工艺进行系统研究，而复杂的薄壁结构都是由这些基础结构组成，因此对基础薄壁结构增材制造工艺及结构添加再制造工艺的研究具有重要意义。

11.3.2　悬臂结构

在激光定向能量沉积具有悬臂、大倾角等复杂结构零件的过程中，可以通过支撑结构

（见图11-17a），或者通过运动执行系统调整沉积方向来实现零件的成形加工（见图11-17b）。比如，对于悬臂结构零件，可以通过激光定向能量沉积设备的运动执行系统旋转工作台，以换向沉积的方式来实现悬臂结构的制造，从而减少或避免了使用支撑结构，突破了成形件的形状限制，并节省了加工时间，其制造过程如图11-17b所示。

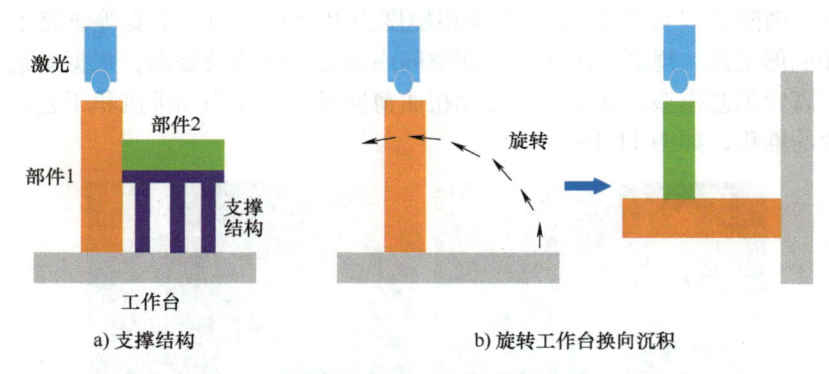

a）支撑结构　　　　　　　　b）旋转工作台换向沉积

图11-17　悬臂结构零部件激光定向能量沉积

针对常规金属支撑的局限性，科研团队提出了一种激光定向能量沉积与砂型支撑相结合的柔性制造方法，能够有效防止在沉积阶段因缺乏结构支撑而导致的熔池倒塌、成形失败等。此外，复合制造方法避免了多余的机械加工，降低了复杂结构金属零部件的成形成本。对于悬臂、大倾角等复杂结构，成形过程中热应力较大，容易导致零部件变形，同时金属沉积过程中，熔池因缺乏支撑作用而极易坍塌。因此，通过预制砂型支撑辅助激光定向能量沉积方法，根据零部件结构特征预制适应性砂型支撑，在复杂结构的扫描层面适应性放置砂型支撑件，有效防止了复杂结构激光定向能量沉积制造过程中因缺乏结构支撑而导致的熔池倒塌，提高了大型复杂结构金属零部件的成形能力。

砂型原材料具有一定特殊性，型砂与黏结剂之间的作用在相对封闭的箱体内进行，砂型预制过程无扬尘产生，降低了环境污染及对人体的伤害。预制砂型支撑激光定向能量沉积方法以预制砂型件作为第一支撑，以间隔设置在预制砂型件之间的金属作为第二支撑，在预制砂型支撑件和金属支撑件构成的支撑结构表面，采用激光定向能量沉积技术成形金属零部件。不同构型的砂型支撑如图11-18所示，具体成形步骤为：首先通过3D喷墨打印技术以型砂和黏结剂为原材料制备若干预制砂型件，预制砂型件的形状和数量根据待成形金属零部件的形状来确定，接着将所有预制砂型件放置在基板的相应位置上，并在预制砂型件之间即金属支撑件的预留位置，采用激光定向能量沉积成形与预制砂型件贴合的金属支撑件，以预制砂型件和金属支撑件构成的结构作为支撑，再在预制砂型件的沉积位置进行送粉成形金属零件，且每次成形金属零部件之前，在预制砂型件的沉积位置喷洒金属粉末做表面处理。激光定向能量沉积结束后，将预制砂型件使用溶解剂溶解后，最后使用机械加工去除金属支撑和基板得到金属零部件。

在预制砂型件和金属支撑件构成的支撑结构中，预制砂型件的材质可以选择二氧化硅、氧化铝、氮化硅、石墨等，而金属零部件与金属支撑件的材质相同，包括不锈钢、钛合金、高温合金等。在成形过程中，金属支撑件和预制砂型件可以根据材料的物理特性选取配对的合金粉末和型砂材料，例如钢和二氧化硅的组合，钛合金和氧化铝的组合，铜合金和氮化硅

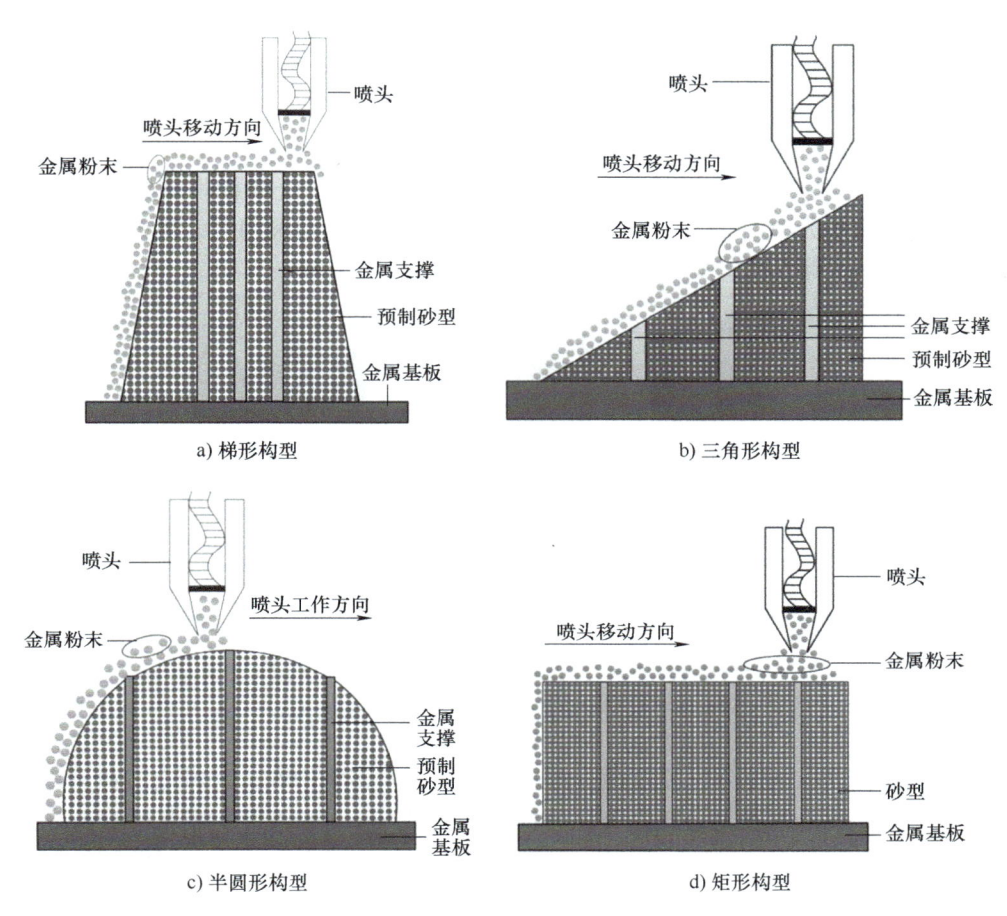

第 11 章　激光定向能量沉积的研究前沿与发展趋势

a) 梯形构型

b) 三角形构型

c) 半圆形构型

d) 矩形构型

图 11-18　不同构型的砂型支撑

的组合，铝合金和石墨的组合等。同样，制备砂型件所需的黏结剂也应与型砂材料相匹配，包括黏土、硅酸钠、酚醛树脂、呋喃树脂等。在使用预制砂型支撑辅助激光定向能量沉积复杂结构金属零部件时，为了防止在堆积阶段因缺乏结构支撑而导致熔池倒塌出现成形缺陷，通过预制砂型和金属支撑件可起到支撑熔池的作用。金属零部件成形之后，将沉积成形的金属零部件与金属支撑件和预制砂型件浸泡于酒精等溶解剂中，溶解掉预制砂型件中的黏结剂，从而使黏结的砂型分散化，达到去除预制砂型件的目的。最后，采用机械加工去除金属支撑件，从而得到沉积成形的金属零部件。预制砂型支撑方法既减少了复杂结构金属零部件的成形成本，又满足了市场需求。

11.3.3　复杂曲面结构

复杂曲面是指包含球、椭球、双曲面等二次曲面和自由曲面的组合曲面。当前个性化且具有复杂曲面的零件已日益广泛地应用于生产生活中，在飞机、船舶、汽车等重要制造行业，为满足流体力学要求，常需要采用复杂曲面结构；部分艺术品等需要通过复杂的外型结构设计来满足人们日益增长的审美需求。如何高精度、高效率和低成本地制造这些复杂曲面结构，是工业设计领域对现代制造业提出的基本要求。增材制造由于其独有的成形工艺，在加工曲面零件的复杂表面和内部结构方面具有独特的制造优势。

GE 公司采用激光定向能量沉积技术制备了具有自由空间曲面的发动机风扇叶片（见图 11-19a）。北京航空航天大学、北京航空材料研究院、西北工业大学等单位均采用激光定向能量沉积技术制备了带空间自由曲面叶片的航空发动机整体叶盘（见图 11-19b）。中国科学院沈阳自动化研究所尚晓峰等开展了激光定向能量沉积制造金属构件侧壁倾斜极限的研究，得到了最大倾角为 30.4°的扭转件。大连理工大学王续跃等采用变 z 轴提升量的方法激光沉积制造出了最大倾角为 39.5°的非圆弧截面倾斜件。

a) 发动机风扇叶片　　　　b) 航空发动机整体叶盘

图 11-19　激光定向能量沉积制备复杂曲面结构

激光定向能量沉积制造空间复杂曲面结构的研究，大多集中在针对特定材料、特定工艺参数下的临界成形倾角的确定，较少关注具体结构的成形。GRIFFITH 等通过对激光熔池温度梯度、尺寸等参数的闭环控制，制备出具有 40°悬垂角的圆管，而不采用闭环控制时，倾斜圆管的临界成形角度仅为 20°。可见，实时监测及闭环反馈控制同样是提高复杂曲面结构增材制造过程稳定性、保证成形精度的有效途径之一。

激光定向能量沉积作为一种先进的制造技术，由于其技术原理的特点可实现对复杂曲面结构的高精度制备，通过控制激光熔化的区域以及材料沉积的路径，该技术可以在三维空间内精确堆积材料，实现几乎任何形状零部件的制造。相比传统加工技术，激光定向能量沉积具有更大的设计自由度，能够制备更为复杂的结构，这种灵活性满足了客户对个性化、定制化产品的需求。

11.3.4　点阵结构

材料结构超轻化和性能多样化是未来材料研究的主要领域之一。点阵结构是一种极具潜力的先进轻质功能结构，具有高孔隙率和大的内部空间，以及独特的复合特性和优异性能，在生物医疗、航空航天、汽车工业、微电子等关键领域得到广泛应用。点阵填充结构轻量化设计技术在 2015 年被美国空军定位为"十大关键突破技术"，2016 年被美国国防部先进研究项目局定义为未来二十年强力推进的关键技术领域。在当今世界，以能源节约和环境保护为主题，使得点阵多孔结构的应用变得尤为重要。因此，大力开展轻质、高强点阵材料设计与优化技术研究具有重要的应用价值与广阔的应用前景。然而，由于点阵结构的高度复杂性，传统工艺难以胜任。传统制备金属点阵结构的方法包括粉末冶金、熔模铸造、

第 11 章 激光定向能量沉积的研究前沿与发展趋势

冲压变形、金属丝编织、挤压线切割、搭接拼装等方法。然而，这些方法存在一些缺点，如点阵支柱尺寸差异大、无法精确控制单胞特性、加工工艺繁琐和成本高等问题，因此成为制约金属点阵多孔结构大规模应用的瓶颈。与之不同，增材制造技术在理论上可成形任意复杂的形状，对于成形点阵结构具有显著优势。激光定向能量沉积技术为一体化成形三维点阵结构提供了可行性，为轻量化设计提供了一种全新的方法和思路，简化了复杂点阵结构的加工工艺，并进一步提升了金属点阵结构的性能，在未来金属点阵结构的制造中具有不可替代的作用。江苏大学的刘佩玲等人使用激光定向能量沉积技术制备了 AlSi10Mg 铝合金点阵结构，通过工艺参数优化获得的铝合金点阵结构空洞缺陷少、致密性高、性能良好，如图 11-20 所示。

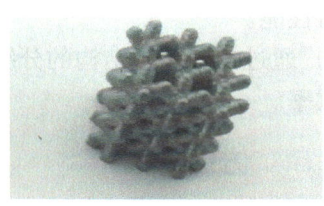

a) 激光功率350W，扫描速率1200m/s　　b) 激光功率370W，扫描速率1300m/s　　c) 激光功率380W，扫描速率1400m/s

图 11-20　激光定向能量沉积制备不同工艺参数下的 AlSi10Mg 铝合金点阵结构

诚然，激光粉末床熔融（LPBF）在制备点阵结构方面具有尺寸精度高、表面质量好等优势，因此应用也更广泛。但激光定向能量沉积（LDED）凭借沉积头和工作台的灵活运动和柔性位姿，也是成形点阵/多孔/镂空结构的有效途径之一。目前，激光定向能量沉积制备点阵结构的研究主要集中在钛合金，但也包括铝合金、不锈钢和钴基/镍基等材料。其中钛合金由于其强度高、耐蚀性强、生物相容性好等优点，在航空航天、汽车工业、生物医疗等领域扮演着不可或缺的角色。事实上，钛合金占据了激光定向能量沉积点阵多孔结构研究的 90% 以上。

尽管激光定向能量沉积制备金属点阵多孔结构的研究取得了一定进展，但也受到了相关因素的掣肘：

（1）球形孔隙多。高残余应力、气孔残留和金属蒸发导致支柱内部存在大量球形孔隙，这些因素会导致零件的力学性能分散。通过热等静压（hot isostatic pressing，HIP）技术可以显著减少零件内的孔隙。

（2）表面粗糙度值高。激光定向能量沉积技术是一种分层处理技术，在曲面上，各层之间的过渡是不连续的，这会导致阶梯效应。对于具有明显曲率或精细结构的表面，阶梯效应更加明显。虽然可以通过减小每层的加工厚度来最小化阶梯效应，但不能完全消除。此外，粉末附着到激光加工区域时，热扩散可能导致在非加工区域中粉末不完全熔化并附着到零件表面。当零件的上层经过加工时，激光可以穿透并到达零件的下表面，导致下表面附近的粉末熔化并黏附到零件下表面上，从而影响零件的制造质量。通过调节激光能量密度和扫描策略，可以有效减轻粉末黏附对零件的影响。

（3）压缩应变低。金属点阵多孔结构存在严重的压缩脆性问题，压缩应变通常小于 10%，需要进行工艺及设备改进。

可见，高表面粗糙度值、高残余应力、低压缩应变和低疲劳强度是制约激光定向能量沉积点阵多孔结构大规模应用的关键因素，由此可采取以下改善措施：

1) 通过调整激光定向能量沉积技术的工艺参数和扫描策略，可以有效降低表面粗糙度值。此外，各种后处理方法，如退火，也可以显著降低表面粗糙度值，从而提高金属点阵多孔结构的压缩强度和疲劳性能。

2) 结合有限元模拟各种工作环境，通过拓扑优化使得这种结构在特定环境下具有最佳的应力分布，可以同时提高金属点阵多孔结构的静态力学性能（例如抗压强度）和动态力学性能（例如疲劳强度）。

3) 选择具有高强度、高韧性和超弹性等性质的金属材料。例如，将超弹性低模量的钛合金与高应变硬化的钴基合金相结合，制备异质梯度点阵结构，可以获得更出色的压缩应变和疲劳性能。

4) 通过控制单胞结构的分级孔隙度分布，有望同时实现高孔隙率、高疲劳强度和高能量吸收率。

11.3.5 仿生结构

高性能/多功能金属零部件很大程度上决定了航空航天、能源交通、机械加工等行业中高端设备的使用性能。经过数百万年的自然进化，生物体已具有特定特性的结构，从而为设计高性能结构以满足现代工业日益增长的需求提供了灵感。从制造角度来看，传统加工技术的能力不足以制造这些复杂的结构。相比之下，激光定向能量沉积由于具有能量密度高、工艺参数易调节、可实现精密结构加工和逐线逐层沉积等特点，是制造复杂金属仿生结构的有效方法。现代工业迫切需要高性能金属零部件，新型结构的仿生设计和激光定向能量沉积技术的应用促进了高性能金属零部件的制造。仿生结构的激光定向能量沉积是结构设计、材料选择、性能表征和功能实现的集成。结构设计的灵感来自于大自然的植物、动物和昆虫。如图 11-21 所示，龙虾爪的布利冈结构会通过增加裂纹扩展的难度来有效提高材料的韧性和抗冲击性。轻木的排列纤维可提高强度，进而提高抗风能力。天然珍珠层的实体结构通过裂纹偏转和能量耗散提高了抗冲击性。此外，枫香果序的轻质抗压细胞结构、螳螂虾的双向波纹板结构、甲虫前翅的圆柱管桁架结构、鳞脚蜗牛壳的层状复合结构、水蜘蛛的水泡结构、蜂窝的多孔结构等仿生结构，也都通过相关设计用以满足工程应用的轻量化、灵活性、强韧性等性能要求。对于仿生结构激光定向能量沉积过程中的材料选择，可用材料的范围相对较小，主要是因为激光技术和成形质量的限制。激光定向能量沉积仿生结构的性能表征主要集中在其力学性能上，包括其承载能力、能量吸收和抗冲击性，这些性质与相应的生物结构性质一致。功能实现类似于特性表征，主要包括形状变化、保护和热控制。

a) 龙虾爪的布利冈结构　　b) 轻木的排列纤维　　c) 天然珍珠层的实体结构

图 11-21　仿生结构

经过数百万年的进化，大自然已成为开发新材料和结构的重要灵感来源。科学技术问题可以通过研究自然结构和材料来解决。激光定向能量沉积已被证明是制造金属仿生结构的有效方法。近年来，有关仿生结构的研究，特别是在金属仿生部件的激光定向能量沉积领域，取得了显著进展。激光定向能量沉积技术促进了仿生结构的发展，而仿生结构的复杂性也给激光定向能量沉积技术带来了新的挑战。

（1）应简化仿生结构的配置，总结数学规律。在工程领域，广泛应用的结构，如蜂窝结构，通常是规则的。良好的结构设计应取决于结构的规律性，但生物结构由于其功能的多样性而通常是复杂的，并且很难确定仿生结构的构型变化规律。

（2）应开发用于激光定向能量沉积制造的仿生结构特定材料。使用多种材料可以使组件在不同位置表现出不同的物理和化学特性，从而满足仿生结构的要求。开发与生物材料具有相同力学性能的金属或金属基陶瓷复合材料对于仿生结构的激光定向能量沉积至关重要。

（3）必须进一步改进激光定向能量沉积技术，以制造更精细的仿生结构。激光光斑的大小决定了激光定向能量沉积组件的最小单位。具有较小光斑尺寸的高功率激光可以改善精密仿生结构的成形性。此外，必须通过优化工艺参数来减少激光定向能量沉积制造仿生结构的内部和外部缺陷。

（4）人工智能和机器学习可以促进仿生结构的设计。人工智能和机器学习在分析生物结构和性能的关系方面的应用越来越多，这将有助于揭示生物结构高性能的原因。建模软件和人工智能的结合将通过自适应模型优化及简化仿生结构的建模。

11.4 激光定向能量沉积设备的发展趋势

激光定向能量沉积技术实现了金属零件的无模制造，降低了加工成本，缩短了生产周期。同时，它解决了传统制造工艺中复杂曲面零部件切削加工难题、材料去除量大和刀具磨损严重等问题。激光定向能量沉积技术是一种可直接成形金属功能零件的方法，制得的零件具有致密的显微组织和较高的力学性能，可用于制造非均质和梯度材料零件。

近年来，激光定向能量沉积技术成为增材制造技术中最为璀璨夺目的明珠，国内外的激光定向能量沉积设备和工艺已经接近同等水平，行业发展彰显蓬勃活力。随着市场多元化的发展，配套的激光定向能量沉积设备也变得越来越多样化和多功能化，但仍处在不断改进和完善阶段，存在着以下主要不足：①打印成形受限于金属打印机尺寸较小，尽管国内外推出大型金属打印设备，但其稳定性和尺寸仍在发展完善中，扩大成形范围对设备开发构成重大挑战，光路、成形和运动控制系统等都会受到协同影响；②效率相对较低，特别是在制造大型结构部件时，成形速度较慢。与传统加工方式相比，激光定向能量沉积设备在批量生产时受到数量限制，目前主要用于实验室或产量较少的工厂制造复杂零件和模具；③激光定向能量沉积代表智能制造，但其核心组件，如激光器和光学振镜系统，目前主要依赖欧美发达国家的供应。国产核心组件在质量和稳定性上存在一定差距，再加上技术封锁，影响设备开发成本和功能水准。

针对这些问题，国内外的激光定向能量沉积设备制造商和研究机构提出了以下主要解决方案：①研发成形尺寸更大和扫描范围更广的激光定向能量沉积设备，以便打印大型成形零件，扩展应用范围；②通过改进设备软件和提升设备智能化水平来提高控制系统和控制软件的功能，以更稳定地管理激光定向能量沉积过程，从而提高成形效率；③加大激光定向能量沉积设备的基础研究力度，国内光电子科技企业越来越多地投入基础研究，这对提高激光定向能量沉积设备的整体水平具有重要意义。目前，激光定向能量沉积设备的研制呈现以下发展态势。

11.4.1 高功率

激光定向能量沉积工艺的关键要素包括连续的材料供应和可靠的高能热源。相对于电子束、微束等离子热源，激光束具有光斑较小、成本较低、能够精确照射到指定材料位置等优势，从而实现金属材料的瞬时熔化，满足熔道叠加和零件成形的需求，因此激光束是激光定向能量沉积领域应用最广泛的高能热源。

激光定向能量沉积工艺的经典激光器包括掺镱光纤激光器、Nd:YAG 固体激光器、半导体激光器和传统的 CO_2 激光器。新一代高功率激光器，例如掺镱光纤激光器和半导体激光器，逐渐替代了传统的 CO_2 激光器和 Nd:YAG 固体激光器，成为激光定向能量沉积设备的首选光源。光纤激光器是一种以掺稀土元素的光纤为增益介质的特殊固体激光器，能够输出位于近红外和中红外波段的激光。相较于传统激光器，光纤激光器具有结构紧凑、体积小、能量转换效率高、光束质量好、加工速度快、散热好、可靠性高、操作灵活、能耗低等优点。高功率光纤激光器一般指单脉冲功率在 1.5kW 以上的光纤激光器，特殊的高功率光纤激光器单脉冲功率甚至可以达到几十甚至上百千瓦。从整个激光技术的发展趋势来看，光纤激光技术代表了高功率、高亮度激光器的发展方向，它将波导光纤技术和半导体激光泵浦技术有机地结合在一起，其中基于包层泵浦和光纤放大技术的全光纤结构单根光纤激光器连续输出已达数万瓦。

高功率光纤激光技术是近年来国内外光电技术领域，尤其是激光技术领域最热门的研究方向之一。它在工业激光加工、国防军事等领域发挥着重要作用，但技术壁垒较高。随着高功率光纤激光与增材制造的技术融合，激光定向能量沉积工艺及设备取得了飞速发展，并在工业应用中展示了潜在的价值和显著的优势。这种优势是新产品开发的技术保障，也是高质量低成本生产不可或缺的技术手段。国内外的激光定向能量沉积设备通常使用掺镱连续光纤激光器，它们可以提供超高的峰值功率密度、构建效率和成形质量，并已广泛应用于工业、医疗、科研、军事、国防等领域，创造了巨大的经济效益和社会价值。

11.4.2 可变焦

随着激光定向能量沉积技术的飞速发展，成形零件的结构变得越来越复杂，传统激光定向能量沉积设备通常只能在固定焦距下工作，不可变焦的送粉喷嘴难以满足加工要求，这限制了其应用范围，因此可变焦的送粉喷嘴应运而生。采用可变焦光路技术调整焦距，激光定向能量沉积设备可以适应不同尺寸和形状零部件的制造需求，提高了设备的适应性和灵活性。

在同轴送粉喷嘴中，主要通过调整激光束的离焦距离和粉末汇聚点的离焦距离来实现变焦。

第 11 章 激光定向能量沉积的研究前沿与发展趋势

1. 激光束汇聚焦点可调

在激光定向能量沉积过程中,将金属粉末准确、连续、均匀地投放到聚焦光斑内,以确保光粉的准确耦合,这是保证成形质量的关键。为提高金属沉积层的成形质量和效率,应通过单次扫描而非多次叠加来直接成形不等宽构件。为实现这一目标,在成形过程中,需要实时调整激光束的光斑直径。

为了使得光学系统变换的激光束具有恒定的束腰半径和焦点位置,并实现对激光同轴送粉喷嘴焦距和光斑大小的同时控制,科研团队采用望远镜聚焦系统进行激光同轴送粉喷嘴的光路设计。在激光定向能量沉积过程中,通常将激光束通过的第一片透镜称为准直镜,通过的第二片透镜称为聚焦镜。首先根据实际工作需要确定聚焦镜的焦距,再根据所需要的光斑大小确定准直镜的焦距。

为了易于制造具有复杂几何形状的零部件以及瞬时或连续改变沉积线宽度,科研团队研发了一款适用于变焦激光同轴送粉喷嘴的移动镜头组系统,可以在加工过程中随时改变焦点处光斑直径,在不改变工具中心点的基础上,按照工艺需求在线改变激光扫描轨迹宽度。这种变焦设计可以大大减少进给传动机构的运动,使沉积头的工作状态更加精确稳定。

(1) 自动变焦光路设计原理。激光同轴送粉喷嘴由带有发散角的光纤输出光束,经准直后重新聚焦,从而获得合适的光斑大小和工作距离。为使激光束的焦点位置移动,采用直线电动机驱动准直镜精确移动,从而使聚焦光斑大小发生变化,焦点位置调整的光路示意图如图 11-22 所示。激光光斑大小随着焦点位置的变化而变化,变化原理示意图如图 11-23 所示。

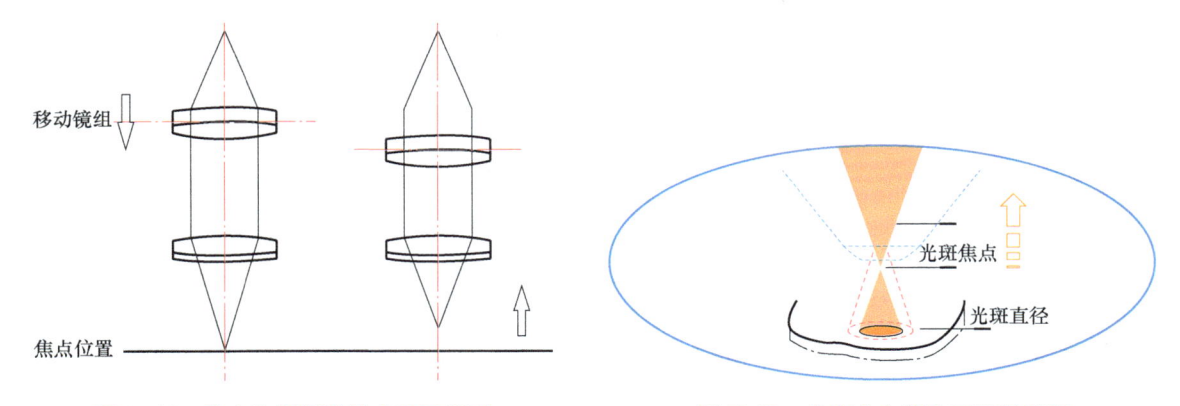

图 11-22 焦点位置调整的光路示意图

图 11-23 光斑大小变化原理示意图

(2) 自动变焦光路应用方法。程序化控制光斑大小,可在工作过程中根据不同的应用需要,进行光斑自动调整,如图 11-24 所示。在激光定向能量沉积过程中,变光斑可以实现在零件外轮廓采用小光斑进行粉末沉积,保证零件的表面粗糙度和精度,而在零件内部采用大光斑进行粉末沉积,提高零件的成形效率。此外,结合在线检测系统的反馈信息,采用自动变焦可在同层搭接或相邻层堆积时灵活调整沉积宽度,有效改善"过沉积"和"欠沉积"现象。

对于不同的激光束光斑直径,还需要对扫描速率、功率大小进行精确匹配,从而实现整个沉积过程的精确可控。图 11-25a 所示为通过自动变焦扫描成形的不等宽沉积线,图 11-25b 所示为通过自动变焦扫描成形的单道次变宽度沉积弧线各方向视图。可见,通过自动调整激光束汇聚焦点，可实现瞬时或连续改变沉积线宽度，以单次扫描来直接成形不等宽构件，为制造具有复杂几何形状的零部件提供了有效途径。

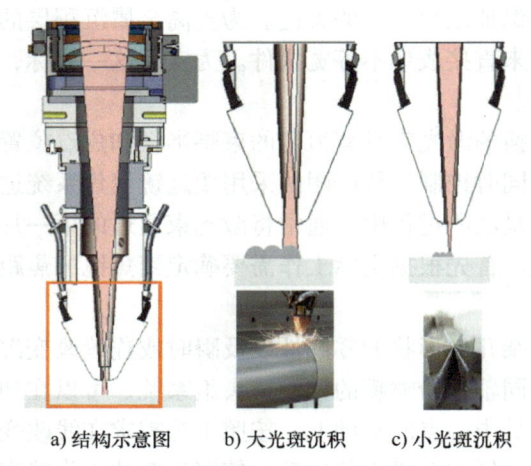

a) 结构示意图　　b) 大光斑沉积　　c) 小光斑沉积

图 11-24　自动变焦光斑调整示意图

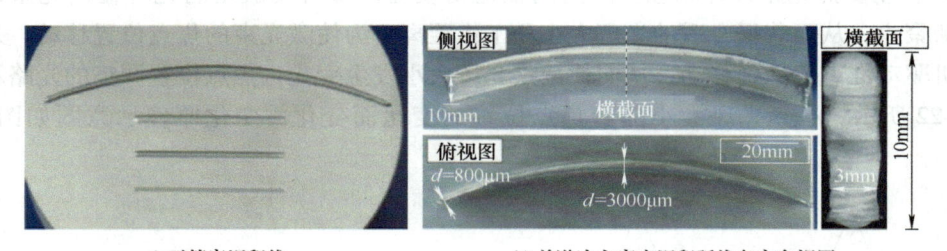

a) 不等宽沉积线　　　　b) 单道次变宽度沉积弧线各方向视图

图 11-25　自动变焦扫描成形的不等宽沉积线与单道次变宽度沉积弧线各方向视图

2. 粉末流汇聚焦点可调

送粉喷嘴在粉末输送系统中起着至关重要的作用，直接影响零件成形的效率和质量。为了获得良好的光粉耦合效果和成形质量，可以通过调整送粉管的角度来改变粉末的入射角，以及粉末聚集点和激光束聚集点之间的相对位置。在宋立军等人的研究中，他们设计了一种粉末流汇聚点焦距可调的四管式同轴送粉喷嘴，可以在不同加工条件下实现光粉耦合。四根送粉管分别固定在摆动销上，可以绕安装轴旋转，以调整送粉管的入射角，获得最佳激光束汇聚角度，从而在一定范围内实现粉末流的汇聚点焦距无级调节。试验证明，喷嘴的粉末流汇聚点焦距可在 20~40mm 范围内调整。如果成形件的高度起伏较大，仅通过改变送粉管的入射角来调整粉末流汇聚焦点难以满足要求，须配合激光束的调焦来实现。

粉末流汇聚可调焦的同轴送粉喷嘴在商业领域表现出色，满足了多样的加工需求，实现了喷嘴功能的多样性。例如，在激光定向能量沉积制造大型零件过程中，在进行零件的边缘轮廓沉积时，可适度增加粉末流的汇聚点焦距以提高零件的制造精度；而在进行零件的内部填充扫描时，可适当减小粉末流的汇聚点焦距以提高零件的沉积效率。

3. 激光束和粉末流汇聚焦点协同调节

如果激光光斑尺寸大于粉斑尺寸，则激光束的能量密度过高，容易产生气孔等缺陷，从而影响成形质量。相反，如果激光光斑尺寸小于粉斑尺寸，粉末流可能无法完全输送到熔池，导致粉末的利用率降低，进而影响激光定向能量沉积的效率。针对这一问题，可通过在垂直方向移动喷嘴来改变激光束的聚焦位置，从而调整光斑的大小。为了获得高精度和高质量的沉积层，粉末汇聚点的直径也需要随光斑的变化而调整。白倩等人设计了一款激光定向能量沉积的光粉主动调节同轴送粉喷嘴，可以独立调整光斑和粉斑：一方面，通过旋转螺套来驱动两个镜座上下垂直运动，以调整激光束的离焦量；另一方面，喷嘴还配备了粉末离焦调节机构，以调整粉末流的离焦量。该喷嘴可实现激光束离焦量和粉末流离焦量的主动协同调节，以确保光斑尺寸和粉斑尺寸的匹配，其结构示意图见图 11-26。

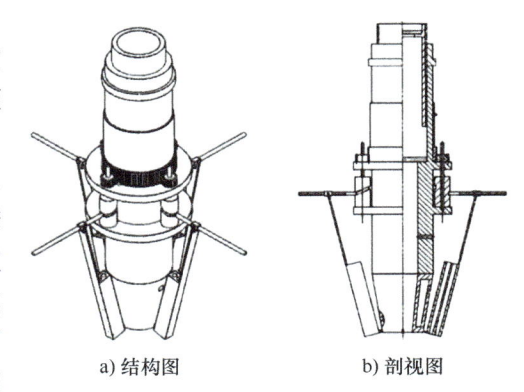

a) 结构图　　b) 剖视图

图 11-26　激光定向能量沉积的光粉主动调节同轴送粉喷嘴

11.4.3　大尺寸

随着制造业的发展和需求的增加，对于大尺寸零部件的需求也越来越大。传统的激光定向能量沉积设备在成形仓的大小上存在限制，难以满足大尺寸零部件的制造需求。因此，迫切需要开发具备大尺寸成形仓的设备。

由于受到设备的成形范围限制，目前相关的大尺寸成形设备主要采用以下三种方法来增大成形尺寸：①使用长焦距 f-θ 场镜；②采用多振镜进行多光束拼接；③采用移动式振镜扫描，如图 11-27 所示。

a) 长焦距 f-θ 场镜　　b) 多光束拼接　　c) 移动式振镜扫描

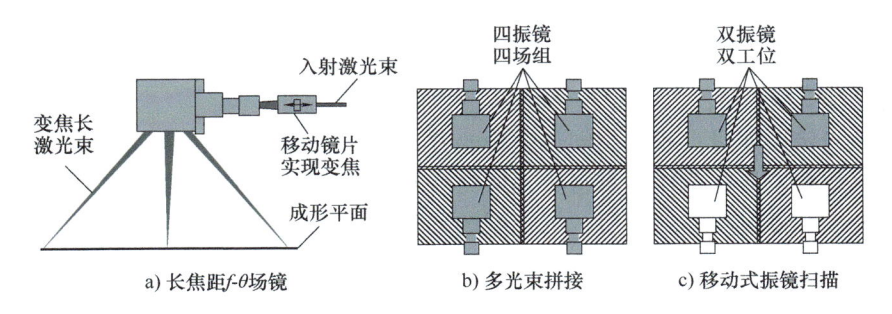

图 11-27　成形尺寸增大方式

根据成形投影的原理，采用长焦距场镜来增大扫描幅面会导致聚焦后光斑直径变大，因此需要使用高功率激光器以提高功率密度。举例来说，德国 EOS 公司的 M400 设备使用长焦距场镜来实现 400mm×400mm×400mm 的成形尺寸，但这会影响成形表面质量。移动式振镜扫描方式，以 Concept Laser 公司的 XLine1000R 设备为例，通过水平面上的扫描振镜分区移动式扫描来增大成形面积。这些方法对于运动控制精度和设备精度提出了较高的要求。同时，由于采用单一光束导致成形效率大幅下降，而每个区域的凝固时间不一致也可能导致应力分布不均，从而影响成形质量。相比之下，多光束拼接是通过增加扫描振镜和激光器数量，使多个振镜能够同时工作，从而使成形尺寸成倍增加，并缩短成形时间。

就国外而言，美国 Optomec Design 公司最早推出商业化设备，该公司与美国 Sandia 国家实验室合作获得 LENS 技术商业许可，并推出了一系列设备，包括 LENS860-R 和 LENS1500。LENS860-R 是一款拥有 900mm×1500mm×900mm 加工尺寸的中大型零件增减材一体设备，它配备了标准的五轴数控机床、16 个用于机械加工的自动换刀装置，线性分辨率达到 ±0.025mm。

在国际市场上，美国的 Formally、DM3D、EFESTO、RPM Innovations，德国的 Trumpf、DMG Mori、Siemens，法国的 BeAM，日本的 MHI、Toshiba、Mazak，以及韩国的 InssTek 等公司都推出了不同尺寸成形仓的系列化激光定向能量沉积设备。

在国内方面，科研团队孵化的南京中科煜宸激光技术有限公司研发了 RC-LDM8060 和 RC-LDM4000DL 等送粉式激光定向能量沉积设备。其中，RC-LDM8060 具有 800mm×600mm×900mm 的成形尺寸，最大沉积速率达 5m/min，采用自家研发的 RC 系列沉积头，适用于高精度大尺寸零部件的增材制造以及受损零部件的修复再制造等应用。此外，超大型设备 RC-LDM4000DL 的工作空间达到了 4000mm×3500mm×3000mm（见图 11-28），可以满足超大尺寸零部件的沉积制造与再制造需求。

西安铂力特基于 LSF 技术开发了 BLT-C1000 激光定向能量沉积设备，成形尺寸为 1500mm×1000mm×1000mm，主要用于航空、航天、汽车等领域大尺寸零部件的制造和修复。此外，国内的其他设备制造

图 11-28 超大型同轴送粉式激光定向能量沉积设备 RC-LDM4000DL

商，如北京鑫精合增材制造技术有限公司、江苏永年激光成形技术有限公司、北京隆源自动成型系统有限公司、北京煜鼎增材制造研究院有限公司等，也正在积极进行激光定向能量沉积的技术开发与设备研制。

11.4.4 超高速

超高速激光定向能量沉积采用同步送粉的方式，通过调整粉末焦平面与激光焦平面的相对位置，使沉积粉末流在基体上方与激光束交汇发生熔化，然后以液滴形式进入熔池，均匀沉积在基体表面。经过快速凝固后，沉积层的稀释率极低，与基体呈冶金结合。如图 11-29 所示，它与常规激光定向能量沉积的本质区别在于光粉耦合位置不同。在常规激光定向能量沉积中，激光束焦点与粉末流汇聚于基体表面，粉末与基体表面同时熔化。在超高速激光技术沉积中，基体表面的是液态熔融材料，而不是固态粉末颗粒，因此可以显著提高沉积速度。

常规激光定向能量沉积的沉积速率通常在 0.5~2.0m/min，而超高速激光定向能量沉积的沉积速率可达到 50~500m/min，提高了 100~250 倍，如此高的沉积速率意味着该技术可用于大面积零件的沉积。由于极高的沉积速率导致了能量密度的降低，以及在基体上方熔化的粉末吸收了大量的激光能量，因此超高速激光定向能量沉积的热输入明显减少。常规激光定向能量沉积的热影响区深度通常在毫米尺度，而超高速激光定向能量沉积的热影响区只有微米尺度。超高速激光定向能量沉积制备的涂层更加光滑，减少了后续机械加工的步骤。常规激光定向能量沉积制备的涂层通常厚度大于 0.5mm，而超高速激光定向能量沉积制备的

第 11 章 激光定向能量沉积的研究前沿与发展趋势

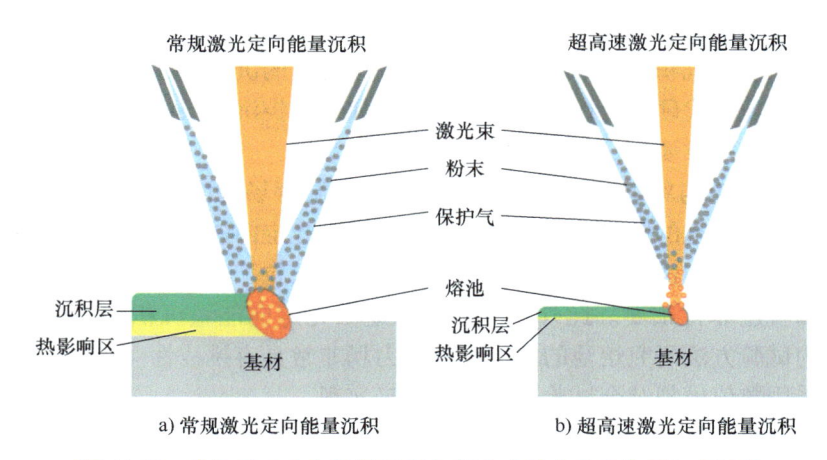

图 11-29 常规激光定向能量沉积与超高速激光定向能量沉积比较

涂层厚度范围在 25～250nm，且表面粗糙度值可降至原来的 1/10，只需要进行精磨即可满足使用要求，其表面形貌如图 11-30 所示。超高速激光定向能量沉积的快速熔凝有助于制件得到光洁的表面、细晶的组织、致密的结构和优良的性能，提升了其硬度、耐磨性及耐蚀性。基于超高速激光定向能量沉积独特的技术优势，其已广泛应用于模具行业的旧品修复及新品强化、钢铁行业的连杆和轧机牌坊修复、石化行业的无磁钻铤和输油泵修复、煤机行业的液压支架修复等，替代了传统的镀铬、镀铜等工艺，展现出不俗的应用价值和发展潜力，引起了相关学者和厂商的高度关注。学者们致力于进一步优化沉积层的表面质量、提升沉积层的组织性能，以实现粉末与激光的最佳耦合；而设备制造商则着手于开发与研制高精度、高性能、自动化、智能化的专用设备，科研团队孵化企业所生产的超高速激光定向能量沉积设备 RC-HSLC-6000 如图 11-31 所示。

图 11-30 超高速激光定向能量沉积制备的涂层表面形貌

图 11-31 超高速激光定向能量沉积设备 RC-HSLC-6000

超高速激光定向能量沉积的研究主要聚焦于以下三个方面：

（1）研究沉积速率、送粉速率、搭接率等工艺参数对表面形貌和成形质量的影响。超高速激光定向能量沉积的熔池凝固速率远高于常规激光定向能量沉积，因此沉积层的表面形貌和尺寸精度在很大程度上受沉积层高度和宽度的均匀性和重复性影响。而沉积层高度和宽度则容易受到送粉速率、粉末粒度、搭接率等参数的影响。因此，明确沉积层表面形貌演化的影响因素，以控制沉积层尺寸精度，是进一步推动该技术应用的关键。

（2）以沉积层的显微硬度、耐蚀性、力学性能等为评估标准，研究超高速激光定向能量沉积制备的沉积层的组织与性能。由于超高速激光定向能量沉积粉末的熔化方式和传热模式与常规激光定向能量沉积明显不同，采用这一技术制备的沉积层通常具有独特的组织和出色的性能。作为一项替代硬铬电镀的新技术，研究如何调控沉积层的组织与性能，对进一步推动该技术的应用至关重要。

（3）以研究激光束与粉末颗粒的相互作用、熔池温度场和应力场等为目标，进行超高速激光定向能量沉积过程的数值模拟研究。在超高速激光定向能量沉积中，沉积粉末由粉末喷嘴按独特的粒子轨迹和速度送入激光束，因此研究粉末粒子与激光束之间的相互作用，以及粒子的速度和轨迹非常重要。此外，由于超高速激光定向能量沉积是一个复杂的加工过程，采用传统的试验方法研究熔池的温度场和应力场非常具有挑战性。因此，目前的相关研究主要侧重于采用数值模拟结合试验验证的方法来实现。

受限于激光定向能量沉积设备的运行执行机构难以满足微米级精度的超高速运动，以及超高速激光定向能量沉积的超快冷却速率会导致沉积层堆垛过程中的应力升高和开裂倾向增加，目前超高速激光定向能量沉积的应用主要集中于轴盘类零件的修复与再制造，后续应开发适用于平面或曲面沉积层制备的超高速激光定向能量沉积设备，以拓宽超高速激光定向能量沉积的应用场合。

11.4.5 智能化

由于激光定向能量沉积过程激光与粉末、基材之间的交互作用致使材料非平衡物理冶金和热物理过程十分复杂，常常导致诸如裂纹、气孔等内部质量问题，以及变形、表面粗糙等性能质量问题，如图 11-32 所示。因此，激光定向能量沉积制造过程与成形质量的稳定一致性是行业面临的挑战性难题，已经成为规模生产的"拦路虎"。目前激光定向能量沉积质量调控主要还是通过离线数据和传统的经验优化方法实现，废品率高，零件质量可靠性不足，"拥抱"增材制造变革性与"担心"制造质量问题的矛盾已成为影响增材制造实际应用的核心瓶颈。随着大数据、先进传感、人工智能等技术的快速发展，基于声-光-热-磁等信息与人工智能算法的智能监控技术逐步应用于激光定向能量沉积制造过程。结合先进传感技术以及人工智能方法，完善质量评判与反馈调控技术，发展面向激光定向能量沉积规模生产的成熟智能监控系统，有望成为激光定向能量沉积规模生产的"一把利刃"，对于提升激光定向能量沉积制造过程与成形质量的稳定一致性具有重要意义。为了满足不同特征参量与状态参数的在线监控与反馈控制需求，通常将智能监控系统作为相对独立的模块引入激光定向能量沉积设备中。通过设备的预留装配口，设备制造商可以为用户灵活配置智能监控系统模块。

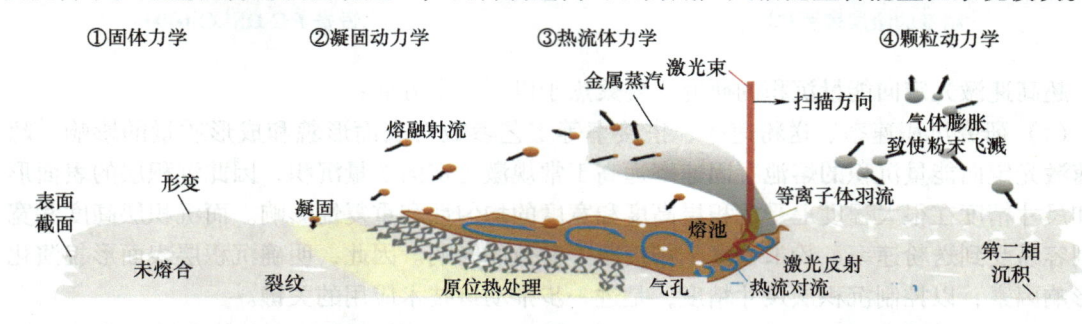

图 11-32　激光定向能量沉积过程中激光与粉末的复杂交互及产生的质量问题

1. 制造过程信息智能感知

利用先进传感手段感知激光定向能量沉积过程跨尺度缺陷是实现激光定向能量沉积过程智能监控的数据前提。由于激光定向能量沉积过程涉及声、光、热、磁等多物理场耦合过程，国内外学者已经开始从不同的物理场获取多种传感信息，如图 11-33 所示。他们使用多种手段提取出缺陷信息表征，并对此展开丰富的研究工作。

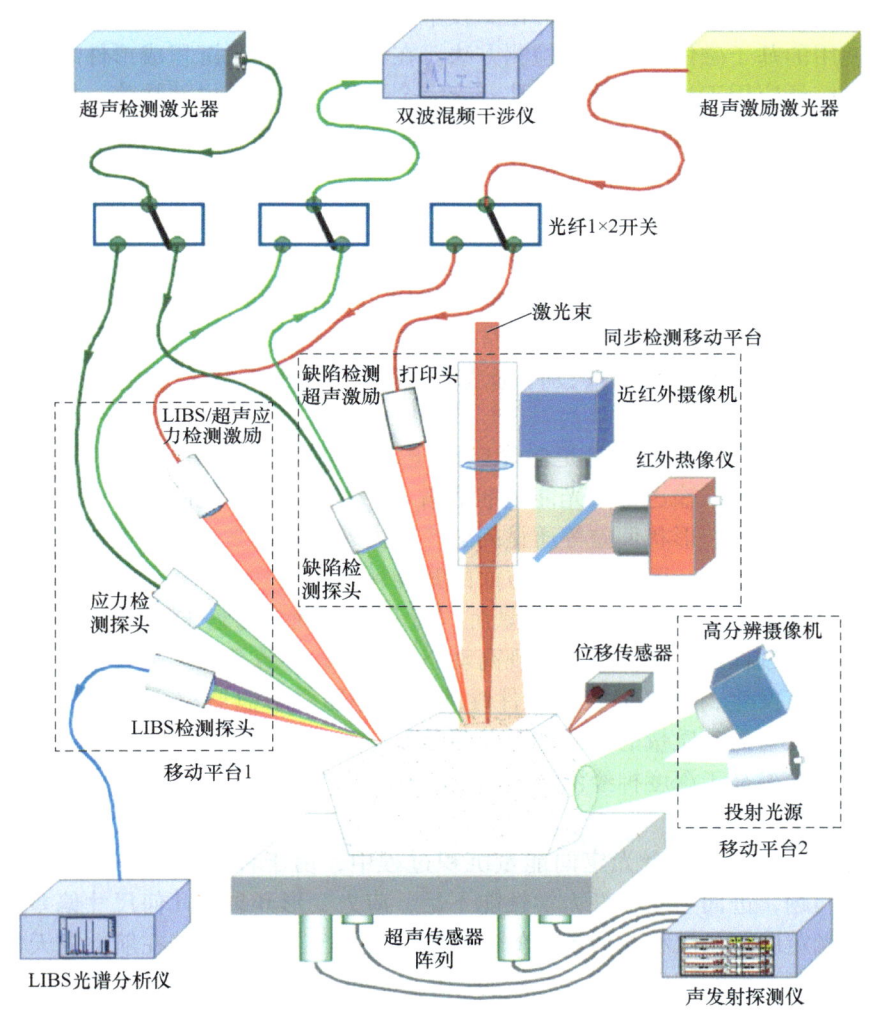

图 11-33 激光定向能量沉积设备智能监控系统的信息感知方式

（1）光信号。光信号监测是激光定向能量沉积过程监测中操作简单、应用最广的方法。根据使用的传感器不同，光信号监测方法可以用于熔池形貌与轮廓、成形件表面质量与内部结构监测。常用的光学传感器有工业相机、高速摄像机、光电二极管、X 射线成像仪等。

（2）声信号。激光定向能量沉积过程中熔池状态以及成形件的内部质量和声音信号间存在诸多内在联系，例如，激光器运行和熔融金属会产生声信号，或者可以将超声波通过发射器传递到零件中。常用的声信号监测技术包括声发射技术和激光超声技术等。

（3）热信号。在金属粉末熔融的过程中会产生大量的热量，熔池中产生的热量和其在成形件及粉末中传播形成的热量分布会对成形件的质量产生一定的影响，因此对激光定向能量沉积过程中的热信号进行监测具有重要意义。常用的热传感器有红外相机、热像仪、热电偶等。

（4）其他信号。除了上述常用的基于光、声、热信号的激光定向能量沉积过程监测手段外，其他经典的基于磁、振动信号的检测技术也常常被用于监测成形过程信息。涡流检测技术是广泛使用的基于磁信号的缺陷检测方法。在激光定向能量沉积成形件缺陷检测中，涡流检测技术被广泛应用于检测孔隙、气孔、未完全熔融、夹杂等内部缺陷。加速度传感器是工业中最常用的测量振动的传感器。在激光定向能量沉积过程中，加速度传感器常常被用于监测沉积过程或粉末熔化过程中产生的异常振动。

2. 制造过程质量智能评判

以提取到的激光定向能量沉积过程信息为基础，进行宏观表面质量、微观内部质量等评判，以此构建性能质量评估体系，探索过程信息-宏微观缺陷-性能质量的复杂映射关系，这是激光定向能量沉积过程智能监控的关键。近年来，以机器学习为代表的智能方法在激光定向能量沉积过程缺陷识别、质量评判等领域逐渐兴起，国内外已经涌现出大量的研究工作。

（1）表面质量评判。表面质量是激光定向能量沉积过程监测中重要的宏观表征，合适的沉积层厚、均匀的粉末输送是激光能量准确输入、形成稳定熔池的前提，送粉缺陷将最终导致成形件的内部缺陷、形状偏差等质量问题。国内外学者通常以图像处理技术为基础开展针对送粉缺陷的识别分类、区域分割等方面的智能评判研究。

（2）内部质量评判。在激光定向能量沉积过程中，激光与粉末的交互涉及传热、流动和相变等复杂物理过程，从而使熔池呈现高动态的特点，导致孔隙、裂纹、未熔合、球化等内部质量问题时有发生，最终损害零部件性能质量。提取熔池形貌、面积、光强等多种特征，构建熔池特征与内部质量的复杂映射关系是提升零部件性能质量的关键。目前关于内部质量评判的工作大多基于深度神经网络等智能方法，借助其强大的特征提取能力获取了不少有价值的研究成果。

（3）性能质量评判。在激光定向能量沉积过程中，由于种种原因会造成裂纹、孔隙等内部微观质量问题，进而引起零件力学性能不足、应力变形开裂、几何尺寸偏差等宏观性能质量问题。激光定向能量沉积成形零件的性能质量问题已成为制约其在航空航天等领域大规模应用的瓶颈难题，而实现零件性能质量的评估是控制零件性能质量的前提。目前，许多研究者也在研究零件性能质量的评估方法，并且尝试建立工艺参数-过程信息-零件性能的联系，为通过改变工艺参数来控制零件性能创造条件。

3. 制造过程质量智能调控

智能调控是智能监控系统的重要功能，也是智能监测流程的必要步骤，其主要作用是根据采集到的实时数据对激光定向能量沉积设备进行控制和调整，以实现设备状态的稳定和生产过程的优化。其目标是根据数据分析的结果，动态调整设备参数，使设备能够自动适应变化的工况和需求，实现高效、稳定的生产过程。数据的采集与处理、感知与融合过程提供了智能调控所需的数据支持。

由于开环控制和离线工艺参数优化无法准确预防制造过程可能出现的不可控因素和有效

保障制造过程质量的稳定一致性，研究者们将闭环控制引入激光定向能量沉积过程控制，并且设计了各种类型的控制器来实现闭环控制。激光定向能量沉积领域常见的闭环控制策略有比例-积分-微分（Proportional-Integral-Differential，PID）控制、迭代学习控制（Iterative Learning Control，ILC）、模糊/神经网络自适应控制、模型预测控制等。智能监控系统经过对感知信息的处理与分析，得到了设备状态和工艺参数的信息。根据设定的标准和规则，对设备状态进行判断和评估。这些判断结果可能包括设备状态正常、异常或发出警告等不同状态。根据设备状态的判断结果，选择合适的控制策略，具体的选择取决于设备和工艺的要求。控制策略的选择应基于数据分析和工程经验，以确保控制效果稳定可靠。在选择了合适的控制策略后，智能监控系统将根据设备状态和工艺参数的变化执行相应的控制动作。这些控制动作可以通过控制器直接调整设备参数，也可以通过信号传输给自动化设备进行调整。一旦控制动作执行，智能监控系统会实时监控设备状态和工艺参数的变化。通过实时监控，可以及时了解控制效果，判断是否达到预期的稳定状态。如果控制效果不理想，可以根据规则和算法对控制策略进行调整，进一步优化控制过程，以此提高激光定向能量沉积成形过程的稳定性、一致性和可靠性。

11.4.6 集成化

由于激光定向能量沉积在零件成形精度、内部缺陷和表面质量控制方面存在一定的局限性，难以凭借单一工艺实现零件的直接高精度成形，因此，将基于不同原理的制造方法与激光定向能量沉积技术进行复合，形成兼具两者优势的复合式增材制造技术，可以有效提升制件的成形精度和性能。减材制造在制件成形精度和表面质量控制方面表现优异，等材制造在制件微观组织和宏观性能控制方面效果显著，特种能场可改善增材层的微观组织和宏观形性，具有非接触式制造特点。将激光定向能量沉积技术与减材、等材、特种能场等多制造技术进行复合，可以实现制件形性一体化有效调控。激光定向能量沉积复合制造技术保留了增材制造快速、柔性的制造特征，减材制造高精度成形的制造特征，等材制造组织性能优异的制造特征，以及特种能场非接触式制造特征，将成为装备制造业金属加工领域先进的制造方法和未来的发展趋势。

激光定向能量沉积复合制造技术由于融合了多种能场、多种工艺，实现了协同优化效用，因此表现出了比单一工艺更优的特征，可实现单一工艺无法完成的材料加工与结构制造，可实现比单一工艺更高效率、更好质量、更优性能的产品制造。虽然目前激光定向能量沉积复合制造获得了广泛关注，但若要实现大范围的工业化应用，必须要注重高集成度成套复合制造设备的开发。激光复合制造设备不是将单一工艺的设备进行简单组合，而是需要开发系列化、智能化、集成化的专用激光复合制造设备，甚至一台激光复合制造设备既可以协同完成金属零件的高性能增等减材原位制造，又可以实现厂房车间生产线和产品链的优化布局，这是目前相关激光设备厂商需重点开发的方向。激光复合制造设备的研制面临的主要挑战如下：

（1）设备冷却系统。复合制造过程中残留在沉积层的冷却液蒸发会形成孔隙，影响沉积层的层间结合强度和力学性能；而加工后自然冷却会影响制造的效率。激光复合制造设备仍然需要可靠的冷却系统应对增材制造与减材加工过程产生的热量。

（2）设备保护。激光定向能量沉积所用粉末颗粒直径小，如果设备密封不到位，粉末会污染引导系统干扰其平稳运动，而且会影响设备中的定位编码器。当处理高反射率材料（如铝、铜）时，激光束的反射可能导致喷嘴装置或其他敏感元件特定区域熔化，故需要保护相关装置。

（3）增材制造仍须建立行业标准。在传统数控加工行业中，设备的主轴、刀具接口、控制系统等都建立在统一标准之上，而在金属塑性加工行业，如铸造、锻造、轧制的产品也都有相关统一标准，但增等减材复合制造领域由于增材制造部分目前缺乏统一的行业标准，导致设计产品无规范可遵循，制造产品无准则可评判，而这样的标准建立需要漫长的时间。

（4）配套软件系统。目前，设备配套的复合制造系统软件都是在增材制造技术软件的基础上所进行的改进和集成，其基本过程及核心代码和增材制造软件基本相同，但这并不能够完全发挥出复合制造技术的优势。未来软件的开发应该基于复合制造技术的特点，从模型设计、离散化分层处理、复合加工路径的生成及规划、复合加工方式的自由切换及协同调控直到加工完成，将整个过程进行系统性融合。

（5）配备实时检测与反馈调节系统。为了精准控制复合制造工艺中工件的几何形状，需要对熔池与沉积层进行实时成分与外形监测，以确定减材精加工需要去除的材料量。监测设备将信号反馈给 NC 系统后，需要准确、实时调节电源功率、送粉速率等工艺参数，形成闭环控制。

（6）工艺集成性。由于激光定向能量沉积复合制造涉及多种能场、多种工艺，如何将多种能场和工艺集成至增材制造设备，同时避免复合制造过程各工艺互不干涉，保证设备运行的协调性和高效率是需要研究的问题。

11.5 激光定向能量沉积技术的发展方向

虽然近年来激光定向能量沉积技术迅猛发展，但该技术在成形效率、成形精度、工艺稳定性和性能一致性等方面仍存在诸多挑战。未来，激光定向能量沉积技术的发展将主要关注新材料、新工艺和新结构，并集中在以下 5 个方向：

（1）材料体系集约化。将多种材料融合在一起，形成复合材料，从而在保证性能要求的前提下降低材料用量，提高材料效益。针对激光定向能量沉积的特点，需要开发适用于不同性能需求的新型合金材料；将具有相似性能的材料整合，以降低材料制造成本；建立和优化材料工艺参数体系库。在激光定向能量沉积技术中，材料体系集约化可实现对材料的精细控制。通过混合多种材料，可以调整材料的成分和结构，从而精确调节材料性能。这种精细控制使激光定向能量沉积技术在制备高性能材料方面具有显著优势。通过将不同性质的材料组合在一起，可以创造具有特殊功能和性能的复合材料，以满足不同领域的需求。例如，在航空航天、汽车制造、医疗器械等领域，材料体系集约化可以支持多功能设计，为产品的性能提升和创新提供更多机会。

（2）工艺复合多样化。增材制造在成形方面具有速度快、柔性高、自动化程度高等优点，减材制造在零件精加工和表面处理，如提高准确度、精密度和改善表面粗糙度方面具有优势，等材制造在零件微观组织和宏观性能控制方面效果显著，而特种能场具有非接触情况

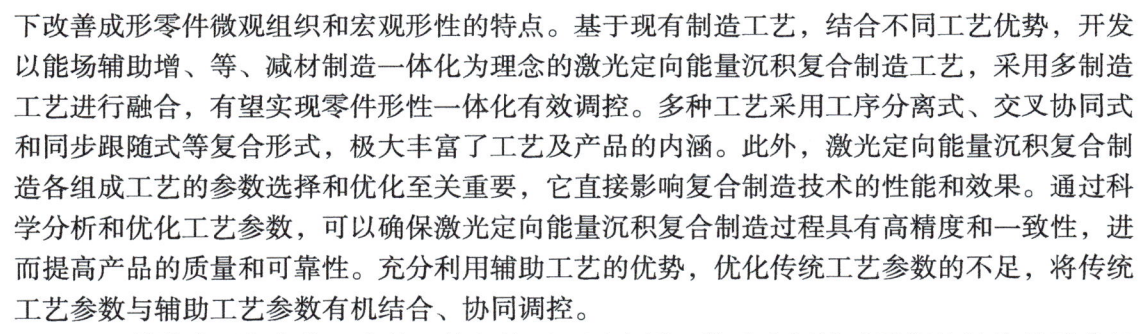

第11章 激光定向能量沉积的研究前沿与发展趋势

下改善成形零件微观组织和宏观形性的特点。基于现有制造工艺，结合不同工艺优势，开发以能场辅助增、等、减材制造一体化为理念的激光定向能量沉积复合制造工艺，采用多制造工艺进行融合，有望实现零件形性一体化有效调控。多种工艺采用工序分离式、交叉协同式和同步跟随式等复合形式，极大丰富了工艺及产品的内涵。此外，激光定向能量沉积复合制造各组成工艺的参数选择和优化至关重要，它直接影响复合制造技术的性能和效果。通过科学分析和优化工艺参数，可以确保激光定向能量沉积复合制造过程具有高精度和一致性，进而提高产品的质量和可靠性。充分利用辅助工艺的优势，优化传统工艺参数的不足，将传统工艺参数与辅助工艺参数有机结合、协同调控。

（3）结构大型复杂化。当前，航空航天、国防军工等重大领域对零部件结构的需求呈现体积大型化、构型复杂化、成形整体化的发展趋势，而传统制造方法常常无法满足需求，激光定向能量沉积技术为其提供了完美的技术解决方案。高性能金属零件激光定向能量沉积的原理是利用二维熔化逐层堆积以实现任意复杂三维结构的制造，突破了传统制造技术对结构尺寸和复杂程度的限制，为复杂拓扑化、大型整体化等轻量化结构设计提供了变革性的技术途径，从而可构建出大型/超大型整体结构、复杂/超复杂拓扑优化结构等先进高效能轻量化结构，满足大型复杂零部件制备在结构区域化、材料异质化、性能差异化和功能梯度化等方面的迫切需求。

（4）构建速率高效化。虽然国内目前仍在推广应用阶段，但超高速激光定向能量沉积相对于常规激光定向能量沉积而言其应用价值更高、范围更广，因为它具有高沉积效率和成形质量，因此吸引了国内外学者进行探索和研究。这种技术在工业生产中的广泛应用不仅取决于其独特的技术优势，还在于其出色的环境效益和巨大的经济潜力。目前，尽管超高速激光定向能量沉积技术的研究已取得一定进展，但由于其相对短暂的发展历史，仍面临新的机遇和挑战。到目前为止，超高速激光定向能量沉积设备仍主要用于修复再制造轧辊、柱塞、液压支架等具有旋转对称性结构的零件，这限制了其在具有自由曲面或大型平面特征零部件上的应用，需要相关学者和机构开发适配的软硬件以支撑及拓展其工程化应用。此外，多光束拼接技术通过同时使用多个激光束，能够并行沉积多个区域，大大提高了生产率。这不仅能够满足工业生产对大尺寸金属零件的快速高效制造需求，还能够减少生产时间和成本。

（5）材料-结构-性能一体化。激光定向能量沉积技术实现了材料-结构-性能一体化的金属零件沉积制造。该技术允许精确控制和混合使用多种材料，通过激光熔化和沉积过程，可以精确融合不同种类的金属材料，从而形成具有特定性能的复合材料。这种灵活性使得制造高强度、高耐磨、高耐蚀等特殊性能要求的零部件成为可能，并且可以一次性制造出复杂结构。这不仅提高了制造效率，还降低了材料浪费和制造成本。通过调控激光工艺参数，能够使材料在凝固过程中形成有序的晶体结构，进而提高材料的力学性能和耐磨性能。此外，激光定向能量沉积技术可以通过调控工艺参数来实现材料的局部调质，实现零件不同的结构部位具有不同的组织性能，满足特定环境和工况的需求。

总之，上述5个方面涵盖了激光定向能量沉积技术未来发展的重要方向。通过深入研究金属增材制件材料-工艺-结构-性能的映射关系，可以明晰成形零件组织与缺陷的演化机理，精确调控成形零件的形状和性能，进一步推动激光定向能量沉积技术的发展。

参考文献

[1] 陈畅源，邓琦林，宋建丽. 超声振动对激光熔覆过程的影响 [J]. 电加工与模具，2005（3）：37-40.

[2] 李军文，桃野正，付莹. 超声波功率对铸锭内的气孔及组织细化的影响 [J]. 铸造，2007（2）：152-154，157.

[3] 李杰，葛成玲，王建军，等. 不同超声波引入方式对金属熔体凝固组织的影响 [J]. 铸造技术，2010，31（12）：1621-1624.

[4] JIANG F, LI C, WANG Y, et al. Effect of applied angle on the microstructure evolution and mechanical properties of laser clad 3540 Fe/CeO$_2$ coating assisted by in-situ ultrasonic vibration [J]. Materials Research Express, 2019, 6（8）：0865h6.

[5] GRILLOUD R, GONSETH D, DEKUMBIS R. Apparatus for producing a surface layer on a metallic workpiece [P]. USA：US522499, 1993-07-06.

[6] 梁少端，张安峰，王潭，等. 感应加热消除激光直接成形 DD4 零件裂纹 [J]. 中国激光，2017，44（2）：0202003.

[7] 黄卫东，宋衍，喻凯，等. 热处理态激光立体成形 Inconel 718 高温合金的组织及力学性能 [J]. 金属学报，2015，51（8）：935-942.

[8] NÄSSTRÖM J, BRUECKNER F, KAPLAN A. Laser enhancement of wire arc additive manufacturing [J]. Journal of Laser Applications, 2019, 31（2）：022307.

[9] QIAN Y, HUANG J, ZHANG H, et al. Direct rapid high-temperature alloy prototyping by hybrid plasma-laser technology [J]. Journal of Materials Processing Technology, 2008, 208（1-3）：99-104.

[10] 李旭文，宋刚，张兆栋，等. 激光诱导电弧复合激光定向能量沉积 316 不锈钢的组织和性能 [J]. 中国激光，2019，46（12）：101-109.

[11] ZHANG Z, MA Z, HE S, et al. Effect of laser power on the microstructure and mechanical properties of 2319-Al fabricated by wire-based additive manufacturing [J]. Journal of Materials Engineering and Performance, 2021, 30：6640-6649.

[12] KERSCHBAUMER M, ERNST G. Hybrid manufacturing process for rapid high performance tooling combining high speed milling and laser cladding [C]//International Congress on Applications of Lasers and Electro-Optics. LIA, 2004（1）：1710.

[13] JENG J Y, LIN M C. Mold fabrication and modification using hybrid processes of selective laser cladding and milling [J]. Journal of Materials Processing Technology, 2001, 110（1）：98-103.

[14] DU W, BAI Q, ZHANG B. A novel method for additive/subtractive hybrid manufacturing of metallic parts [J]. Procedia Manufacturing, 2016, 5：1018-1030.

[15] COLEGROVE P A, MARTINA F, ROY M J, et al. High pressure interpass rolling of wire arc additively manufactured titanium components [J]. Advanced Materials Research. Trans Tech Publications, 2014, 996：694-700.

[16] 张海鸥，向鹏洋，芮道满，等. 金属零件增量复合制造技术 [J]. 航空制造技术，2015，479（10）：34-36.

[17] GALE J, ACHUHAN A. Application of ultrasonic peening during DMLS production of 316L stainless steel and its effect on material behavior [J]. Rapid Prototyping Journal, 2017, 23（6）：1185-1194.

[18] BOOK T A, SANGID M D. Evaluation of select surface processing techniques for in situ application during the additive manufacturing build process [J]. JOM, 2016, 68（7）：1780-1792.

[19] DENG L, WANG S H, WANG P, et al. Selective lasermelting of a Ti-based bulkmetallic glass [J]. Materials Letters, 2018, 212：346-349.

[20] ZHANG C, LI X M, LIU S Q, et al. 3D printing of Zr-based bulk metallic glasses and components for potential biomedical applications [J]. Journal of Alloys and Compounds, 2019, 790：963-973.

[21] ZHANG M, ZHOU X, YU X, et al. Synthesis and characterization of refractory TiZrNbWMo high-entropy alloy coating by laser cladding [J]. Surface and Coatings Technology, 2017, 311：321-329.

[22] JIANG Y Q, LI J, JUAN Y F, et al. Evolution in microstructure and corrosion behavior of AlCoCrxFeNi high-entropy alloy coatings fabricated by laser cladding [J]. Journal of Alloys and Compounds, 2019, 775：1-14.

[23] KARLSSON D, MARSHAL A, JOHANSSON F, et al. Elemental segregation in an AlCoCrFeNi high-entropy alloy-A comparison between selective laser melting and induction melting [J]. Journal of Alloys and Compounds, 2019, 784：195-203.

[24] YANG Y, HUANG Y, WU W. One-step shaping of NiTi biomaterial by selective laser melting [C]//Proceedings of SPIE: Lasers in Material Processing and Manufacturing Ⅲ, 2008.

[25] HIBIJAN T, HABERLAND C, MEIER H, et al. The biocompatibility of dense and porous Nickle-Titanium produced by selective laser melting [J]. Materials Science&Engineering C-Materials for Biological Applications, 2013, 33 (1): 419-426.

[26] GUSTMANN T, NEVES A, KÜHN U, et al. Influence of processing parameters on the fabrication of a Cu-Al-Ni-Mn shape-memory alloy by selective laser melting [J]. Additive Manufacturing, 2016, 11: 23-31.

[27] ELAHINIA M, ELAHINIAA M, MOGHADDAMA N S, et al. Additive manufacturing of NiTiHf high temperature shape memory alloy [J]. Scripta Materialia, 2018, 145: 90-94.

[28] BOBBIO L D, OTIS R A, BORGONIA J P, et al. Additive manufacturing of a functionally graded material from Ti-6Al-4V to Invar: Experimental characterization and thermodynamic calculations [J]. Acta Materialia, 2017, 127: 133-142.

[29] 宋波, 王敏, 史玉升. 一种多材料梯度点阵结构的零件的一体化成形方法: 201710943157.1 [P]. 2020-01-21.

[30] LIANG X, CHEN Q, CHENG L, et al. A Modified Inherent Strain Method for Fast Prediction of Residual Deformation in Additive Manufacturing of Metal Parts [C]//Proceedings of 2017 Annual International Solid Freeform Fabrication Symposium. Austin, 2017.

[31] 候祥龙. 贝壳仿生复合材料的静动态力学性能研究 [D]. 太原: 太原理工大学, 2016.

[32] 闻章鲁. 基于贝壳珍珠层特征的金属仿生设计和电弧金属沉积研究 [D]. 南京: 南京理工大学, 2017.

[33] 尚晓峰, 刘伟军, 王维, 等. 金属粉末激光成形零件倾斜极限 [J]. 机械工程学报, 2007, 43 (8): 97-100.

[34] 王绂跃, 王彦飞, 江豪, 等. 圆形倾斜薄壁件的激光熔覆成形 [J]. 中国激光, 2014, 41 (1): 84-89.

[35] GRIFFITH M L, KEICHER D M, ATWOOD C L, et al. Free form fabrication of metallic components using laser engineered net shaping (LENS) [C]//1996 International Solid Freeform Fabrication Symposium. Austin, 1996.

[36] UZARSKI J S, XIA Y, BELMONTE J C I, et al. Current Opinion in Nephrology and Hypertension [J]. 2014, 23 (4): 399-405.

[37] ZHANG K Q, MENG Q Y, ZHANG X Q, et al. Quantitative characterization of defects in stereolithographic additive manufactured ceramic using X-ray computed tomography [J]. Journal of Materials Science & Technology, 2022, 118: 144-157.

[38] LI X, SHANG J, WANG Z. Intelligent materials: A review of applications in 4D printing [J]. Assembly Automation, 2017, 37 (2): 170-185.

[39] ZHONG X K, TEOH J E M, LIU Y, et al. 3D printing of smart materials: A review on recent progresses in 4D printing [J]. Virtual & Physical Prototyping, 2015, 10 (3): 103-122.

[40] HUANG L, JIANG R, WU J, et al. Ultrafast digital printing toward 4D shape changing materials [J]. Advanced Materials, 2017, 29 (7): 1605390.

[41] KUKSENOK O, BALAZS A C. Stimuli-responsive behavior of composites integrating thermo-responsive gels with photo-responsive fibers [J]. Materials Horizons, 2016, 3 (1): 53-62.

[42] JANBAZ S, NOORDZIJ N, WIDYARATIH D S, et al. Origami lattices with free-form surface ornaments [J]. Science Advances, 2017, 3 (11): eaao1595.

[43] DING Z, YUAN C, PENG X, et al. Direct 4D printing via active composite materials [J]. Science Advances, 2017, 3 (4): e1602890.

[44] DAN R, ZHAO W, MCKNELLY C, et al. Active printed materials for complex self-evolving deformations [J]. Scientific reports, 2014, 4: 7422.

[45] JAMAL M, KADAM S S, XIAO R, et al. Tissue Engineering: Bio-origami hydrogel scaffolds composed of photocrosslinked PEG bilayers [J]. Advanced Healthcare Materials, 2013, 2 (8): 1066-1066.

[46] SYDNEY GLADMAN A, MATSUMOTO E A, NUZZO R G, et al. Biomimetic 4D printing [J]. Nature Materials, 2016, 15 (4): 413-418.

[47] NURLY H, YAN Q, SONG B, et al. Effect of carbon nanotubes reinforcement on the polyvinyl alcohol polyethylene glycol double-network hydrogel composites: A general approach to shape memory and printability [J]. European Polymer Journal, 2019, 110: 114-122.

[48] SCHMIED J U, LE FERRAND H, ERMANNI P, et al. Programmable snapping composites with bio-inspired architecture [J]. Bioinspiration & Biomimetics, 2017, 12 (2): 026012.

[49] YANG Y, CHEN Y, WEI Y, et al. 3D printing of shape memory polymer for functional part fabrication [J]. The International Journal of Advanced Manufacturing Technology, 2016, 84 (9-12): 2079-2095.

[50] GE Q, SAKHAEI A H, LEE H, et al. Multimaterial 4D printing with tailorable shape memory polymers [J]. Scientific Reports, 2016, 6: 31110.

[51] WU J, YUAN C, DING Z, et al. Multi-shape active composites by 3D printing of digital shape memory polymers [J]. Scientific Reports, 2016, 6: 24224.

[52] ZE Q, KUANG X, WU S, et al. Magnetic shape memory polymers with integrated multifunctional shape manipulation [J]. Advanced Materials, 2020, 32 (4): 1906657.

[53] 刘佩玲. 激光3D打印铝合金点阵结构材料的制备及其显微组织和力学性能 [D]. 镇江: 江苏大学, 2020.

[54] WALES D J, CAO Q, KASTNER K, et al. 3D-printable photochromic molecular materials for reversible information storage [J]. Advanced Materials, 2018, 30 (26): 1800159.

[55] XIE S Y, LI R D, YUAN T C, et al. Laser cladding assisted by friction stir processing for preparation of deformed crack-free Ni-Cr-Fe coating with nanostructure [J]. Optics and Laser Technology, 2018, 99: 374-381.

[56] MORISADA Y, FUJII H, MIZUNO T, et al. Fabrication of nanostructured tool steel layer by combination of laser cladding and friction stir processing [J]. Surface & Coatings Technology, 2011, 205: 3397-3403.

[57] LI R D, YUAN T C, QIU Z L, et al. Nanostructured Co-Cr-Fe alloy surface layer fabricated by combination of laser clad and friction stir processing [J]. Surface & Coatings Technology, 2014, 258: 415-425.

[58] 姚延松. 镍基自润滑涂层激光熔覆/搅拌摩擦加工组织及性能 [D]. 上海: 上海工程技术大学, 2017.

[59] FANG A, LI D, HAO Z, et al. Effects of astrocyte on neuronal outgrowth in a layered 3D structure [J]. Biomedical engineering online, 2019, 18 (1): 1-16.

[60] ADDANKI S, AMIRI I S, YUPAPIN P. Review of optical fibers-introduction and applications in fiber lasers [J]. Results in Physics, 2018, 10: 743-750.

[61] LEE H, LIM C H J, LOW M J, et al. Laser sin additive manufacturing: a review [J]. International Journal of Precision Engineering and Manufacturing Green Technology, 2017, 4 (3): 307-322.

[62] SINGH D D, ARJULA S, REDDY A R. Metal additive manufacturing by powder blown beam deposition process [J]. International Journal of Engineering and Advanced Technology, 2019, 9 (2): 5291-5304.

[63] ZONG G S, ZHAO H. Technology and application of metal 3D printing [J]. Powder Metallurgy Industry, 2019, 29 (5): 1-6.

[64] CHEN Z Y, SUO H B, LI J W. The forming character of electron beam freeform fabrication [J]. Aerospace Manufacturing Technology, 2010 (1): 36-39.

[65] KAZANAS P, DEHERKAR P, ALMEIDA P, et al. Fabrication of geometrical features using wire and arc additive manufacture [J]. Proceedings of the Institution of Mechanical Engineers, Part B: Journal of Engineering Manufacture, 2012, 226 (6): 1042-1051.

[66] HU X D, ZHU X H, YAO J H, et al. A hinged slider laser coaxial powder feeding nozzle with adjustable powder focus: 201710139886.1 [P]. 2017-06-06.

[67] ZHU G X, SHI S H, FU G Y, et al. Realization and research of unequal-width cladding layers by using variable laser spot with the inside-laser powder feeding [J]. Applied Laser, 2015, 35 (1): 25-28.

[68] QIN X P, NI M, HUA L, et al. An adjustable spatter proof coaxial powder feeding nozzle for laser cladding and its fabrication method: 107604355A [P]. 2018-01-19.

[69] HAO J B, MA G S, LIU H, et al. Coaxial powder feeding nozzle with automatic adjustment of spot and powder feeding position: 201611159063.7 [P]. 2017-05-10.

[70] BAI Q, ZHANG Q, FENG H, et al. Coaxial powder feeding nozzle actively adjusted by laser direct forming: 201710680838.3 [P]. 2017-10-24.

[71] HU X D, MA L, LUO C. Research status of powder feeder for laser cladding [J]. Aeronautical Manufacturing Gechnology, 2011 (9): 46-49.

[72] PENG R Y, LUOBL, LIU Y, et al. Research progress in coaxial powder feeding nozzles [J]. Laser & Optoelectronics Progress, 2017, 54 (8): 080004.

[73] YAN X, BETHERS B, CHEN H, et al. Recent Advancements in Biomimetic 3D Printing Materials With Enhanced Mechanical Properties [J]. Frontiers in Materials, 2021, 8: 518886.

[74] 熊晓晨,秦训鹏,华林,等. 复合式增材制造技术研究现状及发展 [J]. 中国机械工程, 2022, 33 (17): 2087-2097.

[75] 杨智帆,张永康. 复合增材制造技术研究进展 [J]. 电加工与模具, 2019 (2): 1-7.

[76] 赵志斌,王晨希,张兴武,等. 激光粉末床熔融增材制造过程智能监控研究进展与挑战 [J]. 机械工程学报, 2023, 59 (19): 253-276.